普通高等教育“十四五”规划教材

土木工程材料

（第3版）

主　编　廖宜顺　廖国胜　王迎斌
副主编　梅军鹏　李海南　汤盛文　苘东亮
参　编　赵日煦　李　旋
主　审　魏小胜　王　军

北　京
冶金工业出版社
2024

内容提要

本书根据教育部高等学校土木工程专业教学指导分委员会编制的2023版《高等学校土木工程本科专业指南》（TML-TMGC-081001-2023）和最新标准规范进行编写，系统介绍了土木工程材料的基本性质、无机胶凝材料、水泥混凝土与砂浆、钢材、砌筑材料、木材、沥青及沥青混合材料、合成高分子材料、前沿智能材料和其他工程材料，对常用土木工程材料的基本组成、结构、性能、技术要求和工程应用，以及土木工程材料试验等内容进行了详细阐述。为方便教学和复习，每章均配有学习的主要内容和目的、背景知识和练习题。附录列出了常用土木工程材料的标准规范目录，以便读者查阅。

本书为高等学校土木类专业教材，也可作为土木工程、智能建造、工程管理、工程造价及相关专业的教材，并可供土木工程行业的工程技术人员参考。

图书在版编目(CIP)数据

土木工程材料/廖宜顺，廖国胜，王迎斌主编.—3版.—北京：冶金工业出版社，2024.5

普通高等教育“十四五”规划教材

ISBN 978-7-5024-9874-0

Ⅰ.①土…　Ⅱ.①廖…　②廖…　③王…　Ⅲ.①土木工程—建筑材料—高等学校—教材　Ⅳ.①TU5

中国国家版本馆CIP数据核字（2024）第104994号

土木工程材料（第3版）

出版发行	冶金工业出版社	**电　话**	(010)64027926
地　址	北京市东城区嵩祝院北巷39号	**邮　编**	100009
网　址	www.mip1953.com	**电子信箱**	service@mip1953.com

责任编辑　杨　敏　美术编辑　吕欣童　版式设计　郑小利

责任校对　梅雨晴　责任印制　窦　唯

北京印刷集团有限责任公司印刷

2011年1月第1版，2018年1月第2版，2024年5月第3版，2024年5月第1次印刷

787mm×1092mm　1/16；20.5印张；493千字；310页

定价49.00元

投稿电话　(010)64027932　投稿信箱　tougao@cnmip.com.cn

营销中心电话　(010)64044283

冶金工业出版社天猫旗舰店　yjgycbs.tmall.com

（本书如有印装质量问题，本社营销中心负责退换）

第3版前言

《土木工程材料》第2版于2018年1月出版，至今已有6年时间。

在这6年时间里，我国经济社会发展迅速，“高质量发展”理念深入人心。2020年9月22日，国家主席习近平在第七十五届联合国大会上宣布，“中国将提高国家自主贡献力度，采取更加有力的政策和措施，二氧化碳排放力争于2030年前达到峰值，努力争取2060年前实现碳中和”。积极推进碳达峰碳中和是我国在新时期作出的重大战略决策，必将对我国建筑工业化和生态文明建设产生深刻影响，必将对我国土木建筑行业的低碳发展产生重要影响，也必将对土木工程材料科技创新产生巨大推动作用。

在这6年时间里，教育部高等学校土木工程专业教学指导分委员会编制的2023版《高等学校土木工程本科专业指南》(TML-TMGC-081001-2023）正式发布。该指南对“土木工程材料”课程内容进行了大幅调整。本书根据该指南要求和我国最新标准规范对《土木工程材料》(第2版）的内容进行了大幅更新。

本书由武汉科技大学廖宜顺副教授、廖国胜副教授和湖北工业大学王迎斌副教授共同担任主编，武汉科技大学梅军鹏副教授、武汉纺织大学李海南副教授、武汉大学汤盛文副教授、武汉城市学院荀东亮高级工程师担任副主编，中建商品混凝土有限公司总工程师赵日煦、武汉城市职业学院李旋老师参编。编写分工为：绪论、第1章、第2章以及各章“背景知识”由廖宜顺编写，第3章由王迎斌和赵日煦编写，第4章由荀东亮编写，第5章由汤盛文编写，第6章和第11章由梅军鹏编写，第7章由廖国胜编写，第8章由廖国胜和荀东亮编写，第9章由李旋编写，第10章由李海南编写。廖宜顺负责全书统稿和校核。华中科技大学魏小胜教授、中建西部建设股份有限公司副总经理王军担任本书主审，他们在审稿中提出的许多宝贵建议让本书增色不少，在此表示衷心感谢！

本书在编写过程中参考了有关文献，在此向文献作者表示诚挚的谢意。衷心感谢第1版、第2版主编曾三海老师为前两版的编写和出版所做的贡献。

由于本书编者水平所限，书中不妥之处，敬请读者批评指正。

编　者

2024年1月

第2版前言

2011年1月，《土木工程材料》一书由冶金工业出版社出版，至今已过去6年。在这6年时间里，我国从“十二五”步入“十三五”，经济保持平稳健康发展，取得了大量的新成就。国家统计局公布的统计数据显示，从2011年到2016年，我国水泥产量从20.9亿吨增长到24.1亿吨。水泥作为支撑我国基础设施建设的重要原材料，其产量的增长反映出我国土木工程行业继续保持平稳较快发展。土木工程行业的发展和实践又会促进土木工程材料的研发和提质升级。这6年来，我国土木工程材料的种类不断增多，性能不断提升，相关标准规范也因此进行了修订。为了适应新形势下的教学需求，我们对第1版书中有关内容进行了更新和完善。

本次修订工作以《高等学校土木工程本科指导性专业规范》为依据，注重引入土木工程材料领域的新技术、新成果，注重采纳土木工程行业的最新标准规范，删掉了第1版中已显过时的内容，修正了第1版存在的缺点和谬误，对部分章节进行了补充和调整。本次修订工作由廖国胜和廖宜顺负责，各章节编写负责人仍与第1版保持一致。

在修订过程中参考了有关文献，在此向文献作者表示衷心的感谢！

由于编者水平所限，书中不足之处，敬请读者批评指正。

编　者

2017年4月

第1版前言

本书是根据国家最新颁布的标准和规范，以教育部高等学校土木工程专业教学指导委员会制订的“土木工程材料”课程教学大纲为基本依据编写的。同时借鉴了同类教材的优点，吸收了国内外在土木工程材料领域的最新研究成果，并结合编者多年来的教学经验、教研成果和工程实践，以满足本科教学要求和目前工程建设者对材料知识的需求。

本书在编写上，注重理论与实践相结合；在内容上，注重系统性、先进性和实用性。通过学习本书，读者将能系统了解工程材料性质与材料结构的关系，掌握常用土木工程材料的性质、应用、制备和使用以及工程材料检测和质量控制，了解材料与设计及施工的相互关系，针对不同工程合理选用材料等。

本书由廖国胜、曾三海担任主编，屠艳平、唐红、钟佝担任副主编。廖国胜（武汉科技大学）编写绪论、第1章、第2章、第6章、第7章及各章教学提示，并负责全书统稿；屠艳平（武汉工程大学）编写第3章；曾三海（湖北工业大学）编写第4章、第5章和第8章；唐红（武汉科技大学）编写第9章和第10章；廖国胜和唐红编写第11章；钟佝（武汉科技大学）编写第12章；王劲松（湖北宜昌乐德兴商品混凝土有限公司）参与了第4章的编写；肖煜参与了教材中所有插图的绘制工作。

在编写过程中参考了有关文献，在此向文献作者表示衷心的感谢！

由于编者水平所限，书中不足之处在所难免，敬请读者批评指正。

编　者

2010年8月

目　　录

绪　　论

A　土木工程材料的分类

土木工程材料是指在土木工程中使用的各种材料和制品，既包括建筑物本身的各种材料，还包括卫生洁具、采暖及空调设备等器材，以及施工过程中的暂设工程，如围墙、脚手架、模板等所用的材料。本书所称建筑物本身的材料，是指从地基基础、承重构件（梁、板、柱等），直到地面、墙体、屋面等所用的材料。

土木工程材料种类繁多，作用和功能各异，为了方便应用，常按不同原则分类。

（1）按材料来源分类。土木工程材料按材料来源分为天然材料和人造材料，详见表1。

表1　土木工程材料按来源分类

分　　类	实　　例
天然材料	木材、竹材、石材等
人造材料	水泥、玻璃、陶瓷、涂料、塑料等

（2）按使用功能分类。根据土木工程材料在建筑物中的部位和使用性能，可分为结构材料、墙体材料和功能材料，详见表2。

表2　土木工程材料按使用功能分类

分　　类	实　　例
结构材料（建筑物的受力构件和受力结构所用的材料）	水泥、砂、石、混凝土、钢筋混凝土及预应力钢筋混凝土、钢结构等
墙体材料（建筑物内外及隔墙体所用的材料）	各种砌墙砖、砌块、轻质墙板和复合板材等
功能材料（建筑物所需相应建筑功能所用的材料）	地面材料、防水材料、保温隔热材料、吸声隔声材料、装饰装修材料等

（3）按化学成分分类。土木工程材料按化学成分可分为无机材料、有机材料及复合材料，详见表3。本书是按材料的化学成分分类的。

表3　土木工程材料按化学成分分类

<table>
<tr><th colspan="3">材料类别</th><th>实　　例</th></tr>
<tr><td rowspan="5">无机材料</td><td rowspan="2">金属材料</td><td>黑色金属</td><td>钢、铁及其合金等</td></tr>
<tr><td>有色金属</td><td>铝、铜及其合金等</td></tr>
<tr><td rowspan="3">非金属材料</td><td>天然石材</td><td>花岗岩、石灰岩、玄武岩等</td></tr>
<tr><td>烧结及熔融制品</td><td>烧结砖、陶瓷、玻璃等</td></tr>
<tr><td>胶凝材料</td><td>石灰、石膏、水玻璃、镁质胶凝材料、水泥等</td></tr>
</table>

续表 3

材料类别		实　例
有机材料	植物材料	木材、竹材及其制品等
	合成高分子材料	塑料、涂料、合成橡胶等
	沥青材料	石油沥青、煤沥青及其制品等
复合材料	无机材料基复合材料	混凝土、钢筋混凝土、钢纤维混凝土等
	有机材料基复合材料	沥青混凝土、聚合物混凝土、玻璃纤维增强塑料、胶合板、纤维板等

B 土木工程材料在建设工程中的地位

土木工程材料与建筑设计、建筑结构、建筑施工和建筑经济是密切相关的。土木工程材料在建筑行业中占有极为重要的地位，是整个建筑工程的物质基础。一个优秀的建筑师总是把建筑艺术和当前的土木工程材料以最佳的方式融合起来，此外，材料自身发展水平本身也决定了建筑师所设计的建筑形式；材料直接关系到建筑物的结构形式，一个结构设计工程师要在很好地熟悉材料的性能后才能准确地计算出建筑构件的尺寸，充分发挥材料的性能而不至于浪费材料；作为施工技术人员，更是要通过对材料合理的选择、运输、储存、加工和安装，以及采取相应正确的施工工艺和设备，才能减少工程质量事故的发生；而从工程造价上考虑，土木工程材料占整个建筑工程造价的 60%以上，有的甚至高达 80%，因此作为建筑经济师在充分考虑材料性能的基础上，要最大限度地节约和合理地使用材料，在降低工程造价、节省投资的同时，还应考虑建筑物的运行成本和使用成本。由此可见，从事建筑工程的技术人员都必须了解和掌握土木工程材料的有关技术知识。材料决定了建筑形式和施工方法，建筑技术现代化，在很大程度上与传统建筑材料的改造和新品种材料的研制是分不开的。高强、轻质和多功能新材料的创造和出现，可以促进建筑形式的变化，结构设计方法的改进和施工技术的革新。

C 土木工程材料的技术标准

土木工程材料的品种繁多、性能各异、用量巨大、价格悬殊，因此，正确选择和合理使用土木工程材料，对土木工程的安全性、适用性、耐久性和经济性有着重大的意义。对于从事土木工程设计、施工、科研和管理的专业人员，掌握土木工程材料的性能及其适用范围，在种类繁多的土木工程材料中选择最合适的加以应用，十分重要。

《中华人民共和国标准化法》所称标准（含标准样品），是指农业、工业、服务业以及社会事业等领域需要统一的技术要求。对于土木工程材料领域而言，土木工程材料的选择和使用，应根据工程特点和使用环境，遵照有关技术标准进行。土木工程材料技术标准是生产企业和使用单位生产、销售、采购以及产品质量验收的依据，也是设计、施工、管理和研究等部门共同遵循的依据。绝大多数土木工程材料均有专门的机构制定并发布了相应的技术标准，对其质量、规格、检验方法和验收规则均作了详尽而明确的规定。

世界各国对材料的标准化都很重视，均制定了各自的标准，如美国的材料试验协会标准（ASTM）、英国标准（BS）、德国工业标准（DIN）、日本工业标准（JIS）、国际通用标准（ISO）等。根据《中华人民共和国标准化法》，我国的标准包括国家标准、行业标准、地方标准和团体标准、企业标准。国家标准分为强制性标准、推荐性标准，行业标准、地方标准是推荐性标准。强制性标准必须执行。国家鼓励采用推荐性标准。

（1）国家标准。国家标准是由国家有关主管部门发布的全国性的指导性技术文件。国家标准分为强制性标准、推荐性标准。

强制性国家标准的代号为GB。对保障人身健康和生命财产安全、国家安全、生态环境安全以及满足经济社会管理基本需要的技术要求，应当制定强制性国家标准。强制性国家标准由国务院批准发布或者授权批准发布。强制性国家标准是全国必须执行的技术文件，各项产品技术指标均不得低于标准规定。截至2023年底，建材行业现行有效的强制性国家标准共43项。2023年强制性国家标准《通用硅酸盐水泥》（GB 175—2023）发布。

推荐性国家标准的代号为GB/T。对满足基础通用、与强制性国家标准配套、对各有关行业起引领作用等需要的技术要求，可以制定推荐性国家标准。推荐性国家标准由国务院标准化行政主管部门制定。

（2）行业标准。对没有推荐性国家标准、需要在全国某个行业范围内统一的技术要求，可以制定行业标准。行业标准由国务院有关行政主管部门制定，报国务院标准化行政主管部门备案。行业标准的代号按部门或行业名称而定，如建材行业标准（JC）、建工行业标准（JG）、交通行业标准（JT）等。

截至2023年底，建材行业现行有效的行业标准共1389项。

（3）地方标准。为满足地方自然条件、风俗习惯等特殊技术要求，可以制定地方标准。地方标准的代号为DB。地方标准由省、自治区、直辖市人民政府标准化行政主管部门制定；设区的市级人民政府标准化行政主管部门根据本行政区域的特殊需要，经所在地省、自治区、直辖市人民政府标准化行政主管部门批准，可以制定本行政区域的地方标准。地方标准一般只适合于本地区使用。

（4）团体标准。2017年11月4日，第十二届全国人民代表大会常务委员会第三十次会议对《中华人民共和国标准化法》作了修订，将我国的标准类型从四类增加到五类，增加了团体标准。团体标准是指由学会、协会、商会、联合会、产业技术联盟等社会团体协调相关市场主体共同制定的满足市场和创新需要的标准。团体标准由本团体成员约定采用或者按照本团体的规定供社会自愿采用。

2020年，中国土木工程学会发布首部产品标准《预应力混凝土双T板》。该标准即为团体标准，标准编号为T/CCES 6001—2020，其中CCES是指中国土木工程学会（China Civil Engineering Society）。

（5）企业标准。企业标准可由企业根据需要自行制定，或者与其他企业联合制定。凡没有国家标准、行业标准、地方标准的产品，均应制定企业标准。企业标准的代号为QB或Q。

企业界有一句比较流行的话语："一流企业做标准，二流企业做品牌，三流企业做产品。"标准创新是迈向高质量发展、参与高质量竞争的重要标志，其重要性不言而喻。土木工程材料不仅要求符合产品标准，更重要的是要遵照有关设计、施工和应用的规范、规程选择和使用。在科学技术突飞猛进的今天，土木工程中的新材料、新技术层出不穷，许多新材料、新技术相关的技术标准制定滞后，在这种情况下熟悉和参考类似材料的技术标准，特别是制定标准的科学依据就显得十分重要。只有掌握土木工程材料的基础理论或基本规律，特别是土木工程材料的性质和影响材料性质的因素，才能根据工程特点正确和合理使用材料。

D 未来的土木工程材料

土木工程材料的生产和使用是随着人类社会生产力的发展和材料科学水平的提高而逐步发展起来的。古代人们由最初“穴居巢处”到“凿石成洞，伐木为棚”，再经过“筑土、垒石而居”的阶段，住的条件又有所改善；以后人类懂得利用黏土来烧制砖、瓦，利用岩石来烧制石灰、石膏，到了“秦砖汉瓦”时代，土木工程材料才由天然材料进入人工生产，为较大规模地营造房屋和其他建筑奠定了基本条件，这一时期历经了漫长的封建社会，逐步进入了砖石、砖木混合结构时代；18、19 世纪，建筑钢材、水泥、混凝土和钢筋混凝土相继问世而成为主要结构材料，到了 20 世纪，又出现了预应力混凝土，使土木工程出现了新的经济、美观的工程结构形式，其设计理论和施工技术也得到了蓬勃的发展，这是土木工程又一次质的飞跃。

到 2023 年底，我国铁路营业里程达到 15. 9 万公里，其中高铁 4. 5 万公里；全国共有 55 个城市开通运营轨道交通线路 306 条，运营里程突破 1 万公里。交通基础设施建设的快速发展也为土木工程材料的创新发展创造了时代机遇。

随着新材料、新工艺、新技术的不断涌现，低强度、耐久性差的混凝土材料被高性能混凝土所取代，能耗大、污染重、耐久性差的建筑材料被绿色环保型建筑材料所取代。随着人民生活水平的提高，各种功能性材料的完善，使得满足功能性要求的能力愈来愈强。为了适应建筑工业化，提高工程质量，降低工程造价，保护环境，未来的土木工程材料逐步朝着功能化、绿色化和可持续化的方向发展。

（1）轻质高强材料。随着我国城镇化建设的不断推进，城市人口逐渐增多，由于城市土地资源限制，需要建造众多高层建筑以解决人口的居住问题和办公问题，因此对轻质高强材料具有较大需求。

（2）高耐久性材料。普通建筑物和结构物的使用寿命一般设定在 50~100 年。材料的耐久性直接影响建筑物、结构物的安全性和经济性能，尤其是处于特殊环境下的结构物，耐久性比强度更为重要。对于使用寿命较长的建筑物必须同时考虑初始建设费、运行使用费、维修费和解体处理费等全部费用，不应该片面追求选择性能档次低的材料，而应注重开发高耐久性、多功能的材料。

（3）绿色环保型建材。充分利用各种废弃物、工业副产物，变废为宝，化害为利，节约能源，保护环境，将建筑材料对环境的影响控制在最小限度之内。例如利用工业废料（粉煤灰、矿渣、煤矸石等）生产水泥、砌块等材料；利用废弃的泡沫塑料生产保温墙体材料，利用废弃的植物纤维生产装饰板材等，既减少了固体垃圾，又节省了自然界中的原材料，对环境和地球资源具有积极的保护作用。

（4）建筑装饰材料。随着我国人民生活水平的提高，人们越来越追求舒适、美观、清洁、健康的居住环境。20 世纪 80 年代，首先在宾馆、饭店和商业建筑开始了装饰和装修，但三星级酒店的装饰装修材料大多依赖进口；到了 90 年代，家居装修开始兴起，建筑装饰材料迅速发展。进入 21 世纪，中、高档的装饰、装修材料几乎全部国产化，国产建筑装饰材料完全能满足五星级宾馆装饰装修要求。

（5）新型路面材料。截至 2023 年底，我国公路总里程达到 544. 1 万公里，与 2012 年底的 423. 8 万公里相比增加 120. 3 万公里，高速公路通车里程 18. 4 万公里，稳居世界第一，与2012年底的9.6万公里相比增加8.8万公里，交通基础设施建设取得了举世瞩目的成就。但是，部分建成道路由于路面材料性能不良，路面开裂、塌陷、破损严重，难以保证畅通、安全、舒适的出行环境。提高路面材料的抗冻性、抗裂性，开发耐久性高并具有可再生利用的路面材料是今后的发展方向。同时，由于城市建设的加快，城市"热岛现象"越来越严重，应开发具有透水性、排水性、透气性的路面材料，将雨水导入地下，调节土壤湿度，有利于植物生长；而开发透水性良好的高速公路路面材料，保证高速公路雨天不积水、不起雾，夜间不反光，提高行车的安全性和舒适性，也尤为必要。除此之外，彩色路面材料、柔性路面材料等各种多姿多彩的路面材料，可增加道路环境的美观性，为人们提供一个赏心悦目的出行环境。

(6) 耐火、防火材料。建筑防火是建设工程中最容易被忽视的，但随着现代建筑物趋向高层化，加之城市生活能源设施逐步电气化、燃气化，火灾已成为城市防灾的重要内容。因此在建造过程中，不仅要求使用不燃材料或难燃材料，以及使用防止火灾蔓延、燃烧时不产生有毒气体的建筑材料，同时，还应考虑建筑材料的耐火性问题。

(7) 智能化建筑材料。所谓智能化材料，即材料本身具有自我诊断和预告破坏、自我调节和自我修复的能力，以及可重复利用性。这类材料当内部发生某种异常变化时，能将材料的内部状况如位移、变形、开裂等情况反映出来，以便在破坏前采取措施；同时智能化材料能够根据内部的承载能力及外部的作用情况进行调整；还具有类似于植物生长、新陈代谢的功能，对破坏或受到伤害的部位进行自我修复；当建筑物解体后，本身还可以重复利用，减少建筑垃圾等。

总之，人类进入21世纪后，土木工程材料正向高性能、多功能、安全和环境友好的方向发展。

E　学习"土木工程材料"课程的目的和方法

"土木工程材料"课程是土木建筑类专业的核心课程，该课程的学习目的是使学生掌握土木工程材料的基本理论、基本知识和基本技能，为后续的专业课程学习提供材料的基础知识，并为今后从事设计、施工、管理和科研工作时能够合理选择和正确使用土木工程材料奠定基础。

由于各种材料需要研究的内容范围很广，涉及原料、生产、组成、构造、性质、应用、检验、运输、验收和储藏等各个方面，因此在学习过程中，应始终以土木工程材料的性能和合理使用为中心，了解材料的本质和内在联系。要掌握材料的组成、结构与性能的关系，以及材料各性质之间的关系；而在不同材料之间除了了解其共性以外，还应了解它们各自的特性和具备这些特性的原因。除此之外，还应了解外界条件对材料性能的影响，这对于合理使用材料十分重要。

"土木工程材料"课程是一门实践性很强的课程，试验是本课程重要的教学环节，其任务是验证材料的理论知识，学习材料的检验方法，培养科学的研究能力和严谨的科学态度。同时，土木工程材料与工程实践也是紧密联系的，在进行理论教学同时，还应联系工程实际，注重材料的应用。

1　土木工程材料的基本性质

本章学习的主要内容和目的：了解土木工程材料的分类；掌握材料的物理性质、力学性质和耐久性。目的是将本章的学习内容灵活应用到后续章节的具体材料中。

在土木工程中，由于工程性质、结构部位及环境条件的不同，材料所承受的作用不同，对材料的要求也有所不同。用于各种建（构）筑物的材料要承受各种荷载的作用，材料必须具有所需的力学性能，而根据建（构）筑物的不同部位，使用的材料应具有保温、防水、吸声、隔声等性能。对于工业建筑和基础设施，要求材料具有抵抗介质侵蚀和温湿度等环境作用的耐久性。总之，为了保证建（构）筑物的安全、耐久、经济和良好的人居环境等，在设计和施工中要充分了解材料的特性，正确合理地选择和使用材料。

1.1　材料的物理性质

不同的材料，由于组成不同会呈现不同的性质，而相同的材料在性能上也会呈现差异。从材料形态上来看，材料分为散粒材料（如砂、石等）和非散粒材料（如块体材料、粉体材料和纤维材料等）。对于固体材料，其内部孔隙结构包含开口孔隙（与外界连通）和闭口孔隙（存在于材料内部，不与外界连通），如图 1-1 所示。

图 1-1　自然状态下孔隙示意图

1.1.1　材料的基本物理性质

1.1.1.1　材料的密度

（1）密度。密度是指材料在绝对密实状态下单位体积的质量。按下式计算：

$$\rho = \frac{m}{V} \tag{1-1}$$

式中　ρ——密度，g/cm^3；

m——干燥材料的质量，g；

V——材料在绝对密实状态下的体积，cm^3。

材料在绝对密实状态下的体积称为实体积，是指不包括材料的开口孔隙和闭口孔隙的体积，即材料的开口孔和闭口孔的体积为零。在土木工程材料中除钢材、玻璃、少量的岩石等少数材料外，绝大多数材料都有一定的孔隙。

为了测定材料的实体积，应把材料磨成细粉，排除其孔隙，用密度瓶（李氏瓶）测定。材料磨得越细，测得的数据越接近材料的真实体积。

（2）视密度。视密度（近似密度）是指材料在包含封闭孔隙条件下单位体积的质量。按下式计算：

$$\rho' = \frac{m}{V'} \tag{1-2}$$

式中 ρ'——视密度，g/cm^3；

V'——材料在包含封闭孔隙条件下的体积，cm^3。

通常，材料包含封闭孔隙条件下的体积称为视体积（近似体积），即材料的实体积和闭口孔的体积之和，采用排液置换法或水中称重法测定。对于如钢材、玻璃、少量的砂、石等密实材料，视密度与密度十分接近，因此也称为近似密度。

（3）表观密度。表观密度是指材料在自然状态下单位体积的质量。按下式计算：

$$\rho_0 = \frac{m}{V_0} \tag{1-3}$$

式中 ρ_0——表观密度，g/cm^3；

V_0——材料在自然状态下的体积，cm^3。

材料在自然状态下的体积称为表观体积，它包含材料的实体积、闭口孔体积和开口孔体积。对于规则几何外形材料的表观体积，可用量具测得材料的各个尺寸，按其体积计算公式即可计算；而对于不规则几何外形材料的表观体积，可将材料用石蜡密封后再采用排水法测得。

材料的表观密度按材料的含水状态的不同，又分为干表观密度、气干表观密度、饱和面干表观密度和湿表观密度。对于大多数无机非金属材料，干表观密度和气干表观密度的数值接近，这些材料吸水后体积变化小，一般可忽略不计。对于木材等轻质材料，由于吸湿吸水性较强，体积变化大，不同含水状态下的表观密度差别较大，应精确测定。

（4）堆积密度。堆积密度是指散粒材料、粉体材料和纤维材料在堆积状态下单位体积的质量。按下式计算：

$$\rho_0' = \frac{m}{V_0'} \tag{1-4}$$

式中 ρ_0'——堆积密度，g/cm^3；

V_0'——材料在堆积状态下的体积，cm^3。

堆积体积包含材料的实体积、开口孔体积、闭口孔体积和材料之间空隙体积。

1.1.1.2 材料的密实度和孔隙率

密实度是指材料体积内被固体物质充填的程度，即固体物质的体积（实体积）占总体积（表观体积）的比例。材料的密实度（D）按下式计算：

$$D = \frac{V}{V_0} \times 100\% = \frac{\rho_0}{\rho} \times 100\% \tag{1-5}$$

孔隙率是指材料体积内孔隙体积占总体积的比例。材料的孔隙率（P）按下式计算：

$$P = \frac{V_0 - V}{V_0} \times 100\% = \left(1 - \frac{V}{V_0}\right) \times 100\% = \left(1 - \frac{\rho_0}{\rho}\right) \times 100\% = 1 - D \tag{1-6}$$

孔隙率直接反映了材料的密实程度。孔隙率及孔隙特征与材料的强度、吸水性、抗渗性、抗冻性和导热性等有密切关系。一般而言，孔隙率较小，且开口孔较少的材料，强度较高，耐久性较好，但其保温性、吸声隔声性能较差。

1.1.1.3 材料的填充率和空隙率

填充率是指散粒材料在堆积状态下颗粒固体物质的体积（实体积）占堆积体积的百分率。材料的填充率（D'）按下式计算：

$$D' = \frac{V}{V_0'} \times 100\% = \frac{\rho_0'}{\rho} \times 100\% \tag{1-7}$$

空隙率是指散粒材料在堆积状态下颗粒间空隙的体积占堆积体积的百分率。材料的空隙率（P'）按下式计算：

$$P' = \frac{V_0' - V}{V_0'} \times 100\% = \left(1 - \frac{V}{V_0'}\right) \times 100\% = \left(1 - \frac{\rho_0'}{\rho}\right) \times 100\% = 1 - D' \tag{1-8}$$

空隙率反映了散粒材料颗粒之间互相充填的致密程度。空隙率可作为控制混凝土骨料级配与计算砂率的依据。

1.1.2 材料与水有关的性质

材料与水接触后，可削弱材料内部质点间的结合力或吸引力，引起强度下降，同时也使材料的表观密度和导热性增加，几何尺寸略有增大，材料的保温性、吸声隔音性能下降，并使材料受到的冻害、腐蚀等加剧，材料的耐久性下降。由此可见，材料含水使得其绝大多数性质向不利于材料性能方向发展。

1.1.2.1 亲水性与憎水性

材料在空气中与水接触时，如果水可以在材料的表面铺展开，即材料表面被水所润湿，则称材料具有亲水性，这种材料称为亲水材料。大多数土木工程材料为亲水材料，如砖、混凝土、木材、石材等，表面均能被水润湿，且能通过毛细管作用将水吸入材料毛细管内。若水不能在材料表面铺展开，即材料表面不能被水所润湿，则称材料具有憎水性，该材料称为憎水材料。如沥青、石蜡、塑料、有机硅等表面不能被水润湿，该类材料能阻止水分渗入毛细管中，因而能降低材料的吸水性，常作为土木工程材料的防水材料使用。

材料的亲水（或憎水）程度可用润湿角 θ 来表示。如图 1-2 与图 1-3 所示，在材料、水与空气的三相交点处，沿水滴表面做切线，此切线与水和材料接触面所形成的夹角 θ 为润湿角。湿润角越小，说明材料越易被润湿。当 $\theta = 0$ 时，该材料被完全润湿。一般认为润湿角 $\theta \leqslant 90°$ 时表现出亲水性，如图 1-2 所示；润湿角 $90° < \theta \leqslant 180°$ 时表现出憎水性，如图 1-3 所示，当 $\theta = 180°$ 时称为完全憎水。

1.1.2.2 吸湿性

材料在空气中吸收水分的性质称为吸湿性。用含水率表示，含水率是指材料所含水的质量与材料在干燥状态的质量之比，按下式计算：

$$W_h = \frac{m_1 - m_0}{m_0} \times 100\% \tag{1-9}$$

式中　W_h——材料的含水率,%;

m_1——材料含水状态下的质量，g;

m_0——材料在干燥状态下的质量，g。

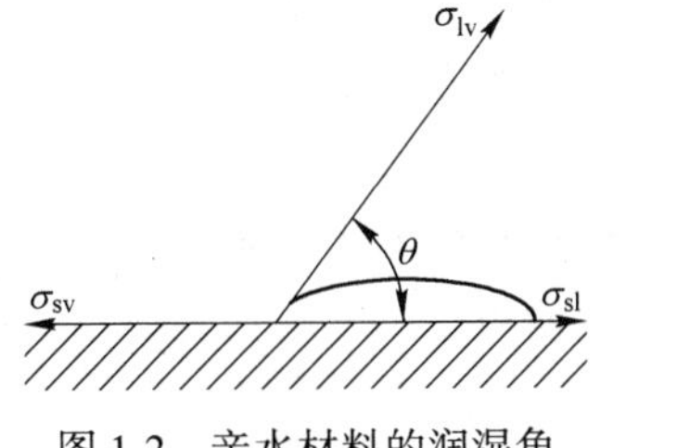

图 1-2　亲水材料的润湿角

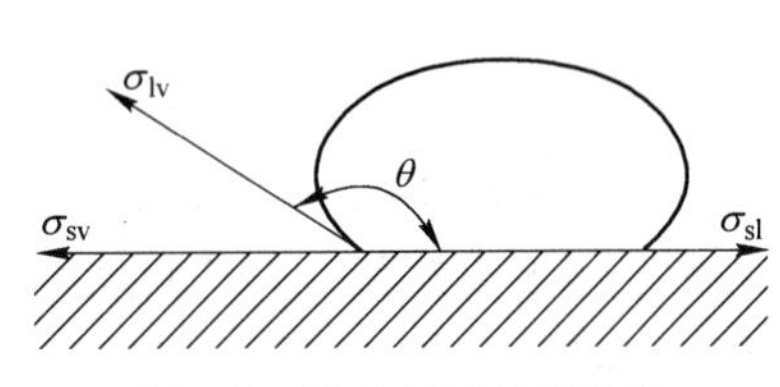

图 1-3　憎水材料的润湿角

材料的含水率除与材料本身特性有关，还与周围环境的温度、湿度有关。空气温度越低、相对湿度越大，材料的含水率越大。而材料在空气中既能吸收空气中的水分，同时又向外扩散水分，当二者达到平衡时的材料含水率称为平衡含水率。平衡含水率随着空气温度和湿度的变化而改变。

1.1.2.3　吸水性

材料在浸水状态下吸收水分的能力称为吸水性。常用吸水率表示，有质量吸水率和体积吸水率两种表示方法。质量吸水率是指材料吸收水分的质量与材料在干燥状态下的质量之比，按下式计算：

$$W_m = \frac{m_2 - m_0}{m_0} \times 100\% \tag{1-10}$$

式中　W_m——材料的质量吸水率,%;

m_2——材料在浸水饱和状态下的质量，g;

m_0——材料在干燥状态下的质量，g。

材料的体积吸水率是材料吸收水分的体积与材料在自然状态下的体积（表观体积）之比，按下式计算：

$$W_V = \frac{(m_2 - m_0)/\rho_w}{V_0} \times 100\% = W_m \cdot \rho_0/\rho_w \tag{1-11}$$

式中　W_V——材料的体积吸水率,%;

V_0——材料在自然状态下的体积，cm^3;

ρ_0——材料在干燥状态下的表观密度，g/cm^3;

ρ_w——水的密度，g/cm^3。

为了说明材料的吸水程度（吸入水的体积与孔隙体积之比）或孔隙特征（开口孔隙体积与总孔隙体积之比），引入饱水系数 K_B 这一概念，用下式表示：

$$K_B = \frac{W_V}{P} \tag{1-12}$$

式中　K_B——材料的饱水系数。

K_B 在 0~1 之间波动。若 $K_B = 0$，即 $W_V = 0$，说明该材料所有孔隙未充水，或者该材料的孔隙全部是闭口孔隙，若 $K_B=1$，即 $W_V=P$，说明该材料所有孔隙全部被水充满，或者该材料的孔隙全部是开口孔隙。

K_B 也是反映材料抗冻性能的重要指标，若材料内部孔隙充满水且在负温下受冻结冰，则体积膨胀约 9%。若 $K_B<0.91$，材料孔隙体积大于水结成冰所膨胀的体积，则材料具有一定的抗冻能力，而 K_B 越小，抗冻性越好。一般有抗冻要求的材料 K_B 应小于 0.80。

1.1.2.4　耐水性

材料抵抗水的破坏作用的能力称为耐水性。不同材料的耐水能力表现方式也不同，对于装饰材料主要指颜色的变化，是否起泡、起皮等；而对于结构材料主要指强度变化，常用软化系数表示。软化系数的计算公式如下：

$$K=\frac{f_w}{f_d}\times 100\% \tag{1-13}$$

式中　K——材料的软化系数；

f_w——材料在饱水状态下的抗压强度，MPa；

f_d——材料在干燥状态下的抗压强度，MPa。

一般说来，材料吸水后，材料内部结合力减弱，造成强度不同程度的降低。不同材料的耐水性差别很大，钢的软化系数为 1，黏土的软化系数为 0，土木工程材料的软化系数在 0~1 之间波动。对于经常受到潮湿或水作用的结构，软化系数是选材的一项重要指标。用于长期处于水中或潮湿环境中的重要结构材料，软化系数应大于 0.85，软化系数大于 0.85 的称为耐水材料；用于受潮较轻的或次要结构的材料，软化系数应大于 0.75，软化系数大于 0.75 且小于 0.85 的称为一般耐水材料；软化系数小于 0.75 的称为非耐水材料，只用于干燥部位。国家标准《砌体结构通用规范》(GB 55007—2021) 规定，满足 50 年设计工作年限要求的块体材料软化系数不应小于 0.85，软化系数小于 0.9 的材料不得用于潮湿环境、冻融环境和化学侵蚀环境下的承重墙体。

1.1.2.5　抗渗性

抗渗性是指材料抵抗压力水或其他液体渗透的性质，常用渗透系数表示。渗透系数的计算公式如下：

$$K=\frac{Qd}{AtH} \tag{1-14}$$

式中　K——材料的渗透系数，渗透系数越小，材料的抗渗性越好；

Q——渗水量，cm^3；

d——试件厚度，cm；

A——渗水面积，cm^2；

t——渗水时间，h；

H——水头（水压力），cm。

材料的抗渗性也可以用抗渗等级来表示，抗渗等级是指在规定的试验方法下材料所抵抗的最大水压力，用 P_n 表示，如 P_4、P_6、P_8、P_{10}、P_{12} 等，分别表示可抵抗 0.4 MPa、0.6 MPa、0.8 MPa、1.0 MPa、1.2 MPa 的水压力而不渗透。材料的抗渗性与材料内部的孔隙率特别是开口孔隙率有关，开口孔隙率越大，大孔含量越多，则抗渗性越差；材料的抗渗性还与材料的憎水性和亲水性有关，憎水性材料优于亲水性材料。

地下建筑及水工建筑等，因经常受压力水的作用，所用材料应具有一定的抗渗性。防水材料也应具有很好的抗渗性。

材料的抗渗性与材料的耐久性（还包括抗冻性、耐腐蚀性等）有着非常密切的关系，一般而言，材料的抗渗性越好，水及各种腐蚀性介质越不容易进入材料内部，则材料耐久性越好。

1.1.2.6 抗冻性

材料在饱水状态下经过多次冻融循环，仍能保持其原有性质的能力称为抗冻性。材料吸水后，如果在负温下受冻，材料毛细孔内的水结冰，体积膨胀约9%，所产生的膨胀压力对孔壁产生大的拉应力，当拉应力超过材料自身的抗拉强度时，孔壁产生局部开裂，材料的强度随之下降。

材料的抗冻性常用抗冻等级Fn表示。根据抗冻等级的规定，将规定的试件经过一定次数的冻融循环之后，如果其强度损失不超过规定值，且外观没有明显的裂痕（裂纹）和剥落（质量损失不超过规定值），则此冻融循环的次数就作为抗冻等级。材料抗冻等级选择是根据结构物的种类、使用条件及气候条件来决定的。烧结普通砖、陶瓷面砖、轻混凝土等墙体材料和饰面材料，一般要求抗冻等级F15或F25；桥梁和道路混凝土应为F50、F100或F200；而水工混凝土要求在F250以上。

材料的抗冻性取决于材料吸水饱和程度（水饱和度）、孔隙特征和抵抗冻胀应力的能力；而就外界条件来说，材料受冻破坏的程度与冻融温度、结冰速度及冻融频繁程度等因素有关，温度越低、降温越快、冻融越频繁，则受冻破坏越严重。抗冻性越好的材料，抵抗大气温度变化、干湿交替等风化作用能力越强。所以抗冻性是土木工程材料耐久性的一项重要指标，对于受大气和水风化作用以及处于寒冷与严寒地区的结构物，材料的耐久性往往取决于它的抗冻性。

1.1.3 材料的热物理性质

在现代建筑中，建筑节能是当今建设工程的一项主要内容。为了给生产和生活创造更适宜的环境，要求土木工程材料须具备一定的热物理性质，以维持室内温度在一定时间内的稳定，达到节能的目的。常考虑的热物理性质指标有材料的导热性、热容量等。

1.1.3.1 导热性

材料传导热量的能力称为导热性。当固体材料两端或两侧表面存在温度差时，热量就会从高温一端（一侧）向低温一端（一侧）传递。根据热传导的傅里叶定律，热量传递的大小如下：

$$Q = \lambda \frac{T_2 - T_1}{d} A t \tag{1-15}$$

式中 Q——传热量，J；

λ——材料的导热系数，W/(m·K)；

d——试件厚度，m；

$T_2 - T_1$——材料的温差，K；

A——材料的传热面的面积，m^2；

t——传热的时间，s。

则导热系数（λ）为：

$$\lambda = \frac{Qd}{(T_2 - T_1)At} \tag{1-16}$$

导热系数（λ）是表征材料导热能力的物理参数，其物理意义是：面积为 1 m^2，厚度为 1 m 的单层平壁，当两侧温差为 1 K 时，单位时间所传递的热量。导热系数越小，则材料的保温性越好。大多数土木工程材料的导热系数为 0.035~3.5 W/(m·K)。发泡塑料是常用的保温材料，其导热系数为 0.035 W/(m·K)，大理石的导热系数为3.48 W/(m·K)。

导热系数与材料的化学组成、微结构、孔隙率、孔隙形态特征、含水受冻状况及导热时的温度等因素有关。

（1）无机材料的导热系数大于有机材料，金属材料大于非金属材料等。化学成分相同，而微结构不同，导热系数也有很大的差异，如晶体的导热系数大于玻璃的导热系数；宏观结构呈层状或纤维状的材料，其导热系数与层或纤维的方向有关，如木纹的顺纹导热系数为横纹导热系数的 3 倍。

（2）热量是通过固体骨架和孔隙中的空气传递的。空气的导热系数很小，为 0.023 W/(m·K)，而构成固体骨架的物质均有较大的导热系数，因此材料的孔隙率越大，即孔隙越多，导热系数越小。孔隙的大小和连通程度对导热系数也有影响，细小、封闭孔隙与粗大、开口孔隙相比，减少和降低了对流传热，因此，含细小、封闭孔隙的材料导热系数较低。

（3）材料中含水或冰时，因为水和冰的导热系数分别为 0.58 W/(m·K) 和 2.3 W/(m·K)，分别为空气的 25 倍和 100 倍，因此，绝热保温材料在施工以及使用过程中应注意防水、防潮。

（4）大多数土木工程材料（金属除外）的导热系数随温度的升高而增加，因此选择热力设备或管道的绝热材料时必须注意到这一特性。

1.1.3.2 热容量

单位质量材料温度升高或降低 1 K 所吸收或放出的热量称为热容量系数或比热容。比热容的计算式如下：

$$c = \frac{Q}{m(T_2 - T_1)} \tag{1-17}$$

式中 c——材料的比热容，J/(g·K)；

Q——传热量，J；

m——材料的质量，g；

$T_2 - T_1$——材料的温差，K。

水的比热容最大，为 4.2 J/(g·K)，各土木工程材料的比热容均小于水，如木材为 2.39~2.72 J/(g·K)，天然和人造石材（烧结普通砖、混凝土）为 0.75~0.96 J/(g·K)，钢为 0.48 J/(g·K)。

比热容与材料质量的乘积称为材料的热容量，用 q 表示，它表示材料温度升高或降低 1 K 时所吸收或放出的热量。材料的热容量对于保持建筑物内部温度稳定有很大的意义，热容量较大的材料或构件，能在热流变动或空调工作不均衡时，缓和室内温度的波动，从而达到节能的目的。

1.1.3.3 导温系数

导温系数又称热扩散系数，反映材料受热或冷却时各部分温度趋于一致的性能。导温系数的计算式如下：

$$\delta = \frac{\lambda}{c\rho_0} \tag{1-18}$$

式中 δ——材料的导温系数，m^2/s；

ρ_0——材料的表观密度，kg/m^3。

λ——材料的导热系数，W/(m·K)；

c——材料的比热容，J/(g·K)。

导温系数说明材料在不稳定的热作用下，内部温度变化的速度与材料的导热系数成正比，而与材料的比热容和表观密度成反比，导温系数越大，说明温度趋于一致的速度越快。

1.1.3.4 材料的绝热性能

在建筑热工中常把 $1/\lambda$ 称为材料的热阻，用 R 表示，单位为 m·K/W。导热系数 λ 和热阻 R 都是评定土木工程材料保温隔热性能的重要指标。人们习惯把防止室内热量的散失称为保温，防止外部热量的进入称为隔热，将保温隔热统称为绝热。

材料的导热系数越小，其热阻越大，则材料的导热性能越差，其保温隔热性能越好。常将导热系数不大于 0.23 W/(m·K) 的材料称为绝热材料。

1.2 材料的力学性质

材料的力学性质是指材料在外力作用下抵抗变形或破坏的能力，又称为力学行为。

1.2.1 材料的强度和比强度

1.2.1.1 材料的强度

材料抵抗外力破坏的能力称为强度。当材料受到外力作用时，内部便产生应力，若外力增加，应力也相应增大，直到材料发生破坏，此时的极限应力值就是材料的强度。材料破坏时的荷载称为破坏荷载或最大荷载。

根据外力施加方式的不同，材料的强度可分为静力强度和动力强度。静力强度是外力逐渐增加的条件下所测得的强度，通常用于静荷载作用的结构计算，如材料的抗压强度、抗拉强度等；动力强度是指在单位时间内外力增量很大的条件下测得的强度，通常用于承受动荷载的结构或构件的设计，如疲劳强度、冲击强度等。

根据外力引起内应力的不同，材料的强度有抗压强度、抗拉强度、抗剪强度和抗弯（折）强度等，如图 1-4 所示。

材料的抗压强度、抗拉强度和抗剪强度按下式计算：

$$f = \frac{F}{A} \tag{1-19}$$

式中　f——抗压强度、抗拉强度或抗剪强度，MPa；

F——最大破坏荷载，N；

A——材料的受力截面面积，mm^2。

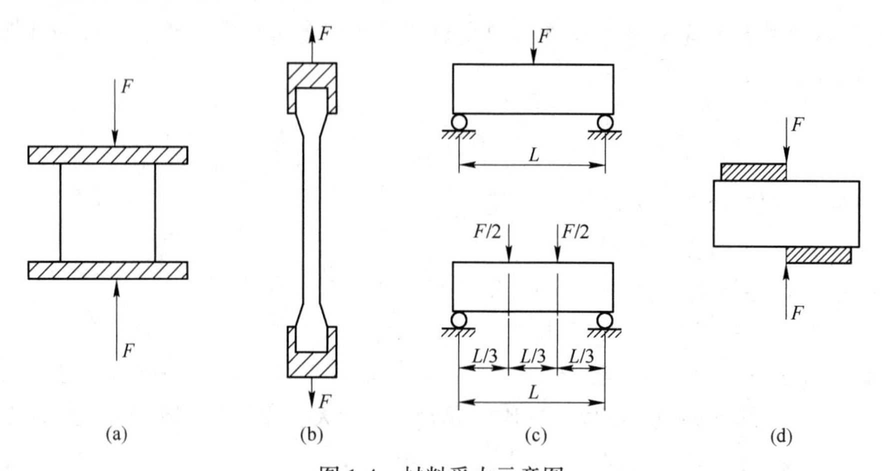

图 1-4　材料受力示意图

（a）抗压；（b）抗拉；（c）抗弯；（d）抗剪

材料的抗弯强度与试验方法有关，当采用一个集中荷载时，如测定水泥胶砂强度、普通混凝土抗折强度等，抗弯强度（f_m）按下式计算：

$$f_m = \frac{3Fl}{2bh^2} \tag{1-20}$$

当在三分点上加两个集中荷载时，如测定道路混凝土的抗弯强度，抗弯强度按下式计算：

$$f_m = \frac{Fl}{bh^2} \tag{1-21}$$

式中　f_m——抗弯强度，MPa；

F——最大破坏荷载，N；

l——支点间距，mm；

b，h——试件断面的宽度和高度，mm。

材料的强度主要取决于材料的组成和结构，不同种类的材料，强度差别甚大；同类材料，受力的形式和方向不同，强度也不同。如混凝土、玻璃等脆性材料的抗拉强度小于抗压强度，钢材等韧性材料的抗拉强度与抗压强度相近，木材、玻璃纤维增强材料的抗拉强度大于抗压强度。因此，应根据材料的受力特点选择和使用土木工程材料。

为了便于生产和使用，大部分土木工程材料根据其极限强度的大小，划分若干个不同的强度等级。例如，普通硅酸盐水泥根据 28 d 抗压强度可分为 42. 5、52. 5 和 62. 5 三个强度等级；混凝土根据抗压强度分为 C15、C20、C25、C30、C35、C40、…、C100 等多个强度等级。

1. 2. 1. 2　材料的比强度

在不同材料强度之间进行比较，常采用材料的比强度（specific strength）。比强度是指材料的强度与其密度之比，是衡量材料轻质高强特性的重要指标。比强度通常按下式计算：

$$f_s = \frac{f}{\rho_0} \tag{1-22}$$

式中 f_s——比强度，N·m/kg；

f——抗压强度或抗拉强度，MPa；

ρ_0——材料的表观密度，kg/m^3。

以常用钢材、木材、混凝土的抗压强度来比较，三者的比强度数值分别为0.053、0.069、0.012，可见木材属于轻质高强材料，混凝土属于重质低强材料。目前，在超高层建筑中使用轻质高强材料有不可替代的优势。

1.2.2 材料的变形

1.2.2.1 材料的弹性和塑性

材料在外力作用下发生变形，当外力取消后，能够完全恢复原来形状的性质称为弹性。这种能够完全恢复的变形称为弹性变形。

材料在外力作用下发生显著变形，但不断裂破坏，当外力取消后，仍保持变形后的形状尺寸的性质称为塑性。这种不可恢复的残余变形称为塑性变形。

在土木工程材料中，几乎没有完全的弹性材料和塑性材料。在受力不大时，呈弹性性质，外力大于弹性极限后，除产生弹性变形，还产生塑性变形。有的材料在受力后，弹性变形和塑性变形同时发生，外力除去后，弹性变形恢复，塑性变形则残留下来，称为永久的残余变形，如混凝土材料。

1.2.2.2 材料的徐变

材料在恒定外力作用下，随着时间缓慢增长的不可恢复的变形称为徐变。它属于塑性变形。

材料的徐变与应力成正比，即作用的外力越大，徐变越大。徐变过大将使材料趋于破坏。当应力不大时，材料在受力初期的徐变速度较快，后期逐步减慢，直至趋于稳定，如混凝土材料。晶体材料（如岩石、玻璃等）的徐变很小，而非晶体材料及合成高分子材料（如木材、塑料、沥青等）的徐变较大。

1.2.3 材料的脆性和韧性

脆性是材料在外力作用下，当外力达到一定限度后材料突然破坏而无明显的塑性变形的性质。脆性材料的特点是变形很小，且抗压强度比抗拉强度高得多，如玻璃、陶瓷、石材等无机非金属材料。

韧性是材料在外力作用下，能够吸收较大的能量，同时产生一定的变形而不破坏的性质，如钢材、木材、橡胶等。而材料在冲击、振动荷载作用下，能够吸收较大能量，产生一定的变形而不致破坏的性质称为冲击韧性，如钢材等金属材料。

1.2.4 材料的硬度和耐磨性

1.2.4.1 硬度

硬度是材料表面抵抗其他物体刻划或压入的能力。它与材料的强度等性能有一定的关系。不同材料的硬度测定方法不同，通常有刻划法、回弹法和压入法。

刻划法用于矿物材料的硬度测定，以滑石、石膏、方解石、萤石、磷灰石、长石、石英、黄玉、刚玉和金刚石 10 种矿物作为标准划分等级，这种硬度称为莫氏硬度。

回弹法用于测定混凝土的表面硬度，并可以间接测定混凝土的强度，也用于测定陶瓷、砖、砂浆、塑料、橡胶等的表面硬度和间接推算其强度。

压入法用于测定金属材料、塑料、橡胶、木材、人造板材等的硬度。以一定的压力将一定规格的钢球或金刚石制成的尖端压入试样表面，根据压痕的面积或深度测定硬度值。常用的方法有布氏法、洛氏法和维氏法，相应的硬度值称为布氏硬度（HB）、洛氏硬度（HRA、HRB、HRC）和维氏硬度（HV）。

1.2.4.2 耐磨性

耐磨性是材料表面抵抗磨损的能力。材料的耐磨性用磨损率或磨耗率表示，按下式计算：

$$G = \frac{m_1 - m_2}{A} \tag{1-23}$$

式中 G——材料的磨损率或磨耗率，g/cm²；

m_1——试件磨损或磨耗前的质量，g；

m_2——试件磨损或磨耗后的质量，g；

A——试件受磨面积，cm²。

材料的耐磨性与材料的组成结构以及强度和硬度有关。在土木工程中，对用于道路、地面、踏步等部位的材料，均应考虑其硬度和耐磨性。

1.3 材料的耐久性

材料在长期使用过程中能抵抗自身因素和周围各种介质的侵蚀而不破坏，仍能保持其原有性能的性质称为耐久性。耐久性是一项综合性质，如抗冻性、抗渗性、抗老化性、耐化学腐蚀性等均属耐久性的范围，各材料耐久性的具体内容因材料的组成结构、用途和破坏作用的不同而异。自身内在因素包括材料的结构缺陷、结晶缺陷、裂缝、内部组成的化学反应等；而外部环境中的作用包括物理作用、化学作用、生物作用和机械作用等。

（1）物理作用。包括干湿变化、温度变化、冻融变化，以及光、热、电的作用等。这些变化会引起材料的收缩和膨胀，内部孔隙的发育和增加。

（2）化学作用。包括各种酸、碱、盐及其水溶液，各种腐蚀性气体，对材料进行化学腐蚀或氧化作用。如钢筋锈蚀，混凝土碳化、酸雨腐蚀、沥青老化等。

（3）生物作用。包括昆虫、细菌等的侵害作用，可使材料产生虫蛀、腐朽等破坏。

（4）机械作用。包括各种持续荷载作用，各种交变荷载引起的疲劳、冲击、磨耗和磨损等。

在实际工程中，材料受到的破坏作用往往是多种因素同时并存。例如金属材料的化学作用和电化学作用引起的腐蚀和破坏；无机非金属材料受到的风化、冻融、摩擦等因素作用引起的破坏；有机材料因生物作用、化学腐蚀、光、热等作用引起的老化等。对材料耐久性评判一般采用实验室进行快速试验，几乎所有的试验方法都是属于单一因素的耐久性试验方法，如混凝土的抗渗性、抗冻性等，目前，国内外还没有多因素同时作用的耐久性试验方法，因此，很多耐久性试验要结合工程实际，进行长期观测，才能保障建筑物在使用年限内的安全运行。

1.4 材料的安全性

材料的安全性是指材料在生产和使用过程中是否对人类和环境造成危害的性能。土木工程材料的安全性可分为灾害安全性、卫生安全性和环境安全性等。

材料的灾害安全性是指材料在灾害发生时是否对人或结构造成危害的性能。例如材料的建筑结构的安全性（如保温材料对房屋结构承重的安全性等）、建筑功能的安全性（如材料对防水安全性等）、防火性与耐火性、抗爆性、抗冲击性等。

材料的卫生安全性是指材料在生产和使用过程中是否对人体健康造成危害的性能。例如材料的放射性（如天然石材的放射性、陶瓷制品的放射性、室内氡气的污染，电脑、手机等放射源等）、材料的挥发或溶出物对环境的污染性（如人造板材的甲醛、混凝土防冻剂尿素等对人体健康的危害）、材料的致癌性（如建筑胶黏剂、溶剂型涂料等挥发物）等。

材料的环境安全性是指材料在生产和使用过程中是否对环境造成危害的性能。包括材料的可再生性（如再生骨料混凝土、再生塑料等）、材料对环境的污染性（如水泥生产、水泥类制品等）和对环境的友好性（如矿渣、粉煤灰等工业废弃物的综合利用等）。

随着社会的发展和人民生活水平的提高，人们对材料的质量和性能越来越重视，对各种生活环境和人居环境的要求也越来越高，在土木工程材料的选择和使用过程中，不仅要考虑材料的使用性能，还注重材料的安全性。我们国家宏观政策也是如此，不仅禁止实心黏土砖的使用，而且大力推广工业废弃物的利用，实现土木工程材料的绿色化、健康化。

【背景知识】

气凝胶——最轻的固体材料

气凝胶是目前已知的最轻固体材料，具有极大的比表面积和极低的导热系数。含纳米孔的气凝胶在热学、光学、声学和电学上的独特性，使其在航空航天、国防军工等领域得到广泛应用。近年来，国内外开始将气凝胶材料从航天军工材料逐渐向民用材料转化，以替代传统的高耗能材料，如绿色建筑墙体保温材料、节能气凝胶玻璃、钢结构涂料等。

图 1-5 一块 100 cm^3的“全碳气凝胶”放在一朵花上（新华社记者鞠焕宗摄）

2013 年 3 月，浙江大学的科学家们研制出了一种超轻材料，被称为“全碳气凝胶”（见图 1-5），该固态材料密度只有 0.16 mg/cm^3，仅为空气密度的 1/6，是迄今为止世界上最轻的材料。

“气凝胶”是半固体状态的凝胶经干燥、去除溶剂后的产物，外表呈固体状，内部含有众多孔隙，充斥着空气，因而密度极小。浙江大学高分子科学与工程学系高超教授的课题组将含有石墨烯和碳纳米管两种纳米材料的水溶液在低温环境下冻干，去除水分、保留骨架，成功刷新了“最轻材料”的纪录。此前的“世界纪录保持者”是由德国科学家在2012年底制造的一种名为“石墨气凝胶”的材料，密度为0.18 mg/cm^3。

据介绍，“全碳气凝胶”还是吸油能力最强的材料之一。现有的吸油产品一般只能吸收自身质量10倍左右的有机溶剂，而“全碳气凝胶”的吸收量可高达自身质量的900倍。在浙江省2014年科技成果竞价（拍卖）会上，浙江大学纳米高分子课题组的纳米和石墨烯材料技术成果（即“全碳气凝胶”）以1000万元成交，创造了当日最高成交价。

练 习 题

1-1 填空题

（1）反映材料吸热能力大小的指标为________。工程中，为保持建筑物内部温度稳定，应选用热容量________的材料。

（2）材料的密度是指材料在________状态下单位体积的质量；材料的表观密度是指材料在________状态下单位体积的质量。

（3）量取10 L气干状态的卵石，称重为14.5 kg；又取500 g烘干的该卵石，放入装有500 mL水的量筒中，静置24 h后，水面升高为685 mL。则该卵石的堆积密度为________，视密度为________，空隙率为________。

（4）多孔材料吸湿受潮后，其热导率________。

（5）吸水率是反映材料________的大小，含水率则是表示材料________的大小。

（6）绝热材料通常孔隙率________，孔隙特点是________。

（7）选择建筑物围护结构的材料时，应选用热导率较________、热容量较________的材料，保证良好的室内气候环境。

（8）同种材料的孔隙率愈________，材料的强度愈高；当材料的孔隙率一定时下，________孔隙愈多，材料的绝热性愈好。

（9）材料耐水性的强弱可以用系数表示，材料耐水性越差，该值越________。

（10）体积吸水率是指材料体积内被水充实的________，又约等于________孔隙率。

1-2 单项选择题

（1）含水率为15%的碎砖100 kg，其中水的质量为（　　）。

A. 15.0 kg　　B. 13.04 kg　　C. 12.75 kg　　D. 以上均不对

（2）颗粒材料的密度为ρ，表观密度为ρ_0，堆积密度为ρ_0'，则存在下列关系（　　）。

A. $\rho>\rho_0'>\rho_0$　　B. $\rho_0>\rho>\rho_0'$　　C. $\rho>\rho_0>\rho_0'$　　D. $\rho_0'>\rho>\rho_0$

（3）材质相同的A、B两个材料，已知它们的表观密度$\rho_{0A}>\rho_{0B}$，则A材料的保温效果比B材料（　　）。

A. 好　　B. 差　　C. 一样　　D. 无法判定

（4）当材料的孔隙率增大时，材料的密度（　　）。

A. 不变　　B. 变小　　C. 变大　　D. 无法确定

（5）通常，材料的软化系数为（　　）时，可以认为是耐水的材料。

A. ≥0.85　　B. <0.85　　C. 0.75　　D. 0.95

（6）材料的抗冻性是指材料在标准试验后，（　　）的性质。

A. 质量损失小于某个值　　B. 强度损失小于某个值

C. 质量损失和强度损失各小于某个值　　D. 质量和强度均无损失

（7）混凝土是一种（　　）材料。

A. 弹性体　　B. 塑性体　　C. 弹塑性体　　D. 韧性体

1-3　简答题

（1）材料的弹性与塑性、脆性与韧性有什么不同？

（2）当材料的孔隙率增大时，材料的其他性质如何变化？

（3）材料的孔隙率、孔隙状态、孔隙尺寸对材料的性质（如强度、保温、抗渗、抗冻、耐腐蚀、耐久性、吸水性等）有何影响？

（4）生产材料时，在组成一定的情况下，可采取哪些措施来提高材料的强度和耐久性？

（5）材料的密度、表观密度、堆积密度有何区别，材料含水后对密度和表观密度有什么影响？

（6）影响材料吸水性的因素有哪些，含水对材料的哪些性质有影响，影响如何？

（7）材料的强度与强度等级的关系如何？

（8）试回答建筑工程上使用的绝热材料的下列要求（特点）。

项目	导热系数	表观密度	抗压强度	孔的形状
要求	小于________ W/(m·K)	小于________ kg/m^3	大于________ MPa	

（9）材料的吸水性、吸湿性、耐水性和抗冻性各用什么指标或系数表示？

1-4　计算题

（1）制作两块标准尺寸（150 mm×150 mm×150 mm）的混凝土试件，假定两者强度相同。测得表观密度分别为 2350 kg/m^3 和 2500 kg/m^3，将其放入水中浸泡 24 h 后取出并将表面擦干，称其质量分别为 8020 g 和 8560 g，试求这两块混凝土试块的开口孔隙率，并判别两块混凝土试块的抗冻性优劣情况。

（2）某标准尺寸的烧结普通砖，气干状态下的质量为 2480 g，烘干至绝干状态时质量为 2404 g，吸水饱和时质量为 2820 g，试求该黏土砖的含水率、体积吸水率、不同含水状态的表观密度及其开口孔隙率。

（3）现有同一组成的甲、乙两种墙体材料，密度为 2.7g/cm^3。甲材料的绝干表观密度为 1400 kg/m^3，质量吸水率为 17.0%；乙材料的吸水饱和后表观密度为 1862 kg/m^3，体积吸水率为 46.2%。试求：

1）甲材料的孔隙率和体积吸水率；

2）乙材料的绝干表观密度和孔隙率；

3）评价甲、乙两种材料，指出哪种材料更适宜做外墙板，说明依据。

（4）破碎的岩石试样经完全干燥后，它的质量为 482 g。将它置入盛有水的量筒中，经长时间后（吸水饱和），量筒的水面由原 452 cm^3 上升至 630 cm^3。取出该石子试样，擦干表面后称得其质量为 487 g。试求该岩石的开口孔隙率、表观密度、体积吸水率。

（5）现有一块绝干质量为 2550 g 的石料试件，吸水饱和后质量为 2575 g，将表面擦干后，测得石料的质量为 1580 g。将此石料磨细烘干后称取 50 g，测得其排水体积为 18.52 mL。求此石料的吸水率、表观密度和孔隙率。

（6）某岩石试样干燥时的质量为 250 g，将该岩石试样放入水中，待岩石试样吸水饱和后，排开水的体积为 100 cm^3。将该岩石试样用湿布擦干表面后，再次投入水中，此时排开水的体积为 125 cm^3。试求该岩石的表观密度、吸水率及开口孔隙率。

（7）某石子绝干时的质量为 m，将此石子表面涂一层已知密度的石蜡（$\rho_{蜡}$）后，称得总质量为 m_1。将此涂蜡的石子放入水中，称得在水中的质量为 m_2。问此方法可测得材料的哪项参数？试推导出计算公式。

（8）车厢容积为 4 m^3的货车，问一次可分别装载（平装、装满）多少吨石子、烧结普通黏土砖？已知石子的密度为 2.65 g/cm^3，堆积密度为 1550 kg/m^3；烧结普通黏土砖的密度为 2.6 g/cm^3，表观密度为 1700 kg/m^3。

(9) 经测定，质量为 3.4 kg，容积为 10.0 L 的容量筒装满绝干石子后的总质量为 18.4 kg。若向筒内注入水，待石子吸水饱和后，为注满此筒共注入水 4.27 kg。将上述吸水饱和的石子擦干表面后称得总质量为 18.6 kg（含筒重）。求该石子的表观密度、吸水率、堆积密度、开口孔隙率。

(10) 一块尺寸标准的烧结普通砖（240 mm×115 mm×53 mm），在含水率为 3.0%的条件下称得它的质量为 2520 g，并已知它的质量吸水率为 11.0%，以及它的孔隙率为 20.0%。试求该砖的闭口孔隙率。（提示：孔隙率=闭口孔隙率+开口孔隙率，开口孔隙率约等于体积吸水率。）

2 无机胶凝材料

本章学习的主要内容和目的：掌握气硬性胶凝材料及其用途；熟悉硅酸盐水泥矿物组成、性质及选用；了解其他水泥。

胶凝材料在一定的条件下经过一系列的物理、化学变化，能将散粒材料（如砂、石等）和块体材料（如各种砖、砌块等）黏结成为具有一定强度的整体材料。

胶凝材料按其化学成分可分为无机胶凝材料和有机胶凝材料。有机胶凝材料主要是天然或合成的有机高分子化合物，如石油沥青、各种胶黏剂等。无机胶凝材料根据其硬化条件的不同又可分为气硬性无机胶凝材料和水硬性无机胶凝材料两类。

气硬性无机胶凝材料只能在空气中硬化，并保持和发展其强度，如石灰、石膏、水玻璃、镁质胶凝材料等。水硬性无机胶凝材料既能在空气中硬化，又能更好地在水中硬化，保持并继续发展其强度，如水泥。

2.1 石　　灰

石灰（lime）是一种古老的建筑材料。我国在公元前 7 世纪的周朝出现了石灰。《左传》记载，“成公二年（公元前 635 年）八月宋文公卒，始厚葬用蜃灰。”蜃灰就是用蛤壳烧制而成的石灰。后来，石灰被广泛应用于建筑、道路、医疗等多个领域。

由于石灰具有原料分布广泛、生产工艺简单、成本低、使用方便等优点，故被广泛应用于土木工程中，目前石灰仍然是一种使用十分广泛的建筑材料。我国石灰年产量超过 3 亿吨，生产企业近 5000 家。

2.1.1 石灰的生产

以碳酸钙（$CaCO_3$）为主要成分的天然岩石，如石灰石、白垩、白云岩等，都可以用来生产石灰。

石灰石中还含有少量碳酸镁（$MgCO_3$）杂质，石灰石经过煅烧生成石灰，亦称生石灰（quicklime），主要成分为氧化钙（CaO）。其反应式为：

$$CaCO_3 \xrightarrow{\triangle} CaO + CO_2$$

而碳酸镁分解成氧化镁（MgO），其反应式为：

$$MgCO_3 \xrightarrow{\triangle} MgO + CO_2$$

因此，生石灰的主要成分是 CaO，另外还含有少量 MgO。根据 MgO 质量分数的多少，生石灰可分为钙质石灰（$w(MgO) \leq 5\%$）和镁质石灰（$w(MgO) > 5\%$）。

在实际生产中，为加快分解，煅烧温度通常提高到 1000~1100 ℃。由于石灰石原料尺寸大小不一、距离火源远近不同、煅烧时窑温分布不均或煅烧时间等原因，石灰中通常含有欠火石灰和过火石灰。欠火石灰是石灰石中的碳酸钙未完全分解，导致石灰中氧化钙的含量低，降低了石灰的利用率，使用时缺乏黏结力。过火石灰是石灰的表面及杂质发生熔结，导致石灰结构致密，熟化速度缓慢。

正常温度下煅烧良好的石灰质轻色白，呈疏松多孔结构，密度为 3.1~3.4 g/cm^3，堆积密度为 800~1000 kg/m^3。为便于使用，块状石灰通常加工成生石灰粉、消石灰粉或石灰膏。生石灰粉是由块状生石灰磨细得到的细粉，其主要成分是 CaO；消石灰（hydrated lime）粉是块状生石灰用适量水熟化得到的粉末，又称熟石灰（slaked lime），其主要成分是 $Ca(OH)_2$；石灰膏是块状生石灰用较多的水（为生石灰体积的 3~4 倍）熟化而得到的膏状物，也称石灰浆，其主要成分也是 $Ca(OH)_2$。通常所说的石灰一般是指生石灰。

2.1.2 石灰的熟化与硬化

生石灰与水反应生成氢氧化钙（熟石灰）的过程，称为石灰的熟化或消化。熟化后的石灰称为熟石灰或消石灰，主要成分是氢氧化钙。石灰熟化的反应方程式为：

$$CaO + H_2O \longrightarrow Ca(OH)_2$$

石灰熟化时放出大量的热，实际需水量大，体积迅速膨胀 1~2.5 倍。煅烧良好、氧化钙含量高的石灰熟化快、放热量大、体积膨胀也大。

石灰中一般含有少量的过火石灰，过火石灰熟化十分缓慢，如果在石灰浆体硬化后再发生熟化，会因熟化产生的膨胀使得构件表面凸起、开裂或局部脱落，严重影响工程质量。因此，石灰一般在使用前采取提前洗灰，在水中陈伏两周以上，以消除过火石灰产生的危害。陈伏期间，石灰浆表面应有一层水分，与空气隔绝，防止碳化。

石灰浆体的硬化过程主要包括结晶和碳化这两个同时进行的过程。石灰熟化时多余水分的蒸发或被砌体吸收使石灰浆体干结，获得一定的强度，但获得的强度不大，遇水又会丧失。随着水分的蒸发，氢氧化钙逐渐从溶液中结晶出来，产生强度，但析出的氢氧化钙数量有限，强度增长也不大，遇水也会丧失。

结晶的氢氧化钙在潮湿状态下会与空气中的二氧化碳反应生成碳酸钙，即碳化，使得强度进一步提高。但是，由于空气中的二氧化碳浓度较低，而石灰表面形成的碳酸钙层结构较为致密，会阻碍二氧化碳的进一步渗入，因此，碳化过程十分缓慢。

2.1.3 石灰的技术性质与质量要求

2.1.3.1 石灰的技术性质

（1）保水性强。石灰熟化后形成的石灰浆中，石灰颗粒形成氢氧化钙胶体结构，颗粒极细（粒径约为 1 μm），比表面积高达 10000~30000 m^2/kg，其表面吸附一层较厚的水膜，有较强的保持水分的能力，与水泥配制水泥石灰混合砂浆，显著提高砂浆的保水能力，便于施工和砂浆强度的发展。

（2）吸湿性强。它是传统的干燥剂。

（3）凝结硬化慢，强度低。石灰浆在空气中碳化过程缓慢，因而硬化缓慢，硬化后强度也不高，1∶3 的石灰砂浆的 28 d 抗压强度只有 0.2~0.5 MPa。

（4）耐水性差。处于潮湿环境时，石灰浆中的水分不易蒸发，二氧化碳无法渗入，硬化停止；且氢氧化钙易溶于水，已硬化的石灰浆遇水还会溶解溃散，因此，石灰不宜长期在潮湿或浸水的环境中使用。

（5）体积收缩大。石灰浆在硬化过程中，需蒸发大量的水分，引起体积显著收缩，会导致硬化石灰构件开裂。所以，石灰除可以配制石灰乳用作粉刷外，不宜单独使用。一般在石灰中加入砂、纸筋、麻刀等，减少和抵抗收缩引起的开裂。

2.1.3.2 石灰的质量要求

评定石灰质量的主要指标是有效氧化钙和氧化镁的含量，而这是发挥其胶凝性能的主要成分。除此之外，还有未消化残渣含量、生石灰的细度；消石灰粉则还有安定性、细度和游离水含量的要求。

我国建材行业标准《建筑生石灰》（JC/T 479—2013）和《建筑消石灰》（JC/T 481—2013）分别对建筑工程中使用的生石灰和消石灰的技术要求做了规定。《硅酸盐建筑制品用生石灰》（JC/T 621—2021）对蒸压加气混凝土板、蒸压加气混凝土砌块、蒸压粉煤灰砖、蒸压粉煤灰空心砖及空心砌块、蒸压灰砂砖及砌块、硅酸钙板等硅酸盐建筑制品用生石灰的技术要求做了规定，主要技术指标如表 2-1 所示。

表 2-1 硅酸盐建筑制品用生石灰的理化性能

<table>
<tr><th colspan="2" rowspan="2">项 目</th><th colspan="3">等 级</th></tr>
<tr><th>Ⅰ级</th><th>Ⅱ级</th><th>Ⅲ级</th></tr>
<tr><td colspan="2">$w(CaO+MgO)$/%</td><td>≥90</td><td>≥75</td><td>≥65</td></tr>
<tr><td colspan="2">$w(SiO_2)$/%</td><td>≤2</td><td>≤4</td><td>≤6</td></tr>
<tr><td rowspan="2">$w(MgO)$/%</td><td>钙质生石灰</td><td>≤2</td><td colspan="2">≤5</td></tr>
<tr><td>镁质生石灰</td><td colspan="3">>5 且≤10</td></tr>
<tr><td colspan="2">石灰中的残余 CO_2（质量分数）/%</td><td>≤2</td><td>≤5</td><td>≤7</td></tr>
<tr><td colspan="2">消化速度/min</td><td colspan="3">≤15</td></tr>
<tr><td colspan="2">消化温度/℃</td><td colspan="3">≥60</td></tr>
<tr><td colspan="2">未消化残渣/%</td><td>≤5</td><td>≤10</td><td>≤15</td></tr>
<tr><td colspan="2">细度（75 μm 筛筛余）/%</td><td colspan="2">≤10</td><td>≤15</td></tr>
</table>

2.1.4 石灰的应用

石灰在土木工程中应用很广，主要用途如下：

（1）制作石灰乳和石灰砂浆。将消石灰粉或熟化好的石灰膏加水搅拌稀释后，称为石灰乳涂料，主要用于内墙和天棚刷白。石灰乳可加入各种耐碱颜料，调制成彩色涂料；石灰乳由于本身耐水性差，可调入少量磨细粒化高炉矿渣或粉煤灰，提高其耐水性；调入聚乙烯醇、氯化钙或明矾等，可减少涂层起粉现象。石灰砂浆是用石灰膏、砂和水拌制而成，可用来砌筑墙体，也可用于墙面、柱面和顶棚等的抹灰。

（2）配制石灰土（灰土）和三合土。消石灰粉和黏土按一定比例配制，称为石灰土，再加入炉渣、砂、石等填料，即成三合土。石灰土和三合土经夯实后强度高、耐水性好，且操作简单、成本低，广泛用于建筑物、广场和道路的垫层和基础。石灰土和三合土之间的物理化学作用尚待继续研究，可能是石灰改善了黏土的和易性，在强夯之下提高了紧密度。而且，黏土中含有少量的活性氧化硅和氧化铝，与氢氧化钙发生化学反应，生成了不溶性的水化硅酸钙和水化铝酸钙，将黏土颗粒固结起来，从而提高了黏土的强度和耐水性。

（3）制作硅酸盐制品。石灰是制作硅酸盐建筑制品的主要原料之一。将磨细的生石灰或消石灰粉与硅质材料（如粉煤灰、火山灰、炉渣、煤矸石、砂等）按一定比例配合，经成型养护等工序制造的砖、砌块等人造材料，称为硅酸盐制品。常用的有粉煤灰砖、粉煤灰砌块、灰砂砖、加气混凝土等。

（4）制作碳化石灰板。碳化石灰板是将磨细生石灰、纤维状填料（如玻璃纤维）或轻质骨料和水按一定比例搅拌成型，然后用二氧化碳进行人工碳化而成的轻质板材。为了减轻自重、提高碳化效果，多制成空心板。碳化石灰板表观密度为 700~800 kg/m^3，抗弯强度 3~5 MPa，抗压强度 5~15 MPa，导热系数小于 0.2 W/(m·K)，能锯、能钉，主要用于非承重内墙板、天花板等。

2.2 建筑石膏

石膏（gypsum）是以硫酸钙为主要成分的气硬性无机胶凝材料。我国石膏主要用于生产水泥，其用量约占总产量的 80%，其他主要用于建筑石膏制品。建筑石膏制品具有质量轻、抗火、隔声、绝热效果好等优点，同时生产工艺简单，原料来源丰富，是一种理想的高效节能材料，在建筑工程中已得到广泛应用。

2.2.1 石膏的生产

生产石膏胶凝材料的原料分为天然石膏和工业副产石膏。天然石膏有二水石膏（$CaSO_4 \cdot 2H_2O$，又称软石膏或生石膏）、无水石膏（anhydrite，化学式为 $CaSO_4$，又称硬石膏）。工业副产石膏是指含有二水石膏的化工副产品及废渣，如磷石膏、氟石膏、钛石膏、脱硫石膏等。其中，磷石膏（phosphogypsum）是磷化工企业湿法生产磷酸的工业副产品，主要矿物成分为二水硫酸钙，且含有少量的磷、氟、氧化物和少量重金属等杂质。据统计，2016—2022 年，我国磷石膏综合利用率从 36.5%增长到 50.4%，但目前磷石膏年产生量约 8000 万吨，堆存量仍然高达 8.7 亿吨，既占用大量土地资源，又造成环境污染隐患。因此，大力推进工业副产石膏的资源化利用对于我国建设生态文明社会具有重要意义。

石膏胶凝材料的生产通常是将原料经破碎、脱水和磨细等工序，根据加热方式与加热温度的不同，可生产出不同品种的石膏胶凝材料。

2.2.1.1 建筑石膏

建筑石膏（calcined gypsum）是指将天然石膏或工业副产石膏经一定温度煅烧脱水处

理制得的以β型半水石膏（$\beta\text{-}CaSO_4 \cdot \frac{1}{2}H_2O$）为主要成分，不预加任何外加剂或添加物，用于建筑材料的粉状胶凝材料。根据原材料的不同，建筑石膏主要有天然建筑石膏、脱硫建筑石膏、磷建筑石膏等不同品种。

建筑石膏通常是在常压下将二水石膏加热到107～170 ℃生成，其反应式如下：

$$CaSO_4 \cdot 2H_2O \xrightarrow{\triangle} CaSO_4 \cdot \frac{1}{2}H_2O + \frac{3}{2}H_2O$$

建筑石膏晶体较细，调制成一定稠度浆体时，实际需水量大，所以硬化后的建筑石膏制品孔隙率大，强度较低。

2.2.1.2 高强石膏

将天然二水石膏在124 ℃、0.13 MPa压力饱和蒸汽条件下蒸炼脱水，可得到α型半水石膏（$\alpha\text{-}CaSO_4 \cdot \frac{1}{2}H_2O$），经磨细得到高强石膏。

高强石膏晶粒粗大，比表面积小，调制成塑性浆体时需水量只有建筑石膏的一半左右，因此硬化后具有较高的密实度和强度，3 h强度可达到9～24 MPa，7 d强度可达到15～40 MPa。高强石膏可用于强度较高的抹灰工程、装饰制品和石膏板。在高强石膏中加入防水剂可用于湿度较高的环境中。

2.2.2 建筑石膏的凝结硬化

建筑石膏与适量的水拌和后，半水石膏水化生成二水石膏，放出热量，可塑性浆体很快凝结硬化成具有一定强度的硬化体。其水化反应式为：

$$CaSO_4 \cdot \frac{1}{2}H_2O + \frac{3}{2}H_2O \longrightarrow CaSO_4 \cdot 2H_2O$$

半水石膏加水后首先溶解，然后水化生成二水石膏，由于二水石膏的溶解度仅为半水石膏的1/5左右，所以二水石膏以胶体微粒从过饱和溶液中结晶析出。因二水石膏的析出，破坏了半水石膏的溶解平衡，半水石膏继续溶解水化，如此不断地进行二水石膏的结晶和半水石膏的水化，直到半水石膏全部耗尽为止。在以上过程中，石膏浆体中自由水分因水化和蒸发而逐渐减少，浆体逐渐变稠，失去可塑性，整个过程称为凝结。石膏凝结以后，其晶体颗粒仍在不断长大和相互交错生长，形成结晶结构网，使浆体产生强度，并不断增长，直到水分完全蒸发，形成坚硬的石膏结构，强度才停止增长，这个过程称为石膏的硬化。

半水石膏水化反应的理论需水量为其质量的18.6%，在使用中为了使浆体具有足够的流动性，通常实际需水量远大于理论需水量，可达60%～80%。因此，硬化石膏体中含有大量的孔隙。

2.2.3 建筑石膏的技术要求和技术性质

2.2.3.1 建筑石膏的技术要求

国家标准《建筑石膏》（GB/T 9776—2022）规定，建筑石膏的物理力学性能应符合表2-2的要求。

表 2-2 建筑石膏的物理力学性能

等级	凝结时间/min		2 h 湿强度/MPa		干强度/MPa	
	初凝	终凝	抗折	抗压	抗折	抗压
4.0	≥3	≤30	≥4.0	≥8.0	≥7.0	≥15.0
3.0			≥3.0	≥6.0	≥5.0	≥12.0
2.0			≥2.0	≥4.0	≥4.0	≥8.0

2.2.3.2 建筑石膏的技术性质

（1）孔隙率大、表观密度小。石膏浆体硬化后，大量多余自由水分将蒸发，内部留下大量的孔隙，孔隙率高达 50%～60%，因而其表观密度小，使得石膏制品具有导热系数小、吸声隔声性强等特点。

（2）凝结硬化快。建筑石膏加水拌和后，浆体的初凝和终凝时间都很短，一般在加水后 5～15 min 即凝结，大约 7 d 完全硬化。为了施工的方便，可掺入适量的缓凝剂来延长石膏的凝结。常用缓凝剂有硼砂、酒石酸钠、柠檬酸、动物胶等。如果需要速凝，可以加入未经煅烧的磨细生石膏粉末，可使其在短时间内凝固。

（3）防火性好。建筑石膏制品在遭遇火灾时，二水石膏将脱出结晶水，吸热蒸发，并在制品表面形成水蒸气幕和脱水物隔热层，有效地减少火焰对制品内部结构的破坏，具有良好的防火效果。但不宜长期用于靠近 65 ℃以上的高温部位或环境，否则制品会脱水而失去强度。

（4）体积微膨胀，装饰性好。与其他胶凝材料（如石灰、水泥等）硬化后出现收缩相比，建筑石膏在硬化后反而略有膨胀（膨胀率为 0.05%～0.15%），这样使得石膏硬化后表面光滑饱满，可制作出纹理细致的浮雕花饰。而且石膏硬化后湿胀干缩也较小，体积稳定，干燥时不开裂。同时，石膏制品的质地洁白细腻、典雅美观，着色能力也强，可制成各种彩色石膏制品，是一种较好的装饰材料。

（5）吸湿性强。由于空气湿度变化，二水石膏与半水石膏之间的转化是可逆的，可调节室内空气的湿度，这称为石膏的“呼吸”功能。

（6）耐水性和抗冻性差。建筑石膏硬化后有很强的吸湿性，在潮湿条件下，吸收空气中的水分，使得晶粒间结合力减弱，导致强度下降，其软化系数仅为 0.3～0.45；若长期浸水，还会因二水石膏晶体溶解而引起破坏。如果石膏制品吸水饱和后受冻，会引起孔隙中的水结冰膨胀而开裂破坏。所以石膏制品的耐水性和抗冻性较差，不宜用于潮湿部位。

（7）强度低。由于石膏制品的孔隙率较大，使得石膏制品强度较低，通常石膏硬化后强度只有 3～5 MPa。

2.2.4 建筑石膏的应用

建筑石膏在建筑工程中可用于室内粉刷、制作建筑石膏制品等。

（1）室内抹灰和粉刷。由于建筑石膏凝结时间很短，故难以在施工中直接作为抹灰材料。粉刷石膏是由 β 型半水石膏和其他石膏相（硬石膏或煅烧土质石膏）、各种外加剂（木钙、柠檬酸、酒石酸等缓凝剂）及附加材料（石灰、烧黏土、氧化铁红、细集料等）

组成的一种新型抹灰材料（如石膏胶泥等）。既具有石膏快硬早强、尺寸稳定、吸湿、防火、轻质等优点，又不会产生开裂、空鼓和起皮现象。不仅可作为水泥砂浆或水泥石灰混合砂浆的罩面，还可粉刷在混凝土墙、板、天棚等光滑的底层上。粉刷成的墙面致密光滑、质地细腻，其施工方便、工效高。

（2）制作建筑石膏制品。用于生产各种石膏板和石膏砌块等制品。在石膏中加入纤维等材料，制成石膏板。石膏板具有质量轻、保温、隔热、吸声、隔声、防火、调湿、尺寸稳定、可加工性好、安装和使用方便、成本低等优良性能，是一种较好的新型建筑材料。广泛用作各种建筑物的内隔墙、顶棚及各种装饰饰面。我国目前生产的石膏板有纸面石膏板、石膏空心条板、石膏装饰板、纤维石膏板及石膏吸声板等。在建筑石膏中加入耐水外加剂（如有机硅憎水剂等）可生产耐水建筑石膏制品，如室外罗马柱、室外石膏雕塑等；掺入无机耐火纤维（玻璃纤维）可生产耐火建筑石膏制品；在石膏板上粘贴装饰纸，可制作饰面材料，部分替代人造饰面板等。建筑石膏在运输及储存时应注意防潮，一般储存 3 个月后，强度将降低 20%~30%，所以储存期超过 3 个月应重新进行质量检验，确定其等级。

2.3 水 玻 璃

水玻璃又称泡花碱，是一种易溶于水的碱金属硅酸盐，由不同比例的碱金属和二氧化硅所组成，是一种气硬性无机胶凝材料。它分为硅酸钠水玻璃（$Na_2O \cdot nSiO_2$）和硅酸钾水玻璃（$K_2O \cdot nSiO_2$）等，常用的是硅酸钠水玻璃。

2.3.1 水玻璃的生产

水玻璃的生产有干法和湿法两种。干法生产硅酸钠水玻璃时，将石英砂和碳酸钠磨细拌匀，在 1300~1400 ℃温度下熔化，经冷却后生成固体水玻璃，然后在水中加热溶解而成液体水玻璃。湿法生产硅酸钠水玻璃时，将石英砂和苛性钠溶液在压蒸锅（2~3 个大气压）内用蒸汽加热并搅拌，使其直接反应生成液体水玻璃。

纯净的液体水玻璃溶液为无色透明液体，因所含杂质的不同而呈青灰色、绿色或黄色。氧化硅和碱金属氧化物的物质的量之比 n 称为水玻璃模数，一般为 1.5~3.5，建筑工程中常用的水玻璃模数为 2.6~2.8。固体水玻璃在水中溶解的难易随模数而定，n 为 1 时能溶解于常温水，随着 n 的加大，则只能在热水中溶解；当 n 大于 3 时，需在 0.4 MPa 以上的蒸汽中才能溶解。低模数水玻璃的晶体组分较多，黏结力较差，模数提高时，交替组分相对增多，黏结力随之增大。

2.3.2 水玻璃的硬化

液体水玻璃在空气中吸收二氧化碳，形成无定形硅酸，并逐渐干燥而硬化，其反应方程式为：

$$Na_2O \cdot nSiO_2 + CO_2 + mH_2O \longrightarrow Na_2CO_3 + nSiO_2 \cdot mH_2O$$

此过程进行非常缓慢，为了加速硬化，可将水玻璃加热或加入氟硅酸钠（Na_2SiF_6）作为促硬剂。其反应式如下：

$$2[Na_2O \cdot nSiO_2] + Na_2SiF_6 + mH_2O \longrightarrow 6NaF + (2n+1)SiO_2 \cdot mH_2O$$

作为促硬剂，氟硅酸钠的适宜用量为水玻璃质量的12%～15%。若用量太少，不但硬化速度慢、强度低，而且存在较多没有反应的易溶于水的水玻璃，因而耐水性差；若用量过多，又会引起凝结过速，造成施工困难，且硬化后的水玻璃的抗渗性和耐酸性降低，强度也低。同时，氟硅酸钠有一定的毒性，施工时应注意做好防护工作。

2.3.3 水玻璃的性质

（1）硬化后黏结力强。水玻璃硬化后的主要成分是二氧化硅凝胶，具有较高的黏结力，硬化时析出的硅酸凝胶能堵塞毛细孔隙，掺入混凝土中能提高混凝土的强度和抗渗性。

（2）良好的耐热性能。在高温作用下，二氧化硅的网状结构能保持较高的强度，因此具有优异的耐热性，耐热度高达900～1000 ℃。

（3）耐酸不耐碱。硬化形成的二氧化硅能耐除氢氟酸、热磷酸和高级脂肪酸以外的大多数无机酸和有机酸的腐蚀，但不耐碱性介质的作用。

2.3.4 水玻璃的应用

在土木工程中，水玻璃除了用作耐热材料和耐酸材料外，还有以下主要用途：

（1）涂刷在建筑材料的表面可提高其抗风化、抗腐蚀能力。直接用液体水玻璃或稀释后水玻璃涂刷或浸渍黏土砖、硅酸盐制品、水泥混凝土和石材等建筑材料表面，可渗透到材料内部孔隙，发生如下化学反应：

$$Na_2O \cdot nSiO_2 + Ca(OH)_2 \longrightarrow Na_2O \cdot (n-1)SiO_2 + CaO \cdot SiO_2 + H_2O$$

生成的硅酸钙胶体可提高其密实度、强度、耐久性和耐腐蚀性。但不能用于涂刷和浸渍石膏制品，这是由于硅酸钠与硫酸钙反应生成硫酸钠，在制品的孔隙中结晶膨胀，会导致制品破坏。

（2）用于地基加固。水玻璃是一种化学反应型胶凝材料，常将它与硬化剂（如氯化钙等）共同或分别注入土壤或岩体等基础中。例如，将水玻璃溶液与氯化钙溶液交替注入土壤，发生如下反应：

$$Na_2O \cdot nSiO_2 + CaCl_2 + mH_2O \longrightarrow 2NaCl + nSiO_2 \cdot (m-1)H_2O + Ca(OH)_2$$

反应生成的二氧化硅凝胶起胶结作用，能包裹土粒并填充其孔隙，使土壤固结。同时，硅酸胶体为一种吸水膨胀状凝胶，因吸收地下水而处于膨胀状态，阻止水分渗透，提高承载力和抗渗性。

（3）用于防水堵漏。水玻璃可与各种矾的水溶液配制成快凝防水剂、堵漏剂，还可以与水泥基材料配制成注浆材料，加快水泥的硬化速度，提高水泥-水玻璃体系胶凝材料在水下的凝结速度，用于填充在砾石、较宽裂隙等防水堵漏工程中。

（4）用于耐酸防腐工程。水玻璃可与耐酸、耐热填料、骨料配制成耐酸混凝土、耐热砂浆和耐热混凝土，用于冶金、化工等耐酸防腐工程。

2.4 镁质胶凝材料

镁质胶凝材料最早被称为菱苦土（magnesia）。菱苦土又称苛性苦土、苦土粉，主要成分是氧化镁。菱苦土是以天然菱镁矿为原料，在800~850 ℃温度下煅烧而成，是一种气硬性胶凝材料，颜色有纯白、灰白、近淡黄色，新鲜材料有闪烁玻璃光泽。后来，由于其主要原料来源是由菱镁矿煅烧而成，于是改称菱镁材料。几十年来，人们对镁质胶凝材料的认识和理解在不断深化，于是逐渐将菱镁材料改称镁质胶凝材料或镁质水泥。

镁质胶凝材料是以氧化镁、氯化镁（或硫酸镁）为主要成分的胶凝材料，主要包括氯氧镁水泥、硫氧镁水泥和磷酸镁水泥。

（1）氯氧镁水泥，也称氯镁水泥、镁水泥，因由瑞典学者索瑞尔（S. Sorel）于1867年发明，故又称索瑞尔水泥。氯氧镁水泥是以氧化镁为主要成分，用煅烧菱镁矿所得的轻烧粉或低温煅烧白云石所得的灰粉为胶结剂，以六水氯化镁（$MgCl_2\cdot 6H_2O$）等水溶性镁盐为调和剂组成的粉状胶凝材料。氯氧镁水泥加水拌和后能够硬化，可制成人造大理石、苦土瓦、装饰板等。

氯氧镁水泥的水化反应是放热反应。图2-1是温度为20 ℃时MgO、$MgCl_2$和H_2O的摩尔比为5∶1∶13的氯氧镁水泥的水化放热速率曲线。

由图2-1可以看出氯氧镁水泥在72 h内水化的全部放热过程，其水化放热速率曲线有两个放热峰，第一个放热峰在加水拌和之后立即出现，第二个放热峰在8 h左右出现。根据图2-1中氯氧镁水泥水化放热速率曲线的特征点，可将其水化过程划分为5个阶段，分别是起始期（*0A*）、诱导期（*AB*）、加速期（*BC*）、减速期（*CD*）和稳定期（*DE*）。

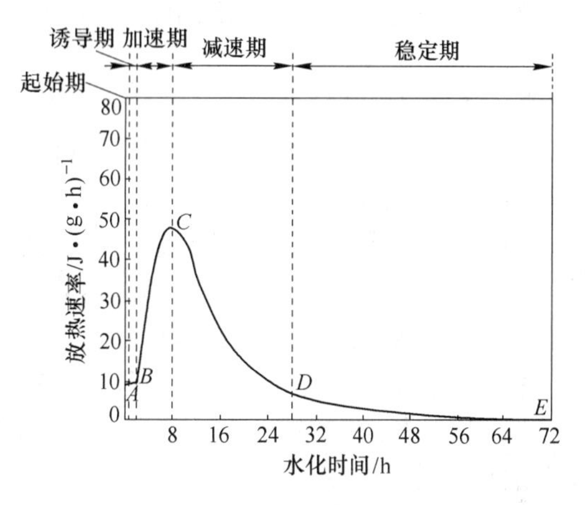

图2-1 氯氧镁水泥在20 ℃时的水化放热速率曲线

氯氧镁水泥的水化产物有$3Mg(OH)_2\cdot MgCl_2\cdot 8H_2O$（简称3·1·8相或相3），$5Mg(OH)_2\cdot MgCl_2\cdot 8H_2O$（简称5·1·8相或相5）和$Mg(OH)_2$。其中，相3和相5是两种主要的晶体相。硬化后的氯氧镁水泥浆体在空气中放置后，会形成氯碳酸镁盐（$2MgCO_3\cdot Mg(OH)_2\cdot MgCl_2\cdot 6H_2O$，简称2·1·1·6），该物质长期与水作用后，可浸出氯化镁并转变为水菱镁矿（$4MgCO_3\cdot Mg(OH)_2\cdot 4H_2O$，简称4·1·4）。因此，氯氧镁水泥的水化产物在空气中不能稳定存在。氯氧镁水泥制品耐水性和耐久性差的根本原因也在于相3和相5是不稳定的，所以提高氯氧镁水泥耐水性和耐久性的关键是增强相3和相5的稳定性。硬化后的氯氧镁水泥浆体是多相多孔结构，结构特征取决于水化产物的类型、数量及相互作用。在干燥条件下，氯氧镁水泥具有硬化快、强度高等特点，1 d抗拉强度可达1.5MPa。

（2）硫氧镁水泥是由活性MgO与一定浓度的$MgSO_4$溶液组成的$MgO-MgSO_4-H_2O$三元胶凝体系。硫氧镁水泥是继氯氧镁水泥之后发展起来的另一种镁质水泥。与氯氧镁水泥相比，硫氧镁水泥的优点主要有：对高温不敏感，特别适用于要求抗高温的预制构件；由于硫氧镁水泥不含有氯离子，因此对钢筋的锈蚀程度较氯氧镁水泥低；硫氧镁水泥的抗水性能比氯氧镁水泥好；硫氧镁水泥吸潮返卤性比氯氧镁水泥低。但是，硫氧镁水泥的缺点是强度比氯氧镁水泥低，这也是限制硫氧镁水泥应用的主要原因。

(3) 磷酸镁水泥是一种新型的气硬性胶凝材料，是由重烧氧化镁、磷酸盐和缓凝剂按照一定比例混合后磨细制成的具有凝结硬化性能的胶凝材料。磷酸镁水泥具有快硬、早强、黏结力强、耐久性好等优点，属于通过酸碱反应和物理作用而形成强度的无机胶凝材料。国内外学者将其归类为化学结合陶瓷材料，既不同于陶瓷制品，又与水泥有所区别，是介于两者之间的一种新型材料。磷酸镁水泥在常温下发生化学反应，随后凝结硬化，其形成过程类似于普通硅酸盐水泥，操作简单方便，而最终的水化产物又具有陶瓷制品的特性，具有较高的力学性能，良好的致密性和耐酸碱腐蚀性能。

磷酸镁水泥具有以下特点：

1) 凝结时间短。在温度为 20 ℃以上时，磷酸镁水泥在几分钟内迅速凝结硬化，其凝结时间可通过加入缓凝剂、改变细度等措施进行控制。

2) 早期强度高。磷酸镁水泥的 1 h 抗压强度可达 20 MPa 以上，3 h 时可达 35 MPa 以上。

3) 环境温度适应性强。磷酸镁水泥既能在常温下保持快硬高强的特性，又能在低温 (−20～−5 ℃) 环境下迅速凝结硬化，并保证一定的早期强度，同时该材料还具有耐高温和耐急热急冷的性能。

4) 与旧混凝土的黏结强度高。磷酸镁水泥净浆和砂浆的 1 d 黏结强度可分别达到 6 MPa 和 4 MPa 以上，具有良好黏结性的原因是磷酸镁水泥中的磷酸盐能与混凝土中的水化产物或未水化的水泥熟料颗粒发生反应，生成同样具有胶凝性能的磷酸钙类产物。因此，在黏结界面附近除了物理黏结作用以外，还有很强的化学结合作用。

5) 变形小。磷酸镁水泥砂浆和混凝土的收缩率分别为 0.34×10^{-4} 和 0.25×10^{-4}，远小于普通混凝土。磷酸镁水泥的热膨胀系数与普通混凝土很相近，因此与普通混凝土之间的变形性能匹配很好。

6) 耐磨性、抗冻性、抗盐冻性能和防钢筋锈蚀等耐久性能较好。磷酸镁水泥中大量未水化的 MgO 颗粒可起到耐磨集料的作用，使磷酸镁水泥具有较好的耐磨性。磷酸镁水泥硬化后的浆体结构致密，同时由于磷酸盐与 MgO 反应时生成氨气 (NH_3)，能获得较高的含气量和良好的气泡结构参数，能起到与普通混凝土的物理引气作用一样的抗冻和抗盐冻效果。当磷酸镁水泥包裹在钢筋表面时，在钢筋表面形成一层致密的磷酸铁类化合物保护层，提高钢筋的防锈能力。

磷酸镁水泥可用作工程结构的快速修补材料，也可用于固化有害及放射性核废料，制造人造板材，生产废渣建筑材料，用于冻土、深层油井固化处理及喷涂材料等。

2.5 水 泥

水泥是无机水硬性胶凝材料，是重要的土木工程材料之一。水泥与水拌和后，经过一系列物理、化学变化，由可塑浆体变成坚硬的固体，并能将散粒状或块状材料黏结成整体，不但能在空气中硬化，还能更好地在水中硬化，保持并继续发展其强度。其用途非常广泛，如建筑、交通、水利、电力、海港和国防工程等都离不开水泥。

2022 年，全世界水泥产量达 41.6 亿吨。有人戏称水泥是土木工程的“粮食”，是现代社会不可缺少的主要工业产品，在人类文明中占有重要地位。水泥的发明是人类在长期生产实践中不断积累的结果，是在古代建筑材料的基础上经历了漫长的历史过程而发展起来的。

水泥品种很多。国家标准《水泥的命名原则和术语》(GB/T 4131—2014）规定，水泥按其用途及性能可分为通用水泥和特种水泥两类，按其水硬性矿物名称主要分为硅酸盐水泥、铝酸盐水泥、硫铝酸盐水泥、铁铝酸盐水泥和氟铝酸盐水泥等五类。不同水泥品种的主要水硬性矿物如表 2-3 所示。

表 2-3 不同水泥品种的主要水硬性矿物

水 泥 分 类	主要水硬性矿物
硅酸盐水泥	硅酸三钙、硅酸二钙、铝酸三钙、铁铝酸四钙
铝酸盐水泥	铝酸钙
硫铝酸盐水泥	无水硫铝酸钙、硅酸二钙
铁铝酸盐水泥	无水硫铝酸钙、铁铝酸钙、硅酸二钙
氟铝酸盐水泥	氟铝酸钙、硅酸二钙

通用水泥是指一般土木建筑工程通常采用的水泥。通用水泥是土木工程中用量最大的水泥，包括硅酸盐水泥、普通硅酸盐水泥、矿渣硅酸盐水泥、火山灰质硅酸盐水泥、粉煤灰硅酸盐水泥和复合硅酸盐水泥六个品种。

特种水泥是指具有特殊性能或用途的水泥。道路硅酸盐水泥、砌筑水泥、白色硅酸盐水泥、彩色硅酸盐水泥、低热微膨胀水泥、中热硅酸盐水泥、低热硅酸盐水泥、抗硫酸盐硅酸盐水泥、海工硅酸盐水泥、铝酸盐水泥、硫铝酸盐水泥等均属于特种水泥。

《通用硅酸盐水泥》(GB 175—2023）规定：通用硅酸盐水泥是以硅酸盐水泥熟料和适量石膏及规定的混合材料制成的水硬性胶凝材料。按混合材料的品种和掺量，通用硅酸盐水泥分为硅酸盐水泥、普通硅酸盐水泥、矿渣硅酸盐水泥、火山灰质硅酸盐水泥、粉煤灰硅酸盐水泥和复合硅酸盐水泥。

硅酸盐水泥是通用硅酸盐水泥的基本品种，由硅酸盐水泥熟料、0%~5%石灰石或粒化高炉矿渣、适量石膏磨细制成的水硬性胶凝材料为硅酸盐水泥。硅酸盐水泥分为两种类型，不掺加混合材料的称为Ⅰ型硅酸盐水泥，代号 P·Ⅰ。在硅酸盐水泥熟料粉磨时掺加不超过水泥质量 5%的混合材料时即为Ⅱ型硅酸盐水泥，代号 P·Ⅱ。Ⅱ型硅酸盐水泥中的混合材料可以是粒化高炉矿渣（或粒化高炉矿渣粉），也可以是石灰石。

2.5.1 硅酸盐水泥的生产、矿物组成

2.5.1.1 硅酸盐水泥的生产

生产水泥的原料主要是石灰质原料和黏土质原料，常用的石灰质原料主要是石灰石，也可用白垩、石灰质凝灰岩，主要提供 CaO。黏土质原料主要采用黏土或黄土，主要提供 SiO_2、Al_2O_3以及 Fe_2O_3。一般很难找到符合要求的单一原料，通常是采用几种原料进行调配，使其化学成分符合如下要求：$w(CaO) = 64\% \sim 68\%$、$w(SiO_2) = 21\% \sim 23\%$、$w(Al_2O_3) = 5\% \sim 7\%$、$w(Fe_2O_3) = 3\% \sim 5\%$、$w(MgO) < 5\%$。如果所选用的石灰质原料和黏土质按一定比例混合不能满足化学组成要求，则要掺加一定的校正原料。校正原料有铁

质校正原料和硅质校正原料，铁质校正原料主要补充 Fe_2O_3，可采用铁矿粉、黄铁矿渣等；硅质校正原料主要补充 SiO_2，可采用砂岩、粉砂岩等。此外，为了改善煅烧条件，常常加入少量的矿化剂（如萤石）、晶种等。

硅酸盐水泥的生产工艺流程概括起来称为两磨一烧，即生料的磨细、熟料的煅烧、水泥的磨细。以适当比例的石灰质原料、黏土质原料和少量校正原料共同磨细成生料，生料均化后，送入回转窑中煅烧至部分熔融成熟料，熟料与石膏共同磨细，可制得Ⅰ型硅酸盐水泥。若将熟料、石膏、不超过水泥质量5%的石灰石或粒化高炉矿渣共同磨细，可制得Ⅱ型硅酸盐水泥。其生产工艺流程如图 2-2 所示。

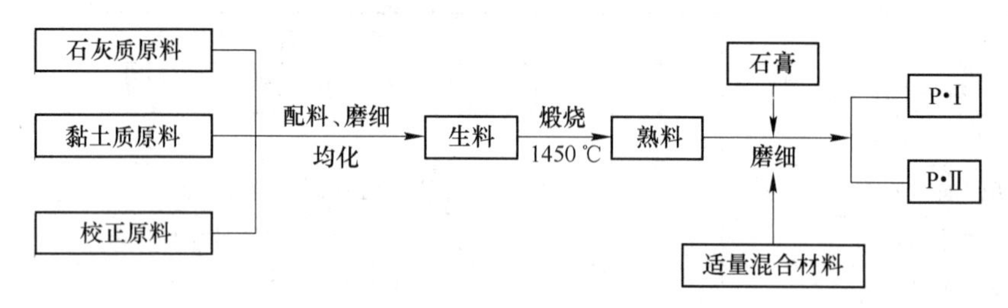

图 2-2 硅酸盐水泥生产工艺流程图

水泥生料在窑内的煅烧过程要经过干燥、预热、分解、烧成和冷却五个环节，通过一系列物理、化学变化，形成水泥熟料。生产用燃料主要为原煤、重油、天然气等，随着技术进步，工业、生活废弃可燃物也可成为水泥生产重要燃料。我国水泥熟料的煅烧主要采用以悬浮预热和窑外分解技术为核心的新型干法生产工艺。新型干法水泥生产工艺具有规模大、质量好、消耗低、效率高、环保等特点。

2.5.1.2 硅酸盐水泥熟料的矿物组成

硅酸盐水泥熟料的主要矿物如下：硅酸三钙（$3CaO \cdot SiO_2$），简写为 C_3S，含量 37%~60%，密度 3.25 g/cm^3；硅酸二钙（$2CaO \cdot SiO_2$），简写为 C_2S，含量 15%~37%，密度 3.28 g/cm^3；铝酸三钙（$3CaO \cdot Al_2O_3$），简写为 C_3A，含量 7%~15%，密度 3.04 g/cm^3；铁铝酸四钙（$4CaO \cdot Al_2O_3 \cdot Fe_2O_3$），简写为 C_4AF，含量 10%~18%，密度 3.77 g/cm^3。

由于水泥熟料中硅酸三钙和硅酸二钙（硅酸盐）总含量在 70%以上，铝酸三钙和铁铝酸四钙在 25%左右，故称为硅酸盐水泥。除主要熟料矿物外，水泥中还存在少量的有害成分，如游离 CaO、游离 MgO、硫酸盐（折合 SO_3 计算）、碱和氯离子等，这些有害成分含量过多将会降低水泥的质量，其总量一般不超过水泥质量的 10%。

2.5.1.3 水泥混合材料

生产水泥时，为改善水泥性能，调节水泥强度等级而加到水泥中的人工和天然的矿物材料为混合材料。掺混合材料可以改善水泥性能，调节水泥强度等级，扩大应用范围；可以增加水泥品种，增加产量；可以节约水泥熟料，降低成本，充分利用工业废料，能有效减少污染，有利于环境保护和可持续发展。为确保工程质量，凡国家标准中没有规定的混合材料品种，严格禁止使用。根据材料性质和作用的不同，混合材料可分为主要混合材料和替代混合材料。

水泥混合材料主要有粒化高炉矿渣、粒化高炉矿渣粉、火山灰质混合材料、粉煤灰等。

（1）粒化高炉矿渣。将炼铁高炉内浮在铁水表面的熔融物经水淬（水、压缩空气或水蒸气）等急冷处理而成的松散颗粒，每生产 1 t 生铁，将排出 0.3~1.0 t 矿渣，是混合材料的主要来源。使矿渣粒径为 0.5~5 mm，急冷成粒的目的在于阻止结晶，使其绝大部分成为不稳定的玻璃体，储有较高的潜在化学能。如果任其自然冷却，就会凝固成块，呈结晶状态，活性极小。

1）粒化高炉矿渣的化学成分。氧化钙、氧化硅、氧化铝、氧化镁、氧化铁等氧化物和少量硫化物，氧化钙、氧化铝、氧化硅占 90%以上，其化学成分与硅酸盐水泥的相似，只不过氧化钙含量低，氧化硅含量偏高。

2）粒化高炉矿渣的活性成分。氧化铝、氧化硅等活性成分在常温下能与氢氧化钙反应生成凝胶物质，有利于提高强度。氧化钙含量高的碱性矿渣常常含有少量硅酸二钙，本身具有弱水硬性。

（2）粒化高炉矿渣粉（简称矿渣粉）。指符合国家标准《用于水泥中的粒化高炉矿渣》（GB/T 203—2008）规定的粒化高炉矿渣经干燥、粉磨（或添加少量石膏一起粉磨）达到相当细度且符合相应活性指数的粉体。矿渣粉磨时允许加入助磨剂，加入量不得大于矿渣粉质量的 1%。

（3）火山灰质混合材料。火山灰质混合材料是指以氧化硅、氧化铝为主要成分，具有火山灰性的矿物质材料。火山喷发时，随同熔岩一起喷发的大量碎屑沉积在地面或水中而成的松软物质，称为火山灰。由于喷出后即遭冷却，因此形成了一定量的玻璃体，这些玻璃体是火山灰性的主要来源，主要成分是活性氧化硅和氧化铝。国家标准《用于水泥中的火山灰质混合材料》（GB/T 2847—2022）规定，火山灰质混合材料按成因分为天然火山灰质混合材料和人工火山灰质混合材料两大类。天然火山灰质混合材料包括火山灰、凝灰岩、沸石岩、浮石、硅藻土或硅藻石；人工火山灰质混合材料包括烧煤矸石、烧页岩、烧黏土、煤渣、硅质渣。

（4）粉煤灰。粉煤灰是指从电厂煤粉炉烟道气体中收集的粉末。其粒径为 0.001~0.05 mm，呈玻璃态实心或空心的球状颗粒，活性取决于玻璃体含量。它以 Al_2O_3、SiO_2 为主要成分，含有少量 CaO，具有火山灰性，其活性主要取决于玻璃体的含量以及无定形 Al_2O_3 和 SiO_2 含量。颗粒形状及大小对其活性也有较大的影响，细小球形玻璃体含量越高，粉煤灰的活性越高。

上述混合材料与水调和后，本身不会硬化或硬化极其缓慢，强度很低。但在 $Ca(OH)_2$ 溶液中，常温下就会发生显著的水化反应，生成水化硅酸钙和水化铝酸钙，而在饱和 $Ca(OH)_2$ 溶液中水化更快。

$$xCa(OH)_2 + SiO_2 + nH_2O \longrightarrow xCa(OH)_2 \cdot SiO_2 \cdot nH_2O$$

$$yCa(OH)_2 + Al_2O_3 + nH_2O \longrightarrow yCa(OH)_2 \cdot Al_2O_3 \cdot nH_2O$$

式中，x、y 值随混合材料的种类、石灰和活性氧化硅、活性氧化铝的比例、环境温度及作用时间不同而变化，一般为 1 或稍大。

当液相中有石膏存在时，石膏与水化铝酸钙进一步反应生成水化硫铝酸钙。氢氧化钙和石膏的存在使混合材料的潜在活性得以发挥，激发水化，促进凝结硬化，起到激发剂的作用。激发剂的浓度越高，活性发挥越充分。常用的激发剂有碱性激发剂和硫酸盐激发剂，一般用作碱性激发剂的是石灰和能在水化时析出氢氧化钙的硅酸盐水泥熟料；硫酸盐激发剂主要是石膏或半水石膏，其激发作用必须在有碱性激发剂的条件下，才能充分发挥。

2.5.2 硅酸盐水泥的水化与凝结硬化

2.5.2.1 硅酸盐水泥熟料矿物的水化

硅酸盐水泥的性能是由其组成矿物的性能决定的，因此研究水泥的水化与凝结硬化，必须首先研究各种矿物的水化。同时硅酸盐水泥的水化过程及水化产物相对复杂，各种熟料矿物的水化互有影响，需首先讨论水泥熟料单矿物的水化。

硅酸三钙的水化反应速度很快，水化放热量大，生成的水化硅酸钙以胶体微粒析出并逐渐凝聚成凝胶，构成具有很高强度的空间网状结构，是水泥强度的主要来源，早期和后期强度都较高。氢氧化钙呈六方晶体，易溶于水，使溶液的石灰浓度很快达到饱和，因此各矿物的水化主要是在石灰饱和溶液中进行的。常温下硅酸三钙的水化反应如下：

$$3CaO \cdot SiO_2 + nH_2O \longrightarrow xCaO \cdot SiO_2 \cdot yH_2O + (3-x)Ca(OH)_2$$

硅酸二钙的水化与硅酸三钙的水化相似，但水化速率最慢，但后期增长大，放热量小，生成的水化硅酸钙与硅酸三钙的水化产物无大的区别，而氢氧化钙的生成少，且结晶比较粗大。硅酸二钙早期强度低，后期强度高，可接近甚至超过硅酸三钙的强度，是保证水泥后期强度增长的主要因素。

铝酸三钙的水化迅速，放热快，最初形成水化铝酸三钙，呈立方晶体。在氢氧化钙饱和溶液中与氢氧化钙进一步反应，生成的水化铝酸四钙为六方晶体，常温下能稳定存在于水泥浆体的碱性介质中，其数量增长很快，是水泥浆产生瞬凝的一个原因。当有石膏存在时，生成钙矾石（AFt），延缓水泥的凝结硬化，石膏消耗完后，部分钙矾石转化为单硫型水化硫铝酸钙（AFm）。钙矾石是难溶于水的稳定的针状晶体，它在生成晶体时体积大幅膨胀。因此，水泥中加入石膏数量不可过多，防止水泥凝结硬化过程中钙矾石生成量超过限制，产生体积变化不均匀。尤其是制成水泥构件后，还继续水化，其危害更大。

$$3CaO \cdot Al_2O_3 \cdot 6H_2O + Ca(OH)_2 + 6H_2O \longrightarrow 4CaO \cdot Al_2O_3 \cdot 13H_2O$$

$$3CaO \cdot Al_2O_3 \cdot 6H_2O + 3(CaSO_4 \cdot 2H_2O) + 19H_2O \longrightarrow 3CaO \cdot Al_2O_3 \cdot 3CaSO_4 \cdot 31H_2O$$

$$2(CaO \cdot Al_2O_3) + 3CaO \cdot Al_2O_3 \cdot 3CaSO_4 \cdot 31H_2O + 5H_2O \longrightarrow 3(CaO \cdot Al_2O_3 \cdot CaSO_4 \cdot 12H_2O)$$

铁铝酸四钙水化速率较快，仅次于铝酸三钙，水化热不高，凝结正常，其抗压强度值较低，但抗折强度相对较高。提高铁铝酸四钙的含量，可降低水泥的脆性，有利于在道路等有振动交变荷载作用的情况下应用。

改变熟料矿物成分间的比例，水泥的性质即发生相应的变化。例如提高硅酸三钙的含量，可以制得高强水泥；又如降低铝酸三钙和硅酸三钙含量，提高硅酸二钙含量，可制得水化热低的水泥，如大坝用水泥；提高铁铝酸四钙含量，可制得抗折强度较高的水泥，如道路水泥。硅酸盐水泥熟料矿物的水化特性见表2-4。

表 2-4 熟料矿物的水化特性

矿物名称	C_3S	C_2S	C_3A	C_4AF
凝结硬化速度	快	慢	最快	快

续表 2-4

矿物名称	C_3S	C_2S	C_3A	C_4AF
28 d 水化放热量	多	少	最多	中
强度	高	早期低，后期高	低	低，对抗折有利
耐化学侵蚀	中	良	差	优
干缩	中	中	大	小

水泥水化后主要水化产物有：水化硅酸钙凝胶（简写为 C-S-H）、水化铁酸钙凝胶、氢氧化钙晶体、水化铝酸钙晶体、水化硫铝酸钙晶体。在充分水化的水泥石中，水化硅酸钙凝胶约占 70%，$Ca(OH)_2$ 约占 20%，钙矾石和单硫型水化硫铝酸钙约占 7%。C-S-H 对水泥石的强度和其他主要性质起着决定性作用。

2.5.2.2 硅酸盐水泥的凝结硬化

水泥的凝结指水泥加水拌和后，最初形成具有可塑性又有流动性的浆体，其中的水泥颗粒表面的矿物开始在水中溶解并与水发生水化反应，水泥浆逐渐变稠失去可塑性，但还不具备强度的过程。硬化是指随时间继续增长，水泥产生强度且逐渐提高，变成坚硬水泥石的过程。水泥的水化与凝结硬化是一个连续的过程，水化是凝结硬化的前提，凝结硬化是水化的结果，凝结与硬化是同一过程的不同阶段，凝结硬化的各阶段是交错进行的，是一个连续而复杂的物理化学过程，不能截然分开。

水泥加水拌和后，水泥熟料颗粒分散在水中，成为水泥浆体。水泥颗粒的水化从表面开始。水和水泥一接触，水泥颗粒表面的水泥熟料和水反应，一般在几分钟内，先后析出水化硅酸钙凝胶、水化硫铝酸钙晶体、氢氧化钙晶体、水化铝酸钙晶体，包裹在水泥颗粒表面。在水化初期，水化产物不多，包有水化产物膜层的水泥颗粒之间是分离的，水泥浆还具有可塑性。

随着时间的推移，水泥颗粒不断水化，水化产物不断增多，使包裹在水泥颗粒表面的水化产物膜层不断增厚，形成凝聚结构，使水泥浆体开始失去可塑性，也就是水泥的初凝。但这时凝聚结构还不具备强度，在振动作用下会破坏。再随着固态水化产物不断增多，结晶体和凝胶体相互贯穿形成的网状结构不断加强，固体颗粒间的空隙和毛细孔不断减少，结构逐渐致密，直至水泥浆完全失去可塑性，并开始产生强度，这时水泥达到终凝，并开始进入硬化阶段。

水泥进入硬化期后，水化速度逐渐减慢，水化产物随着时间延长而逐渐增加，并扩展到毛细孔中，使结构更加致密，强度进一步提高。

水泥的凝结硬化至今仍在继续研究，基于反应速度和物理化学的主要变化，可将水泥的凝结硬化分为以下四个阶段：

（1）溶解期。溶解期持续时间非常短，通常不超过 15 min。溶解期的水化放热主要归因于水泥颗粒的润湿和早期溶解，水化放热速率较大。

（2）潜伏期。凝胶体膜层围绕水泥颗粒成长，相互间形成点接触，构成疏松网状结构，使水泥浆体开始失去流动性和部分可塑性，这时为初凝，但此时还不具有强度。

（3）凝结期。凝胶体膜层破裂（由于水分渗入膜层内部的速度大于水化物通过膜层向外扩散的速度而产生的渗透压），水泥颗粒进一步水化，而使反应速度加快，直至新的凝胶体重新修补好破裂的膜层为止。

（4）硬化期。形成的凝胶体进一步填充颗粒之间空隙，毛细孔越来越少，使结构更加紧密，水泥浆体逐渐产生强度而进入硬化阶段。

经过长时间（几个月甚至几年）的水化以后，多数水泥颗粒仍剩余尚未水化的内核。因此，硬化后的水泥石是由凝胶体（水化硅酸钙、水化铁酸钙凝胶）和结晶体（水化铝酸钙、氢氧化钙、水化硫铝酸钙等晶体相互连生形成的结晶体连生体）、未水化水泥颗粒、水（自由水和吸附水）和孔隙（毛细孔和凝胶孔）组成的固-液-气三相多孔体系。毛细孔指水泥与水体系没有被水填充的原来充水的空间，即水泥石中，水泥熟料颗粒间未被水化产物占据的微小空间；凝胶孔指凝胶内部含有的孔隙。水化产物在不同时期的相对数量的变化，影响着水泥性质的变化。

2.5.2.3 影响水泥凝结、硬化的因素

水泥的凝结硬化过程，也就是水泥强度发展的过程。为了正确使用水泥，并能在生产中采取有效措施，调节水泥的性能，必须了解影响水泥凝结硬化的影响因素。

影响水泥凝结硬化的主要因素有水泥熟料矿物组成、水泥的细度、拌和用水量、养护时间（龄期）、温度和湿度、石膏掺量、水泥贮存条件等。

（1）熟料矿物组成。由于各矿物的组成比例不同、性质不同（见表 2-4），对水泥性质的影响也不同。如硅酸钙占熟料的比例最大，是水泥的主要矿物，其多少决定了水泥的基本性质；铝酸三钙的水化和凝结硬化速率最快，是影响水泥凝结时间的主要因素；加入石膏可延缓水泥凝结，但石膏掺量不能过多，否则会引起安定性不良；当硅酸三钙和铝酸三钙含量较高时，水泥凝结硬化快、早期强度高，水化放热量大。熟料矿物对水泥性质的影响是各矿物的综合作用，不是简单叠加，其组成比例是影响水泥性质的根本因素，调整比例结构可以改善水泥性质和产品结构。

（2）细度。不会改变水泥根本性质，但直接影响水泥的水化速率、凝结硬化、强度、干缩和水化放热等性质。因为水泥的水化是从表面开始、逐步向内发展的，颗粒越细小，其表面积越大，与水的接触面积就越大，水化作用就越迅速越充分，凝结硬化速率加快，早期强度越高。但过细，在磨细时消耗的能量和成本显著提高，且水泥容易与空气中的二氧化碳和水分反应，不易久存；另外，过细的水泥达到相同稠度时用水量增加，硬化时体积收缩大，使水泥产生裂缝的可能性增加，同时水分的蒸发产生较多的孔隙，使水泥石强度下降。但过粗，不利于水泥活性发挥，凝结缓慢。

（3）拌和用水量。理论需水量为水泥质量的 23%左右，但为了使水泥浆体具有一定的流动性和可塑性，实际加水量远高于理论需水量，水灰比（水与水泥的质量之比）一般为 0.4~0.7；多余水分会延缓水泥浆的凝结时间，并在硬化的水泥石中蒸发形成毛细孔，拌和用水越多，水泥石中的毛细孔越多，孔隙率就越高，水泥的强度越低，硬化收缩越大，抗渗性、抗侵蚀性越差。

（4）养护时间（龄期）。水泥的水化硬化是一个长期不断进行的过程。开始水化速度较快，水泥强度增长也快，特别是 3~14 d 内增长较快，28 d 以后显著减慢。但只要维持

适宜的温度、湿度情况下，水泥的水化将不断进行，其强度在几个月、几年甚至十几年、几十年后，强度还会继续、缓慢地增长。

（5）温度与湿度。温度越高，凝结硬化速度越快，早期强度越高，但后期强度可能会有所下降；若采用较高养护温度，反而还会因水化产物生长过快，损坏其早期结构网络，造成强度下降，因此硅酸盐水泥不宜采用蒸汽养护等湿热养护方法。温度较低时（低于 5 ℃），凝结硬化速度非常缓慢；当温度低于 0 ℃时，凝结硬化将完全停止，并可能遭受冰冻破坏。因此冬季施工时，需采取保温措施，一般水泥石结构的硬化温度不得低于-5 ℃。水泥的强度必须在较高的湿度环境下才能得到充分发展，若处在干燥环境或水分不足，浆体中水分蒸发完后，则水泥无法继续水化，就不再凝结硬化和增长强度，因此水泥制品在制作后一定时间内需洒水养护。

（6）石膏掺量。水泥中掺入适量石膏，可调节水泥的凝结硬化速度；若不掺或不足，则起不到缓凝作用，发生瞬凝；若过量，则过量的硫酸钙所电离的 Ca^{2+} 产生强烈的凝聚作用使水泥凝结加快，还会在后期引起水泥石的膨胀而开裂破坏。

（7）贮存条件。应储存在干燥的环境里，如果水泥受潮，其部分颗粒因水化而结块，失去胶结能力，强度严重降低。

2.5.3 硅酸盐水泥的技术要求

根据国家标准《通用硅酸盐水泥》(GB 175—2023)，硅酸盐水泥的技术要求主要包括 5 个方面，分别是化学要求、水泥中水溶性铬（Ⅵ）、碱含量、物理要求和放射性核素限量。

2.5.3.1 化学要求

水泥的化学要求主要是控制水泥中有害的化学成分含量，若超过最大允许限量，即意味着对水泥性能和质量可能产生有害或潜在的影响。GB 175—2023 规定，通用硅酸盐水泥的化学要求包括不溶物、烧失量、三氧化硫、氧化镁和氯离子 5 个指标，如表 2-5 所示。

不溶物是指经盐酸处理后的不溶残渣，再以氢氧化钠溶液处理，经盐酸中和、过滤后所得的残渣，再经过高温灼烧所剩的物质。不溶物含量过高会对水泥质量产生不良影响。烧失量主要反映水泥中石膏和混合材料的杂质含量。三氧化硫含量主要反映水泥中的石膏掺量，如果石膏掺量过多，容易造成水泥安定性不良。如果水泥中的氧化镁含量过高，也会造成水泥安定性不良。如果水泥中的氯离子含量过高，容易使埋置在水泥混凝土中的钢筋面临较大腐蚀风险。

2.5.3.2 水泥中水溶性铬（Ⅵ）

六价铬，即铬（Ⅵ），是有毒有害物质。六价铬化合物已被列入我国生态环境部和卫生健康委联合发布的《有毒有害水污染物名录》。国家标准《水泥中水溶性铬（Ⅵ）的限量及测定方法》（GB 31893—2015）规定，水泥中水溶性铬（Ⅵ）含量不大于 10.00 mg/kg。不满足水溶性铬（Ⅵ）含量要求的水泥为不合格品。在正常生产情况下，水泥生产企业每半年至少进行一次水溶性铬（Ⅵ）含量检验。

表 2-5　通用硅酸盐水泥的化学要求（质量分数）

<table>
<tr><th>品　种</th><th>代　号</th><th>不溶物/%</th><th>烧失量/%</th><th>三氧化硫/%</th><th>氧化镁/%</th><th>氯离子/%</th></tr>
<tr><td rowspan="2">硅酸盐水泥</td><td>P·Ⅰ</td><td>≤0.75</td><td>≤3.0</td><td rowspan="3">≤3.5</td><td rowspan="3">≤5.0①</td><td rowspan="8">≤0.06③</td></tr>
<tr><td>P·Ⅱ</td><td>≤1.50</td><td>≤3.5</td></tr>
<tr><td>普通硅酸盐水泥</td><td>P·O</td><td>—</td><td>≤5.0</td></tr>
<tr><td rowspan="2">矿渣硅酸盐水泥</td><td>P·S·A</td><td>—</td><td>—</td><td rowspan="2">≤4.0</td><td>≤6.0②</td></tr>
<tr><td>P·S·B</td><td>—</td><td>—</td><td>—</td></tr>
<tr><td>火山灰质硅酸盐水泥</td><td>P·P</td><td>—</td><td>—</td><td rowspan="3">≤3.5</td><td rowspan="3">≤6.0</td></tr>
<tr><td>粉煤灰硅酸盐水泥</td><td>P·F</td><td>—</td><td>—</td></tr>
<tr><td>复合硅酸盐水泥</td><td>P·C</td><td>—</td><td>—</td></tr>
</table>

①如果水泥压蒸安定性合格，则水泥中氧化镁含量（质量分数）允许放宽至6.0%。
②如果水泥中氧化镁含量（质量分数）大于6.0%，需进行水泥压蒸安定性试验并合格。
③当买方有更低要求时，买卖双方协商确定。

2.5.3.3　碱含量

水泥中碱含量按 $Na_2O+0.658K_2O$ 计算值表示。碱会和集料中的活性物质反应，生成膨胀性的碱硅酸盐凝胶，导致混凝土开裂破坏。碱集料反应与碱含量、集料的活性物质含量及使用环境有关。即使在使用相同活性集料的情况下，不同的混凝土配合比、使用环境对水泥的碱含量要求也不一样。因此，标准中将碱含量定为任选要求，若使用活性集料，买方要求提供低碱水泥时，水泥中的碱含量应不大于0.6%或由买卖双方协商确定。

2.5.3.4　物理要求

A　凝结时间

凝结时间分为初凝时间和终凝时间。初凝时间是从水泥加水拌和开始至水泥浆开始失去可塑性所需的时间。终凝时间是从水泥加水拌和开始至水泥浆完全失去可塑性并开始产生强度所需的时间。GB 175—2023 规定，通用硅酸盐水泥的初凝时间应不小于 45 min；硅酸盐水泥的终凝时间应不大于 390 min，普通硅酸盐水泥、矿渣硅酸盐水泥、粉煤灰硅酸盐水泥、火山灰质硅酸盐水泥和复合硅酸盐水泥的终凝时间应不大于 600 min。凝结时间不满足要求的水泥为不合格品。

水泥的凝结时间对施工有重要意义。如果凝结过快，混凝土拌合物会很快失去流动性，以致无法浇筑，所以初凝时间不宜过短，以便有足够的时间在初凝之前完成混凝土或砂浆的搅拌、运输、浇捣和砌筑等工序的施工操作；但终凝时间又不宜太迟，以便水泥能尽早完成凝结硬化和产生强度，缩短施工工期。

B　安定性

安定性是指水泥硬化后体积变化的均匀性，也称体积安定性。安定性是评定水泥质量的重要指标之一，是保证混凝土工程质量的必要条件。水泥与水拌制成的水泥浆体在凝结硬化过程中会发生体积变化，如果这种变化是发生在凝结硬化过程中，则对建筑物的质量没有什么影响。体积增大反而会使混凝土增加密实度，对强度增长和耐久性有利。但是，在水泥已经基本硬化后若产生不均匀的体积变化，将使混凝土产生膨胀裂缝，降低水泥石和混凝土的强度，甚至引起开裂和崩溃等严重质量事故，这即是水泥安定性不良。

水泥安定性不良一般是由游离氧化钙、游离氧化镁或石膏掺量过多会造成的。游离氧化钙、游离氧化镁均在高温下生成，水化很慢，在水泥凝结硬化后才进行水化，这时产生体积膨胀，使水泥石出现龟裂、弯曲、松脆、崩溃等现象。当水泥熟料中石膏掺量过多时，在水泥硬化后，还会与水化铝酸钙反应生成水化硫铝酸钙，体积膨胀引起水泥石开裂。

安定性的检验方法为沸煮法、压蒸法。沸煮法可用于检验游离氧化钙引起的安定性不良。游离氧化镁引起的安定性不良须用压蒸法才能检验。由于石膏掺量过多会造成的安定性不良，则需长期在常温水中才能发现。由于游离氧化镁和石膏掺量过多造成的安定性不良不便于检验，因此 GB 175—2023 对氧化镁含量和三氧化硫含量均进行了限定，如表 2-5 所示。

安定性不符合要求的水泥为不合格品。但某些体积安定性不合格的水泥存放一段时间后，由于水泥中的游离氧化钙吸收空气中的水分而熟化，会变为合格。水泥安定性随时间变化的特性，称为安定性时效性。

C　强度

水泥的强度是水泥的重要力学性质，是水泥技术要求中最基本的指标，也是水泥的重要技术性质之一。水泥的强度除了与水泥本身的性质（如熟料的矿物组成、细度等）有关外，还与水灰比、试件制作方法、养护条件和时间等有关。

水泥的强度按《水泥胶砂强度检验方法（ISO 法）》（GB/T 17671—2021）进行测定。首先将水泥、标准砂和水按质量比 1∶3∶0.5 进行混合搅拌，制成尺寸为 40 mm×40 mm×160 mm 的棱柱体试件，将试件在标准条件下养护 24 h 后放入（20±1）℃水中继续养护，在 3 d 和 28 d 龄期（龄期是从水泥加水时间算起）分别取出试件，测定试件的抗折强度和抗压强度，据此划分水泥的强度等级。通用硅酸盐水泥的强度等级分为 32.5、32.5R、42.5、42.5R、52.5、52.5R、62.5、62.5R 八个强度等级。其中，R 的含义是 rapid，表示水泥的 3 d 强度发展较快。各强度等级的不同龄期强度应符合表 2-6 的规定。

表 2-6　通用硅酸盐水泥不同龄期强度要求

强度等级	抗压强度/MPa		抗折强度/MPa	
	3 d	28 d	3 d	28 d
32.5	≥12.0	≥32.5	≥3.0	≥5.5
32.5R	≥17.0	≥32.5	≥4.0	≥5.5
42.5	≥17.0	≥42.5	≥4.0	≥6.5
42.5R	≥22.0	≥42.5	≥4.5	≥6.5
52.5	≥22.0	≥52.5	≥4.5	≥7.0
52.5R	≥27.0	≥52.5	≥5.0	≥7.0
62.5	≥27.0	≥62.5	≥5.0	≥8.0
62.5R	≥32.0	≥62.5	≥5.5	≥8.0

D 细度

细度是指水泥颗粒粗细的程度，是影响水泥性能的重要指标。水泥颗粒粒径一般为7~200 μm，一般小于40 μm时，才具有较高活性，大于100 μm后活性很小。因此，为了保证水泥具有一定的凝结硬化速度，必须对水泥细度予以合理控制。

水泥的细度可采用筛析法或比表面积法进行测定。筛析法是用45 μm方孔筛对水泥试样进行筛分析试验，用筛余物的质量分数（简称筛余）表示水泥的细度。比表面积是指单位质量的物质所具有的总表面积，单位为m^2/kg。比表面积法是根据一定量的空气通过一定空隙率和厚度的水泥层时，所受阻力不同而引起流速的变化来测定比表面积。GB 175—2023规定，硅酸盐水泥的细度用比表面积表示，应不低于300 m^2/kg，且不高于400 m^2/kg；普通硅酸盐水泥、矿渣硅酸盐水泥、粉煤灰硅酸盐水泥、火山灰质硅酸盐水泥和复合硅酸盐水泥的细度用45 μm方孔筛筛余表示，应不低于5%；当买方有特殊要求时，水泥细度由买卖双方协商确定。细度不符合要求的水泥为不合格品。

E 放射性核素限量

水泥的放射性事关人类生命健康和生态环保安全，必须高度重视。水泥的放射性核素限量按照《建筑材料放射性核素限量》（GB 6566—2010）进行测定，采用内照射指数I_{Ra}和外照射指数I_r进行评价。内照射指数是指建筑材料中天然放射性核素镭-226的放射性比活度与标准规定的限量值之比值，外照射指数是指建筑材料中天然放射性核素镭-226、钍-232和钾-40的放射性比活度分别与其各自单独存在时标准规定的限量值之比值的和。GB 175—2023规定，通用硅酸盐水泥的内照射指数I_{Ra}和外照射指数I_r均应不大于1.0。

2.5.4 硅酸盐水泥石的腐蚀与防止

硅酸盐水泥硬化后形成的水泥石，在通常使用条件下，有较好的耐久性。但在某些腐蚀性的介质作用下，水泥石的结构逐渐遭到破坏，强度下降以致全部溃裂，这种现象称水泥石的腐蚀。

引起水泥石腐蚀的原因很多，作用机理也很复杂，但主要有以下几种典型的腐蚀作用。

2.5.4.1 软水的腐蚀（溶出性侵蚀）

水泥石中的绝大部分水化产物是不溶于水的，氢氧化钙的溶解度也很低，在一般的水中，水泥石表面的氢氧化钙与水中的碳酸氢盐反应，生成碳酸钙，填充在毛细孔中并包裹在水泥石表面，对水泥石起保护作用，阻止外界水的侵入和内部氢氧化钙的扩散析出。雨水、雪水、蒸馏水、冷凝水等含碳酸氢盐少的水属于软水，水泥石长期与软水接触，氢氧化钙会溶出。在静水及无压水情况下，由于周围的软水易为溶出的氢氧化钙所饱和，使溶出作用停止，对水泥石影响不大。如果在流水及有压水作用下，氢氧化钙不断溶解流失，一方面使水泥石孔隙率增大，密实度和强度下降（氢氧化钙溶出5%时，强度下降7%；溶出24%时，强度下降29%），水更容易向内部渗透；另一方面由于水泥石碱度的降低，引起其他水化产物的分解溶蚀，如高碱性的水化硅酸钙、水化铝酸钙等分解成为低碱性的水化产物，并最终变成水化硅酸钙凝胶、氢氧化铝等胶结能力很差的产物，使水泥石结构进一步破坏。

软水腐蚀的程度与水的暂时硬度（水中重碳酸盐的含量）有关，暂时硬度越高，腐蚀作用越小。对须与软水接触的混凝土制品或构件，可以先在空气中硬化，再进行表面碳化，形成碳酸钙外壳，可起到一定保护作用。

$$Ca(OH)_2 + Ca(HCO_3)_2 \longrightarrow 2CaCO_3 \downarrow + 2H_2O$$

2.5.4.2 硫酸盐腐蚀（膨胀性化学腐蚀）

含硫酸盐的海水、湖水、地下水、盐沼水、某些工业污水及流经高炉矿渣或煤渣的水，长期与水泥石接触时，其中的硫酸盐会与水泥石中的氢氧化钙发生反应，生成硫酸钙。硫酸钙与水泥石中的水化铝酸钙反应生成高硫型水化硫铝酸钙（钙矾石），反应式如下：

$$Ca(OH)_2 + Na_2SO_4 + 2H_2O \longrightarrow CaSO_4 \cdot 2H_2O + 2NaOH$$

$$3CaO \cdot Al_2O_3 \cdot 6H_2O + 3(CaSO_4 \cdot 2H_2O) + 20H_2O \longrightarrow 3CaO \cdot Al_2O_3 \cdot 3CaSO_4 \cdot 32H_2O$$

钙矾石晶体含有大量结晶水，比原有水化铝酸钙体积增大1.5倍，会引起膨胀应力，造成开裂，对水泥石起极大的破坏作用。当水泥石中硫酸盐的浓度较高时，硫酸钙还会在孔隙中直接结晶成二水石膏，体积膨胀，引起膨胀应力，导致水泥石破坏。

2.5.4.3 镁盐腐蚀

在海水及地下水中，常含有大量的镁盐，主要是硫酸镁和氯化镁。它们与水泥石中的氢氧化钙发生反应：

$$MgSO_4 + Ca(OH)_2 + 2H_2O \longrightarrow CaSO_4 \cdot 2H_2O + Mg(OH)_2$$

$$MgCl_2 + Ca(OH)_2 \longrightarrow CaCl_2 + Mg(OH)_2$$

所生成的氢氧化镁松软而无胶结能力，氯化钙易溶于水，二水石膏则引起硫酸盐腐蚀。因此硫酸镁对水泥石起着镁盐和硫酸盐的双重腐蚀作用。

2.5.4.4 碳酸腐蚀

一般在工业污水、地下水中常溶解有较多的二氧化碳引起碳酸腐蚀。开始二氧化碳与水泥石中的氢氧化钙作用生成碳酸钙：

$$Ca(OH)_2 + CO_2 + H_2O \longrightarrow CaCO_3 + 2H_2O$$

碳酸钙再与含碳酸的水作用生成碳酸氢钙，是可逆反应。

$$CaCO_3 + CO_2 + H_2O \rightleftharpoons Ca(HCO_3)_2$$

当水中含有较多的二氧化碳并超过平衡浓度，上述反应向右进行，使氢氧化钙转变为易溶的碳酸氢钙而溶失，同时碱度降低，还会造成其他水化产物的分解，使腐蚀作用进一步加剧。

2.5.4.5 一般酸的腐蚀

水泥的水化产物呈碱性，因此酸类对水泥石一般都会有不同程度的侵蚀作用，其中侵蚀作用最强的是无机酸中的盐酸、氢氟酸、硝酸、硫酸及有机酸中的乙酸、蚁酸和乳酸等，反应生成的$CaCl_2$易溶于水，二水石膏则引起硫酸盐破坏。无机强酸还会与水化硅酸钙、水化铝酸钙等物质反应，使之分解。一般来说，有机酸的腐蚀作用较无机酸弱；酸的浓度越大，腐蚀性越强。

$$2HCl + Ca(OH)_2 \longrightarrow CaCl_2 + 2H_2O$$

$$H_2SO_4 + Ca(OH)_2 \longrightarrow CaSO_4 \cdot 2H_2O$$

2.5.4.6 强碱腐蚀

水泥石本身具有相当高的碱度，因此弱碱溶液一般不会侵蚀水泥石，但是若长期处于浓度较高（大于10%）的含碱溶液中也能发生缓慢腐蚀，主要是化学腐蚀和结晶腐蚀。

（1）化学腐蚀。氢氧化钠与水泥熟料中未水化的铝酸三钙作用，生成易溶的铝酸钠：

$$3CaO \cdot Al_2O_3 + 6NaOH \longrightarrow 3Na_2O \cdot Al_2O_3 + 3Ca(OH)_2$$

（2）结晶腐蚀。当水泥石被氢氧化钠浸润后又在空气中干燥，氢氧化钠浸入水泥石，与空气中的二氧化碳反应生成含结晶水的碳酸钠，碳酸钠在毛细孔中结晶体积膨胀而使水泥石开裂破坏。

糖、氨、盐、动物脂肪、纯酒精、含环烷酸的石油产品等对水泥石也有一定的侵蚀作用。硅酸盐水泥石的腐蚀见表2-7。

表2-7 硅酸盐水泥石腐蚀一览表

腐蚀类型	腐蚀介质	受腐蚀成分	主要产物	腐蚀方式
软水	软水	$Ca(OH)_2$	—	溶解、水化物分解
硫酸盐	Na_2SO_4 $MgSO_4$	$Ca(OH)_2$ 水化铝酸三钙	$CaSO_4 \cdot 2H_2O$ 钙钒石	结晶、膨胀
镁盐	$MgSO_4$	$Ca(OH)_2$ 水化铝酸三钙	$CaSO_4 \cdot 2H_2O$ 钙钒石、$Mg(OH)_2$	结晶、膨胀 水化物分解
	$MgCl_2$	$Ca(OH)_2$	$CaCl_2$、$Mg(OH)_2$	水化物分解
碳酸	H_2CO_3	$Ca(OH)_2$	$Ca(HCO_3)_2$	溶解
一般酸	HCl	$Ca(OH)_2$	$CaCl_2$	溶解
	H_2SO_4	$Ca(OH)_2$ 水化铝酸三钙	$CaSO_4 \cdot 2H_2O$ 钙钒石	结晶、膨胀
强碱	NaOH	$3CaO \cdot Al_2O_3$	$Na_2O \cdot Al_2O_3$ $Ca(OH)_2$	溶解、结晶、膨胀

在实际工程中，水泥石的腐蚀常常是几种侵蚀介质同时存在、共同作用所产生的；但干的固体化合物不会对水泥石产生侵蚀，侵蚀性介质必须呈溶液状且浓度大于某一临界值。

水泥的耐蚀性可用耐蚀系数定量表示。耐蚀系数是以同一龄期下，水泥试体在侵蚀性溶液中养护的强度与在淡水中养护的强度之比，比值越大，耐蚀性越好。

2.5.4.7 腐蚀的防止

水泥石受腐蚀的基本原因主要有三个：一是水泥石中存在着易受腐蚀的成分，主要是氢氧化钙和水化铝酸钙；二是水泥石本身不密实，有许多毛细孔，使侵蚀性介质易于进入其内部；三是外界因素的影响，如腐蚀介质的存在、环境温度湿度、介质浓度的影响。

为防止水泥石的腐蚀，可采取以下措施：

（1）根据侵蚀环境特点，合理选用水泥品种。如采用水化产物中$Ca(OH)_2$含量较少的水泥，可提高对多种侵蚀作用的抵抗能力；采用铝酸三钙含量低于5%的水泥，可有效抵抗硫酸盐的侵蚀；掺入混合材料，可提高硅酸盐水泥抵抗多种介质的侵蚀作用。

（2）提高水泥石的密实度，改善孔隙结构。采用合理设计配合比，降低水灰比，仔细选择骨料，掺外加剂以及改善施工方法等提高密实度，能有效地阻止或减少腐蚀介质的侵入；引入密闭孔隙，减少毛细连通孔，可提高抗渗性，是提高耐腐蚀性能的有效措施。

（3）进行表面处理，加作保护层。在腐蚀作用较强时，可在混凝土及砂浆表面加上耐腐蚀性高而不透水的保护层，一般选用耐酸石料、耐酸陶瓷、玻璃、塑料、沥青和涂料；也可用化学方法进行表面处理，如表面碳化或硅氟酸处理，形成致密的碳酸钙，表面涂刷草酸形成不溶的草酸钙；对于特殊腐蚀的要求，则可用抗腐蚀性强的聚合物水泥。

2.5.5 硅酸盐水泥的特性与应用、选用与储存

2.5.5.1 特性与应用

（1）凝结硬化快，强度高，尤其是早期强度高，水泥强度等级高。这是因为硅酸盐水泥中硅酸盐水泥熟料多，即水泥中 C_3S 多。因此适用于现浇混凝土工程、预制混凝土工程、冬季施工混凝土工程、预应力混凝土工程、高强混凝土工程等。

（2）抗冻性好。硅酸盐水泥石具有较高的密实度，且具有对抗冻性有利的孔隙特征，因此抗冻性好，适用于严寒地区遭受反复冻融循环的混凝土工程。

（3）水化热高。硅酸盐水泥中 C_3S 和 C_3A 含量高，因此水化放热速度快、放热量大，所以适用于冬季施工，不适用于大体积混凝土工程。

（4）耐腐蚀性差。硅酸盐水泥石中的氢氧化钙与水化铝酸钙较多，所以耐腐蚀性差，因此不适用于受流动软水和压力水作用的工程，也不宜用于受海水及其他侵蚀性介质作用的工程。

（5）耐热性差。一般受热达到 300 ℃时，水化产物开始脱水，体积收缩、强度下降；温度达 700~1000 ℃时，强度下降很大，甚至完全破坏，所以硅酸盐水泥不适用于耐热、高温要求的混凝土工程。但当温度为 100~250 ℃时，强度反而有所提高，因为此时尚存有游离水，水化可继续进行，并且凝胶产生脱水、部分氢氧化钙的结晶，使水泥石进一步密实。

（6）抗碳化性好。水泥石中氢氧化钙与空气中 CO_2 的作用称为碳化。硅酸盐水泥水化后，水泥石中含有较多的氢氧化钙，使其碳化后内部碱度下降不明显，因此抗碳化性好。

（7）干缩小。水化中形成较多的水化硅酸钙凝胶，使水泥石密实，游离水分少，硬化时不易产生干缩裂纹，干缩较小，故适用于干燥环境。

（8）耐磨性好。表面不易起粉，可用于地面和道路工程。

2.5.5.2 选用

凡在硅酸盐水泥熟料中，掺入一定量的混合材料和适量石膏，共同磨细制成的水硬性材料，均属掺混合材料的硅酸盐水泥。

不同水泥具有不同的性能特点，深入理解这些特点是选用水泥品种的基础。

A 根据环境条件选用水泥品种

环境条件主要包括温度及所含侵蚀性介质的种类和数量等，当环境具有较强的腐蚀性介质时，应优先选用矿渣、粉煤灰、火山灰和复合水泥，而不宜选用硅酸盐水泥和普通水泥。

B 按工程特点选用水泥

大体积混凝土工程，应选用水化热少、放热速度慢的水泥，如专用的中热或低热水泥、矿渣、粉煤灰、火山灰和复合水泥，不宜使用硅酸盐水泥、普通水泥；有早期强度要求及抗冻要求、有耐热要求、有抗渗要求等的工程也应合理选用。

C 按混凝土所处部位选用水泥

水位变化区：硅酸盐水泥、普通水泥；

水中和地下：优先选用矿渣、粉煤灰、火山灰和复合水泥。常用水泥主要性能与选用见表 2-8 及表 2-9。

表 2-8 五种水泥的特性及强度等级

<table>
<tr><th>水泥品种</th><th>硅酸盐水泥</th><th>普通水泥</th><th>矿渣水泥</th><th>火山灰水泥</th><th>粉煤灰水泥</th></tr>
<tr><td rowspan="2">特性</td><td rowspan="2">早期、后期强度高；水化热大；抗冻性好；耐腐蚀性差；干缩性小；耐热性差；抗碳化性好；耐磨性好</td><td rowspan="2">基本同硅酸盐水泥，早期强度、水化热、抗冻性、抗碳化性、耐磨性略有降低，耐腐蚀性、耐热性略有提高</td><td colspan="3">早期强度低，后期强度高；对温度敏感；水化热较小；抗冻性差；耐腐蚀性好；抗碳化性差；耐磨性差</td></tr>
<tr><td>耐热性好；保水性差、泌水性大、干缩性大、抗渗性差</td><td>保水性好、抗渗性好；干缩性大</td><td>干缩性小、抗裂性好；保水性差、泌水性大、抗渗性差</td></tr>
<tr><td>密度/g · cm^{-3}</td><td>3.0~3.15</td><td>3.0~3.15</td><td>2.8~3.1</td><td>2.8~3.1</td><td>2.8~3.1</td></tr>
<tr><td>堆积密度/kg · m^{-3}</td><td>1000~1600</td><td>1000~1600</td><td>1000~1200</td><td>900~1000</td><td>900~1000</td></tr>
<tr><td>强度等级</td><td>42.5
42.5R
52.5
52.5R
62.5
62.5R</td><td>42.5
42.5R
52.5
52.5R
62.5
62.5R</td><td>32.5
35.5R
42.5
42.5R
52.5
52.5R</td><td>32.5
35.5R
42.5
42.5R
52.5
52.5R</td><td>32.5
35.5R
42.5
42.5R
52.5
52.5R</td></tr>
</table>

表 2-9 常用水泥的选用

<table>
<tr><th colspan="2">混凝土工程特点
或所处环境条件</th><th>优先选用</th><th>可以使用</th><th>不宜使用</th></tr>
<tr><td rowspan="4">普通混凝土</td><td>在普通气候环境中的混凝土</td><td>普通水泥</td><td>矿渣水泥、火山灰水泥、粉煤灰水泥、复合水泥</td><td></td></tr>
<tr><td>在干燥环境中的混凝土</td><td>普通水泥</td><td>矿渣水泥</td><td>火山灰水泥、粉煤灰水泥</td></tr>
<tr><td>在高湿度环境中或长期处在水下的混凝土</td><td>矿渣水泥</td><td>普通水泥、火山灰水泥、粉煤灰水泥、复合水泥</td><td></td></tr>
<tr><td>厚大体积的混凝土</td><td>粉煤灰水泥、矿渣水泥、火山灰水泥、复合水泥</td><td>普通水泥</td><td>硅酸盐水泥</td></tr>
</table>

续表 2-9

混凝土工程特点或所处环境条件		优先选用	可以使用	不宜使用
有特殊要求的混凝土	要求快硬的混凝土	硅酸盐水泥	普通水泥	矿渣水泥、火山灰水泥、粉煤灰水泥、复合水泥
	高强混凝土	硅酸盐水泥	普通水泥、矿渣水泥	火山灰水泥、粉煤灰水泥
	严寒地区的露天混凝土，寒冷地区的处在水位升降范围内的混凝土	普通水泥	矿渣水泥	火山灰水泥、粉煤灰水泥
	严寒地区处在水位升降范围内的混凝土	普通水泥		火山灰水泥、矿渣水泥、粉煤灰水泥、复合水泥
	有抗渗性要求的混凝土	普通水泥、火山灰水泥		矿渣水泥
	有耐磨性要求的混凝土	硅酸盐水泥、普通水泥	矿渣水泥	火山灰水泥、粉煤灰水泥

注：蒸汽养护时用的水泥品种，宜根据具体条件通过试验确定。

2.5.5.3 储存

（1）运输和保管期间，不得受潮和混入杂质，不同品种和强度等级、不同出厂日期的水泥应分别存放，并加以标志，不得混杂；防湿、防雨水渗漏。

（2）散装水泥应有专用运输车，直接卸入现场特制储仓，分别存放。

（3）存放袋装水泥时，地面垫板离地 300 mm，四周离墙 300 mm，堆放高度一般不应超过 10 袋，以免过高导致下部水泥受压结硬，存放期短、库房紧张等情况也不应超过 15 袋。

（4）按照到货先后依次堆放，尽量做到先到先用，防止存放过久。一般储存条件下，水泥会吸收空气中的二氧化碳和水分，使颗粒表面水化甚至碳化，丧失胶凝能力，强度降低。经过 3 个月后，强度降低 10%～20%，经过 6 个月后，强度降低 15%～30%，经过 1 年后，强度降低 25%～40%。所以存放期一般不应超过 3 个月，超过 3 个月的水泥必须经过试验才能使用。

2.5.6 其他通用硅酸盐水泥

2.5.6.1 普通硅酸盐水泥

A 组成

普通硅酸盐水泥是指由硅酸盐水泥熟料、6%～20%混合材料、适量石膏共同磨细制成的水硬性胶凝材料（简称普通水泥），代号 P·O。

在普通水泥中，熟料与石膏的含量之和应不小于80%且小于94%，主要混合材料由粒化高炉矿渣（或粒化高炉矿渣粉）、粉煤灰、火山灰质混合材料组成，其含量应不小于6%且小于20%，替代混合材料为石灰石，其含量应不超过水泥质量的5%。

B 技术要求

（1）普通水泥的氧化镁、三氧化硫、氯离子含量指标与硅酸盐水泥相同，烧失量应不大于5.0%。

（2）初凝时间应不小于45 min，终凝时间应不大于600 min。

（3）强度等级。分为42.5、42.5R、52.5、52.5R、62.5、62.5R六个等级。

普通水泥中绝大部分仍为硅酸盐水泥熟料，其性质与硅酸盐水泥相近，但掺入了少量混合材料。与硅酸盐水泥相比，早期硬化速度稍慢，3 d抗压强度稍低，抗冻性及耐磨性能也略差，广泛应用于各种混凝土或钢筋混凝土工程，是我国主要水泥品种之一。

2.5.6.2 *矿渣硅酸盐水泥*

A 组成

矿渣硅酸盐水泥是指由硅酸盐水泥熟料、粒化高炉矿渣（或粒化高炉矿渣粉）、适量石膏共同磨细制成的水硬性胶凝材料（简称矿渣水泥），代号P·S。

在矿渣水泥中，熟料与石膏的含量之和应不小于60%且小于79%，粒化高炉矿渣（或粒化高炉矿渣粉）是主要混合材料，其含量应不小于21%且小于70%。当主要混合材料含量不小于21%且小于50%时，称为A型矿渣水泥，代号P·S·A；当主要混合材料含量不小于51%且小于70%时，称为B型矿渣水泥，代号P·S·B。石灰石可作为替代混合材料，其含量应小于5%。

B 技术要求

（1）氧化镁。A型矿渣水泥的氧化镁含量应不大于6.0%，如果水泥中氧化镁含量大于6.0%，需进行水泥压蒸安定性试验并合格。B型矿渣水泥对氧化镁含量不作要求。

（2）三氧化硫。矿渣水泥的三氧化硫含量应不大于4.0%。

（3）细度。45 μm方孔筛筛余应不低于5%。

（4）凝结时间。初凝时间应不小于45 min，终凝时间应不大于600 min。

（5）强度等级。分为32.5、32.5R、42.5、42.5R、52.5、52.5R六个等级。

C 矿渣硅酸盐水泥、粉煤灰硅酸盐水泥、火山灰质硅酸盐水泥的共性与特性

矿渣硅酸盐水泥、粉煤灰硅酸盐水泥、火山灰质硅酸盐水泥的区别主要在于掺加的主要混合材料不同，而由于三种主要混合材料的化学组成和化学活性基本相同，其水泥的水化产物及凝结硬化速度相近，因此这三种水泥的大多数性质和应用相同或相近，即这三种水泥在许多情况下可替代使用。又由于这三种主要混合材料的物理性质和表面特征及水化活性等有些差异，使得这三种水泥分别具有某些特性。

（1）凝结硬化慢、早期强度低和后期强度增长快。掺混合材料的硅酸盐水泥与水拌合后，首先是水泥熟料水化，之后是水泥熟料的水化产物——$Ca(OH)_2$与混合材料中的活性SiO_2和活性Al_2O_3发生水化反应（亦称二次反应或火山灰反应）生成水化产物。水泥中熟料矿物含量少，而混合材料的二次水化较慢，所以早期强度较低，后期二次水化产物不断增多，达到甚至超过同等级的硅酸盐水泥。因此这三种水泥不宜用于早期强度要求

高的工程、冬季施工及预应力混凝土等工程，且应加强早期养护。

（2）温度敏感性高，适宜高温湿热养护。这三种水泥在温度低时水化速率和强度发展较慢，而在高温养护时水化速率大幅提高，加快了混合材料与熟料水化析出的氢氧化钙的化学反应，强度发展较快。如蒸汽养护和蒸压养护，能显著加快硬化速度，可得到较高的早期强度，不影响后期强度增长。

（3）水化热低。由于水泥中熟料含量相对减少，故水化热较低。适合大体积混凝土工程，如大型基础和水坝等；适当调整组成比例可生产出大坝专用的低热水泥品种。

（4）耐腐蚀性强。由于熟料数量相对较少，水化生成的氢氧化钙也少，且二次水化要消耗大量氢氧化钙，水泥石中的易受硫酸盐腐蚀的水化铝酸三钙也相对降低，使水泥石受腐蚀的成分减少，水泥石耐软水腐蚀、耐硫酸盐腐蚀、耐酸性腐蚀能力大幅提高，可用于有耐腐蚀性要求的工程。但当采用活性氧化铝含量较多的混合材料（如烧黏土）时，因水化生成水化铝酸钙较多，其耐硫酸盐腐蚀性能较差。当侵蚀介质的浓度较高或耐腐蚀性要求高时，也不宜使用。

（5）抗冻性、耐磨性差。由于加入较多的混合材料，需水性增加，用水量较多，易形成较多的毛细孔或粗大孔隙，且早期强度较低，使这些性能下降。因此不宜用于严寒地区水位升降范围内的混凝土和有耐磨性要求的工程。

（6）抗碳化能力差。氢氧化钙少，碱度低，表层碳化作用快，碳化深度深，当碳化达到钢筋表面时会导致钢筋锈蚀，影响混凝土的耐久性，不适合用于二氧化碳浓度高的环境（如铸造、翻砂车间）。

矿渣水泥具有较高的耐热性。矿渣是高温下形成的材料，是耐火材料，当受高温（不高于 200 ℃）作用时，强度不致显著降低，因此可用于温度不高于 200 ℃的混凝土工程，如轧钢、锻造、热处理等热工车间及热工窑炉的基础，也可用于温度达 300~400 ℃的热气体通道等耐热工程。掺入耐火砖粉等原料可制成耐更高温的混凝土。

矿渣水泥的保水性差、泌水性大、干缩性大、抗渗性差。玻璃体对水的吸附差，导致保水性差，易泌水产生较多的连通孔隙，使抗渗性差，干燥收缩大，易在表面形成较多的细微裂缝，影响其强度和耐久性。不宜用于有抗渗要求的混凝土工程和受冻融干湿交替的混凝土工程。

2.5.6.3 粉煤灰硅酸盐水泥

粉煤灰硅酸盐水泥是指由硅酸盐水泥熟料、粉煤灰、适量石膏共同磨细制成的水硬性胶凝材料（简称粉煤灰水泥），代号 P·F。

在粉煤灰水泥中，水泥熟料与石膏的含量之和应不小于 60%且小于 79%，粉煤灰是主要混合材料，其含量应不小于水泥质量的 21%且小于 40%，石灰石可作为替代混合材料，其含量应小于 5%。

粉煤灰水泥的水化热小、早期强度低，干缩性小、抗裂性能好。球形颗粒比较稳定，表面较致密，比表面积较小，吸附水的能力较小，水化很慢，所以干缩小，同时配制的混凝土、砂浆和易性好。适合用于承载较晚的混凝土工程。但粉煤灰水泥的保水性差，早期泌水快，形成较多连通孔隙，干燥时易产生细微裂纹，抗渗性差，不宜用于干燥环境和抗渗性要求高的工程。

2.5.6.4 火山灰质硅酸盐水泥

火山灰质硅酸盐水泥是指由硅酸盐水泥熟料、火山灰质混合材料（pozzolana）、适量石膏共同磨细制成的水硬性胶凝材料（简称火山灰水泥），代号为P·P。

在火山灰水泥中，熟料与石膏的含量之和应不小于60%且小于79%，主要混合材料是火山灰质混合材料，其含量应不小于水泥质量的21%且小于40%，石灰石可作为替代混合材料，其含量应小于5%。

火山灰水泥具有较好的抗渗性和耐水性。这是因为火山灰质混合材料的颗粒含有大量的细微孔隙，保水性良好，泌水性低，当在潮湿环境下或水中养护时，生成较多的水化硅酸钙凝胶，使水泥石结构致密，有较高的密实度，可优先用于有抗渗性要求的工程。

火山灰水泥的干燥收缩比矿渣水泥更显著，耐磨性比矿渣差，易起粉。在长期干燥环境中，其水化反应会停止，已经形成的凝胶还会脱水收缩，形成细微裂缝，影响强度和耐久性；在水泥石表面，由于空气中二氧化碳的作用，可使水化硅酸钙分解成碳酸钙和氧化硅的粉状混合物，使水泥石的表面产生起粉现象。因此要加强养护，较长时间保持潮湿状态，以免产生干缩和起粉。所以火山灰水泥不宜用于干燥或干湿交替环境下的工程及有耐磨要求的工程。

2.5.6.5 复合硅酸盐水泥

复合硅酸盐水泥是指由硅酸盐水泥熟料、两种或两种以上混合材料、适量石膏共同磨细制成的水硬性胶凝材料（简称复合水泥），代号P·C。

在复合水泥中，熟料与石膏的含量之和应大于50%且小于79%，混合材料由粒化高炉矿渣（或粒化高炉矿渣粉）、粉煤灰、火山灰质混合材料、石灰石和砂岩中的三种及以上材料组成，其含量应不小于21%且小于50%。其中，石灰石含量应不大于水泥质量的15%。

复合水泥的化学要求（三氧化硫、氧化镁、氯离子）与火山灰水泥、粉煤灰水泥相同。由于在水泥中掺入了三种及以上的混合材料，有利于发挥各种材料的优点，性能略优于其他掺混合材料水泥，为充分利用混合材料生产水泥，扩大水泥应用范围提供了广阔的途径，适用范围较广。其效果不只是各类混合材料的简单混合，而是互相取长补短，产生单一混合材料不能起到的优良效果。

2.5.7 特种水泥

我国特种水泥的品种有60余种，但特种水泥总产量仅占水泥总产量的2%左右，与国际上5%~10%的比例相差甚远。特种水泥的应用很广泛，且在工程中起到很重要的作用。

2.5.7.1 道路硅酸盐水泥

道路硅酸盐水泥（road Portland cement）是指由道路硅酸盐水泥熟料、适量石膏和混合材料共同磨细制成的水硬性胶凝材料（简称道路水泥），代号为P·R。

道路水泥的性能要求主要是耐磨性好、收缩小、抗冻性好、抗冲击性好，有高的抗折强度和良好的耐久性。道路水泥的上述特性，主要依靠改变熟料的矿物组成、粉磨细度、石膏掺入量及外加剂来达到。一般采用适当提高熟料中硅酸三钙和铁铝酸四钙含量，限制铝酸三钙和游离氧化钙含量达到上述要求。因为铁铝酸四钙的脆性小、抗冲击性强、体积收缩最小，所以提高铁铝酸四钙的含量，可以提高水泥的抗折强度和耐磨性。国家标准《道路硅酸盐水泥》（GB/T 13693—2017）规定，道路硅酸盐水泥熟料的铝酸三钙含量不应超过5%，铁铝酸四钙含量不应小于15%，游离氧化钙含量不应大于1%。

道路水泥中的混合材料应为符合相关标准要求的F类粉煤灰、粒化高炉矿渣或粒化高炉矿渣粉、粒化电炉磷渣、钢渣或钢渣粉。混合材料的掺量为水泥质量的0%~10%。

道路水泥中氧化镁含量（质量分数）应不大于5.0%。如果水泥压蒸试验合格，则水泥中氧化镁含量允许放宽至6.0%。三氧化硫含量（质量分数）应不大于3.5%，烧失量应不大于3.0%。比表面积为300~450 m^2/kg，初凝时间不小于90 min，终凝时间不大于720 min，28 d干缩率应不大于0.10%，28 d磨耗量应不大于3.00 kg/m^2。

道路水泥按照28 d抗折强度分为7.5和8.5两个等级，各龄期的强度应符合表2-10的规定。

表2-10 道路水泥的各龄期强度要求

强度等级	抗折强度/MPa		抗压强度/MPa	
	3 d	28 d	3 d	28 d
7.5	≥4.0	≥7.5	≥21.0	≥42.5
8.5	≥5.0	≥8.5	≥26.0	≥52.5

道路水泥是一种强度高，特别是抗折强度高、耐磨性好、干缩性小、抗冲击性好、抗冻性、抗硫酸性比较好的特种水泥，它可以较好地承受高速车辆的车轮摩擦、循环负荷、冲击和货物起卸的骤然荷载，较好地抵抗路面与路基的温差和干湿度差产生的膨胀应力，抵抗冬季的冻融循环。它适用于道路路面、机场跑道道面、城市广场等工程，由于道路水泥具有干缩性小、耐磨、抗冲击等特性，可减少水泥混凝土路面的裂缝和磨耗等病害，减少维修、延长路面使用年限，因而可获得显著的社会效益和经济效益。

2.5.7.2 砌筑水泥

砌筑水泥（masonry cement）是指由硅酸盐水泥熟料加入规定的混合材料和适量石膏磨细制成的保水性较好的水硬性胶凝材料。砌筑水泥的混合材料可采用粒化高炉矿渣、粉煤灰、火山灰质混合材料、粒化电炉磷渣、粒化高炉钛矿渣、石灰石粉和窑灰。

目前，我国砖墙、砌块墙占很大比例，砌筑砂浆成为需求量较大的建筑材料。通常在配制砂浆时，会选用32.5级或42.5级水泥，而砂浆的强度等级一般采用M25、M50，故水泥强度与砂浆强度的比值大幅超过4~5倍的经济比例，为了满足砂浆和易性要求，需要用较多的水泥，造成砌筑砂浆强度等级超高，形成较大浪费。因此，生产专为砌筑用的低强度水泥非常必要。砌筑水泥按照28 d抗压强度分为12.5、22.5和32.5三个等级，各龄期强度应符合表2-11的规定。

表2-11 砌筑水泥的各龄期强度要求

强度等级	抗压强度/MPa			抗折强度/MPa		
	3 d	7 d	28 d	3 d	7 d	28 d
12.5	—	≥7.0	≥12.5	—	≥1.5	≥3.0

续表 2-11

强度等级	抗压强度/MPa			抗折强度/MPa		
	3 d	7 d	28 d	3 d	7 d	28 d
22.5	—	≥10.0	≥22.5	—	≥2.0	≥4.0
32.5	≥10.0	—	≥32.5	≥2.5	—	≥5.5

国家标准《砌筑水泥》（GB/T 3183—2017）规定，砌筑水泥的三氧化硫含量不大于3.5%，氯离子含量（质量分数）不大于0.06%，水溶性铬（Ⅵ）含量不大于10.0 mg/kg。砌筑水泥的细度用筛余表示，80 μm方孔筛筛余不大于10.0%。初凝时间不小于60 min，终凝时间不大于720 min。安定性用沸煮法检验应合格。保水率应不小于80%。

砌筑水泥适用于砌筑砂浆、内墙抹面砂浆及基础垫层，允许用于生产砌块及瓦等制品。一般不得用于配制混凝土，通过试验，允许用于低强度等级混凝土，但不得用于钢筋混凝土等承重结构。

2.5.7.3 白色硅酸盐水泥

白色硅酸盐水泥（white Portland cement）是指由白色硅酸盐水泥熟料加入适量石膏和混合材料磨细制成的水硬性胶凝材料（简称为白水泥），代号为P·W。

白水泥熟料是以适当成分的生料烧制部分熔融，得到以硅酸钙为主要成分、氧化铁含量少的熟料。硅酸盐水泥的颜色主要是由氧化铁引起的，一般硅酸盐水泥含有较多的氧化铁（3%~4%）而呈暗灰色，氧化铁含量为0.45%~0.7%时呈淡绿色，白色水泥由于氧化铁（0.35%~0.40%）、氧化锰、氧化钛、氧化铬、氧化钴等着色物质极少而呈白色。因此选用较纯原料，如纯净的高岭土、纯石英砂、纯石灰或白垩，在较高温度（1500~1600 ℃）烧成熟料。熟料中氧化镁的含量不宜超过5.0%，如果水泥经压蒸安定性试验合格，则允许放宽到6.0%。白水泥的混合材料一般为石灰岩、白云质石灰岩和石英砂等天然矿物。

国家标准《白色硅酸盐水泥》（GB/T 2015—2017）规定，白水泥的三氧化硫含量应不大于3.5%，45 μm方孔筛筛余应不大于30.0%，初凝时间不小于45 min，终凝时间不大于600 min。为提高熟料白度，在煅烧时宜采用弱还原气氛（将刚出窑的熟料喷水冷却），另外采用漂白措施；为提高水泥白度，在粉磨时应加入白度较高的石膏，同时提高水泥的粉磨细度。

为了保持水泥的白度，在煅烧、粉磨、运输、包装过程中防止着色物质混入；磨机的衬板采用质坚的花岗岩、白色陶瓷或优质耐磨特殊钢，研磨体应采用硅质卵石或人造瓷球，不能采用铸钢板和钢球；煅烧时的燃料应为无灰粉的天然气、煤气或液体燃料。

白水泥按照28 d抗压强度分为32.5、42.5和52.5三个等级，各龄期的强度应符合表2-12的规定。

白水泥主要用于建筑物的装饰，如地面、楼梯、台阶、外墙饰面，彩色水刷石和水磨石制造，斩假石、水泥拉毛工艺，大理石及瓷砖镶贴，混凝土雕塑工艺制品等，也可用于生产彩色水泥。

表 2-12 白水泥的各龄期强度要求

强度等级	抗压强度/MPa		抗折强度/MPa	
	3 d	28 d	3 d	28 d
32.5	≥12.0	≥32.5	≥3.0	≥6.0
42.5	≥17.0	≥42.5	≥3.5	≥6.5
52.5	≥22.0	≥52.5	≥4.0	≥7.0

2.5.7.4 彩色硅酸盐水泥

彩色硅酸盐水泥（coloured Portland cement）是指由硅酸盐水泥熟料及适量石膏（或白色硅酸盐水泥）、混合材料及着色剂磨细或混合制成的带有色彩的水硬性胶凝材料（简称彩色水泥）。

彩色水泥的基本色有红色、黄色、蓝色、绿色、棕色和黑色等。其他颜色的彩色水泥生产可由供需双方协商。彩色水泥主要用于配制彩色砂浆或混凝土，用于制造人工石材和装饰工程。

将碱性颜料、白色水泥熟料和石膏共同磨细制成；也可将颜料直接与白水泥混合配制而成，灵活简便，但颜料消耗大；制造红色、棕色和黑色水泥时，可不用白色水泥，直接用普通硅酸盐水泥。所用颜料要求不溶于水，且分散性好，耐碱性强，抗大气稳定性好，掺入水泥中不显著降低水泥强度。常用的颜料为氧化铁（红、黄、褐、黑色）、二氧化锰（褐、黑色）、氧化铬（绿色）、赭石（赭色）、群青（蓝色）。此方法生产的水泥色泽不均匀，长期使用易出现褪色，但生产成本低。目前此法应用较为普遍。白水泥生料中加入少量氧化物直接烧成彩色水泥熟料，然后加入适量石膏磨细而成。制得的彩色水泥，色泽均匀、颜色耐久，但生产成本较高。

我国建材行业标准《彩色硅酸盐水泥》（JC/T 870—2012）规定，彩色水泥的三氧化硫含量不得超过4.0%，80 μm 方孔筛筛余不得超过6.0%，初凝时间不得早于1 h，终凝不得迟于10 h。彩色水泥按照28 d抗压强度分为27.5、32.5和42.5三个等级，各龄期强度应符合表2-13的规定。

表 2-13 彩色水泥的各龄期强度要求

强度等级	抗压强度/MPa		抗折强度/MPa	
	3 d	28 d	3 d	28 d
27.5	≥7.5	≥27.5	≥2.0	≥5.0
32.5	≥10.0	≥32.5	≥2.5	≥5.5
42.5	≥15.0	≥42.5	≥3.5	≥6.5

2.5.7.5 低热微膨胀水泥

低热微膨胀水泥（low heat expansive cement）是指以粒化高炉矿渣为主要成分，加入适量硅酸盐水泥熟料和石膏，磨细制成的具有低水化热和微膨胀性能的水硬性胶凝材料，代号LHEC。其中，硅酸盐水泥熟料强度等级要求达到42.5以上，游离氧化钙含量不得超过1.5%，氧化镁含量（质量分数）不得超过6.0%。1979年，由中国建筑材料科学研究院主持完成的低热微膨胀水泥研发成果获得了国家技术发明二等奖。

国家标准《低热微膨胀水泥》（GB/T 2938—2008）规定，低热微膨胀水泥的三氧化硫含量（质量分数）应为4.0%~7.0%，比表面积不得小于300 m^2/kg，初凝时间不得早于45 min，终凝时间不得迟于12 h。凝结时间也可由生产单位和使用单位商定。安定性采用沸煮法检验应合格。低热微膨胀水泥的强度等级只有32.5级，各龄期强度应符合表2-14的规定。

表2-14 低热微膨胀水泥的各龄期强度要求

强度等级	抗折强度/MPa		抗压强度/MPa	
	7 d	28 d	7 d	28 d
32.5	≥5.0	≥7.0	≥18.0	≥32.5

低热微膨胀水泥的水化热应符合表2-15的规定。

表2-15 低热微膨胀水泥的各龄期水化热要求

强度等级	水化热/kJ·kg^{-1}	
	3 d	7 d
32.5	≤185	≤220

低热微膨胀水泥的线膨胀率应符合表2-16的规定。

表2-16 低热微膨胀水泥的各龄期线膨胀率要求

强度等级	线膨胀率/%		
	1 d	7 d	28 d
32.5	≥0.05	≥0.10	≤0.60

低热微膨胀水泥主要用于要求低水化热和要求补偿收缩的混凝土、大体积混凝土工程，也可用于要求抗渗和抗硫酸盐腐蚀的工程。

2.5.7.6 中热硅酸盐水泥、低热硅酸盐水泥

中热硅酸盐水泥（moderate-heat Portland cement）是指由适当成分的硅酸盐水泥熟料和适量石膏共同磨细制成的具有中等水化热的水硬性胶凝材料（简称中热水泥），代号为P·MH。

低热硅酸盐水泥（low-heat Portland cement）是指由适当成分的硅酸盐水泥熟料和适量石膏共同磨细制成的具有低水化热的水硬性胶凝材料（简称低热水泥），代号为P·LH。

中热水泥和低热水泥主要用于要求水化热较低的大坝工程和大体积混凝土工程，所以常被称为大坝水泥。我国三峡工程浇筑大体积混凝土约3000万立方米，主要使用42.5级中热水泥，局部使用少量42.5级低热水泥。我国乌东德水电站是世界上首个全坝使用低热水泥的水电工程。

国家标准《中热硅酸盐水泥、低热硅酸盐水泥》（GB/T 200—2017）规定，中热水泥熟料中C_3S含量应不超过55.0%、C_3A含量应不超过6.0%，f-CaO含量应不超过1.0%。低热水泥熟料中C_2S含量应不小于40.0%、C_3A含量应不超过6.0%，f-CaO含量应不超过1.0%。

GB/T 200—2017 规定，中热水泥、低热水泥的比表面积应不小于 250 m^2/kg。初凝时间应不早于 60 min，终凝时间应不迟于 720 min。水泥的各龄期强度应符合表 2-17 的规定。低热水泥的 90 d 抗压强度不小于 62.5 MPa。

表 2-17 中热、低热水泥的各龄期强度要求

品　种	强度等级	抗压强度/MPa			抗折强度/MPa		
		3 d	7 d	28 d	3 d	7 d	28 d
中热水泥	42.5	≥12.0	≥22.0	≥42.5	≥3.0	≥4.5	≥6.5
低热水泥	42.5	—	≥13.0	≥42.5	—	≥3.5	≥6.5
低热矿渣水泥	32.5	—	≥12.0	≥32.5	—	≥3.0	≥5.5

各龄期水化热应不大于表 2-18 所示数值。32.5 级低热水泥 28 d 的水化热应不大于 290 kJ/kg，42.5 级低热水泥 28 d 的水化热应不大于 310 kJ/kg。

表 2-18 中热、低热水泥的各龄期水化热要求

品　种	强度等级	水化热/$kJ \cdot kg^{-1}$	
		3 d	7 d
中热水泥	42.5	≤251	≤293
低热水泥	32.5	≤197	≤230
	42.5	≤230	≤260

中热水泥主要适用于大坝溢流面的面层和水位变动区等要求具有较高耐磨性和抗冻性的工程，低热水泥主要适用于大坝或大体积建筑物内部及部分水下工程。

2.5.7.7 抗硫酸盐硅酸盐水泥

根据国家标准《抗硫酸盐硅酸盐水泥》（GB/T 748—2023），抗硫酸盐硅酸盐水泥可分为中抗硫酸盐硅酸盐水泥、高抗硫酸盐硅酸盐水泥两类。

中抗硫酸盐硅酸盐水泥（moderate sulfate resistance Portland cement）是指由适当成分的硅酸盐水泥熟料，加入适量石膏，磨细制成的具有抵抗中等质量浓度硫酸根离子（≤2500 mg/L）侵蚀的水硬性材料，简称中抗硫酸盐水泥，代号 P·MSR。

高抗硫酸盐硅酸盐水泥（high sulfate resistance Portland cement）是指由适当成分的硅酸盐水泥熟料，加入适量石膏，磨细制成的具有抵抗较高质量浓度硫酸根离子（>2500 mg/L 且≤8000 mg/L）侵蚀的水硬性材料，简称高抗硫酸盐水泥，代号 P·HSR。

水泥石中的氢氧化钙和水化铝酸钙是硫酸盐腐蚀的内在原因，水泥的抗硫酸盐侵蚀性能主要取决于可生成这两种水化产物的熟料矿物含量。降低熟料中硅酸三钙和铝酸三钙的含量，相应增加耐腐蚀性较好的 C_2S 和 C_4AF 含量，是提高水泥抗硫酸盐侵蚀性能的主要措施之一。硅酸三钙和铝酸三钙的含量应符合表 2-19 中的规定。

表 2-19 水泥中硅酸三钙和铝酸三钙的含量要求

分 类	硅酸三钙含量/%	铝酸三钙含量/%
中抗硫酸盐水泥	≤55.0	≤5.0
高抗硫酸盐水泥	≤50.0	≤3.0

国家标准《抗硫酸盐硅酸盐水泥》(GB/T 748—2023) 规定，抗硫酸盐硅酸盐水泥的氧化镁含量不大于5.0%，三氧化硫含量不大于2.5%，烧失量不大于3.0%，不溶物含量不大于0.75%，比表面积不小于280 m^2/kg，初凝时间不小于45 min，终凝时间不大于600 min，安定性用沸煮法检验合格，水泥不同龄期的强度应符合表2-20的规定。

表 2-20 抗硫酸盐硅酸盐水泥的各龄期强度要求

分 类	强度等级	抗压强度/MPa		抗折强度/MPa	
中抗硫酸盐水泥	42.5	3 d	28 d	3 d	28 d
高抗硫酸盐水泥		≥15.0	≥42.5	≥3.0	≥6.5

抗硫酸盐硅酸盐水泥的抗硫酸盐侵蚀性能用14 d线膨胀率进行评价。中抗硫酸盐水泥的14 d线膨胀率应不大于0.060%，高抗硫酸盐水泥的14 d线膨胀率应不大于0.040%。

抗硫酸盐硅酸盐水泥除了具有较强的抗硫酸盐侵蚀性能外，还具有较强的抗冻性能，主要适用于受硫酸盐腐蚀、冻融循环作用的海港、水利、地下、隧涵、道路和桥梁基础等工程。

2.5.7.8 海工硅酸盐水泥

2003年，国务院明确提出“要发展海洋工程和港口建设用水泥”（国发〔2003〕41号文件)。2012年，党的十八大报告提出“建设海洋强国”。海洋强国战略的实施需要大量抗海水侵蚀的水泥用于构建海洋工程和沿海能源基础设施建设，如海港工程、岛礁建设、桥梁及隧道项目、海洋油气开发、海工平台等。为响应国家的海洋开发战略需求，中国建筑材料科学研究总院有限公司从2010年起着手开展海工硅酸盐水泥的研究、试制和使用，历经数千次的试验，终于成功研制出海工硅酸盐水泥。

海工硅酸盐水泥是以硅酸盐水泥熟料和适量天然石膏、矿渣粉、粉煤灰、硅灰粉磨制成的具有较强抗海水侵蚀性能的水硬性胶凝材料，简称海工水泥，代号为P·O·P。

海工水泥的组成材料主要包括：硅酸盐水泥熟料及天然石膏30%~50%，矿渣粉、粉煤灰和硅灰共计50%~70%，且硅灰含量不超过5%。

国家标准《海工硅酸盐水泥》(GB/T 31289—2014) 规定，海工水泥的强度等级分为32.5L、32.5和42.5三个等级，各龄期的强度应符合表2-21的规定。

表 2-21 海工硅酸盐水泥的各龄期强度要求

强度等级	抗压强度/MPa		抗折强度/MPa	
	3 d	28 d	3 d	28 d
32.5L	≥8.0	≥32.5	≥2.5	≥5.5
32.5	≥10.0	≥32.5	≥3.0	≥5.5
42.5	≥15.0	≥42.5	≥3.5	≥6.5

GB/T 31289—2014 规定，海工水泥的初凝时间不早于 45 min，终凝时间不迟于 600 min，细度用 45 μm 方孔筛筛余表示，筛余范围应为 6%~20%，28 d 氯离子扩散系数不大于 $1.5\times10^{-12}\ m^2/s$，28 d 抗蚀系数不低于 0.99。

2.5.7.9　铝酸盐水泥

铝酸盐水泥是应用较多的非硅酸盐系水泥，具有快硬早强性能和较好耐高温性能的胶凝材料，还是膨胀水泥的主要组分，适用于紧急军事工程（筑路、桥）、抢修工程（堵漏等）、严寒工程、临时性工程，以及配制耐热混凝土，如高温窑炉炉衬和自应力混凝土工程等。

铝酸盐水泥是由铝酸盐水泥熟料磨细制成的水硬性胶凝材料，又称高铝水泥、矾土水泥，代号 CA。铝酸盐水泥熟料是以钙质和铝质材料为主要原料，按适当比例配制成生料，煅烧至完全或部分熔融，并经冷却所得以铝酸钙为主要矿物组成的产物。在磨制 Al_2O_3 含量不低于 68%的铝酸盐水泥时，可掺加适量的 α-Al_2O_3 粉。

《铝酸盐水泥》（GB/T 201—2015）规定，按水泥中 Al_2O_3 含量（质量分数）将铝酸盐水泥分为 CA50、CA60、CA70 和 CA80 四个品种，各品种的 Al_2O_3 含量应符合表 2-22 的规定。

表 2-22　铝酸盐水泥化学成分　　%

<table>
<tr><th>类型</th><th>Al_2O_3 含量</th><th>SiO_2 含量</th><th>Fe_2O_3 含量</th><th>碱含量
（$Na_2O+0.658K_2O$）</th><th>S（全硫）
含量</th><th>Cl^- 含量</th></tr>
<tr><td>CA50</td><td>≥50 且<60</td><td>≤9.0</td><td>≤3.0</td><td>≤0.50</td><td>≤0.2</td><td rowspan="4">≤0.06</td></tr>
<tr><td>CA60</td><td>≥60 且<68</td><td>≤5.0</td><td>≤2.0</td><td rowspan="3">≤0.40</td><td rowspan="3">≤0.1</td></tr>
<tr><td>CA70</td><td>≥68 且<77</td><td>≤1.0</td><td>≤0.7</td></tr>
<tr><td>CA80</td><td>≥77</td><td>≤0.5</td><td>≤0.5</td></tr>
</table>

不同品种的铝酸盐水泥的熟料矿物组成相差较大。熟料矿物主要包括铝酸一钙（$CaO\cdot Al_2O_3$，简写为 CA）、二铝酸一钙（$CaO\cdot 2Al_2O_3$，简写为 CA_2）、铝酸二钙（$2CaO\cdot Al_2O_3$，简写为 C_2A）、七铝酸十二钙（$12CaO\cdot 7Al_2O_3$，简写为 $C_{12}A_7$）和铝方柱石（$2CaO\cdot Al_2O_3\cdot SiO_2$，简写为 C_2AS）等。以 CA60 为例，该品种可根据主要矿物组成细分为 CA60-Ⅰ（以铝酸一钙为主）和 CA60-Ⅱ（以铝酸二钙为主）两类。

铝酸盐水泥的水化和硬化主要就是铝酸一钙的水化及其水化产物的结晶情况，这是因为铝酸一钙是铝酸盐水泥的最主要矿物，具有很高的活性。其特点是凝结正常、硬化迅速，是铝酸盐水泥强度的主要来源。二铝酸一钙的凝结硬化慢，早期强度低，但后期强度较高，含量过多将影响水泥的快硬性能。铝酸盐水泥的水化产物与温度密切相关，一般认为水化反应随温度的不同而水化产物不相同。

当温度小于 20 ℃时，反应为：

$$CaO\cdot Al_2O_3 + 10H_2O \longrightarrow CaO\cdot Al_2O_3\cdot 10H_2O$$

当温度在 20~30 ℃时，反应为：

$$2(CaO\cdot Al_2O_3) + 11H_2O \longrightarrow 2CaO\cdot Al_2O_3\cdot 8H_2O + Al_2O_3\cdot 3H_2O$$

当温度大于 30 ℃时，反应为：

$$3(CaO\cdot Al_2O_3) + 12H_2O \longrightarrow 3CaO\cdot Al_2O_3\cdot 6H_2O + 2(Al_2O_3\cdot 3H_2O)$$

CAH_{10}和C_2AH_8都是六方晶体，呈针状或片状，能同时形成和共存，其相对比例随温度的提高而减少，并互相结成坚固的结晶连生体，形成坚固的网状骨架，铝胶（AH_3）凝胶又填充于晶体骨架，形成比较致密的结构。水化主要集中在早期，5~7 d后水化产物的增量就很少了。CAH_{10}和C_2AH_8的晶体是亚稳定的，会随着时间的推移而逐渐转化为比较稳定的C_3AH_6，转化过程随温度升高而加速，析出大量游离水，增大了孔隙体积，同时C_3AH_6晶体本身缺陷多，强度较低，互搭接较差，使水泥石的强度明显降低。所以铝酸盐的长期强度会下降，后期强度可能比最高强度降低达40%以上，湿热环境下影响更严重，甚至引起结构破坏。

铝酸盐水泥的化学成分以质量分数计，应符合表2-22的规定。

铝酸盐水泥的比表面积应不小于300 m^2/kg或45 μm方孔筛筛余不大于20%。CA50、CA60-Ⅰ、CA70、CA80的初凝时间不得早于30 min，终凝时间不得迟于360 min，CA60-Ⅱ的初凝时间不得早于60 min，终凝时间不得迟于1080 min。各类型铝酸盐水泥各龄期强度应符合表2-23的规定。

表2-23 铝酸盐水泥的各龄期强度要求

类型		抗压强度/MPa				抗折强度/MPa			
		6 h	1 d	3 d	28 d	6 h	1 d	3 d	28 d
CA50	CA50-Ⅰ	≥20①	≥40	≥50	—	≥3①	≥5.5	≥6.5	—
	CA50-Ⅱ		≥50	≥60	—		≥6.5	≥7.5	—
	CA50-Ⅲ		≥60	≥70	—		≥7.5	≥8.5	—
	CA50-Ⅳ		≥70	≥80	—		≥8.5	≥9.5	—
CA60	CA60-Ⅰ	—	≥65	≥85	—	—	≥7.0	≥10.0	—
	CA60-Ⅱ	—	≥20	≥45	≥85	—	≥2.5	≥5.0	≥10.0
CA70		—	≥30	≥40	—	—	≥5.0	≥6.0	—
CA80		—	≥25	≥30	—	—	≥4.0	≥5.0	—

① 用户要求时，生产厂家应提供试验结果。

铝酸盐水泥的主要用途为配制不定形耐火材料，配制膨胀水泥、自应力水泥、化学建材的添加剂等，抢建、抢修、抗硫酸盐侵蚀和冬季施工等特殊需要的工程。与硅酸盐水泥相比，铝酸盐水泥具有以下特点。

（1）凝结硬化快。早期强度增长较快，1 d达到强度等级的80%，适用于要求早期强度高的特殊工程和工期紧的抢修工程，如军事、桥梁、道路、机场跑道、码头和堤坝等。采用蒸汽养护加速铝酸盐水泥混凝土硬化时，养护温度不得高于50 ℃。

（2）水化热大。水化热集中在早期释放，1 d放热量达到总热量的70%~80%，从硬化开始应立即浇水养护。由于早期的水化放热量大，铝酸盐水泥在较低的气温下也能很好地硬化，适用于冬季及低温条件下施工，但不宜用于大体积混凝土工程。

（3）抗硫酸盐腐蚀性能强。铝酸盐水泥硬化后，密实度较大，不含铝酸三钙和氢氧化钙，铝胶使水泥石结构密实并能形成保护性薄膜，对其他腐蚀介质也有很好的抵抗性，适用于有抗硫酸盐侵蚀要求的工程。

（4）耐磨性良好。适用于有耐磨性要求的工程。

(5) 耐热性好。由于铝酸盐水泥的水化产物中不存在易在较低温度下分解的氢氧化钙，且在高温时能产生固相反应，以烧结代替水化结合，不会使强度过分降低，可用耐火骨料制成使用温度高达 1300~1400 ℃的耐火、隔热混凝土和砂浆，常用于锅炉、窑炉等。

(6) 耐碱性较差。不得用于接触碱性溶液的工程。严禁与硅酸盐水泥、石灰等能析出氢氧化钙的胶凝材料混合使用，也不得与尚未硬化的硅酸盐水泥混凝土接触，否则会出现闪凝，而且生成碱性水化铝酸钙，使混凝土开裂、破坏。用于钢筋混凝土时，钢筋保护层的厚度不得小于 60 mm。

(7) 后期强度下降较大。铝酸盐水泥由于随着时间的推移而发生晶体转变，存在后期强度下降现象，一般降低 40%~50%，因此用于工程中，应按最低稳定强度进行设计。CA50 铝酸盐水泥混凝土的最低稳定强度值以试体脱模后放入 50 ℃±2 ℃水中养护，取龄期为 7 d 和 14 d 强度值之低者来确定。

2.5.7.10 硫铝酸盐水泥

硫铝酸盐水泥（sulphoaluminate cement）是以适当成分的生料，经煅烧所得以无水硫铝酸钙（$C_4A_3\bar{S}$）和硅酸二钙（C_2S）为主要矿物成分的水泥熟料掺加不同量的石灰石、适量石膏共同磨细制成的水硬性胶凝材料。在英文文献中，硫铝酸盐水泥常被译为 calcium sulfoaluminate cement。

20 世纪 70 年代，我国科学家发明了硫铝酸盐水泥。与硅酸盐水泥相比，硫铝酸盐水泥具有早强、高强、高抗冻性、高抗渗性、高抗裂性、高抗腐蚀性、低碱性等特点，但存在凝结时间短、水化放热集中、后期强度增长缓慢甚至倒缩、原材料来源受地域限制等缺点。硫铝酸盐水泥熟料的煅烧温度为 1350 ℃左右，比硅酸盐水泥熟料的煅烧温度约低 100 ℃，可减少能源消耗。硫铝酸盐水泥生产原料中的石灰石用量比硅酸盐水泥少，其生产过程中的二氧化碳排放量也比硅酸盐水泥少，一般可减少碳排放 30%~40%。因此，硫铝酸盐水泥属于低碳水泥，是国家鼓励推广应用的水泥品种。

无水硫铝酸钙水化快，能很快与石膏反应生成钙矾石和大量铝胶，钙矾石迅速结晶形成水泥石的骨架，使水泥的凝结时间缩短，铝胶填充于骨架空隙中，从而获得较高的强度。β 型硅酸二钙活性较高，水化较快，也能较早地生成水化硅酸钙凝胶，并填充于钙矾石晶体骨架中，使水泥石结构更加致密，从而提高水泥石强度。

国家标准《硫铝酸盐水泥》(GB/T 20472—2006) 规定，硫铝酸盐水泥分为快硬硫铝酸盐水泥（rapid hardening sulphoaluminate cement）、低碱度硫铝酸盐水泥（low alkalinity sulphoaluminate cement）、自应力硫铝酸盐水泥（self stressing sulphoaluminate cement）。目前，由于市场变化，我国硫铝酸盐水泥生产企业主要生产快硬硫铝酸盐水泥，已基本停止生产低碱度硫铝酸盐水泥和自应力硫铝酸盐水泥。因此，本书主要介绍快硬硫铝酸盐水泥。

快硬硫铝酸盐水泥是由适当成分的硫铝酸盐水泥熟料和少量石灰石、适量石膏共同磨细制成的，具有早期强度高的水硬性胶凝材料，代号 R·SAC。石灰石掺量应不大于水泥质量的 15%。

快硬硫铝酸盐水泥按照 3 d 抗压强度分为 42.5、52.5、62.5、72.5 四个强度等级，各龄期水泥强度应符合表 2-24 的规定。

表 2-24 快硬硫铝酸盐水泥的各龄期强度要求

强度等级	抗压强度/MPa			抗折强度/MPa		
	1 d	3 d	28 d	1 d	3 d	28 d
42.5	≥30.0	≥42.5	≥45.0	≥6.0	≥6.5	≥7.0
52.5	≥40.0	≥52.5	≥55.0	≥6.5	≥7.0	≥7.5
62.5	≥50.0	≥62.5	≥65.0	≥7.0	≥7.5	≥8.0
72.5	≥55.0	≥72.5	≥75.0	≥7.5	≥8.0	≥8.5

快硬硫铝酸盐水泥的性能特点如下：

（1）快凝（0.5~1 h 即初凝，1~15 h 终凝）、早强（12 h 达到 3 d 强度的 50%~70%，其 3 d 强度相当于同标号硅酸盐水泥的 28 d 强度）、微膨胀、低收缩。适用于紧急抢修工程、国防工程、冬季施工工程、抗震要求较高的工程，抗渗、抗硫酸盐侵蚀工程，浆锚、喷锚、堵漏、填灌构件接头及管道接缝等。也可用于制作水泥混凝土制品、玻璃纤维增强水泥制品（GRC）及一般建筑工程。适合于高速公路、机场跑道、桥梁涵洞、地下工程、河堤水坝、海防海堤、市政工程、大型建筑地下基础等大型工程应用。

（2）水化热大，不宜用于大体积混凝土。

（3）碱度低。快硬硫铝酸盐水泥的水化介质 pH 值为 10.5~11，其碱度低，因此需注意钢筋锈蚀问题。研究发现快硬硫铝酸盐水泥在成型 7 d 后打开试件，就发现钢筋段表面出现锈斑，但在以后龄期从 1 个月到 10 个月，锈斑没有发展，失重量也基本稳定。研究表明钢筋的锈蚀程度并不随时间的延长而加剧。

（4）耐热性差。钙矾石受热时容易分解，强度大幅度下降。为安全起见，对经常处于 100 ℃以上的环境和有耐热要求的结构物，不宜采用快硬硫铝酸盐水泥。

快硬硫铝酸盐水泥在使用中要注意下列事项：混凝土配比要通过试配确定；每立方米混凝土最低水泥用量应不少于 300 kg，水灰比控制在 0.40 左右；快硬硫铝酸盐水泥在使用时不得混入其他品种的水泥、石灰等高碱物质；快硬硫铝酸盐水泥砂浆或混凝土失去流动性后不得二次加水搅拌或二次振捣；夏季混凝土终凝后要及时进行保湿养护，养护期不少于 3 d；冬季施工必须及时采取防风保温措施，及时配入 0.5%~4%的防冻剂；快硬硫铝酸盐水泥不适用于耐热工程及部位，制品蒸养温度不超过 80 ℃；在正常仓储条件下，袋装水泥保质期为 45 d，超过时应重新检验。

【背景知识】

水泥的发明与发展简史

在水泥发明前的数千年岁月中，人们最初采用黏土作胶凝材料。古埃及人采用尼罗河的泥浆砌筑未经煅烧的土砖，为增加强度和减少收缩，在泥浆中还掺入砂子和草，用这种泥土建造的建筑物不耐水，经不住雨淋和河水冲刷，但在干燥地区可保存许多年。

在公元前 3000~公元前 2000 年间，古埃及人开始采用煅烧石膏作建筑胶凝材料，在古埃及金字塔的建造中就使用了煅烧石膏。古希腊人在建筑中所用胶凝材料是将石灰石经煅烧后而制得的石灰。公元前146年，罗马帝国吞并希腊，同时继承了希腊人生产和使用石灰的传统。罗马人使用的石灰是将石灰加水消解，与砂子混合成砂浆，然后用此砂浆砌筑建筑物。采用石灰砂浆的古罗马建筑，有些非常坚固，甚至保留到现在。古罗马人对石灰使用工艺进行改进，在石灰中不仅掺砂子，还掺磨细的火山灰，在没有火山灰的地区，则掺入与火山灰具有同样效果的磨细碎砖，组成了性能更优良具有部分水硬性的“石灰-火山灰-砂子”三组分砂浆，称为“罗马砂浆”。这种砂浆在强度和耐水性方面较“石灰-砂子”的二组分砂浆都有很大改善，用其砌筑的普通建筑和水中建筑都较耐久。罗马人制造砂浆的知识传播较广。在古代法国和英国都曾普遍采用这种三组分砂浆，用它砌筑各种建筑。在欧洲建筑史上，“罗马砂浆”的应用延续了很长时间。

18世纪中叶，英国航海业已较发达，但船只触礁和撞滩等海难事故频繁发生。为避免海难事故，采用灯塔进行导航。当时英国建造灯塔的材料有两种：木材和“罗马砂浆”。然而，木材易燃，遇海水易腐烂，“罗马砂浆”虽然有一定耐水性能，但尚经不住海水的侵蚀和冲刷。由于材料在海水中不耐久，所以灯塔经常损坏，船只无法安全航行，迅速发展的航运业遇到重大障碍。为解决航运安全问题，寻找抗海水侵蚀材料和建造耐久的灯塔成为18世纪50年代英国经济发展中的当务之急。1756年史密顿在建造灯塔的过程中，发现含有黏土的石灰石，经煅烧和磨细处理后，加水制成的砂浆能慢慢硬化，在海水中的强度较“罗马砂浆”高很多，能耐海水的冲刷，这就是水硬性石灰。史密顿使用新发现的砂浆建造了举世闻名的普利茅斯港的漩岩（eddystone）大灯塔。史密顿的这一发现是水泥发明过程中知识积累的一大飞跃，不仅对英国航海业作出了贡献，也对“波特兰水泥”的发明起到了重要作用。然而，史密顿研究成功的水硬性石灰，并未获得广泛应用，当时大量使用的仍是“罗马砂浆”。

1796年，英国人派克（J. Parker）将黏土质石灰岩磨细后制成料球，在高于烧制石灰的温度下煅烧，然后进行磨细制成水泥——“罗马水泥”（Roman cement），凝结较快，可用于与水接触的工程，在英国曾得到广泛应用，一直沿用到被“波特兰水泥”所取代。

1824年，英国工程师约瑟夫·阿斯普丁（Joseph Aspdin）在反复实验的基础上，总结出石灰、黏土等各种原料之间的比例，以及其煅烧、混合的方法，发明了现代水泥，并于1824年10月21日获得了“波特兰水泥”（Portland cement）的生产专利证书。水泥的发明是一项足以载入史册的伟大创举，对现代工业的发展奠定了坚实的物质基础。2024年，为纪念水泥发明200年，我国学术期刊《建筑材料学报》组织出版了《水泥200年纪念专刊》。

中国建筑胶凝材料的发展有着自己特有的漫长历史过程。早在公元前5000年，就开始用“白灰面”涂抹山洞、地穴的地面和四壁，使其变得光滑和坚硬。“白灰面”由一种二氧化硅含量较高的石灰石块——天然姜石磨细而成，是至今被发现的中国古代最早的建筑胶凝材料。公元前7世纪的周朝出现石灰。在公元5世纪的中国南北朝时期，出现了由石灰、黏土和细砂所组成的“三合土”；到明代，有石灰、陶粉和碎石组成的“三合土”；在清代，还有石灰、炉渣与砂子组成的“三合土”。中国古代建筑胶凝材料发展中一个鲜明的特点是采用石灰掺有机物制作胶凝材料，如“石灰-糯米”“石灰-桐油”“石灰-血料”，以及“石灰-糯米-明矾”等。

中国古代建筑胶凝材料有过自己辉煌的历史，在与西方古代建筑胶凝材料基本同步发展的过程中，由于广泛采用石灰与有机物相结合的胶凝材料而显得略高一筹。然而，近几个世纪以来，尤其是到清朝乾隆年间末期，即18世纪末期以后，中国科学技术水平与西方差距愈来愈大。19世纪初才开始出现现代水泥的生产。

1886年（光绪十二年），英国商人创办澳门青州英坭厂，这是中国第一家水泥厂，后于1936年关闭。1889年（光绪十五年），直隶总督李鸿章批准创办唐山细绵土厂（细绵土为cement的音译），这是中国第二家水泥厂。初建时的唐山细绵土厂因产品成本高，质量差，连年亏损，1893年停产。1906年，著名实业家周学熙将落入英国人手中的唐山细绵土厂收回重办。1907年，唐山细绵土厂更名为启新洋灰有限公司。1919年，启新洋灰有限公司在国内所销售的水泥占全国总量的92%，是当时我国最大的水泥厂。

1905年（光绪三十一年），两广总督岑春煊批准创办广东士敏土厂（士敏土为cement的音译），这是中国第三家水泥厂。1907年（光绪三十三年），湖广总督张之洞批准创办湖北水泥厂——中国第四家水泥厂。湖北水泥厂即为我国大型水泥企业华新水泥股份有限公司的前身。

新中国成立及改革开放以来，我国水泥产业取得了快速发展。1985年，我国水泥产量达15亿吨，跃居世界首位。2014年，我国水泥产量达到24.8亿吨，创历史新高，之后开始回落。2023年降为20.2亿吨，约占全世界水泥总产量的50%。目前，我国许多大型水泥企业已走出国门。据中国水泥协会统计，截至2023年底，中资水泥企业已在21个国家投资建设了43条水泥熟料生产线，已投产熟料产能5520万吨，水泥产能8117万吨。

练习题

2-1 填空题

(1) 为了防止和消除墙上石灰砂浆抹面的爆裂现象，可采取________的措施。

(2) 石灰熟化时释放出大量________，体积发生显著________；石灰凝结硬化时体积产生明显________。石膏凝结硬化速度________，硬化后体积________。

(3) 石灰的耐水性________，用石灰和黏土配制的灰土耐水性较________。

(4) 半水石膏的结晶体有两种，其中________型为建筑石膏，________型为高强石膏。

(5) 石膏板不能用作外墙板，主要原因是它的________差。

(6) 水玻璃的模数越大，其溶于水的温度越________，黏结力________。

(7) 镁质胶凝材料是以________为主要成分的胶凝材料。

(8) 氯氧镁水泥的主要水化产物是________、________和________。

(9) 防止水泥石腐蚀的基本措施有________、________、________。

(10) 硫酸镁对水泥石具有________作用。

(11) 六种通用水泥中，________的抗渗性最好。

(12) 干缩性小、抗裂性能好的混凝土宜选用________水泥。

(13) 一般硅酸盐类通用水泥的有效期从出厂日期算起为________个月。

(14) 在硅酸盐水泥的四种主要熟料矿物中，________是决定水泥早期强度的组分，________是保证水化后期强度的组分，与水反应最快的是________，对抗折强度有利的成分是________，耐腐蚀性差的矿物是________。

(15) 水泥安定性不良的原因主要有三种，分别是________、________、________。

(16) 生产硅酸盐水泥的主要原料是________和________。有时为调整化学成分还需加入少量________。

(17) 道路水泥除应具有硅酸盐类水泥的技术要求外，还要求 28 d 干缩率不得大于________。

(18) 砌筑水泥混合材料掺加量应大于________。

(19) 矿渣水泥具有耐热性能________、水化热________、抗碳化能力________等特性。

(20) 水泥在储运过程中，会吸收空气中的________和________，使水泥丧失________。

2-2 判断题

(1) 快硬硫铝酸盐水泥在正常仓储条件下，袋装水泥保质期为 60 d。(　　)

(2) 制造硅酸盐水泥时必须掺入适量石膏。(　　)

(3) 硅酸盐水泥的细度越细越好。(　　)

(4) 硅酸盐水泥水化在 28 d 内 C_3S 起作用，一年后 C_2S 与 C_3S 发挥同等作用。(　　)

(5) 彩色水泥中的颜料应为耐碱颜料。(　　)

(6) 道路水泥中混合材料掺加量为水泥质量的 0%~10%。(　　)

(7) 硅酸盐水泥的强度高，适用于大坝工程。(　　)

(8) 高铝水泥的耐高温性能好于硅酸盐水泥。(　　)

(9) 一般多采用钙矾石为膨胀组分生产膨胀水泥。(　　)

(10) 低热微膨胀水泥中硅酸钙矿物质量分数不小于 60%。(　　)

2-3 单项选择题

(1) 石膏在凝结硬化过程中，下列叙述正确的是（　　）。

A. 凝结硬化时间慢，硬化后体积微小收缩

B. 凝结硬化时间慢，硬化后体积微小膨胀

C. 凝结硬化时间快，硬化后体积微小收缩

D. 凝结硬化时间快，硬化后体积微小膨胀

(2) 水玻璃中常掺用的硬化剂是（　　）。

A. NaF　　B. Na_2SO_4　　C. Na_2SiO_4　　D. Na_2SiF_6

(3) 石灰熟化时，其体积变化和热量变化情况，正确的是（　　）。

A. 体积膨胀、吸收大量热量　　B. 体积收缩、吸收大量热量

C. 体积膨胀、放出大量热量　　D. 体积收缩、放出大量热量

(4) 石灰熟化过程中的“陈伏”是为了（　　）。

A. 有利于结晶　　B. 蒸发多余水分

C. 消除过火石灰的危害　　D. 降低发热量

(5) 以下材料硬化后耐水性最差的是（　　）。

A. 灰土　　B. 石膏　　C. 三合土　　D. 水泥

(6) 下述材料在凝结硬化时体积发生微膨胀的是（　　）。

A. 石灰　　B. 石膏　　C. 普通水泥　　D. 水玻璃

(7) 高强石膏的强度较高，这是因其调制浆体时的需水量（　　）。

A. 大　　B. 小　　C. 适中　　D. 可大可小

(8) 石灰硬化过程实际上是（　　）过程。

A. 结晶　　B. 碳化　　C. 结晶与碳化　　D. 干燥

(9) 下列不属于矿渣水泥特性的是（　　）。

A. 耐热性能好　　B. 水化热低

C. 具有较强的抗软水及硫酸盐侵蚀的能力　　D. 抗冻性好

(10) 下列（　　）不是引起水泥体积安定性不良的原因。

A. 所含的游离氧化镁过多　　B. 所含的游离氧化钙过多

C. 掺入石膏过多　　D. 碱含量高

(11) 高铝水泥最适宜使用的温度为（　　）。

A. 80 ℃　　B. 30 ℃　　C. >25 ℃　　D. 15 ℃

(12) 低温季节，采用自然养护的混凝土工程，不宜选用（　　）。

A. 硅酸盐水泥　　B. 火山灰水泥　　C. 普通水泥　　D. 高铝水泥

(13) 在完全水化的硅酸盐水泥石中，水化硅酸钙约占（　　）。

A. 70%　　B. 30%　　C. 50%　　D. 90%

(14) 有耐磨性要求的混凝土，应优先选用下列何种水泥（　　）。

A. 硅酸盐水泥　　B. 火山灰水泥　　C. 粉煤灰水泥　　D. 硫铝酸盐水泥

(15) 硅酸盐水泥的下列性质及应用中，不正确的是（　　）。

A. 水化过程放出大量的热，宜用于大体积混凝土工程

B. 强度等级较高，常用于重要结构中

C. 凝结硬化快，抗冻性好，适宜冬季施工

D. 含有较多的氢氧化钙，不宜用于有水压作用的工程

(16) 下列属于混合材料的是（　　）。

A. 粒化高炉矿渣　　B. 慢冷矿渣　　C. 石英砂　　D. 石灰石

(17) 对于出厂日期超过标准规定的各类水泥的处理办法是（　　）。

A. 按原强度等级使用　　B. 降级使用

C. 重新鉴定强度等级　　D. 判为废品

(18) 下列各项中，（　　）不是影响硅酸盐水泥凝结硬化的因素。

A. 熟料矿物成分含量、水泥细度、用水量　　B. 环境温湿度

C. 水泥的用量与体积　　D. 石膏掺量

(19) 矿渣水泥后期强度发展快的主要原因是（　　）。

A. 活性二氧化硅与硅酸三钙水化反应　　B. 活性二氧化硅与氢氧化钙水化反应

C. 二次反应促进了熟料水化　　D. B+C

(20) 水泥细度一般控制在300~400 m^2/kg 范围内，水泥过细会给其应用带来诸多不利。下列说法正确的是（　　）。

①水化速度加快　②水化热增大　③需水量增加　④收缩增大　⑤早期强度降低

A. ①②④⑤　　B. ①②③④

C. ①③④⑤　　D. ②③④⑤

(21) 用沸煮法检验水泥体积安定性，只能检查出（　　）的影响。

A. 游离 CaO　　B. 游离 MgO　　C. 石膏　　D. 游离 CaO 和游离 MgO

(22) 硅酸盐水泥石在遭受破坏的各种腐蚀机理中，与反应产物 $Ca(OH)_2$ 无关的是（　　）。

A. 硫酸盐腐蚀　　B. 镁盐腐蚀　　C. 碳酸腐蚀　　D. 强碱腐蚀

(23) 在配制机场跑道混凝土时，不宜采用（　　）。

A. 普通硅酸盐水泥　B. 矿渣硅酸盐水泥　　C. 硅酸盐水泥　　D. 粉煤灰水泥

2-4　简答题

(1) 某工地建筑材料仓库存有白色胶凝材料三桶，原分别标明为磨细生石灰、建筑石膏和白水泥，后因保管不善，标签脱落，问可用什么简易方法来加以辨认？水玻璃属于气硬性胶凝材料，为什么可以用于地基加固？欠火石灰和过火石灰在应用时各产生什么问题？

(2) 建筑石膏的技术性质有哪些？

(3) 建筑石膏凝结硬化过程的特点和主要技术性质有哪些，相比之下，石灰的凝结硬化过程有何不同？

(4) 过火石灰的特点是什么，解释“陈伏”的概念和目的，欠火石灰的特点是什么，磨细生石灰为什

么不经“陈伏”可直接使用?

(5) 分析过火石灰对常用建筑材料性能的影响。

(6) 为什么镁质胶凝材料不耐水，如何改善?

(7) 某住宅工程工期较短，现有强度等级同为 42.5 硅酸盐水泥和矿渣水泥可选用。从有利于完成工期的角度看，选用哪种水泥更为有利?

(8) 水泥细度对水泥性质有何影响，水泥细度如何测量?

(9) 水泥石易受腐蚀的基本原因是什么，采取哪些措施?

(10) 硅酸盐水泥体积安定性不良的原因是什么，如何检查判断水泥的体积安定性，为什么某些体积安定性不良的水泥在存放一段时间后变为合格?

(11) 铝酸盐水泥制品为何不宜蒸养?

(12) 如何确定硅酸盐水泥强度等级?

(13) 如何鉴别水泥受潮程度?

(14) 与普通硅酸盐水泥相比，掺有大量混合材料的硅酸盐水泥有哪些共同技术特点?

(15) 快硬硫铝酸盐水泥有何特点?

(16) 为什么生产硅酸盐水泥时掺加适量石膏对水泥不起破坏作用，而硬化水泥石在有硫酸盐的环境介质中生成石膏时就有破坏作用?

2-5 计算题

某实验室对 P·O42.5 水泥试样进行抗压强度检测，测试结果如表 2-25 所示。试判断水泥抗压强度是否合格。

表 2-25 水泥胶砂试件的抗压强度试验结果

龄期/d	破坏荷载/kN
3	23.0，29.2，29.5，28.5，28.6，27.8
28	75.1，71.2，70.7，68.6，69.9，70.5

3 水泥混凝土与砂浆

本章学习的主要内容和目的：熟悉水泥混凝土的基本组成材料、分类和性能要求；掌握混凝土拌合物的性能、测定和调整方法；掌握硬化混凝土的力学、变形性能和耐久性；掌握普通水泥混凝土的配合比设计方法；熟悉水泥混凝土的外加剂和矿物掺合料；掌握砂浆拌合物的性能及硬化砂浆的力学性能。

3.1 概　　述

混凝土是由胶凝材料，粗、细骨料，水，以及必要时加入的外加剂和掺合料按一定比例配制，经均匀搅拌，密实成型，养护硬化而成的一种人工石材。

混凝土可以从不同的角度进行分类。

（1）按照表观密度大小分为三类：

1）重混凝土：干表观密度大于 2800 kg/m^3。主要作为核工程的屏蔽结构材料，常采用重晶石、铁矿石、钢屑等作为骨料，与锶水泥、钡水泥共同配制防辐射混凝土，对 X 和 γ 射线具有良好的屏蔽性能。

2）普通混凝土：干表观密度为 2000~2800 kg/m^3。一般由天然砂、石作为骨料制成。这类混土在土建工程中最常用，如房屋及桥梁等承重结构，道路工程的路面等。

3）轻混凝土：干表观密度小于 1950 kg/m^3。由于自重轻，弹性模量低，因而抗震性能好。与普通烧结砖相比，不仅强度高、整体性好，而且保温性能好。由于结构自重小，特别适合高层和大跨度结构。它又可分为三类：①轻骨料混凝土，其表观密度范围为 800~1950 kg/m^3，主要采用多孔岩石，如浮石、火山渣、粉煤灰陶粒、膨胀珍珠岩等轻骨料制成。②多孔混凝土（泡沫混凝土、加气混凝土），其表观密度范围为 300~1200 kg/m^3。泡沫混凝土是由水泥浆或水泥砂浆与稳定的泡沫制成，加气混凝土是由水泥、水与发气剂制成。③大孔混凝土，指无细骨料的混凝土，按其粗骨料的种类，可分为普通无砂大孔混凝土和轻骨料大孔混凝土两类。

（2）根据混凝土强度等级可分为：

1）普通混凝土，强度等级为 C15~C55；

2）高强混凝土，强度等级不低于 C60；

3）超高强混凝土，强度等级大于 C100。

（3）混凝土按施工工艺可分为：泵送混凝土、喷射混凝土、真空脱水混凝土、造壳混凝土、碾压混凝土、压力灌浆混凝土、离心混凝土等。

（4）混凝土用途与功能可分为：结构混凝土、道路混凝土、水工混凝土、耐热混凝土、耐酸混凝土、防水混凝土、膨胀混凝土。

（5）根据配筋情况可分为：素混凝土、钢筋混凝土、预应力混凝土、纤维混凝土。

（6）根据胶凝材料可分为：水泥混凝土、沥青混凝土、聚合物混凝土。

现代土木建筑工程中，工业与民用建筑工程、给水与排水工程、公路工程、水利与水电工程、地下工程及国防工程都广泛地使用混凝土。土木建筑行业的迅速发展，要求混凝土具有不同的性能，而混凝土科学研究的新成果，又促进了土木工程的不断革新。因此，混凝土已成为当代最重要的建筑材料之一，它是世界上用量最大的人工建筑材料。

混凝土有许多优点，可以根据不同要求，改变组分的品种和比例，配制出不同性质的混凝土。混凝土在凝结前具有良好的可塑性，可以浇注成各种形状和大小的构件或结构物；混凝土抗压强度较高，具有良好的耐久性，与钢筋有牢固的黏结力，可制作成钢筋混凝土结构或构件，混凝土原材料资源丰富、价廉，并且可以就地取材。混凝土存在的缺点主要有抗拉强度低，受拉时变形能力小，呈脆性破坏，自重大等。

3.2 普通混凝土的基本组成材料、分类和性能要求

普通混凝土是以水泥为胶凝材料，以砂、石为骨料，加水拌制成的水泥混凝土。其中，砂（细骨料）、石（粗骨料）起骨架作用，水泥与水形成水泥浆，水泥浆包裹在骨料表面并填充其空隙。在硬化前，水泥浆起润滑作用，赋予拌合物一定流动性，便于施工操作。水泥浆硬化后，则将砂、石骨料胶结成一个坚实的整体。砂石材料一般不参与水泥与水的化学反应，主要起到节约胶凝材料，承受荷载，限制胶凝材料体积变形，在硬化混凝土中起骨架和填充作用。图 3-1（a）、（b）分别表示干稠状态和塑性状态混凝土的组成与结构。

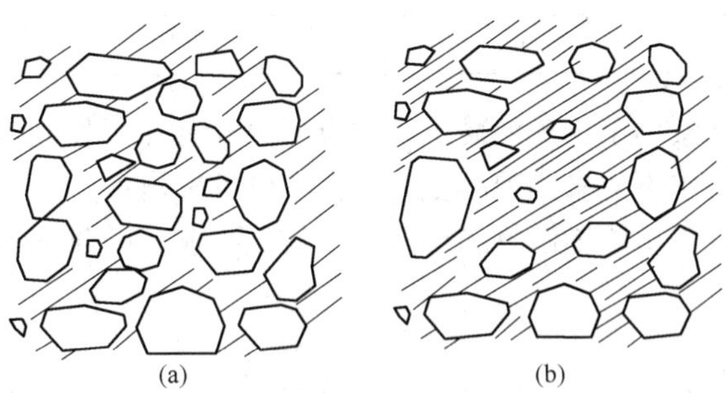

图 3-1 混凝土的组成与结构

（a）干稠状态；（b）塑性状态

3.2.1 水泥

各种水泥的性质已在第 2 章介绍，在配制混凝土时，主要应选用合适的品种和强度等级的水泥。

3.2.1.1 水泥品种的选择

配制混凝土用水泥，应根据工程特点及混凝土所处环境条件，结合各种水泥的不同特

性，进行合理选定。常用水泥选用见表2-9。

3.2.1.2 水泥强度等级的选择

配制混凝土选择水泥强度等级应考虑充分发挥水泥强度的作用。若用强度等级低的水泥配制高强度等级的混凝土，不仅会使水泥用量过多，而且还会对混凝土产生不利影响。反之，用强度等级高的水泥配制低强度等级的混凝土，若只考虑强度要求，会使水泥用量偏少，从而影响混凝土的耐久性；若水泥用量兼顾了耐久性等要求，又会导致强度高于设计要求过多而不经济。从工程实践中归纳统计，对于一般强度混凝土，水泥强度等级一般为混凝土强度等级的1.5~2倍；对于高强度混凝土，水泥强度等级一般为混凝土强度等级的1~1.5倍；高强度等级的水泥配制低强度等级的混凝土，应掺加一定量的粉煤灰、矿粉等混合材；而配制高强或超高强混凝土应添加一定量的混合材和化学外加剂。

3.2.2 拌和与养护用水

混凝土拌和的水质要求应符合《混凝土用水标准》（JGJ 63—2006）的规定，如表3-1所示。

表3-1 混凝土拌和用水水质要求

项　　目	预应力混凝土	钢筋混凝土	素混凝土
pH值	≥5.0	≥4.5	≥4.5
不溶物/$mg \cdot L^{-1}$	≤2000	≤2000	≤5000
可溶物/$mg \cdot L^{-1}$	≤2000	≤5000	≤10000
Cl^-/$mg \cdot L^{-1}$	≤500	≤1000	≤3500
SO_4^{2-}/$mg \cdot L^{-1}$	≤600	≤2000	≤2700
碱含量/$mg \cdot L^{-1}$	≤1500	≤1500	≤1500

未经处理的海水严禁用于钢筋混凝土和预应力混凝土（可拌制素混凝土）。当骨料具有碱活性时，混凝土用水不得采用混凝土企业生产设备洗刷水。

混凝土养护用水可不检验不溶物和可溶物，其他要求应符合表3-1的规定。

3.2.3 细骨料——砂

粒径4.75 mm以下的骨料称为细骨料，俗称砂。砂按产源分为天然砂、机制砂两类。天然砂是由自然风化、水流搬运和分选、堆积形成的、粒径小于4.75 mm的岩石颗粒，但不包括软质岩、风化岩石的颗粒。天然砂包括河砂、湖砂、山砂和淡化海砂。机制砂是指经除土处理，由机械破碎、筛分制成的粒径小于4.75 mm的岩石、矿山尾渣或工业废渣颗粒。

普通混凝土所用细骨料的质量要求主要有以下几个方面。

3.2.3.1 有害杂质

用来配制混凝土的砂要求清洁不含杂质，以保证混凝土的质量。但实际上砂中常含有云母、黏土、淤泥、粉砂等有害杂质，这些杂质黏附在砂的表面，妨碍水泥与砂的黏结，降低混凝土强度，同时还增加混凝土的用水量，从而加大混凝土的收缩，降低混凝土的耐久性。一些有机杂质、硫化物及硫酸盐，还对水泥石有腐蚀作用。砂中主要有害物质的负面作用如下：

（1）云母含量。表面光滑的层、片状物质，与水泥黏结性差，影响混凝土的强度和耐久性，对抗冻、抗渗混凝土危害加剧。

（2）轻物质含量。改变混凝土组分的密度分布，降低混凝土强度。

（3）有机物含量。对混凝土有侵蚀的作用。

（4）硫化物含量。降低混凝土碱度，对混凝土有侵蚀的作用。

（5）氯化物含量。腐蚀钢筋，特别是预应力钢筋混凝土结构，不宜采用海砂。

（6）贝壳含量。主要来源于海砂，对和易性、强度、耐久性均有不同程度影响，两年后的混凝土强度会产生明显下降。

此外，砂中若含有无定形二氧化硅等活性成分，当混凝土中有水分存在时，它能与水泥或外加剂中的碱分（K_2O 及 Na_2O）起作用，产生碱-骨料反应，使混凝土发生开裂。因此，当怀疑砂中含有无定形二氧化硅时，应进行专门试验，以确定是否可用。

3.2.3.2 颗粒形状及表面特征

天然砂（如河砂、海砂）颗粒多呈圆形，表面光滑，与水泥的黏结性较差。而机制砂颗粒多具有棱角，表面粗糙，与水泥黏结性较好，但含泥量较高。因而在水泥用量和用水量相同的情况下，机制砂拌制的混凝土流动性较差，但强度较高，天然砂则相反。但需要注意的是海砂中含无机盐较多，使用时应采用淡水充分洗净，否则影响混凝土的耐久性。机制砂中含有一定量的石粉，石粉对混凝土拌合物的和易性和混凝土的强度有一定的影响。

3.2.3.3 砂的粗细程度和颗粒级配

砂的粗细程度是指不同粒径的砂粒混合在一起后的平均粗细程度。通常有粗砂、中砂、细砂和特细砂之分。在相同质量条件下，细砂的总表面积较大，而粗砂的总表面积较小。砂的总表面积愈大，在混凝土中需要包裹砂粒表面的水泥浆就愈多。当混凝土拌合物的流动性要求一定时，用粗砂拌制的混凝土比用细砂所需的水泥浆要少，但若砂过粗，虽能减少水泥用量，但混凝土拌合物的黏聚性较差，容易分层离析，所以，用作拌制混凝土的砂不宜过粗，也不宜过细。

砂的颗粒级配，即表示不同粒径砂粒的分布情况。在混凝土中砂粒之间的空隙是由水泥浆所填充，为达到节约水泥和提高强度的目的，就应尽量减小砂粒之间的空隙。从图3-2可以看出：如果是同样粒径的砂，堆积时空隙最大（图 3-2（a））；两种粒径的砂搭配，则空隙降低（图 3-2（b））；三种粒径的砂搭配，空隙则更低（图 3-2（c））。由此可见，要想减小砂粒间的空隙，就必须有不同粒径砂的颗粒搭配。

当使用海砂时，由于含盐量较大，对钢筋有锈蚀作用，故对于位于水上和水位变化区，以及在潮湿或露天条件下使用的钢筋混凝土，所用海砂的含盐量（氯化钠的总量）不宜超过 0.1%。对预应力混凝土结构，更应从严要求。必要时应淋洗，也可在混凝土中掺入占水泥质量 0.6%~1.0%的亚硝酸钠（阻锈剂），抑制钢筋锈蚀。

因此，评定砂的质量应同时考虑砂的粗细程度和颗粒级配。当砂中含有较多的粗粒径砂，并以适当的中粒径砂及少量细粒径砂填充其空隙，则可使堆积空隙率及总表面积均较

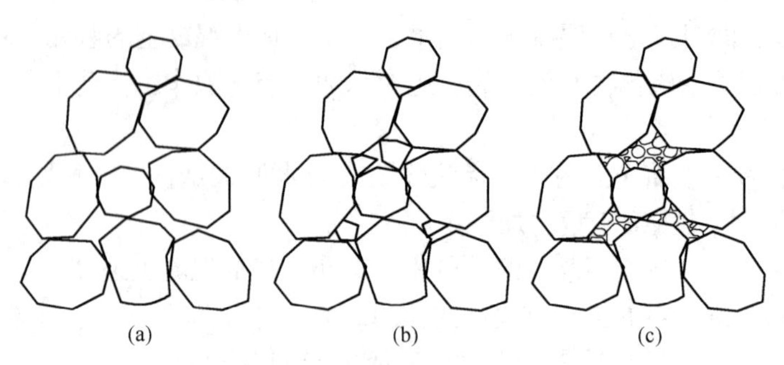

图 3-2 不同粒径砂粒的堆积情况

小，这样的砂不仅水泥浆用量较小，还可提高混凝土的密实性与强度。可见，控制砂的粗细程度和颗粒级配有很大的技术和经济意义。

砂的粗细程度及颗粒级配，常采用筛分析方法进行测定。用细度模数判断砂的粗细，用级配区表示砂的颗粒级配。

筛分析法是用一套孔径（净孔）为 4.75 mm、2.36 mm、1.18 mm、0.60 mm、0.30 mm及 0.15 mm 的标准筛，将 500 g 的干砂置于套筛最上面的筛（4.75 mm）开始过筛，筛毕称出余留在各筛上的砂子质量（筛余量 m_i），并计算出各筛上的分计筛余百分率（各筛上的筛余量 m_i 占总质量（500 g）的百分率）及累计筛余百分率（第 i 个筛及其上各筛的分计筛余之和）。计算关系如表 3-2 所示。细度模数（M_x）的公式为：

$$M_x = \frac{(A_2 + A_3 + A_4 + A_5 + A_6) - 5A_1}{100 - A_1} \tag{3-1}$$

表 3-2 分计筛与累计筛余的关系

筛孔尺寸/mm	分计筛余/%	累计筛余/%
4.75	a_1	$A_1=a_1$
2.36	a_2	$A_2=A_1+a_2$
1.18	a_3	$A_3=A_2+a_3$
0.60	a_4	$A_4=A_3+a_4$
0.30	a_5	$A_5=A_4+a_5$
0.15	a_6	$A_6=A_5+a_6$

需要注意的是，细度模数的数值无量纲，表征砂的粗细程度，即相对平均粒径。细度模数越大，骨料越粗，根据细度模数将砂分为：粗砂（M_x= 3.7～3.1）、中砂（M_x= 3.0～2.3）、细砂（M_x= 2.2～1.6）、特细砂（M_x= 1.5～0.7）。

砂的细度模数并不能反映级配优劣。细度模数相同的砂，其级配可能相差很大。因此，评定砂的质量应同时考虑砂的级配。

根据国家标准《建设用砂》（GB/T 14684—2022），细度模数为 3.7～1.6 的建设用砂，根据 0.6 mm 筛孔的累计筛余百分率分成三个级配区（见表 3-3），混凝土用砂的颗粒级配，应处于表 3-3 中的任何一个级配区内。砂的实际颗粒级配与表 3-3 中所列的累计筛余百分率对照，除 4.75 mm 和 0.60 mm 筛外，其余各筛允许有超出分区界线，但超出量绝对值总和不得大于5%。以累计筛余百分率为纵坐标，以筛孔尺寸为横坐标，根据表3-3规定可画出砂Ⅰ、Ⅱ、Ⅲ级配区的筛分曲线，如图3-3所示。

表3-3 砂级配区的规定

砂的分类	天然砂			机制砂、混合砂		
级配区	Ⅰ区	Ⅱ区	Ⅲ区	Ⅰ区	Ⅱ区	Ⅲ区
方筛孔尺寸/mm	累计筛余/%					
4.75	10~0	10~0	10~0	5~0	5~0	5~0
2.36	35~5	25~0	15~0	35~5	25~0	15~0
1.18	65~35	50~10	25~0	65~35	50~10	25~0
0.60	85~71	70~41	40~16	85~71	70~41	40~16
0.30	95~80	92~70	85~55	95~80	92~70	85~55
0.15	100~90	100~90	100~90	97~85	94~80	94~75

如果砂的天然级配不合适，不符合级配区的要求，这时就要采用人工级配的方法来改善，最简单的措施是将粗、细砂按适当比例进行试配，掺和使用。

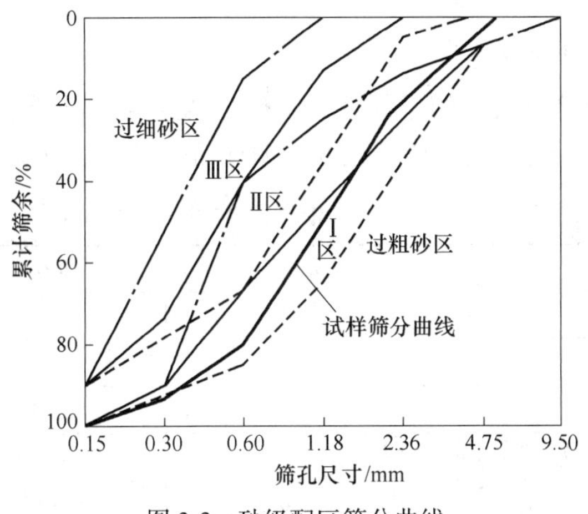

图3-3 砂级配区筛分曲线

拌制混凝土用砂一般选用级配符合要求的粗砂和中砂。在工地附近只有细砂的情况下，只要级配符合要求，可在控制用砂量、用水量以及在保证施工质量的条件下，利用细砂拌制混凝土。

例3-1 现有甲乙两种砂，经筛分试验并计算出累计筛余百分率列于表3-4，试分别计算其细度模数并进行级配评定。

计算及评定结果见表3-4。

表3-4 砂的细度模数及级配评定

筛孔尺寸/mm	累计筛余百分率/%		
	甲砂	乙砂	混合砂（甲、乙各占50%）
4.75	0	10	5

续表 3-4

筛孔尺寸/mm	累计筛余百分率/%		
	甲砂	乙砂	混合砂（甲、乙各占50%）
2.36	0	40	20
1.18	4	73	38.5
0.60	51	80	65.5
0.30	70	90	80
0.15	95	97	96
细度模数	2.2	3.67	2.87
级配评定	按Ⅱ区评定。在1.18 mm筛上的累计筛余百分率绝对值超出规定范围6%，故级配不合格	按Ⅱ区评定。在2.36 mm及1.18 mm筛上的累计筛余百分率超出规定范围的总量为13%，故级配不合格	按Ⅱ区评定。各筛的累计筛余百分率均未超出Ⅱ区规定范围，级配合格

从解题过程可以看到，如果两种砂不以50%混合，而是以另一个比例配合，结果则完全相反。

3.2.3.4 砂的等级划分

根据砂中有害杂质含量及砂的坚固性，把砂分为Ⅰ类、Ⅱ类、Ⅲ类（见表3-5）。天然砂采用硫酸钠溶液法进行试验，砂样经5次循环后质量损失应符合表3-6的规定。

表3-5 砂中有害物质限量

类 别	Ⅰ类	Ⅱ类	Ⅲ类
云母（质量分数）/%	≤1.0	≤2.0	
轻物质（质量分数）/%	≤1.0		
有机物	合格		
硫化物及硫酸盐（按SO_3计）/%	≤0.5		
氯化物（按Cl^-计）/%	≤0.01	≤0.02	≤0.06
贝壳（质量分数）①/%	≤3.0	≤5.0	≤8.0

①该指标仅适用于净化处理的海砂，其他砂种不做要求。

表3-6 砂的坚固性指标

类 别	Ⅰ类	Ⅱ类	Ⅲ类
质量损失率/%	≤8	≤8	≤10

3.2.3.5 砂的含泥量、泥块含量、石粉含量

含泥量会破坏骨料与水泥浆的黏结力，严重降低混凝土的强度和耐久性，增大用水量，并增大混凝土的干缩，尤其对高等级混凝土负面影响显著。对低等级混凝土，含有一定量的泥可以改善拌合物的和易性，因此含泥量可酌情放宽，对C15以下混凝土中含泥量不做要求。对于高强、抗渗、抗冻、抗腐蚀、耐磨或其他特殊要求的混凝土骨料中的含泥量和泥块含量应该有更严格的要求。一般而言，Ⅰ类砂的含泥量≤1.0%，Ⅱ类砂的含

泥量≤3.0%，Ⅲ类砂的含泥量≤5.0%。而Ⅰ类砂的块泥含量要求为0.2%，Ⅱ类砂的泥块含量≤1.0%，Ⅲ类砂的泥块含量≤2.0%。

就石粉而言，石粉与泥细度一样，但成分不同，不能简单视为有害物质，关键要看其是否有类似泥的吸附能力。石粉含量高，一方面使砂的比表面积增大，增加用水量；另一方面细小的球形颗粒产生的滚珠作用又会改善混凝土和易性。采用亚甲蓝MB值判定石粉吸附性能，当MB值达到1.4时判定为不合格，此时石粉含量应严格限制。试验证明，当亚甲蓝MB值测定合格时（<1.4），机制砂中含有适量的石粉对强度影响不大。

3.2.4 粗骨料——石子

粒径大于4.75 mm的骨料称为粗骨料，俗称石。常用的有碎石和卵石两种。碎石是天然岩石或岩石经机械破碎、筛分制成的，粒径大于4.75 mm的岩石颗粒。卵石是由自然风化、水流搬运和分选、堆积而成的、粒径大于4.75 mm的岩石颗粒。

配制混凝土选用碎石还是卵石，要做全面比较衡量，根据工程性质、成本等条件并尽可能就地取材。根据国家标准《建设用卵石、碎石》（GB/T 14685—2022），按卵石、碎石的技术要求将卵石、碎石分为Ⅰ类、Ⅱ类、Ⅲ类。Ⅰ类宜用于强度等级大于C60的混凝土；Ⅱ类宜用于强度等级为C30～C60及抗冻、抗渗或其他要求的混凝土；Ⅲ类宜用于强度等级小于C30的混凝土。

3.2.4.1 有害杂质含量

粗骨料中常含有黏土、淤泥、硫酸盐、硫化物和有机杂质等一些有害杂质。其危害作用与在细骨料中的相同，其含量一般应符合表3-7规定。当怀疑粗骨料中因含有无定形二氧化硅可能引起碱-骨料反应时，必须进行专门的检验，活性氧化硅的矿物形式有蛋白石、玉髓和鳞石英等，含有活性氧化硅的岩石有流纹岩、安山岩和凝灰岩等。

表3-7 碎石中有害杂质及针、片状颗粒含量限制值

类　别	Ⅰ类	Ⅱ类	Ⅲ类
碎石含泥量（质量分数）/%	≤0.5	≤1.5	≤2.0
卵石含泥量（质量分数）/%	≤0.5	≤1.0	≤1.5
泥块含量（质量分数）/%	≤0.1	≤0.2	≤0.7
硫化物及硫酸盐（按SO_3质量计）/%	≤0.5	≤1.0	≤1.0
针、片状颗粒含量（质量分数）/%	≤5	≤8	≤15
有机质含量	合　格		

碱-骨料反应是指当水泥中含碱量（K_2O，Na_2O）较高，又使用了活性骨料（主要指活性SiO_2），水泥中的碱类便可能与骨料中的活性二氧化硅发生反应，在骨料表面生成复杂的碱-硅酸凝胶。这种凝胶体吸水时，体积会膨胀，从而改变了骨料与水泥浆原来的界面，所生成的凝胶具有无限膨胀性，会把水泥石胀裂。

引起碱-骨料反应的必要条件是：(1) 水泥超过安全含碱量（$Na_2O+0.658K_2O$，为水泥质量的0.6%）；(2) 使用了活性骨料；(3) 存在水。

抑制碱-骨料反应可考虑以下措施：(1) 根据工程条件，选择非活性骨料；(2) 控制水泥含碱量不超过0.6%；(3) 在水泥中加入某些磨细的混合材料，使其在水泥硬化前就比较充分地和水泥中的碱成分发生反应，或者能促使反应产物在水泥浆中均匀分散，阻止过分膨胀；(4) 防止外界水分渗入混凝土，保持混凝土处于干燥状态，以减轻反应的危害程度。

3.2.4.2　颗粒形状及表面特征

碎石多棱角，表面粗糙，与水泥黏结较好，卵石则多为圆形，表面圆润光滑，与水泥的黏结较差，在水泥用量和用水量相同的情况下，碎石拌制的混凝土流动性较差，但强度较高，卵石则相反。由于相同流动性时，卵石用水量可少些，所以对强度的总体影响不大。

粗骨料中还含有一些针、片状颗粒（所谓异形颗粒），异形颗粒过多，会使混凝土强度降低。异形颗粒含量一般应符合表 3-7 规定。

针状颗粒是指岩石颗粒长度大于该颗粒所属粒级平均粒径的 2.4 倍。片状颗粒是指岩石颗粒厚度小于该颗粒所属粒级平均粒径的 0.4 倍。其中，平均粒径指该粒级上、下限粒径的平均值。

3.2.4.3　强度和坚固性

A　强度

用于混凝土的粗骨料，都必须是质地致密，具有足够的强度。碎石或卵石的强度，可用岩石立方体强度和压碎指标两种方法表示。在选择采石场或对粗骨料强度有严格要求或对质量有争议时，宜用岩石立方强度检验。对经常性的生产质量控制则用压碎指标值检验较为简便。岩石立方体强度，是将碎石或卵石制成 50 mm×50 mm×50 mm 的立方体（或直径与高均为 50 mm 的圆柱体）试件，在水饱和状态下，测其极限抗压强度。碎石的抗压强度应比所配制的混凝土强度至少高 20%。当混凝土强度等级大于或等于 C60 时，应进行岩石抗压强度检验。同时，岩浆岩试件的强度不应低于 80 MPa，变质岩不应低于 60 MPa，沉积岩不应低于 45 MPa。

压碎指标的测定，是将气干状态下 10~20 mm 的石子，按一定方法装入特制的圆柱筒内，在 160~300 s 内加荷至 200 kN，卸荷后称取试样质量（m_0），然后用孔径为 2.5 mm 的筛进行筛分，称取试样的筛余量（m_1），则压碎指标值（δ_a）按下式计算：

$$\delta_a = \frac{m_0 - m_1}{m_0} \times 100\% \tag{3-2}$$

压碎指标值越小，说明骨料抵抗压碎的能力越强，骨料的压碎指标不应超过表 3-8 及表 3-9 的规定。

表 3-8　碎石的压碎指标

类　别	Ⅰ类	Ⅱ类	Ⅲ类
压碎指标/%	≤10	≤20	≤30

表 3-9　卵石的压碎指标

类　别	Ⅰ类	Ⅱ类	Ⅲ类
压碎指标/%	≤12	≤14	≤16

B 坚固性

骨料在气候、环境变化或其他物理因素作用下抵抗碎裂的能力叫坚固性。坚固性使骨料不因干湿循环或冻融循环而产生体积变化导致混凝土性能的劣化。用硫酸钠饱和溶液渗入砂石孔隙中形成结晶时的裂胀力对砂石的破坏程度，可间接地判断其坚固性。试样经5次循环后各粒级的总质量损失百分率作为其评价指标。其质量损失应不超过表3-10的规定。

表3-10 碎石或卵石的坚固性指标

类　别	Ⅰ类	Ⅱ类	Ⅲ类
质量损失率/%	≤5	≤8	≤12

3.2.4.4 最大粒径与颗粒级配

A 最大粒径

最大粒径即最大公称粒径，简称最大粒径，指的是粗骨料公称粒级的上限——允许最大值。例如，当使用5~40 mm的粗骨料时，最大粒径为40 mm。最大粒径过大不但节约水泥的效率不再明显，而且会降低混凝土的强度，不利于混凝土浇筑成型，会对施工质量，甚至对搅拌机械造成一定的损害。

根据《混凝土结构工程施工规范》（GB 50666—2011）的规定，混凝土用粗骨料的最大粒径不应超过构件截面最小尺寸的1/4，且不应超过钢筋最小净间距的3/4；对实心混凝土板，粗骨料的最大粒径不宜超过板厚的1/3，且不应超过40 mm。对于高强混凝土，粗骨料的最大粒径不宜大于25 mm。对于大体积混凝土，粗骨料的最大粒径不宜小于31.5 mm。对于泵送混凝土，粗骨料最大粒径不大于25 mm时，可采用内径不小125 mm的输送泵管；粗骨料最大粒径不大于40 mm时，可采用内径不小于150 mm的输送泵管。有抗渗、抗冻融或其他特殊要求的混凝土，宜选用连续级配的粗骨料，最大粒径不宜大于40 mm。

厚大无筋或钢筋稀疏的混凝土，可以考虑填充最大粒径为150 mm的石块，但填充量不得超过结构体积的1/4。

B 颗粒级配

石子的颗粒级配，是指石子各级粒径大小颗粒分布情况。石子的级配有两种类型，即连续级配与间断级配。

连续级配由连续粒级组成，是表示石子的颗粒尺寸由大到小连续分级，每一级都占有适当比例；选用连续级配的石子拌制混凝土，其拌合物不易离析，和易性较好。在最大粒径超过40 mm时，开采、加工过程可能出现各级颗粒比例变动频繁，或在运输和堆放过程中发生离析引起级配不均匀、不稳定。为了保证粗骨料具有均匀而稳定的级配，工程中常按颗粒大小分级过筛，分别堆放，需要时按要求的比例配合，对这种预先分级筛分的粗骨料称为单粒级，单粒级一般不单独使用，可组成间断级配。

间断级配是指人为剔除某些骨料的粒级颗粒，使粗骨料尺寸不连续。大粒径骨料之间的空隙，由小粒径颗粒填充，使空隙率达到最小，密实度增加，节约水泥，但因其不同粒级的颗粒粒径相差较大，拌合物容易产生分层离析，一般工程中少用。

石子级配的判断，也是通过筛分析试验，计算分计筛余百分率和累计筛余百分率，要求各筛上的累计筛余百分率应符合表3-11规定。

表3-11 碎石或卵石的颗粒级配规定

公称粒级/mm		方孔筛/mm											
		2.36	4.75	9.50	16.0	19.0	26.5	31.5	37.5	53.0	63.0	75.0	90.0
		累计筛余/%											
连续粒级	5~16	95~100	85~100	30~60	0~10	0	—	—	—	—	—	—	—
	5~20	95~100		90~100	40~80	—	0~10	0	—	—	—	—	—
	5~25	95~100		90~100	—	30~70	—	0~5	0	—	—	—	—
	5~31.5	95~100		90~100	70~90	—	15~45	—	0~5	0	—	—	—
	5~40	—		95~100	70~90	—	30~65	—	—	0~5	0	—	—
单位粒级	5~10	95~100		80~100	0~15	0	—	—	—	—	—	—	—
	10~16	—		95~100	80~100	0~15	—	—	—	—	—	—	—
	10~20	—		95~100	85~100	—	0~15	0	—	—	—	—	—
	16~25	—		—	95~100	55~70	25~40	0~10	—	—	—	—	—
	16~31.5	—		95~100	—	85~100	—	—	0~10	0	—	—	—
	20~40	—		—	95~100	—	80~100	—	0~10	0	—	—	—
	25~31.5	—		—	95~100	—	80~100	0~10	0	—	—	—	—
	40~80	—		—	—	95~100	—	—	70~100	—	30~60	0~10	0

3.3 混凝土拌合物的性能、测定和调整方法

新拌混凝土的性能直接影响混凝土的运输、浇灌和振捣，从而影响硬化混凝土微观结构的密实性和均匀性，最终影响混凝土的强度、耐久性等硬化混凝土性能。多组分、多物相组成的混凝土，其组成均匀、结构密实与其拌合物的性能密切有关。组成均匀、结构密实的混凝土才能满足土木工程所要求的性能和质量。工程施工对混凝土拌合物的性能要求：振捣时易于密实，浇筑时易于充实模板；骨料与水泥浆黏聚力强，能在水泥浆中均匀稳定地分布；水泥浆体均匀稳定，保持水不泌出。良好性能的标志：运输中不易分层离析；浇灌时容易捣实或自密实；成型后表面容易修整。

3.3.1 混凝土拌合物和易性

和易性（又称工作性）是混凝土在凝结硬化前必须具备的性能，是指混凝土拌合物易于施工操作（拌和、运输、浇灌、捣实）并能使其质量均匀、成型密实的性能。和易性是一项综合的技术性质，包括有流动性、黏聚性和保水性等三方面的含义。

流动性是指混凝土拌合物在本身自重或施工机械振捣的作用下，能产生流动，并均匀密实地填满模板的性能，取决于拌和物的稠度。若拌合物太干稠，难以振捣密实；若拌合物过稀，振捣后容易出现水泥砂浆和水分上浮及石子下沉的分层离析现象，影响混凝土的质量。

黏聚性是指混凝土拌合物具有一定的黏聚力，在施工、运输及浇筑过程中，不致出现

分层离析（粗骨料从混凝土的水泥砂浆中分离出来的倾向，与拌合物的黏聚性有关），使混凝土保持整体均匀的性能。黏聚性不好的混凝土拌合物，砂浆与石子容易分离，振捣后会出现蜂窝、孔洞等现象。

保水性是指混凝土拌合物具有一定的保水能力，在施工过程中不致产生严重的泌水(粗骨料下沉、水分上升直到表面的现象，与拌和物的保水性有关)。产生严重泌水的混凝土内部容易形成透水通路、上下薄弱层和钢筋或石子下部水隙，这些都将影响混凝土的密实性，并降低混凝土的强度及耐久性，同时会引起混凝土表面收缩，产生收缩裂缝。

通过以上分析可以看出，混凝土拌合物的流动性、黏聚性和保水性有其各自的内涵，而它们之间既互相联系又存在矛盾。和易性则是这三方面性质在某种具体条件下的矛盾统一体。

3.3.2 拌合物和易性的测定

目前，还没有一种单一的试验方法能全面反映混凝土拌合物的和易性。通常在工地和实验室测定的是混凝土拌合物的流动性，并辅以直观经验评定黏聚性和保水性。

流动性测定方法常用的有坍落度试验及维勃稠度试验两种。

3.3.2.1 坍落度试验

将混凝土拌合物按规定分三次装入坍落度筒中，每次用振捣棒按顺时针方向由筒中心向四周插捣 25 次，三次插捣完毕后将多余的混凝土刮平，垂直向上提起坍落度筒并移至一旁，混凝土拌合物由于自重将会产生坍落现象，然后用尺子量出混凝土坍落的尺寸就叫作坍落度。做坍落度试验测定拌合物的流动性，并辅以直观经验评定黏聚性和保水性。坍落度试验只适用骨料最大粒径不大于 40 mm，坍落度值不小于 10 mm 且不大于 220 mm 的混凝土拌合物。坍落度愈大，表示混凝土拌合物的流动性愈大。图 3-4 所示为坍落度试验。

按照《混凝土质量控制标准》（GB 50164—2011）要求，混凝土拌合物根据坍落度的大小可分为 5 个等级：S1 坍落度为 10~40 mm，S2 坍落度为 50~90 mm，S3 坍落度为 100~150 mm，S4 坍落度为 160~210 mm，S5 坍落度不小于 220 mm。

坍落度试验只适用于骨料最大粒径不大于 40 mm，坍落度值不小于 10 mm 的混凝土拌合物。对于坍落度小于 10 mm 的混凝土拌合物，通常采用维勃稠度仪（见图 3-5）测定其稠度（维勃稠度）。

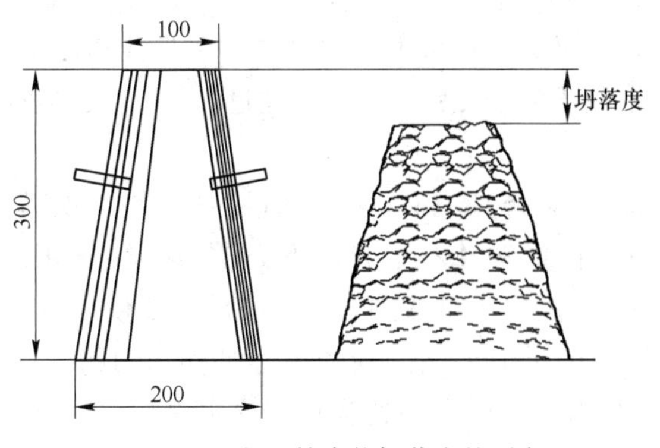

图 3-4 混凝土拌合物坍落度的测定

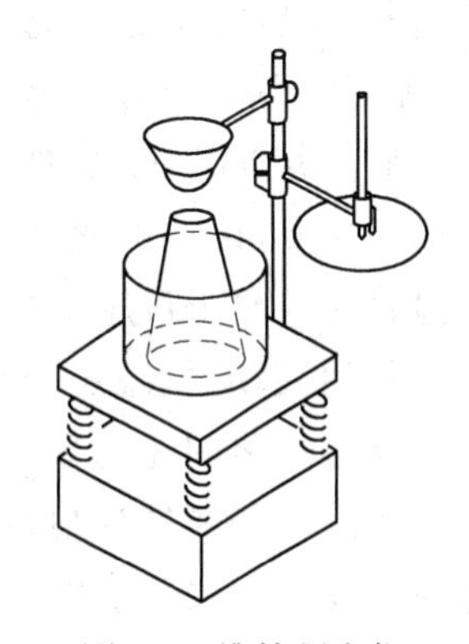
图 3-5 维勃稠度仪

3.3.2.2 维勃稠度试验

维勃稠度的测试方法是：将混凝土拌合物按一定方法装入坍落度筒内，按一定方法捣实，装满刮平后，将坍落度筒垂直向上提起，把透明圆盘转到混凝土截头圆锥体顶面，开启振动台，同时计时，记录当圆盘底面布满水泥浆时所用时间，超过所读秒数即为该混凝土拌合物的维勃稠度值。此方法适用于骨料最大粒径不超过 40 mm，维勃稠度为 5~30 s 的混凝土拌合物的稠度测定。

混凝土拌合物流动性按维勃稠度大小可分为 5 级：V0（≥31 s）；V1（30~21 s）；V2（20~11 s）；V3（10~6 s）；V4（5~3 s）。

3.3.3 拌合物性能的调整

3.3.3.1 拌合物性能的影响因素

影响混凝土拌合物性能的因素很多，以下分几个方面论述。

（1）水泥品种和细度。硅酸盐系五种常用水泥相比较，当水灰比相同时，硅酸盐水泥和普通水泥拌制的混凝土流动性较火山灰水泥好；矿渣水泥拌制的混凝土保水性较差；用粉煤灰水泥拌制的混凝土流动性最好，保水性和黏聚性也较好。

水泥颗粒越细，拌合物黏聚性与保水性越好。当比表面积在 280 m^2/kg 以下时，混凝土的泌水性增大。

（2）水泥浆的相对用量。水泥浆是混凝土拌合物产生流动的决定因素。水泥浆包裹在骨料的表面，在骨料间起润滑作用，滚珠效应增大了骨料颗粒间的流动性。水泥浆用量偏小时，不足以包裹骨料表面形成润滑层，骨料间摩擦力较大，拌和物不易流动，黏聚性变差；水泥浆用量愈多，流动性愈好，拌合物的坍落度增大，同时还增大了拌合物的黏聚性；但水泥浆过多，超过了骨料表面包裹层所需的量，不仅使拌和物的流动性无明显增加，而且会出现流浆现象，同时会造成水泥的浪费。

（3）水胶比。水胶比（W/C）是指水与水泥（胶凝材料）用量的质量比，其中胶凝材料包括活性矿物掺合料。

水泥浆的稀稠程度取决于水胶比；当胶凝材料用量一定时，取决于单位用水量 W。在水泥浆用量一定时：水胶比过小，水泥浆稠，拌合物流动性就小，会使施工困难，混凝土拌合物难以保证密实成型；水胶比过大，又会造成混凝土拌合物的黏聚性和保水性不良，而产生流浆、离析现象，并严重影响混凝土的强度；水胶比不能过大或过小，应根据混凝土设计强度等级和耐久性要求而定。

试验表明，对于常用水胶比（0.40~0.75），当单位用水量不变，在一定范围内其他材料的量的波动对混凝土拌合物流动性影响并不十分显著，因此可以在单位用水量与拌合物流动性之间建立数量关系——恒定用水量法则：一定条件下要使混凝土获得一定值的坍落度，需要的单位用水量是一个定值。该法则的核心是拌和物的坍落度与单位用水量建立单一关系。相应地，当利用水泥用量的适当调整来调节强度和耐久性时，就无需顾虑和易性问题。可以通过试验取得单位用水量与坍落度间的数量关系（见表3-12）。

表 3-12 混凝土用水量选用

干硬性混凝土的用水量/kg·m^{-3}							
拌合物稠度		卵石最大粒径/mm			碎石最大粒径/mm		
项目	指标	10.0	20.0	40.0	16.0	20.0	40.0
维勃稠度/s	16~20	175	160	145	180	170	155
	11~15	180	165	150	185	175	160
	5~10	185	170	155	190	180	165

塑性混凝土的用水量/kg·m^{-3}									
拌合物稠度		卵石最大粒径/mm				碎石最大粒径/mm			
项目	指标	10.0	20.0	31.5	40.0	16.0	20.0	31.5	40.0
坍落度/mm	10~30	190	170	160	150	200	185	175	165
	35~50	200	180	170	160	210	195	185	175
	55~70	210	190	180	170	220	205	195	185
	75~90	215	195	185	175	230	215	205	195

注：1. 本表不宜用于水胶比小于 0.40 或大于 0.80 的混凝土；
2. 本表用水量系采用中砂时的平均值，若用细（粗）砂，每立方米混凝土用水量可增加（减少）5~10 kg；
3. 掺用外加剂（掺合料），可相应增减用水量；
4. 当混凝土坍落度小于 10 mm 时，用水量按当地经验或通过试验取用。

由表 3-12 可知，用水量的多少还与骨料种类和最大粒径有关。当坍落度一定时，石子最大粒径增大，用水量减少；当石子最大粒径不变时，增加坍落度则用水量增加。利用此表可直接估计初步用水量，为混凝土配合比的设计提供方便。

（4）砂率。砂率是指混凝土中砂的质量占砂、石总质量的百分率，可看作是级配的特例，即 4.75 mm 上下的颗粒搭配。砂率的大小影响了拌合物中骨料的总表面积和空隙率。当水泥浆用量一定时：砂率较小时，石子较多，空隙率大，砂与水泥浆不足以填满石子颗粒的空隙，流动性、黏聚性、保水性均较差；随着砂率增加，砂浆逐渐增多，粗骨料间润滑层逐渐增厚，坍落度会越来越大；砂率过大时，骨料总表面积太大，水泥浆用量变为不足，致使拌合物的坍落度变小。因此，砂率过大或过小都不好，存在着一个合理砂率值（又称最优砂率）。合理砂率是指在一定条件下使拌合物的坍落度最大（见图 3-6）或水泥浆用量最省（见图 3-7）时的砂率。

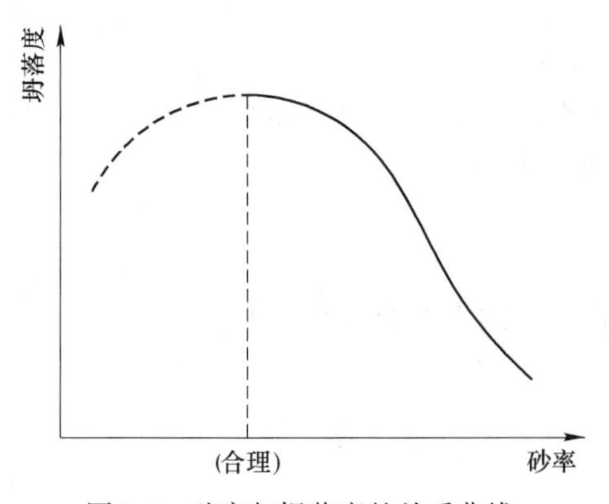

图 3-6 砂率与坍落度的关系曲线

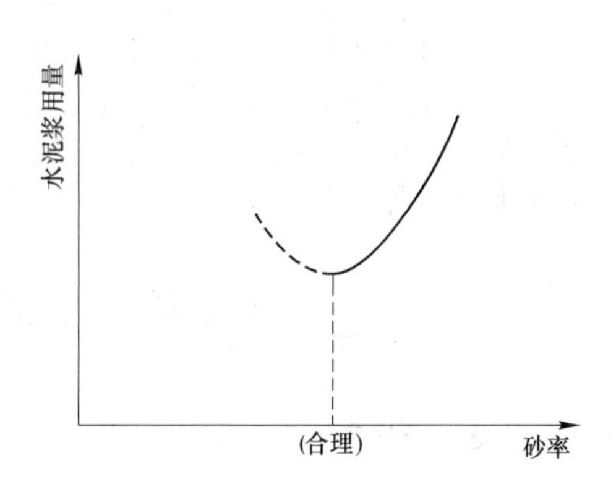

图 3-7 砂率与水泥浆用量的关系曲线

(5) 骨料。表面光滑（卵石）等径形状的骨料颗粒，比表面粗糙（碎石）针、片状颗粒具有更好的流动性。骨料的级配合理能改善流动性，节省水泥。

(6) 外加剂与掺合料。减水剂、引气剂能显著改善拌合物的流动性；对泵送混凝土、自密实混凝土，必须相应使用高效减水剂，以满足其对大流动性的要求。粉煤灰、矿渣粉、硅灰是常用的活性矿物掺合料，细度均比水泥细，其中，硅灰比水泥细 50~100 倍，它们均能不同程度地通过微骨料效应、滚珠效应改善和易性。

(7) 时间及温度。混凝土拌合物经时间推移而逐渐变得干稠，流动性减小，该现象称作坍落度经时损失，是商品混凝土的突出问题。其原因有水泥水化，水的蒸发与吸收（骨料），以及外加剂的时效性。拌合物的和易性也受温度影响。随环境温度升高，坍落度损失变快。因此施工中为保证一定的和易性，必须注意环境温度的变化，并采取相应的措施。

确定砂率的方法较多，可以根据本地区、本单位的经验累积数值选用；若无经验数据，可查表 3-13，也可通过计算确定。

表 3-13 混凝土砂率选用表 %

水灰比	卵石最大粒径/mm			碎石最大粒径/mm		
	10.0	20.0	40.0	16.0	20.0	40.0
0.40	26~32	25~31	24~30	30~35	29~34	27~32
0.50	30~35	29~34	28~33	33~38	32~37	30~35
0.60	33~35	32~37	31~36	36~41	35~40	33~38
0.70	36~41	35~40	34~39	39~44	38~43	36~41

注：1. 本表适用于坍落度 10~60 mm 的混凝土。坍落度若大于 60 mm，应在上表的基础上，按坍落度每增大 20 mm，砂率增大 1%的幅度予以调整；
2. 表中数值系中砂的选用砂率，对细（粗）砂，可相应减少（增加）砂率；
3. 只用一个单粒级骨料配制的混凝土，砂率应适当增加；
4. 掺有外加材料时，合理砂率经试验或参考有关规定确定或选用。

3.3.3.2 拌合物性能的改善措施

拌合物性能的改善措施如下：

(1) 改善砂、石（特别是石子）的级配；

(2) 尽量采用较粗大砂、石；

(3) 尽可能降低砂率，通过试验采用合理砂率；

(4) 混凝土拌合物坍落度太小时，保持水灰比不变，适当增加水泥浆用量，当坍落度太大，但黏聚性良好时，可保持砂率不变，适当增加砂、石用量；

(5) 掺用外加剂、掺合料。

3.4 硬化混凝土的力学、变形性能和耐久性

3.4.1 混凝土的强度

强度是土木工程结构对材料的基本要求，包括抗压、抗拉、抗剪及抗弯强度等，其中

以抗压强度最大，故混凝土主要用来承受压力作用。混凝土的抗压强度是结构设计的主要参数，也是混凝土质量评定的指标。此外，混凝土的弹性模量、抗水性、抗渗性、长期性能与耐久性等都与强度有直接关系。也可由强度数据推断出其他性能的好坏。

3.4.1.1　混凝土的抗压强度与强度等级

A　混凝土标准立方体抗压强度

按国家标准《混凝土强度检验评定标准》（GB/T 50107—2010），以立方体抗压强度作为混凝土的强度特征值，根据标准规定的试验方法，以边长为 150 mm 的立方体试件为标准试件，在标准条件（20 ℃±2 ℃，相对湿度>95%）下，养护到 28 d 龄期，测得的抗压强度值称为混凝土立方体抗压强度。

测定混凝土抗压强度时，也可采用非标准尺寸的试件，然后将测定结果乘以换算系数，换算成相当于标准试件的强度值，对于边长为 100 mm 的立方体试件，应乘以强度换算系数 0.95，对于边长为 200 mm 的立方体试件，应乘以强度换算系数 1.05。

B　混凝土立方体抗压强度标准值

用标准试验方法测得的一组若干个立方体抗压强度值的总体分布中的某一个值，低于该值的百分率不超过 5%，该抗压强度值称为立方体抗压强度标准值。

C　强度等级

按混凝土立方体抗压强度标准值（MPa）确定，以符号 C（Concrete）与混凝土立方体抗压强度标准值表示。

用于不同工程结构或不同工程部位的混凝土，其强度等级要求也不同。素混凝土结构的混凝土强度等级不应低于 C20；钢筋混凝土结构的混凝土强度等级不应低于 C25；预应力混凝土楼板结构的混凝土强度等级不应低于 C30；其他预应力混凝土结构构件的混凝土强度等级不应低于 C40。采用强度等级 500 MPa 及以上的钢筋时，混凝土强度等级不应低于 C30。承受重复荷载的钢筋混凝土构件，混凝土强度等级不应低于 C30。

D　轴心（棱柱体）抗压强度

在结构设计中，常要用到混凝土的轴心抗压强度，它是采用棱柱体试件测得的抗压强度，采用棱柱体试件比立方体试件能更好地反映混凝土在受压构件中的实际受压情况。目前，我国采用 150 mm×150 mm×150 mm 的棱柱体作为轴心抗压强度的标准试件。试验表明，棱柱体试件抗压强度与立方体试件抗压强度之比为 0.7~0.8。

3.4.1.2　混凝土受压破坏

硬化后的混凝土在未受外力作用之前，由于水泥水化造成的化学收缩和物理收缩引起砂浆体积的变化，在粗骨料与砂浆界面上产生分布极不均匀的拉应力，它足以破坏粗骨料与砂浆的界面，形成许多分布很乱的界面裂缝，另外，还因为混凝土成型后的泌水作用，某些上升的水分为粗骨料颗粒所阻止，因而聚集于粗骨料的下缘，混凝土硬化后就成为界面裂缝。混凝土受外力作用时，其内部产生了拉应力，这种拉应力很容易在具有几何形状为楔形的微裂缝顶部形成应力集中，随着拉应力的逐渐增大，导致微裂缝的进一步延伸、汇合、扩大，最后形成几条可见的裂缝，试件就随着这些裂缝延伸而破坏，以混凝土单轴受压为例，绘出的静力受压时的受压变形曲线的典型形式如图 3-8 所示。

通过显微观察所查明的混凝土内部裂缝的发展可分为如图 3-8 所示的四个阶段，每个

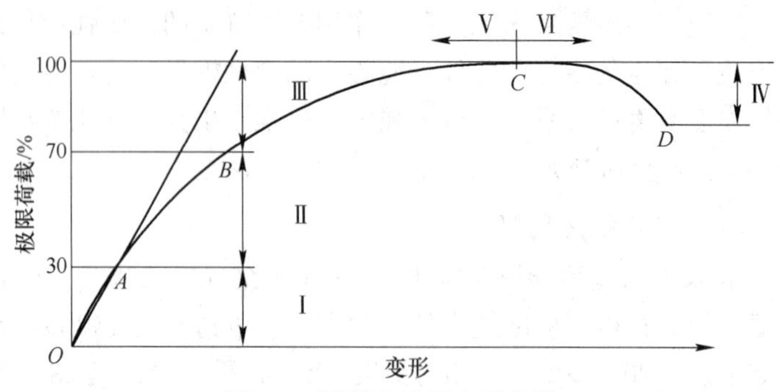

图 3-8 混凝土受压变形曲线

Ⅰ—界面裂缝无明显变化；Ⅱ—界面裂缝增长；Ⅲ—出现砂浆裂缝和连续裂缝；
Ⅳ—连续裂缝迅速发展；Ⅴ—裂缝缓慢增长；Ⅵ—裂缝迅速增长

阶段的裂缝状态示意如图 3-9 所示。当荷载到达“比例极限”（约为极限荷载的 30%）以前，界面裂缝无明显变化（图 3-8 第Ⅰ阶段，图 3-9Ⅰ），此时，荷载与变形接近直线关系（图 3-8 曲线 *OA* 段）；荷载超过“比例极限”以后，界面裂缝的数量、长度和宽度都不断增大，界面借摩擦阻力继续承担荷载，但尚无明显的砂浆裂缝（图 3-9Ⅱ），此时，变形增大的速度超过荷载增大的速度，荷载与变形之间不再接近直线关系（图 3-8 曲线 *AB* 段）；荷载超过“临界荷载”（为极限荷载的 70%~90%）以后，在界面裂缝继续发展的同时，开始出现砂浆裂缝，并将邻近的界面裂缝连接起来成为连续裂（图 3-9Ⅲ），此时，变形增大的速度进一步加快，受压变形曲线明显地弯向变形轴方向（图 3-8 曲线 *BC* 段）；超过极限荷载以后，连续裂缝急速地发展（图 3-9Ⅳ），此时，混凝土的承载能力下降，荷载减少而变形迅速增大，以致完全破坏，受压变形曲线逐渐下降而最后结束（图 3-8 曲线 *CD* 段）。

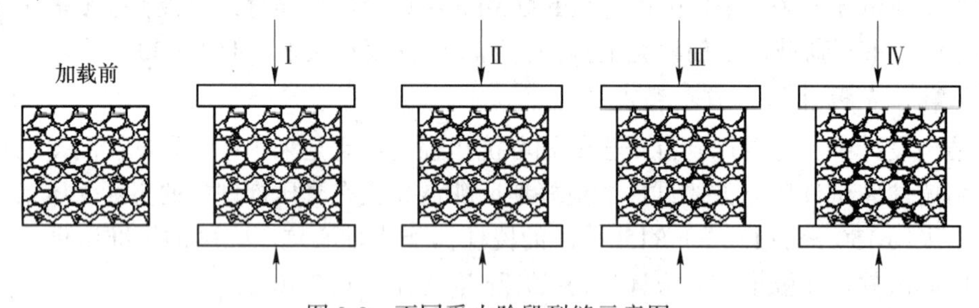

图 3-9 不同受力阶段裂缝示意图

因此，混凝土受力破坏的过程，实际是混凝土裂缝的发生及发展的过程，也是混凝土内部结构从连续到不连续的演变过程。这个概念对于理解混凝土强度及变形性能是非常重要的。

混凝土受压破坏模式主要分为水泥石破坏、黏结面（界面）破坏、粗骨料破坏三种。

水泥石破坏与黏结面破坏是最常发生的破坏形式，前者是由于水泥强度等级比较低，后者是由于界面的初始裂缝所致。骨料破坏主要发生在高强混凝土中，本质原因是骨料强度小于混凝土强度。

3.4.1.3 混凝土抗拉强度

混凝土受拉，即使变形很小也会出现开裂。故混凝土一般不用于直接承受拉力，但抗拉强度却是结构设计确定混凝土抗裂度的重要指标。有时也用来衡量混凝土与钢筋的黏结强度。

混凝土抗拉强度是指混凝土轴心抗拉强度，即混凝土试件受拉力后断裂时所承受的最大负荷载除以截面积所得的应力值，用 f_{tk}（混凝土抗拉强度标准值）来表示，单位为MPa。混凝土轴心抗拉强度的测试主要有两种方法：一是直接测试法；二是劈裂试验。

前者是用钢模浇筑成型的100 mm×100 mm×500 mm的棱柱体试件通过预埋在试件轴线两端的钢筋，对试件施加均匀拉力，试件破坏时的平均拉应力即为混凝土的轴心抗拉强度。后者是用立方体或圆柱体试件进行，在试件上下支承面与压力机压板之间加一条垫条，使试件上下形成对应的条形加载，造成试件沿立方体中心或圆柱体直径切面的劈裂破坏，将劈裂时的力值进行换算即可得到混凝土的轴心抗拉强度。

3.4.1.4　影响混凝土强度的因素

A　水泥强度等级和水灰比

普通混凝土的受力破坏，主要出现在水泥石与骨料的分界面上以及水泥石本身，原因是这些部位往往存在有孔隙和潜在微裂缝等结构缺陷，是混凝土中的薄弱环节，所以混凝土的强度主要取决于水泥石的强度及其与骨料的黏结力，而水泥石的强度及其与骨料的黏结力又取决于水泥强度等级及水灰比的大小。因此，水泥强度等级和水灰比是影响混凝土强度的最主要因素，也可以说是起决定性作用的因素。在配合比相同的条件下，所用的水泥强度等级越高，制成的混凝土强度也越高。

当用同一种水泥（品种及强度等级相同）时，混凝土的强度主要决定于水灰比，因为水泥水化时的理论需水量，一般只占水泥质量的23%左右，但在拌制混凝土拌合物时，为了获得必要的流动性，常需要较多的水（占水泥质量的40%~70%），即较大的水灰比。当混凝土硬化后，多余的水分就残留在混凝土中形成水泡或蒸发后形成气孔，极大地减小了混凝土抵抗荷载的实际有效断面，而且可能在孔隙周围产生应力集中。因此，可以认为，在水泥强度等级相同的情况下，水灰比愈小，水泥石的强度愈高。但应注意，如果水灰比过小，拌合物过于干硬，在一定的捣实成型条件下，无法保证浇灌质量，混凝土中将出现较多的蜂窝、孔洞，强度也将下降。试验证明：在材料相同的情况下，混凝土强度随水灰比的增大而降低的规律呈曲线关系，如图3-10（a）所示；而混凝土强度与灰水比的关系，则呈直线关系如图3-10（b）所示。

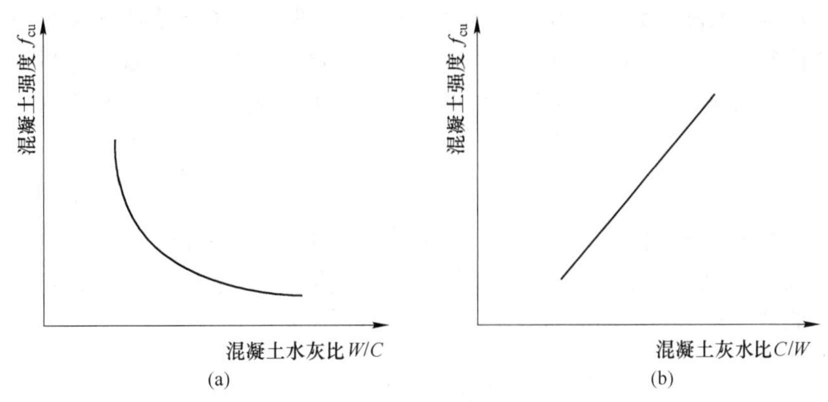

图3-10　混凝土强度与水灰比、灰水比的关系

B 骨料

粗骨料的强度、表面特征、最大粒径及级配等是影响混凝土强度的重要因素。

就骨料强度而言，骨料强度越高，在受压破坏过程中，裂纹扩展至骨料时绕界面而过，故所配制的混凝土强度越高，这在低水灰比和配制高强度混凝土时，特别明显。

在骨料表面特征方面，表面粗糙并富有棱角的骨料，与水泥石的黏结力较强，对混凝土的强度有利，故在相同水泥强度等级及相同水灰比的条件下，碎石混凝土的强度较卵石混凝土高。

在最大粒径及级配方面，颗粒级配越好，越容易达到紧密堆积的效果，则混凝土强度也就越高；最大粒径对普通混凝土的影响小；对于低水灰比、高强混凝土或配筋特密结构，随最大粒径增加，强度呈降低趋势。

C 温度与湿度

湿度与温度涉及混凝土养护条件，所谓养护就是使混凝土处于一种保持足够湿度和适当温度的环境中进行硬化，增长强度。混凝土常用的养护方式有：自然养护、标准养护（温度为 20 ℃±1 ℃，相对湿度为 90%）、蒸汽养护（温度为 40~100 ℃，相对湿度为 90%）、蒸压养护（温度大于 100 ℃，相对湿度为 90%，压力 0.8~1.6 MPa）。

已浇筑完毕的混凝土，必须注意及时养护，一般在 12 h 内加以覆盖和浇水（日平均气温低于 5 ℃时，不得浇水），其浇水养护时间不得少于 7 d；对掺用缓凝剂或有抗渗要求的混凝土，其浇水养护时间不得少于 14 d。这是因为混凝土的硬化是水泥水化的延续，环境温度升高，保持环境潮湿的时间越长，促进水泥水化速度加快，将促使混凝土强度发展（见图 3-11）。

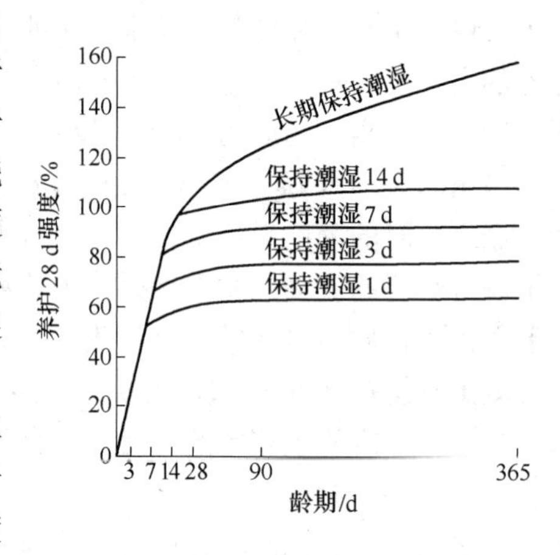

图 3-11 混凝土强度与保持潮湿日期关系

浇筑完毕的混凝土，如果处于干燥环境，水化会因为水分的逐渐蒸发而停止，混凝土出现干缩裂缝，面层疏松、起灰，以致影响混凝土强度增长和耐久性能。在保证足够湿度的同时，混凝土养护温度不同，强度的增长也受影响。浇筑完毕的混凝土，若环境温度下降，会引起水泥水化作用延缓，混凝土强度的增长也会缓慢，温度低于 0 ℃，混凝土不但硬化基本停止，还会因孔隙中残留水结冰、膨胀，导致开裂，特别在早期，当室外日平均气温连续 5 d低于 5 ℃或日最低气温低于-3 ℃，均应按冬季施工的规定，采取保温措施，防止混凝土早期受冻。

D 龄期

混凝土在正常养护条件下，强度将随龄期的增长而提高，最初 3~7 d 强度提高速度较快，28 d 以后逐渐变缓，可以延续多年。试验表明，混凝土强度与龄期有如图 3-12（a）所示的曲线关系，与龄期的对数呈图 3-12（b）所示的直线关系。

$$\frac{f_n}{f_{28}} = \frac{\lg n}{\lg 28} \tag{3-3}$$

式中 f_n——标准养护条件下混凝土 n 天（n>3）的强度，MPa；

f_{28}——标准养护条件下混凝土 28 d 强度，MPa。

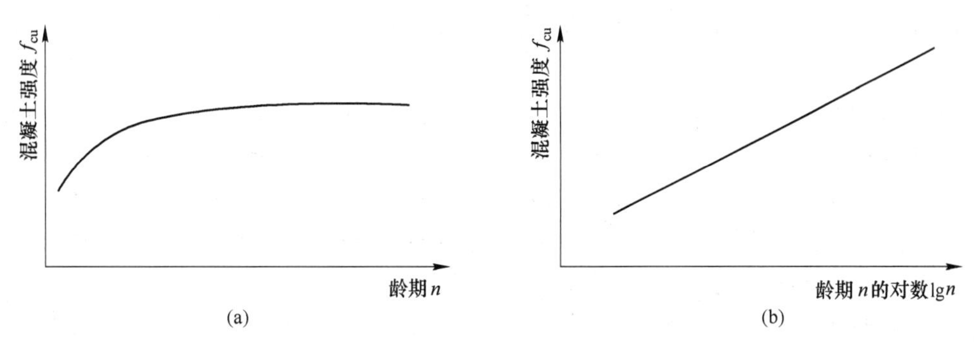

图 3-12 混凝土强度增长曲线

E 试件尺寸、形状及加荷速度

同样形状而不同尺寸的试件，尺寸越小，测得的强度偏高；尺寸越大，测得的强度偏低。这是因为试件受压面与试验机承压板之间存在摩擦力，当试件受压时，承压板的横向应变小于混凝土试件的横向应变，因而承压板对试件的横向膨胀起约束作用。这种约束作用通常称为“环箍效应”。越接近受压面，约束作用越大，在距离受压面大约 $\frac{\sqrt{3}}{2}a$（a 为试件横向尺寸）的范围以外，约束作用才消失，所以立方体试件受压破坏后，其上下部分各有一个较为完整的棱锥体（图 3-13（a））。当立方体试件尺寸较小时，环箍效应的相对影响较大，起着阻止试件破坏的作用也大，故测得的抗压强度偏高。反之，当试件尺寸较大时，所测得的抗压强度偏低。

此外，随着试件尺寸增大，试件内存在裂缝、孔隙和局部软弱等缺陷的概率也增大，这些缺陷将减小受力面积和引起应力集中，因而降低强度，这也是较大尺寸试件强度偏低的原因。

同样截面尺寸、不同形状的试件（图 3-13（b））试件的 h/a 值大，试验测得的强度偏低。这是因为产生环箍效应的约束作用是有条件的，通常在离试件两端面约 $\frac{\sqrt{3}}{2}a$ 范围之外就消失了，因而棱柱体试件受压时，中间区段已无环箍效应，试件出现直裂破坏，测得的强度值低于同截面的立方体试件强度。

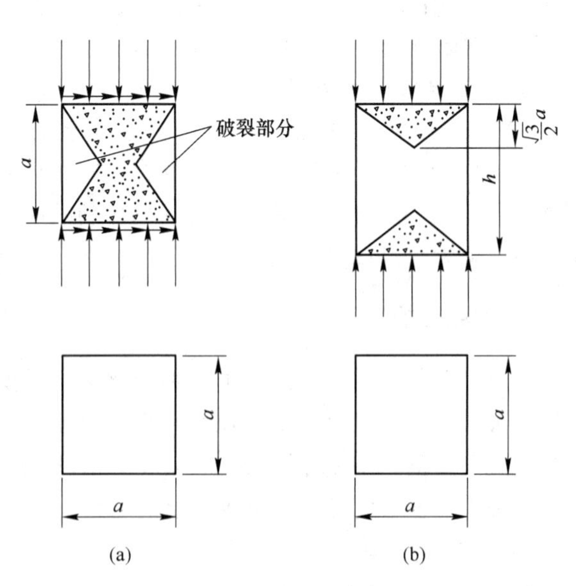

图 3-13 混凝土试件的破坏状态

加荷速度对所测混凝土强度值也有影响，试验中应严格遵循规定的加荷速度。另外，试件承压面的平整度与压力机压板的光洁度等，都会影响试验的测定值。

3.4.1.5 提高混凝土强度的主要措施

提高混凝土强度，可以从选料、搅拌、成型和养护等环节着手考虑。

A 选料

（1）根据工程建造环境及方式等选择合理的水泥品种与强度等级。可采用高强度等级水泥以求提高混凝土强度，但成本较高，一般在紧急工程施工中应用。

（2）选用合理的骨料品种、粒径及级配良好的骨料，以提高混凝土的密实度。

（3）选用合适的外加剂（如减水剂），可在保证和易性不变的情况下减少用水量，提高混凝土强度，或采用早强剂提高混凝土的早期强度。

（4）掺加外掺料，如掺磨细粉煤灰或磨细高炉矿渣，配制高强、超高强混凝土。

B 采用机械搅拌和振捣

混凝土采用机械搅拌不仅比人工搅拌工效高，而且搅拌得更均匀，故能提高混凝土的强度。国外已研制成功高速搅拌机、声波搅拌机等设备，可大幅度提高混凝土的强度。

采用机械振捣混凝土，可使混凝土拌合物的颗粒产生振动，暂时破坏水泥的凝聚结构，降低水泥浆的黏度及骨料之间的摩擦力，使混凝土拌合物转入流体状态，提高流动性。因此，在满足拌合物和易性的要求下，可减少拌和用水量。同时，混凝土拌合物被振捣后，其颗粒互相靠近，并把空气排出，大幅减少混凝土内部孔隙，从而使混凝土的密实度及强度都得到提高。由图3-14可以看出，机械捣实的混凝土强度高于人工捣实的混凝土强度，而且机械捣实可用于更低的水灰比来获得更高的强度。目前国内外采用的高频振捣器和多频振捣器，都起到了很好的振捣效果。

C 养护工艺方面

（1）采用常压蒸汽养护，将混凝土置于低于100 ℃的常压蒸汽中养护16~20 h后，可获得在正常养护下28 d强度的70%~80%。

（2）采用高压蒸汽养护，将混凝土置于175 ℃、0.8 MPa的蒸压釜中进行养护，能促进水泥的水化，特别适用于掺混合材料水泥拌制的混凝土，可明显地提高混凝土强度。

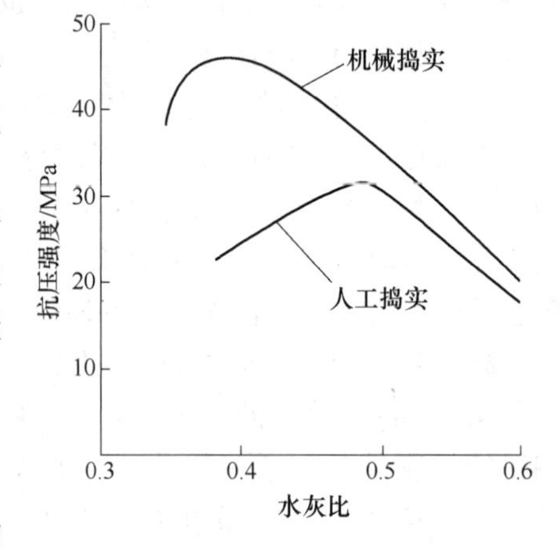

图3-14 捣实方法对混凝土强度的影响

3.4.2 混凝土的变形性能

混凝土在硬化过程中，由于受物理化学作用的影响，会产生各种变形，尤其在受约束情况下，会导致混凝土开裂，降低强度和耐久性。80%以上的开裂都是由于混凝土变形所引起，只有很小一部分是由于承载力不足导致。硬化混凝土的变形来自两方面：环境因素（温、湿度变化）和外加荷载因素。

3.4.2.1 自收缩

自收缩是指水泥浆、砂浆、混凝土因水化引起的宏观体积减小。主要由自干燥收缩和化学收缩两部分组成。水泥水化吸收毛细管中的水分，使毛细管失水，毛细管内外压力失衡，引起收缩被称为自干燥收缩；水泥水化物的体积小于反应前各物质的体积和，因而导致混凝土硬化后收缩被称为化学收缩。

自收缩的特点是不能恢复，收缩值较小；收缩值随龄期而增加，早期较快，后期缓慢；对混凝土结构无破坏。但混凝土内部可产生微细裂缝而影响承载状态和耐久性。

3.4.2.2 化学收缩

混凝土的化学收缩主要由水泥的水化产物引起的，水泥水化后，浆体的固体和液体的绝对体积减小，使水泥水化产物的绝对体积小于水化前水泥与水的总体积，因此使混凝土产生体积收缩。混凝土的化学收缩值一般为 0.04~1 mm/m，且仅在混凝土成型 40 d 内增长较快，以后逐渐稳定。

3.4.2.3 湿胀干缩变形

混凝土的湿胀干缩变形取决于周围环境的湿度变化。当混凝土在水中硬化时，由于凝胶体中胶体粒子吸附水膜增厚，胶体粒子间的距离增大，会产生微小的膨胀。当混凝土在空气中硬化时，由于吸附水蒸发而引起凝胶体失水、紧缩，以及毛细孔水的蒸发使孔中的负压增大产生收缩力，使混凝土产生收缩。当混凝土再次吸水湿胀时，可抵消部分收缩，但仍有一部分（占 30%~50%）是不可恢复的。混凝土的胀缩如图 3-15 所示。

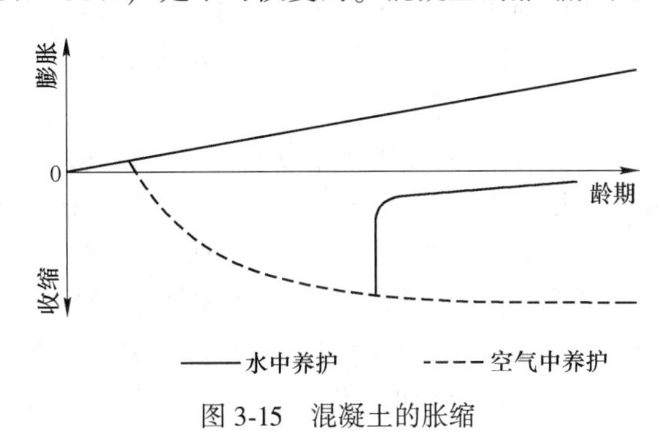

图 3-15 混凝土的胀缩

混凝土的湿胀变形量很小，一般没有破坏作用。但干缩变形对混凝土的危害较大，可使混凝土表面出现较大的拉应力，引起表面开裂，使混凝土的耐久性严重降低。

混凝土干缩变形主要是由混凝土中水泥石的干缩所引起的，骨料对干缩具有制约作用。故混凝土中水泥浆含量越多，混凝土的干缩率越大。塑性混凝土的干缩率较干硬性混凝土大得多。因此，混凝土单位用水量的大小，是影响干缩率大小的重要因素，平均用水量增加 1%，干缩率增加 2%~3%。当骨料最大粒径较大，级配较好时，由于能减少用水量，故混凝土干缩率较小。

混凝土中所用水泥的品种及细度对干缩率有很大影响。如火山灰水泥的干缩率最大，粉煤灰水泥的干缩率较小。水泥的细度越大，干缩率也越大。

骨料的种类对干缩率也有影响。使用弹性模量较大的骨料，混凝土干缩率较小，使用吸水性大的骨料，其干缩率一般较大。当骨料中含泥量较多时，会增大混凝土的干缩。

延长潮湿养护时间，可推迟干缩的发生和发展，但对混凝土的最终干缩率并无显著影响。采用湿热处理可减小混凝土的干缩率。

3.4.2.4　温度变形

温度变形对大体积混凝土非常不利。在混凝土硬化初期，水泥水化放出较多的热量，混凝土是热的不良导体，散热缓慢，使混凝土内部温度较外部高，产生较大的内外温差，在外表混凝土中将产生很大拉应力，严重时使混凝土产生裂缝。因此，对大体积混凝土工程，必须尽量设法减少混凝土发热量，如采用低热水泥，减少水泥用量，采取人工降温等措施。根据目前的工程实践，对工业与民用建筑工程中的某些大体积构件，如筏式基础、转换大梁等，也采取减缓表面温度下降，保持构件内外温差不超过规范规定值的措施，以避免混凝土的温度变形裂缝产生。另外，对纵向较长的钢筋混凝土结构物，一般应采取每隔一段长度设置伸缩缝以及在结构物中设置温度钢筋等措施。

3.4.2.5　荷载作用下的变形

A　弹塑性变形和弹性模量

混凝土是一种不均质的材料，它不是一种完全的弹性体，而是一种弹塑性体。受力后既产生可以恢复的弹性变形，又产生不可恢复的塑性变形。应力与应变之间的关系不是直线而是曲线，如图 3-16 所示。

由于混凝土是一种弹塑性材料，其应力 σ 与应变 ε 的比值随着应力的增加而减小，并不完全遵循胡克定律，混凝土的弹性模量（应力与应变之比）有三种表示方法，如图 3-17 所示。

（1）初始切线弹性模量。应力-应变曲线原点上切线的斜率，不易测准。

（2）切线弹性模量。应力-应变曲线上任一点的切线斜率，只适用于很小的应力范围内。

（3）割线弹性模量。应力-应变曲线上任一点与原点连线的斜率。混凝土的割线弹性模量测试较为简单，为工程实际所常用。我国目前规定混凝土弹性模量即割线弹性模量，采用 150 mm×150 mm×300 mm 的棱柱体试件，取测定点的应力等于试件轴心抗压强度的 40%，经三次以上反复加荷和卸荷后，测得应力与应变比值，即为混凝土弹性模量。

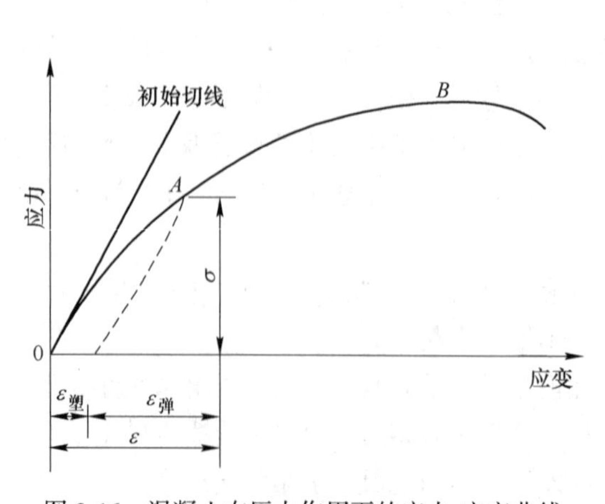

图 3-16　混凝土在压力作用下的应力-应变曲线

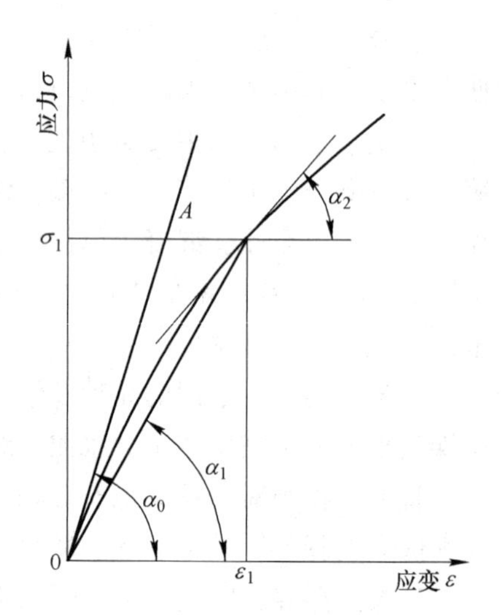

图 3-17　混凝土弹性模量

混凝土的强度越高，弹性模量越高，两者存在一定的相关性。当混凝土的强度等级由C20增大到C60时，其弹性模量通常由25.5 GPa增至36.0 GPa。

混凝土的弹性模量随混凝土中骨料与水泥石的弹性模量而异。由于水泥石的弹性模量一般低于骨料的弹性模量，故混凝土弹性模量一般略低于骨料的弹性模量。另外，在材料质量不变的条件下，混凝土的骨料含量较多、水灰比较小、养护较好及龄期较长时，混凝土的弹性模量就较大。

B　混凝土的徐变

混凝土承受长期荷载作用，其变形会随时间不断增长，即荷载不变而变形仍随时间增大，一般要延续2~3年才逐渐趋于稳定。这种在长期荷载作用下随时间的延长而增加的变形称为徐变。混凝土的变形与荷载作用时间关系如图3-18所示。混凝土受荷后立即产生瞬时变形，随着荷载持续作用时间的延长，又产生徐变变形。如果作用应力不超过一定值，徐变变形的增长在加荷初期较快，然后逐渐减慢。

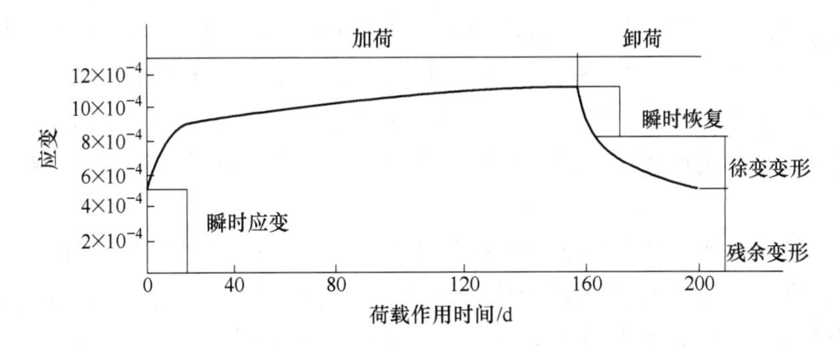

图3-18　混凝土的变形与荷载作用时间关系

在持续荷载一定时间后，若卸除荷载，部分变形可瞬时恢复，也有少部分变形在若干天内逐渐恢复，称为徐变恢复，最后留下一部分不能恢复的变形称为残余变形。

混凝土徐变一般被认为是由于水泥石凝胶体在长期荷载作用下的黏性流动，并向毛细孔中移动的结果。从水泥凝结硬化过程可知，随着水泥的逐渐水化，新的凝胶体逐渐填充毛细孔，使毛细孔的相对体积逐渐减小。在荷载初期或硬化初期，由于未填满的毛细孔较多，凝胶体移动较为容易，故徐变增长较快。以后由于内部移动和水化的进展，毛细孔逐渐减小，因而徐变速度越来越慢。骨料能阻碍水泥石的变形，从而减小混凝土的徐变。混凝土中的孔隙及水泥石中的凝胶孔，则与骨料相反，可促进混凝土的徐变。因此，混凝土中骨料含量较多者，徐变较小；结构越密实、强度越高的混凝土，徐变就越小。

由此可知，当混凝土在较早龄期加荷时，产生的徐变较大。水灰比较大时，徐变也较大。在水灰比相同时，水泥用量较多的混凝土徐变较大。骨料弹性模量较大，级配较好及最大粒径较大时，徐变较小。

混凝土不论是受压、受拉或受弯时，均有徐变现象。混凝土的徐变对钢筋混凝土构件来说，能消除钢筋混凝土内的应力集中，使应力较均匀地重新分布。对于大体积混凝土，则能消除一部分由于温度变形所产生的破坏应力。但是，在预应力钢筋混凝土结构中，徐变将使钢筋的预加应力受到损失，从而降低结构的承载能力。

3.4.3 混凝土的耐久性

3.4.3.1 混凝土耐久性的概念

混凝土的性能劣化，从短期看，影响结构的外观和使用性能；从长远看，则降低结构安全度，成为发生事故的隐患，影响结构的服役寿命。目前国内大多数工业建筑物在使用25~30年后即需大修；处于严酷环境下的建筑物使用寿命仅15~20年；海港码头一般使用10年左右就因混凝土顺筋开裂和剥落，需要大修。

混凝土材料在长期使用过程中，抵抗因服役环境外部因素和材料内部原因造成的侵蚀和破坏，而保持其原有性能不变的能力。在工程上应用的混凝土除应具有适当的强度和能安全地承受设计荷载外，还应具有在所处的自然环境及使用条件下经久耐用的性能。例如，抗渗性、抗冻性、抗化学腐蚀性以及预防碱-骨料反应等。

A 混凝土的抗渗性

混凝土的抗渗性是指混凝土抵抗压力水、油等液体渗透的能力。抗渗性是混凝土的一项重要性质，它直接影响混凝土的抗冻性和抗侵蚀性。当混凝土的抗渗性较差时，不但容易透水，而且由于水分渗入内部，当有冰冻作用或环境水中含侵蚀性介质时，混凝土就容易受到冰冻或侵蚀作用而破坏。对钢筋混凝土还可能引起钢筋的锈蚀以及保护层的开裂和剥落等。

混凝土的抗渗性用抗渗等级表示。抗渗等级是以28 d龄期的标准试件，按规定方法进行试验，以所能承受的最大水压力确定，分为P_4、P_6、P_8、P_{10}、P_{12}等，它们分别表示试件出现渗水时的最大压力为0.4 MPa、0.6 MPa、0.8 MPa、1.0 MPa、1.2 MPa。

混凝土渗水的原因主要是由于内部的孔隙形成了连通的渗水孔道。这些孔道主要来源于水泥浆中多余水分蒸发而留下的气孔，水泥浆泌水所形成的毛细管孔道及骨料下部界面聚集的水隙。这些由水泥浆产生的渗水孔道的多少，主要与混凝土的水灰比大小有关。水灰比小，抗渗性高，反之则抗渗性差。如用最大粒径为40 mm的粗骨料所配制的混凝土，当水灰比大于0.60时，其抗渗性显著下降。另外，施工振捣不密实或由其他一些因素引起的裂缝，也是使混凝土抗渗性下降的原因。

抗渗性是决定混凝土耐久性最主要的因素。大多混凝土劣化的源头是从抗渗性差开始的。因此，对地下建筑、水坝、水池、港工、海工等工程，必须要求混凝土具有一定的抗渗性。

提高抗渗性的措施主要包括：提高混凝土的密实度；改善混凝土中的孔隙结构，减少连通孔隙；可通过低的水灰比、好的骨料级配、充分的振捣和养护、掺入引气剂等方法来实现。

B 混凝土的抗冻性

混凝土的抗冻性是指混凝土在饱和水状态下，能经受多次冻融循环作用而不破坏，同时也不严重降低强度的性能。混凝土的密实度、孔隙构造和数量以及孔隙的充水程度是决定抗冻性的重要因素。密实的混凝土和具有封闭孔隙的混凝土，其抗冻性都较高。寒冷地区以及与水接触并且容易受冻的混凝土，要求具有较高的抗冻性能。

混凝土的抗冻性常用抗冻等级或抗冻标号表示。混凝土的抗冻性可通过测定混凝土试件在气冻水融或水冻水融条件下经受的冻融循环次数来评价。抗冻标号是采用龄期28 d的试块在吸水饱和后，承受反复冻融循环，以抗压强度损失率不超过25%或者质量损失率不超过5%时的最大冻融循环次数来确定，用符号D表示。抗冻等级是采用龄期28 d的试块在吸水饱和后，承受反复冻融循环，以相对动弹性模量下降至不低于60%或者质量损失率不超过5%时的最大冻融循环次数来确定，用符号F表示。混凝土的抗冻等级可分为F50、F100、F150、F200、F250、F300、F350、F400和>F400九个等级，分别表示混凝土在水冻水融条件下能够承受反复冻融循环次数为50、100、150、200、250、300、350、400和>400次。抗冻标号可分为D50、D100、D150、D200和>D200五个等级，分别表示混凝土在气冻水融条件下能够承受反复冻融循环次数为50、100、150、200和>200次。混凝土的抗冻性一般用抗冻等级表示。抗冻等级不低于F50的混凝土称为抗冻混凝土。

混凝土内部孔隙中的水在负温下结冰后体积膨胀会形成静水压力，当这种压力产生的内应力超过混凝土的抗拉强度时，混凝土就会产生裂缝，多次冻融循环使裂缝不断扩展直至破坏。

混凝土的密实度、孔隙率和孔隙构造、孔隙的充水程度是影响抗冻性的主要因素。密实的混凝土和具有封闭孔隙的混凝土（如引气混凝土），抗冻性较高。掺入引气剂、减水剂和防冻剂可有效提高混凝土的抗冻性。

C　混凝土抗侵蚀性

当混凝土所处环境中含有侵蚀性介质时，混凝土便会遭受侵蚀。通常有软水侵蚀、硫酸盐侵蚀、一般酸侵蚀与强碱侵蚀等。

三类侵蚀方式：

（1）溶出性侵蚀。水化产物氢氧化钙被水溶解、流失。

（2）溶解性侵蚀。水化产物与介质反应生成无胶凝性的产物，如酸碱侵蚀。

（3）膨胀性侵蚀。水化产物与介质反应生成膨胀性的产物，如硫酸盐侵蚀。

混凝土的抗侵蚀性与所用水泥品种、混凝土的密实程度和孔隙特征等有关，密实和孔隙封闭的混凝土，环境水不易侵入，抗侵蚀性较强。

D　混凝土的碳化

混凝土的碳化作用是空气中的二氧化碳与水泥石中的氢氧化钙在有水存在的条件下发生化学作用，生成碳酸钙和水。碳化过程是二氧化碳由表及里向混凝土内部逐渐扩散的过程。

碳化对混凝土最主要的影响是使混凝土的碱度降低，减弱了对钢筋的保护作用，可能导致钢筋锈蚀。碳化还会引起混凝土收缩（碳化收缩），容易使混凝土的表面产生微细裂缝。

高碱度环境中钢筋表面存在的钝化膜能防止钢筋腐蚀，碳化作用引起的碱度降低减弱了对钢筋的保护作用。当碳化深度穿透混凝土保护层而达钢筋表面时，钢筋锈蚀产生体积膨胀，致使混凝土保护层产生开裂；开裂后的混凝土有利于二氧化碳、水、氧等有害介质的进入，更加剧了碳化的进行和钢筋的锈蚀，最后导致混凝土产生顺筋开裂而破坏。

碳化影响因素及提高混凝土抗碳化性能的措施：合理选择水泥品种（如普通水泥）；提高混凝土的密实度（采用较小水泥用量及水灰比或掺入减水剂；加强机械振捣和湿养护，使混凝土结构密实）；混凝土表面涂刷保护层；环境因素（二氧化碳的浓度高，碳化速度快；

湿度50%~75%时，碳化速度最快；湿度<25%或接近100%时，碳化作用将停止)。

E 混凝土的碱-骨料反应

有关混凝土碱-骨料反应问题，在本章原材料内容中已有简述。发生碱-骨料膨胀反应的必要条件有三个：水泥碱含量（当量 Na_2O 计）大于0.6%、骨料中含有活性氧化硅、存在水分。若没有水分，在干燥状态下是不会发生碱-骨料反应的。

3.4.3.2 提高混凝土耐久性的主要措施

混凝土耐久性主要取决于组成材料质量、混凝土本身的密实度和施工质量，最关键的仍是混凝土的密实度。如果混凝土本身构造密实，那么其不仅强度高、界面黏结好，而且水分和有害气体也难以渗入，因而耐久性随之提高。

在一定工艺条件下，混凝土密实度与水灰比有直接关系，与水泥单位用量有间接关系。所以，混凝土中的水泥用量和水灰比，不能仅满足于强度经验公式的计算值，还必须满足耐久性要求。根据《混凝土结构设计规范》（GB 50010—2010)，对于设计使用年限为50年的混凝土结构，混凝土的最大水胶比和最小胶凝材料用量应分别符合表3-14和表3-15中的规定。

表3-14 结构混凝土材料的耐久性基本要求

环境类别	条件	最大水胶比	最低强度等级
一	室内干燥环境； 无侵蚀性静水浸没环境	0.60	C20
二[a]	室内潮湿环境； 非严寒和非寒冷地区的露天环境； 非严寒和非寒冷地区与无侵蚀性的水或土壤直接接触的环境； 严寒和寒冷地区的冰冻线以下与无侵蚀性的水或土壤直接接触的环境	0.55	C25
二[b]	干湿交替环境； 水位频繁变动环境； 严寒和寒冷地区的露天环境； 严寒和寒冷地区冰冻线以上与无侵蚀性的水或土壤直接接触的环境	0.50（0.55）	C30（C25）
三[a]	严寒和寒冷地区冬季水位变动区环境； 受除冰盐影响环境； 海风环境	0.45（0.50）	C35（C30）
三[b]	盐渍土环境； 受除冰盐作用环境； 海岸环境	0.40	C40

表3-15 混凝土的最小胶凝材料用量

最大水胶比	最小胶凝材料用量/$kg \cdot m^{-3}$		
	素混凝土	钢筋混凝土	预应力混凝土
0.60	250	280	300

续表 3-15

最大水胶比	最小胶凝材料用量/kg·m^{-3}		
	素混凝土	钢筋混凝土	预应力混凝土
0.55	280	300	300
0.50	320		
≤0.45	330		

3.5 普通水泥混凝土的配合比设计

混凝土配合比是指混凝土中各组成材料数量之间的比例关系，设计混凝土配合比就是要确定1 m^{3}混凝土中各组成材料的最佳相对用量，使得按此用量拌出的混凝土能够满足各种基本要求。

3.5.1 混凝土配合比的表示方法

混凝土配合比常用的表示方法有三种：一种是以每1 m^{3}混凝土中各项材料的质量表示，例如1 m^{3}混凝土中水泥300 kg、水180 kg、砂720 kg、石子1200 kg，每1 m^{3}混凝土总质量为2400 kg；另一种是以各项材料间的质量比来表示（以水泥质量为1），例如，将上例换算成水泥、砂、石的质量比=1∶2.4∶4.0，水灰比=0.60；还有一种是依据现场施工的搅拌机规格，或实验室试样的要求，所用实际投料量的质量比。例如某配合比：水泥5.40 kg，水3.00 kg，砂子9.60 kg，碎石17.90 kg。

3.5.2 混凝土配合比设计的目的与任务

混凝土配合比设计的任务，就是要根据原材料的技术性能及施工条件，合理选择原材料，并确定出能满足工程所要求技术经济指标的各项组成材料的用量。具体来说，混凝土配合比设计的基本要求（目的）是：

（1）满足施工所要求的混凝土拌合物的和易性；

（2）满足混凝土结构设计的强度等级；

（3）满足耐久性要求；

（4）节约水泥，降低成本。

混凝土配合比设计的任务是根据工程设计和施工要求，选择适合的原材料；根据混凝土的技术要求，确定各组成材料的用量。

3.5.3 混凝土配合比设计中的两个基准与三个基本参数

混凝土配合比设计中的两个基准：按每立方米（m^3）体积混凝土拌合物中各材料用量（kg）计，即针对最常用的第1种配比表示法；骨料以干燥状态质量为基准，当有含水骨料时，再把干燥基准的配比换算成工程实际配比。

混凝土配合比设计中控制的三个基本参数：

（1）水灰比（W/C）：拌合物的用水量与水泥用量之比。胶凝材料包括水泥和矿物掺合料时，改为水胶比（W/B）。

（2）单位用水量：在水灰比一定时，反映了水泥浆体与骨料用量之比（浆骨比）。

（3）砂率：砂用量与砂石骨料总用量之比。

3.5.4 混凝土配合比设计的步骤

在进行混凝土配合比设计时，首先应明确一些基本资料，如原材料的性质及技术指标、混凝土的各项技术要求、施工方法、施工管理质量水平、混凝土结构特征、混凝土所处的环境条件等。进行配合比设计时，首先按原材料性能及对混凝土的技术要求进行初步计算，得出初步配合比（理论配合比），经实验室试拌调整，得出和易性满足要求的基准配合比，然后经强度复核定出满足设计和施工要求并且比较经济合理的实验室配合比。再根据现场工地砂、石的含水情况对实验室配合比进行修正，修正后的配合比，叫作施工配合比。现场材料的实际称量应按施工配合比进行计算。

3.5.4.1 确定配制强度

当混凝土的设计强度等级小于C60时，配制强度应按式（3-4）确定：

$$f_{cu,o}=f_{cu,k}+1.645\sigma \tag{3-4}$$

式中 $f_{cu,o}$——混凝土的配制强度，MPa；

$f_{cu,k}$——混凝土的立方体抗压强度标准值，这里取混凝土的设计强度等级，MPa；

σ——混凝土强度标准差，MPa。

当具有近1个月至3个月的同一品种、同一强度等级混凝土的强度资料，且试件组数不小于30时，其混凝土强度标准差应按式（3-5）计算：

$$\sigma=\sqrt{\frac{\sum_{i=1}^{n}f_{cu,i}^{2}-nm_{f_{cu}}^{2}}{n-1}} \tag{3-5}$$

式中 σ——混凝土强度标准差，MPa；

$f_{cu,i}$——第 i 组试件的抗压强度，MPa；

n——试件组数；

$m_{f_{cu}}$——n 组试件的抗压强度平均值，MPa。

对于强度等级不大于C30的混凝土，当混凝土强度标准差计算值不小于3.0 MPa时，应按式（3-5）计算结果取值；当混凝土强度标准差计算值小于3.0 MPa时，应取3.0 MPa。对于强度等级大于C30且小于C60的混凝土，当混凝土强度标准差计算值不小于4.0 MPa时，应按式（3-5）计算结果取值；当混凝土强度标准差计算值小于4.0 MPa时，应取4.0 MPa。

当没有近期的同一品种、同一强度等级混凝土的强度资料时，其混凝土强度标准差可按表3-16取值。

表3-16 混凝土强度标准差的取值

混凝土强度等级	≤C20	C25~C45	C50~C55
混凝土强度标准差/MPa	4.0	5.0	6.0

当混凝土的设计强度等级不小于 C60 时，配制强度应按式（3-6）确定：

$$f_{cu,o} = 1.15 f_{cu,k} \tag{3-6}$$

3.5.4.2　确定水胶比

当混凝土的设计强度等级小于 C60 时，混凝土的水胶比按式（3-7）确定：

$$\frac{W}{B} = \frac{\alpha_a f_b}{f_{cu,0} + \alpha_a \cdot \alpha_b \cdot f_b} \tag{3-7}$$

式中　W/B——混凝土的水胶比；

α_a，α_b——回归系数；

f_b——胶凝材料的 28 d 抗压强度，MPa。

在式（3-7）中，回归系数（α_a，α_b）应根据工程所使用的原材料，通过试验建立的水胶比与混凝土强度关系式来确定。当不具备上述试验统计资料时，可按表 3-17 选用。

表 3-17　回归系数取值表

回归系数	碎石	卵石
α_a	0.53	0.49
α_b	0.20	0.13

胶凝材料的 28 d 抗压强度（f_b）可按国家标准《水泥胶砂强度检验方法（ISO 法）》（GB/T 17671—2021）规定的试验方法进行测定。当无实测值时，可按式（3-8）进行计算：

$$f_b = \gamma_f \gamma_s f_{ce} \tag{3-8}$$

式中　γ_f——粉煤灰影响系数；

γ_s——粒化高炉矿渣粉影响系数；

f_{ce}——水泥的 28 d 抗压强度，MPa。

粉煤灰影响系数和粒化高炉矿渣粉影响系数可按表 3-18 选用。

表 3-18　粉煤灰和粒化高炉矿渣粉影响系数取值表

掺量/%	粉煤灰影响系数 γ_f	矿渣粉影响系数 γ_s
0	1.00	1.00
10	0.85~0.95	1.00
20	0.75~0.85	0.95~1.00
30	0.65~0.75	0.95~1.00
40	0.55~0.65	0.85~0.90
50	—	0.75~0.85

当水泥 28 d 抗压强度无实测值时，按下式计算：

$$f_{ce} = \gamma_c f_{ce,g} \tag{3-9}$$

式中　γ_c——水泥强度等级值的富余系数，可按实际统计资料确定，当缺乏实际统计资料时，也可按表 3-19 选用；

$f_{ce,g}$——水泥强度等级值，MPa。

表 3-19 水泥强度等级值的富余系数

水泥强度等级值	32.5	42.5	52.5
富余系数	1.12	1.16	1.10
推定强度/MPa	36.4	49.3	57.8

为了保证混凝土满足设计要求的耐久性，水胶比不得大于表 3-14 规定的最大水胶比。若计算所得的水胶比大于表 3-14 规定的最大水胶比时，应取规定的最大水胶比进行下一步计算。

3.5.4.3 确定单位用水量

根据工程条件和要求选择坍落度，再由坍落度和石子最大粒径查表确定单位用水量。有外加剂时按减水率修正用水量，并算出外加剂用量。

当水胶比在 0.40~0.80 时，根据坍落度值或维勃稠度，查表 3-20 和表 3-21 选取；当水胶比小于 0.40 时，由试验确定。

对流动性（100~150 mm）和大流动性（>160 mm）混凝土的用水量的确定，按下列步骤进行：

（1）以表 3-20 和表 3-21 中坍落度为 90 mm 的用水量为基础，按坍落度每增加 20 mm 用水量增加 5 kg 计算；

（2）掺外加剂时的混凝土用水量 $m_{w\alpha}$：

$$m_{w\alpha} = m_{wo}(1 - \beta) \tag{3-10}$$

式中 m_{wo}——未掺外加剂时混凝土的用水量，kg/m^3；

β——外加剂的减水率，%。

表 3-20 干硬性混凝土的用水量 kg/m^3

拌合物稠度		卵石最大粒径/mm			碎石最大粒径/mm		
项目	指标	10.0	20.0	40.0	16.0	20.0	40.0
维勃稠度/s	16~20	175	160	145	180	170	155
	11~15	180	165	150	185	175	160
	5~10	185	170	155	190	180	165

表 3-21 塑性混凝土的用水量 kg/m^3

拌合物稠度		卵石最大粒径/mm				碎石最大粒径/mm			
项目	指标	10.0	20.0	31.5	40.0	16.0	20.0	31.5	40.0
坍落度/mm	10~30	190	170	160	150	200	185	175	165
	35~50	200	180	170	160	210	195	185	175
	55~70	210	190	180	170	220	205	195	185
	75~90	215	195	185	175	230	215	205	195

注：1. 本表用水量系采用中砂时的数值。当采用细砂时，每立方米混凝土用水量可增加 5~10 kg；采用粗砂时，可减少 5~10 kg。

2. 掺用矿物掺合料和外加剂时，用水量应相应调整。

3.5.4.4　确定胶凝材料用量

根据单位用水量和水胶比，计算胶凝材料用量，若计算值低于规定的最小胶凝材料用量（可查表3-15），以表中规定的值为准。掺合料占胶凝材料的比率可查表3-22，由比率算出掺合料用量，水泥用量=胶凝总量-掺合料。

每立方米混凝土的胶凝材料用量（m_{b0}）应按下式计算，并应与最小胶凝材料用量表3-15比较，不低于表中数值。

$$m_{b0} = \frac{m_{w0}}{W/B} \tag{3-11}$$

式中　m_{b0}——每立方米混凝土的胶凝材料用量，kg/m^3；

m_{w0}——混凝土的单位用水量，kg/m^3；

W/B——水胶比。

每立方米混凝土的矿物掺合料用量（m_{f0}）应按下式计算：

$$m_{f0} = m_{b0}\beta_f \tag{3-12}$$

式中　β_f——矿物掺合料掺量（%），指外加剂与胶凝材料的比率，可查表3-22确定。

每立方米混凝土的水泥用量（m_{c0}）应按下式计算：

$$m_{c0} = m_{b0} - m_{f0} \tag{3-13}$$

表3-22　矿物掺合料最大掺量

矿物掺合料种类	水胶比	最大掺量/%	
		采用硅酸盐水泥	采用普通硅酸盐水泥
粉煤灰	≤0.40	45	35
	>0.40	40	30
矿渣粉	≤0.40	65	55
	>0.40	55	45
复合掺合料	≤0.40	65	55
	>0.40	55	45

3.5.4.5　确定砂率

合理的砂率应根据施工工艺对拌合物坍落度的要求等参数参考既有历史资料确定。

当缺乏砂率的历史资料时，混凝土砂率的确定应符合下列规定：

（1）坍落度小于10 mm的混凝土，其砂率应经试验确定；

（2）坍落度为10~60 mm的混凝土，其砂率可根据粗骨料品种、最大公称粒径及水灰比按表3-23选取；

（3）坍落度大于60 mm的混凝土，其砂率可经试验确定，也可在表3-23的基础上，按坍落度每增大20 mm、砂率增大1%的幅度予以调整。

表3-23　混凝土的砂率取值表　　%

水胶比	卵石最大粒径/mm			碎石最大粒径/mm		
	10.0	20.0	40.0	16.0	20.0	40.0
0.40	26~32	25~31	24~30	30~35	29~34	27~32

续表 3-23

水胶比	卵石最大粒径/mm			碎石最大粒径/mm		
	10.0	20.0	40.0	16.0	20.0	40.0
0.50	30~35	29~34	28~33	33~38	32~37	30~35
0.60	33~38	32~37	31~36	36~41	35~40	33~38
0.70	36~41	35~40	34~39	39~44	38~43	36~41

按照表 3-23 选取砂率时，对细砂或粗砂，可相应地减少或增大砂率。采用人工砂配制混凝土时，砂率可适当增大。只用一个单粒级粗骨料配制混凝土时，砂率应适当增大。

3.5.4.6 确定粗、细骨料用量

根据胶凝材料与水的用量、砂率和含气量，计算粗、细骨料用量。确定粗骨料和细骨料用量的方法有很多，最常用的是质量法和体积法。

（1）质量法（假定表观密度法）。根据经验，如果原材料情况比较稳定，所配制的混凝土拌合物的表观密度将接近一个固定值，这就可先假设一个混凝土拌合物表观密度（可取 2350~2450 kg/m³）。采用质量法计算混凝土配合比时，粗、细骨料用量按式(3-14)计算，砂率（β_s）按式（3-15）计算。

$$m_{c0} + m_{g0} + m_{s0} + m_{w0} = m_{cp} \tag{3-14}$$

$$\beta_s = \frac{m_{s0}}{m_{g0} + m_{s0}} \tag{3-15}$$

式中 m_{g0}——每立方米混凝土的粗骨料用量，kg/m³；

m_{s0}——每立方米混凝土的细骨料用量，kg/m³；

m_{cp}——每立方米混凝土拌合物的假定质量，kg/m³。

（2）体积法。假定混凝土拌合物的体积等于各组成材料绝对体积和混凝土拌合物中所含空气的体积之总和。采用体积法计算混凝土配合比时，粗、细骨料用量按式（3-16）计算。

$$1 = \frac{m_{c0}}{\rho_c} + \frac{m_{g0}}{\rho_g} + \frac{m_{s0}}{\rho_s} + \frac{m_{w0}}{\rho_w} + 0.01\alpha \tag{3-16}$$

式中 ρ_c——水泥密度，kg/m³，可取 3000~3200 kg/m³；

ρ_g——粗骨料的表观密度，kg/m³；

ρ_s——细骨料的表观密度，kg/m³；

ρ_w——水的密度，kg/m³，可取 1000 kg/m³；

α——混凝土的含气量百分数，在不使用引气剂或引气型外加剂时，α 可取 1。

通过以上计算得到的每立方米混凝土中各材料的用量，即为计算配合比。由于计算配合比是根据经验公式和经验资料计算得出的，直接按计算配合比配制的混凝土有可能不符合实际要求，所以必须对计算配合比进行试配，再进一步调整与确定。

3.5.4.7 试拌配合比的确定

前面算出的计算配合比，是否能够真正满足混凝土的和易性要求，砂率是否合理等，都需要通过试拌来进行检验，如果试拌结果不符合所提出的要求，可按具体情况加以调整。经过试拌调整，就可在满足和易性要求的范围内，根据所用材料算出调整后的试拌配合比。

和易性的调整方法是按计算配合比称取材料进行试拌。混凝土拌合物搅拌均匀后应测定坍落度，并检查其黏聚性和保水性能。如坍落度不满足要求，或黏聚性和保水性不良时，则应在保持水灰比不变的条件下相应调整用水量或砂率。当坍落度低于设计要求时，可保持水灰比不变，适当增加水泥浆。如坍落度太大，可在保持砂率不变条件下增加骨料。如含砂不足，黏聚性和保水性不良时，可适当增大砂率；反之应减小砂率。每次调整后再试拌，直到和易性符合要求为止，此时所得的配合比为试拌配合比。当试拌调整工作完成后，应测出混凝土拌合物的实际表观密度。

3.5.4.8 实验室配合比的确定

得出试拌配合比后，其水灰比值不一定选用恰当，其强度可能会不符合要求，所以应检验混凝土的强度。可拌制不少于3种不同配合比的混凝土制作试件。其中一种为试拌配合比，另外两种配合比的水灰比值，应较试拌配合比分别增加和减少0.05，其用水量应与试拌配合比相同，但砂率值可做适当调整。在制作混凝土试件时，应检验混凝土拌合物和易性及测定其表观密度。

$$m_c + m_g + m_s + m_w = \rho_{c,c} \tag{3-17}$$

式中 $\rho_{c,c}$——混凝土拌合物的表观密度计算值，kg/m³。

m_c——每立方米混凝土的水泥用量，kg/m³；

m_g——每立方米混凝土的粗骨料用量，kg/m³；

m_s——每立方米混凝土的细骨料用量，kg/m³；

m_w——每立方米混凝土的用水量，kg/m³。

混凝土配合比校正系数按式（3-18）计算。

$$\delta = \frac{\rho_{c,t}}{\rho_{c,c}} \tag{3-18}$$

式中 δ——混凝土配合比校正系数；

$\rho_{c,t}$——混凝土拌合物的表观密度实测值，kg/m³。

3.5.4.9 施工配合比的确定

实验室配合比是以干燥材料为基准的，而工地存放的砂、石材料都含有一定的水分。因此，现场材料的实际称量应按工地砂、石的含水情况进行修正，修正后的配合比，叫作施工配合比。工地存放的砂、石含水情况常有变化，应按变化情况，随时加以修正。

3.6 水泥混凝土的外加剂和矿物掺合料

混凝土外加剂是指在混凝土拌合前或拌合时掺入的用以改善混凝土性能的物质。掺量一般不超过水泥质量的5%。混凝土外加剂的使用是混凝土技术的重大突破，外加剂已逐渐成为混凝土中必不可少的第五种组分。

混凝土外加剂种类繁多，每种外加剂常常具有一种或多种功能，其化学成分可以是有机物、无机物或二者的复合产品，所以其分类方法也不同。按其使用效果可分为四大类：

（1）改善混凝土拌合物流动性能的外加剂，包括各种减水剂和泵送剂等。

（2）调节混凝土凝结时间、硬化性能的外加剂，包括缓凝剂、促凝剂和速凝剂等。

（3）改善混凝土耐久性的外加剂。包括引气剂、防水剂、阻锈剂和矿物外加剂等。

（4）改善混凝土其他性能的外加剂，包括膨胀剂、防冻剂、着色剂等。

此外，混凝土外加剂还可按化学成分分为两类：一类为无机盐类，包括各种无机盐类、一些金属单质、少量氧化物和氢氧化物等，这类物质大多用作早强剂、速凝剂、着色剂及加气剂等；另一类为有机物类，此类中绝大部分属于表面活性剂的范畴，有阴离子、阳离子、非离子型以及高分子型表面活性剂等。

表面活性剂是能显著降低液体表面张力或二相间界面张力的物质，故又称界面活性剂。

表面活性剂的分子模型如图3-19所示。分子具有憎水基和亲水基两个基团。憎水基是由非极性的碳氢链（R—）构成；亲水基是由极性的羧酸盐基（—COONa）、羟基（—OH）、氨基（$—NH_2$）、磺酸盐基（$—SO_3Na$）等构成。表面活性剂分子的憎水性较强者称为憎水性表面活性剂，若是亲水性较强者，称为亲水性表面活性剂。

表面活性剂的亲水基易溶于水，憎水基则难溶于水，易浮于水面或吸附于油类或水泥粒子的表面上。所以，当水中溶有表面活性剂时，活性剂分子常吸附在水-气界面上定向排列，从而能削弱表层分子所受的内向拉力，使水的表面张力大幅降低。当溶液中悬浮有油类或水泥粒子时，表面活性剂也能吸附于其界面上降低其表面张力。图3-20为表面活性剂的分子在水表面吸附定向排列示意图。

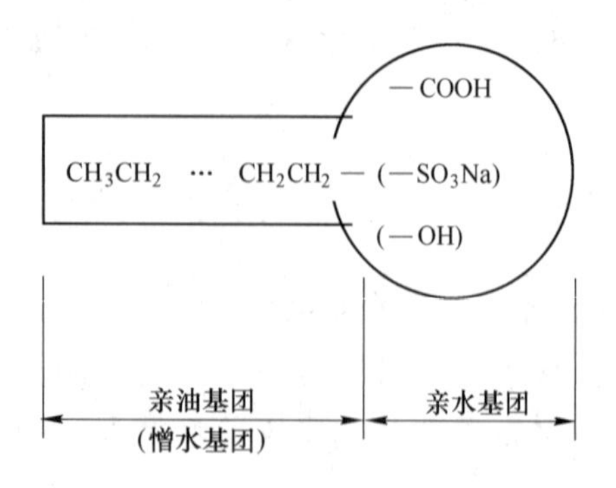

图3-19　表面活性剂的分子模型图

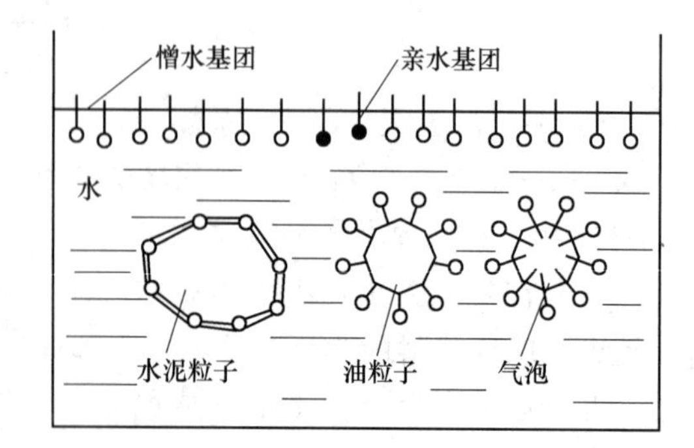

图3-20　表面活性剂的分子在水表面吸附定向排列示意图

表面活性剂具有定向吸附以及降低水的表面张力或界面张力的基本作用，这种表面活性作用是减水剂、引气剂等改善混凝土性能的基本原因。

3.6.1　减水剂

减水剂是指在混凝土坍落度基本相同的条件下，能减少拌合用水量的外加剂。根据减水剂的作用效果及功能情况，减水剂可分为普通减水剂、高效减水剂、高性能减水剂三类。

3.6.1.1　减水剂的作用机理

减水剂提高混凝土拌合物和易性的原因，可归纳为三个方面：即吸附-分散作用、润滑塑化作用和空间位阻效应。

（1）吸附-分散作用。水泥加水拌和后，由于水泥颗粒间分子引力的作用，产生许多絮状物而形成絮凝结构，使10%~30%的拌合水（游离水）被包裹在其中（见图3-21），从而降低了混凝土拌合物的流动性。当加入适量减水剂后，减水剂分子定向吸附于水泥颗粒表面，亲水基端指向水溶液。因亲水基团的电离作用，使水泥颗粒表面带上电性相同的电荷，产生静电斥力（见图3-22（a））。水泥颗粒相互分散，导致絮凝结构解体，释放出游离水，从而有效地增大了混凝土拌合物的流动性（见图3-22（b））。

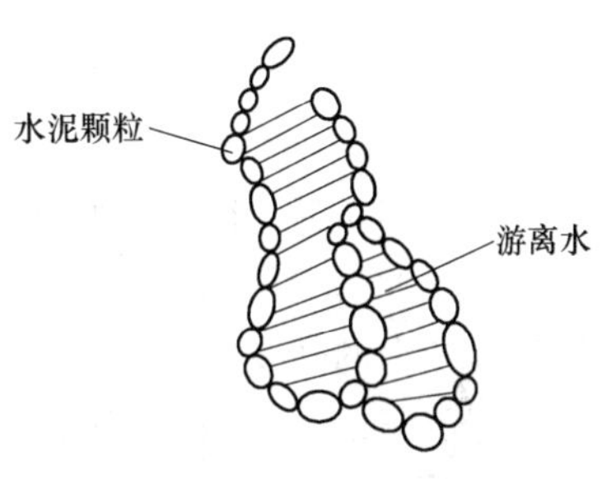

图3-21　水泥絮凝结构示意图

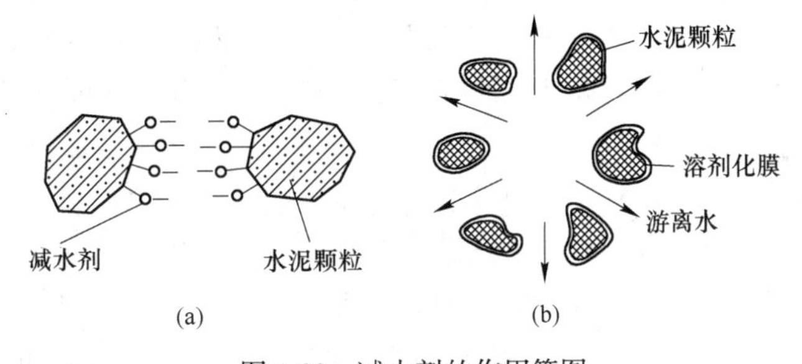

图3-22　减水剂的作用简图
（a）静电斥力；（b）释放出游离水

（2）润滑塑化作用。阴离子表面活性剂类似减水剂，其亲水基团极性很强，易与水分子以氢键形式结合，在水泥颗粒表面形成一层稳定的溶剂化水膜（见图3-22（b）），这层水膜是很好的润滑剂，有利于水泥颗粒的滑动，从而使混凝土流动性进一步提高。减水剂还能使水泥更好地被水湿润，也有利于和易性的改善。

（3）空间位阻效应。聚羧酸系减水剂的化学结构属于接枝共聚物，与萘系减水剂等传统缩聚型减水剂的作用机理有很大不同。对于聚羧酸系减水剂而言，仅仅采用吸附分散作用来解释其作用机理十分困难，解释为空间位阻效应更为合理，如图3-23所示。

聚羧酸系减水剂主链结构中的羧基、磺酸基阴离子提供静电斥力和吸附点，醚键与水分子可以形成氢键，并形成亲水性立体保护膜，由于聚羧酸系减水剂结构中支链多且长，在水泥颗粒表面吸附时形成庞大的立体吸附结构，进而产生空间位阻效应，使得水泥颗粒很快分散。一般认为，聚羧酸系减水剂的作用机理是吸附分散作用、润滑塑化作用和空间位阻效应的共同作用，空间位阻效应起主导作用。

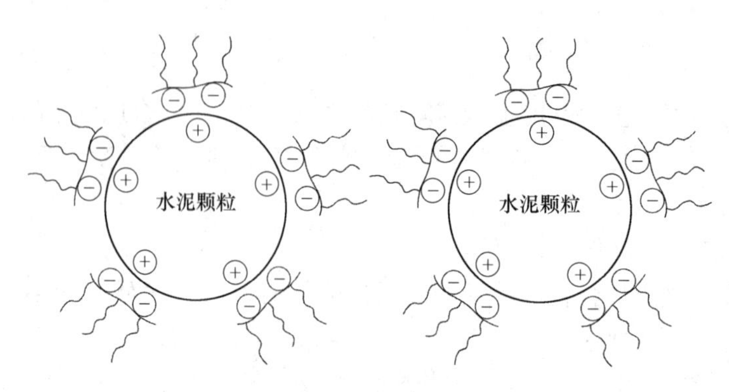

图 3-23 减水剂的空间位阻效应

根据使用条件不同，掺减水剂可以产生以下几个方面的效果：

1）增加流动性。在用水量及水灰比不变时，混凝土坍落度可增大 100~200 mm，且不影响混凝土的强度。

2）提高强度。在保持流动性及水泥用量不变的条件下，可减少拌和水量 10%~15%，从而降低了水灰比，使混凝土强度提高 15%~20%，特别是早期强度提高更为显著。

3）节约水泥。在保持流动性及水灰比不变的条件下，可以在减少拌和水量的同时，相应减少水泥用量，即在保持混凝土强度不变时，可节约水泥用量 10%~15%。

4）改善耐久性。由于减水剂的掺入，显著地改善了混凝土的孔结构，使混凝土的密实度提高，透水性可降低 40%~80%，从而提高抗渗、抗冻、抗化学腐蚀及抗锈蚀等能力。

3.6.1.2 减水剂的常用品种

减水剂的品种很多，根据其性能可分为普通减水剂、高效减水剂、早强型减水剂、缓凝型减水剂、引气型减水剂等。根据其化学成分分为以下 5 类：

（1）木质素系减水剂。木质素系减水剂的掺量较低，适宜掺量为水泥质量的 0.2%~0.3%。在保持拌合物坍落度不变时，减水率为 10%~15%。在相同强度和流动性的要求下，可节约水泥 10%左右，掺入水泥质量的 0.25%，可延缓混凝土拌合物凝结时间 1~3 h。凝结时间延长以及水化热释放速度延缓，对大体积混凝土夏季施工有利。但若掺量过多时会使混凝土硬化进程变慢，甚至降低混凝土的强度，造成质量事故。

（2）萘系减水剂。萘系减水剂用萘或萘的同系物经磺化与甲醛缩合而成，属多环芳香族磺酸盐醛类缩合物。目前国内品种多达几十种，如 NNO、MF、NF、FDN 等，尽管性能略有差异，但一般均有较大的分散作用，属高效减水剂。适宜掺量为水泥质量的 0.2%~0.5%，减水率在 15%以上，早强显著，混凝土 28 d 强度提高 20%。特别适于配制高强混凝土及流态混凝土。

（3）水溶性树脂减水剂。水溶性树脂减水剂主要为磺化三聚氰胺甲醛树脂（SM），是由三聚氰胺、甲醛及亚硫酸钠缩聚而成。SM 属非引气型早强高效减水剂，它的分散作用很强，减水率可高达 20%~27%，可用以配制高强混凝土，并可提高混凝土的抗渗、抗冻性能，提高弹性模量。

（4）糖蜜类减水剂。糖蜜类减水剂主要成分为蔗糖化钙、葡萄糖化钙及果糖化钙等，是制糖工业的下脚料，经石灰中和处理而得。其效果与一般木质素系减水剂相近。一般掺量为0.2%，糖蜜类减水剂对混凝土的缓凝作用较显著，掺量多时，会影响混凝土的凝结性能，应特别注意，但后期强度增长较好。

（5）聚羧酸系高性能混凝土减水剂。聚羧酸系高性能混凝土减水剂，是20世纪80年代中期由日本首先开发应用的新型混凝土外加剂。具有高效、控制坍落度损失和抗收缩、不影响水泥的凝结硬化等作用。聚羧酸系高性能减水剂是完全不同于萘磺酸盐甲醛缩合物NSF和三聚氰胺磺酸盐甲醛缩合物MSF减水剂，即使在低掺量（0.15%~0.25%）时也能使混凝土具有高流动性，并且在低水灰比时也具有低黏度和坍落度保持性能。它与不同水泥有相对更好的相容性，是高强高流动性混凝土所不可缺少的材料。由此可见，聚羧酸系高性能混凝土减水剂具有十分重要的应用价值。

（6）复合减水剂。当通过一定的工艺将减水剂分别与其他种类的一些外加剂复合，可得到早强减水剂、缓凝减水剂、引气减水剂等。这些减水剂可具有双重作用，对于有特殊要求的工程效果更好。

3.6.1.3 减水剂的使用方法

减水剂的应用范围很广泛，但应根据工程的要求与掺用目的，并结合减水剂的功能及其经济性等综合考虑选用。同时，还应考虑减水剂对水泥的适应性。因此应通过必要的试验来确定。混凝土拌合物的坍落度一般都要随拌和后时间的延长而降低，常称为坍落度损失。掺高效减水剂则坍落度损失更大。目前有“同掺法”“后掺法”及“分次掺入法”。后两种掺法可以弥补混凝土的坍落度损失，而且较同掺法能增大减水效果，节约减水剂的用量。

3.6.2 早强剂

早强剂是指能提高混凝土早期强度，并对后期强度无显著影响的外加剂。一般认为，早强剂增强机理是由于在水泥-水系统中，早强剂能使水化初期较快地生成钙矾石，或能与C_3A作用生成难溶的复盐，促进水泥早期强度的提高，或能生成不溶于水的凝胶体填充在水泥石的孔隙内，提高水泥石的密实度，同时吸水率降低，既提高混凝土强度又改善抗渗性和抗冻性。

目前常用的早强剂有：氯盐、硫酸盐、硝酸盐类、亚硝酸盐类、碳酸盐类、三乙醇胺和以它们为基础的复合早强剂。

（1）氯盐早强剂。常用的有氯化钙（$CaCl_2$）和氯化钠（NaCl）。氯化钙能与水泥矿物成分或水化物反应，其生成物增加了水泥石中的固相比例，有助于水泥石结构形成，还能使混凝土中游离水减少，孔隙率降低，因而掺入氯化钙能缩短水泥的凝结时间，提高混凝土密实度、强度和抗冻性。但氯盐掺量不得过多，否则，会引起钢筋锈蚀。

（2）硫酸盐早强剂。常用的硫酸钠（Na_2SO_4）早强剂，又称元明粉，易溶于水，掺入混凝土后能与氢氧化钙作用，促使水化硫铝酸钙迅速生成，加快水泥硬化。

（3）三乙醇胺［$N(C_2H_4OH)_3$］早强剂。它是一种有机化学物质，呈无色或淡黄色油状液，对钢筋无锈蚀作用。单独使用早强效果不明显，若与其他盐类组成复合早强剂，早强效果较明显。三乙醇胺复合早强剂是由三乙醇胺、氯化钠、亚硝酸钠和二水石膏等复合而成。

早强剂对不同品种水泥有不同的使用效果。有的早强剂会影响混凝土后期强度，尤其在选用氯盐或氯盐的复合早强剂及早强减水剂，以及有强电解质无机盐类的早强剂时，应遵照混凝土外加剂应用技术规范的规定。

3.6.3 引气剂

引气剂是在混凝土拌合物搅拌过程中，能引入大量分布均匀的微小气泡，以减少拌合物泌水离析，改善和易性，同时显著提高硬化混凝土抗冻融耐久性的外加剂。

引气剂的活性作用主要发生在水-气界面。溶于水中的引气剂掺入拌合物后，能显著降低水的表面张力，使水在搅拌作用下引入空气，形成无数微小气泡。因引气剂分子定向排列在气泡表面，使气泡膜强度得以提高，并使气泡排开水分而吸附于水泥颗粒表面，能在搅拌过程中使拌合物内空气形成孔径为 0.01~0.025 mm 球状微泡，稳定均匀分布在拌合物中，犹如滚珠轴承作用使颗粒间摩擦力减小，流动性提高。同时由于大量微气泡的存在，使水分均匀分布在气泡表面，从而改善拌合物的黏聚性和保水性。混凝土硬化后，由于微孔封闭又均匀分布，因而能提高混凝土的抗渗、抗冻等耐久性。但大量气泡的存在，增大混凝土的弹性变形，使混凝土弹性模量有所降低，且使混凝土受压有效面积减少，导致强度有所下降。

常用的引气剂有松香树脂类，如松香热聚物、松香皂；还有烷基苯磺酸盐类，如烷基苯磺酸盐、烷基苯酚聚氧乙烯醚等；另外也有脂肪醇磺酸盐类以及蛋白质盐、石油磺酸盐等。无论哪种引气剂，其掺量都十分微小，一般为水泥质量的 0.5/10000~1.5/10000。

3.6.4 缓凝剂

缓凝剂是指延缓混凝土凝结时间，并对后期强度发展无不利影响的外加剂。

缓凝剂的品种及掺量，应根据混凝土的凝结时间、运输距离、停放时间及强度要求而确定。一般常用掺量在 0.03%~0.30%。主要品种有糖类（如白糖等）、木质素磺酸盐类（如木钙等）、羧基（羧）酸盐类（如柠檬酸、葡萄糖酸钠等）及无机盐类（如锌盐、磷酸盐等）。

缓凝剂用于大体积混凝土、炎热气候条件下施工或长距离运输的混凝土。在使用前，必须了解不同外加剂的性能、相应的使用条件，查阅产品说明书，并应进行有关试验确定掺量，如使用不当（例如剂量过大或拌和不匀）会造成混凝土长时间不凝结等质量事故。

3.6.5 泵送剂

能改善混凝土拌合物泵送性能的外加剂称为泵送剂。混凝土的可泵性主要体现在混凝土拌合物的流动性和稳定性（即有足够的黏聚性，不离析、不泌水），以及克服混凝土拌合物与管壁及自身的摩擦阻力三个方面。

根据水泥用量的不同，泵送混凝土可分为三种类型，即贫混凝土（水泥用量小于 200 kg/m^3）、普通混凝土（水泥用量 280~450 kg/m^3）和富混凝土（水泥用量大于 450 kg/m^3），三者对泵送剂的要求也不同。贫混凝土意味着水泥浆不足以填充骨料间的空隙，在这种情况下，提高拌合物的黏滞性，有利于水泥浆从骨料孔隙中流失，泵送剂应起增稠作用。普通混凝土占全部混凝土的 80%，最容易泵送，泵送剂主要是提高混凝土保水性及改善混凝土泵送性。富混凝土即高强泵送混凝土，由于浆体黏聚性大，摩擦阻力大而使泵送困难。因此，泵送剂主要是使混凝土具有极好的分散效果，而使混凝土稀化。

制作泵送剂的材料有高效减水剂、缓凝剂、引气剂和增稠剂。泵送剂主要适用于商品混凝土搅拌站制作泵送混凝土。

使用泵送时应严格控制用水量，在施工过程中不得随意加水。尽量减少新拌混凝土的运输距离和减少出料到浇筑的时间，以减少坍落度的损失。如损失过大，可二次掺加减水剂，不得通过加水来增大坍落度。

高强泵送混凝土水泥用量大、水灰比小，应注意浇水养护，特别应注意早期养护。

3.6.6 矿物掺合料

矿物掺合料（mineral admixture）是以硅、铝、钙等一种或多种氧化物为主要成分，具有规定细度，掺入混凝土中能改善混凝土性能的粉体材料。在配制混凝土时掺入适量的矿物掺合料，不仅可以取代部分水泥，减少混凝土的水泥用量，从而降低成本，而且可以降低温升，改善工作性，增加强度，并可以改善混凝土内部结构，提高抗腐蚀能力。

矿物掺合料与水泥混合材料在品种和矿物成分方面基本相同，不同的是使用方式和品质要求。水泥混合材料是在生产水泥时掺入，它与水泥熟料一起粉磨，一般达不到理想的细度，因此其优化颗粒级配的填充效应和潜在活性较难发挥。矿物掺合料是在生产混凝土时掺入，它与混凝土的其他组成材料一同搅拌，其掺量可以根据混凝土性能要求随时调整，使用更灵活。此外，矿物掺合料是单独粉磨的粉体材料，一般比水泥颗粒更细。越细的矿物掺合料，活性越好。

矿物掺合料大致可分为活性矿物掺合料和非活性矿物掺合料两大类。活性矿物掺合料是指具有胶凝性或火山灰性的材料，如粉煤灰、粒化高炉矿渣粉、硅灰等。非活性矿物掺合料是指不具有化学反应活性，但是能够优化胶凝材料的颗粒级配，实现胶凝材料最紧密堆积的材料，如石灰石粉等。

目前，最常使用的矿物掺合料是粉煤灰和粒化高炉矿渣粉。此外，硅灰、石灰石粉、钢渣粉、磷渣粉、沸石粉等也可用作矿物掺合料。这些材料既可单独使用，又可将两种或两种以上的材料按一定比例复合，作为复合矿物掺合料使用。

我国国家标准《矿物掺合料应用技术规范》（GB/T 51003—2014）对矿物掺合料在混凝土工程中的应用作了详细规定，下面分类介绍。

3.6.6.1 粉煤灰

粉煤灰（fly ash）是指从电厂煤粉炉烟道气体中收集的粉末。粉煤灰主要来自燃煤发电厂。根据燃煤品种，可将粉煤灰分为F类粉煤灰和C类粉煤灰。F类粉煤灰是指由无烟煤或烟煤燃烧收集的粉煤灰。C类粉煤灰是指由褐煤或次烟煤燃烧收集的粉煤灰，其氧化钙含量一般不低于10%。一般将F类粉煤灰称为低钙粉煤灰，C类粉煤灰称为高钙粉煤灰。我国大部分地区的粉煤灰为低钙粉煤灰。

国家标准《用于水泥和混凝土中的粉煤灰》（GB/T 1596—2017）规定，F类粉煤灰的 SiO_2、Al_2O_3、Fe_2O_3 含量之和应不小于70%，C类粉煤灰应不小于50%。美国标准（ASTM C618-23）规定，F类粉煤灰的CaO含量不超过18%，C类粉煤灰的CaO含量超过18%。F类粉煤灰具有火山灰活性，C类粉煤灰除了具有火山灰活性外，还具有一定的胶凝性能。

A 粉煤灰的技术要求

粉煤灰的质量等级主要取决于细度、需水量比、烧失量这三个指标。

粉煤灰的细度越大，表示颗粒越细，其活性和填充效应就会发挥得越好。为了提高粉煤灰的细度，可以将粉煤灰进一步磨细。但是，粉煤灰颗粒大部分为球形，对改善混凝土拌合物的和易性非常有利。粉煤灰磨细后，球形颗粒被破碎，颗粒形状改变，会影响混凝土拌合物的和易性。

需水量比是指在砂浆流动性基本相同时，掺入粉煤灰后砂浆的需水量与未掺粉煤灰砂浆的需水量之比。需水量比能够反映粉煤灰对混凝土拌合物流动性的影响，其值偏小较好。

烧失量是指将干燥的粉煤灰试样在高温下（950~1000 ℃）灼烧至恒重时的质量损失率。烧失量通常能比较好地反映粉煤灰中未燃碳的含量，含碳量高会增大需水量，降低密实度，影响减水剂、引气剂等外加剂的使用效果。

粉煤灰的技术要求应符合表 3-24 的规定。

表 3-24　粉煤灰的技术要求

项　　目	技术指标		
	Ⅰ级	Ⅱ级	Ⅲ级
细度（45 μm 方孔筛筛余）/%	≤12	≤30	≤45
需水量比/%	≤95	≤105	≤115
烧失量/%	≤5	≤8	≤10
含水量/%	≤1		
三氧化硫含量/%	≤3		
游离氧化钙含量/%	≤1		
氯离子含量/%	≤0.06		

预应力混凝土宜掺用Ⅰ级 F 类粉煤灰，掺用Ⅱ级 F 类粉煤灰时应经过试验验证；其他混凝土宜掺用Ⅰ级、Ⅱ级 F 类粉煤灰，掺用Ⅲ级粉煤灰时应经过试验验证。

粉煤灰在混凝土中的掺量应通过试验确定，最大掺量应符合表 3-25 的规定。对浇筑量比较大的基础钢筋混凝土，粉煤灰最大掺量可在表 3-25 的基础上增加 5%~10%。对早期强度要求较高或环境温度、湿度较低条件下施工的粉煤灰混凝土宜适当降低粉煤灰掺量。

表 3-25　粉煤灰的最大掺量　　%

混凝土种类	硅酸盐水泥		普通硅酸盐水泥	
	水胶比≤0.4	水胶比≥0.4	水胶比≤0.4	水胶比≥0.4
预应力混凝土	30	25	25	15
钢筋混凝土	40	35	35	30
素混凝土	55		45	
碾压混凝土	70		65	

B　粉煤灰的作用机理

研究表明，粉煤灰在混凝土中可发挥三种作用：活性效应、形态效应和填充效应。

（1）活性效应。粉煤灰中 SiO_2、Al_2O_3、Fe_2O_3 的含量之和一般超过 70%，尽管这些活性成分单独不具备水硬性，但能与水泥的水化产物 $Ca(OH)_2$发生二次水化反应，生成水化硅酸钙和水化铝酸钙凝胶，发挥火山灰活性。

(2) 形态效应。粉煤灰中含有大量的玻璃体微珠，呈球形，能够减小混凝土拌合物的内摩擦阻力，提高流动性或减少用水量，改善混凝土拌合物的工作性。

(3) 填充效应。粉煤灰颗粒的粒径大多数小于 45 μm，尤其是磨细粉煤灰，比水泥还细，可以填充在水化产物凝胶的毛细孔和气孔中，使水泥凝胶体更加密实。

3.6.6.2 粒化高炉矿渣

粒化高炉矿渣粉（ground granulated blast furnace slag）简称矿渣粉，是从炼铁高炉中排出的以硅酸盐和铝硅酸盐为主要成分的熔融物，经淬冷成粒后粉磨所得的粉体材料。根据 28 d 活性指数，矿渣粉可分为 S75、S95、S105 三个等级。

矿渣粉含有较多的 SiO_2、Al_2O_3等具有潜在活性的化学成分。由于从高温熔融状态急剧水淬冷却形成大量非晶态的玻璃体，而玻璃体含量越大，活性也越高，因此矿渣粉具有很高的化学活性。在混凝土中掺入矿渣粉时，由于水泥水化生成 $Ca(OH)_2$，形成碱性环境，激发矿渣粉的活性，促使矿渣粉发生火山灰反应。

矿渣粉的技术要求应符合表 3-26 的规定。

表 3-26 矿渣粉的技术要求

项目		级别		
		S105	S95	S75
比表面积/$m^2 \cdot kg^{-1}$		≥500	≥400	≥300
活性指数/%	7 d	≥95	≥75	≥55
	28 d	≥105	≥95	≥75
流动度比/%		≥95		
含水量/%		≤1		
三氧化硫含量/%		≤4		
氯离子含量/%		≤0.06		
烧失量/%		≤3		
玻璃体含量/%		≥85		
放射性		合格		

3.6.6.3 硅灰

硅灰（silica fume）是在冶炼硅铁合金或工业硅时通过烟道排出的粉尘，经收集得到的以无定形二氧化硅为主要成分的粉体材料。硅灰的主要成分是非晶态的无定形二氧化硅，其含量在 85%以上，具有很高的化学活性。硅灰颗粒十分细小，平均粒径为 0.1～0.2 μm，比表面积为 15000～25000 m^2/kg，密度为 2.2 g/cm^3，堆积密度为 250～300 kg/m^3。硅灰用作混凝土矿物掺合料的作用机理主要是活性效应和填充效应。由于硅灰的细度很大，一方面，其化学活性能够充分发挥，与水泥水化产物中的 $Ca(OH)_2$发生火山灰反应，生成水化硅酸钙凝胶，提高混凝土的强度；另一方面，硅灰颗粒能充分填充在水泥凝胶体的毛细孔中，使混凝土的微观结构更加密实。不过，硅灰细度大使得混凝土的需水量增大，硅灰掺量过多时会使混凝土拌合物变得十分黏稠。在实际工程中，硅灰的掺量一般不超过 10%。

硅灰的技术要求应符合表 3-27 的规定。

表 3-27 硅灰的技术要求

项　目	技术指标
比表面积/$m^2 \cdot kg^{-1}$	≥15000
28 d 活性指数/%	≥85
二氧化硅含量/%	≥85
含水量/%	≤3
烧失量/%	≤6
需水量比/%	≤125
氯离子含量/%	≤0. 02

3. 6. 6. 4 *石灰石粉*

石灰石粉（limestone powder）是指将石灰石粉磨至一定细度的粉体或石灰石机制砂生产过程中产生的收尘粉。

在一些发达国家，石灰石粉已成为一种实用的矿物掺合料。美国标准规定石灰石粉可以用作混凝土的矿物掺合料，日本已在大流动性混凝土和喷射混凝土的生产中广泛使用石灰石粉。我国已经发布了国家标准《石灰石粉混凝土》（GB/T 30190—2013）、《用于水泥、砂浆和混凝土中的石灰石粉》（GB/T 35164—2017）、《矿物掺合料应用技术规范》（GB/T 51003—2014）和行业标准《石灰石粉在混凝土中应用技术规程》（JGJ/T 318—2014），这标志着在混凝土中可以正式将石灰石粉作为矿物掺合料使用。

石灰石粉的化学组成比较简单，主要化学成分是 CaO，此外还含有少量的 SiO_2、Al_2O_3、Fe_2O_3等，烧失量高达 40%以上。由于 SiO_2 含量很少，所以石灰石粉的活性较差，一般将其归为非活性矿物掺合料。也有研究表明，石灰石粉在早期（7 d、28 d）不具备水化活性，但在后期（90 d、180 d）具有一定的水化活性。

一般认为，石灰石粉用作混凝土矿物掺合料的作用机理主要是填充效应。此外，还具有一定的活性效应和加速效应。加速效应是指石灰石粉具有加速水泥水化和硬化的作用，其原因是石灰石粉颗粒能够起到成核作用，有利于水泥水化产物沉淀析出。

石灰石粉的技术要求应符合表 3-28 的规定。

表 3-28 石灰石粉的技术要求

项　目	技术指标
细度（45 μm 方孔筛筛余）/%	≤15
碳酸钙含量/%	≥75

续表 3-28

项目		技术指标
活性指数/%	7 d	≥60
	28 d	≥60
流动度比/%		≥100
含水量/%		≤1
亚甲蓝值		≤1.4

3.6.6.5 钢渣粉

钢渣粉（steel slag powder）是从炼钢炉中排出的以硅酸盐为主要成分的熔融物，经消解稳定化处理后粉磨所得的粉体材料。

对于钢渣粉而言，碱度系数和活性指数是两个重要指标。钢渣粉的碱度系数是指化学成分中碱性氧化物（CaO）和酸性氧化物（SiO_2、P_2O_5）的含量之比，如下式所示。

$$碱度系数 = \frac{w(CaO)}{w(SiO_2) + w(P_2O_5)} \tag{3-19}$$

式中 $w(CaO)$——CaO 的质量分数,%;

$w(SiO_2)$——SiO_2的质量分数,%;

$w(P_2O_5)$——P_2O_5的质量分数,%。

根据碱度系数的大小，可以将钢渣粉分为低碱度（碱度系数小于 1.8）、中碱度（碱度系数为 1.8~2.5）和高碱度（碱度系数大于 2.5）三种。研究表明，碱度系数只能在一定程度上评价钢渣粉的活性，并不是碱度系数越大，活性也越大。用作混凝土矿物掺合料时，钢渣粉的碱度系数不应小于 1.8。

钢渣粉的质量等级可根据活性指数分为一级和二级两类，其技术要求应符合表 3-29 的规定。

表 3-29 钢渣粉的技术要求

项目		技术指标	
		一级	二级
比表面积/$m^2 \cdot kg^{-1}$		≥350	
密度/$g \cdot cm^{-3}$		≥3.2	
活性指数/%	7 d	≥65	≥55
	28 d	≥80	≥65
游离氧化钙含量/%		≤4	
含水量/%		≤1	
三氧化硫含量/%		≤4	
碱度系数		≥1.8	

续表 3-29

项目		技术指标	
		一级	二级
流动度比/%		≥95	
安定性	沸煮法	合格	
	压蒸法		

3.6.6.6 沸石粉

沸石粉（zeolite powder）是指将天然斜发沸石岩或丝光沸石岩磨细制成的粉体材料。天然沸石粉在我国华北和东北地区分布广、储量大、品位高，主要品种是斜发沸石岩和丝光沸石岩，经破碎、磨细至规定细度而成。

与粉煤灰、矿渣粉和硅灰不同，沸石粉是一种具有多孔结构的天然微晶矿物，掺入混凝土中不仅可以节省水泥用量，而且能够改善混凝土拌合物的和易性和均匀性，降低水化热，提高强度、抗渗性，抑制碱-骨料反应，提高混凝土的耐久性。

沸石粉的主要技术性质包括 28 d 活性指数、细度、需水量比和沸石含量。其中，细度对沸石粉活性的发挥影响很大。研究表明，只有当沸石粉的平均粒径小于 15 μm 时，才能快速提高混凝土的早期强度（3 d，7 d）和后期强度（28 d）。

沸石含量的多少用吸铵值表示。吸铵值越大，沸石的纯度越大，其活性也越大，对钾离子、钠离子和氯离子的吸附能力也越强。由于沸石中的碱金属和碱土金属很容易被铵离子交换，所以通常采用单位质量沸石粉所交换的铵离子的物质的量（mmol）表示吸铵值。沸石粉用作矿物掺合料时，其沸石含量一般要求应大于 50%。斜发沸石的沸石含量约为 94%，其理论吸铵值为 213~218 mmol/100 g；丝光沸石的沸石含量约为 97%，其理论吸铵值为223 mmol/100 g。

沸石粉的技术要求应符合表 3-30 的规定。

表 3-30 沸石粉的技术要求

项目	技术指标	
	Ⅰ	Ⅱ
28 d 活性指数/%	≥75	≥70
细度（80 μm 方孔筛筛余）/%	≤4	≤10
需水量比/%	≤125	≤120
吸铵值/mmol·（100g）$^{-1}$	≥130	≥100

3.7 砂 浆

砂浆是由胶凝材料、细骨料、水或外加剂按一定的比例配制而成的细骨料混凝土。砂浆在土木结构工程中主要用于以下几个方面：

（1）在结构工程中，将块体（砖、石、砌块）、散粒状材料黏结为整体，修建各种建筑物，如桥涵、堤坝和房屋的墙体等，砂浆本身不直接承受荷载，而是传递荷载。

（2）在装配式结构中，砖墙的勾缝、大型墙板和各种构件的接缝。

（3）在装饰工程中，梁、柱、地面、墙面等在进行表面装饰之前要用砂浆找平抹面，来满足功能的需要，并保护内部结构。

（4）在采用各种石材、面砖等贴面时，一般也用砂浆作黏结和镶缝。

砂浆按所用胶凝材料种类可分为水泥砂浆、水泥混合砂浆、石灰砂浆、石膏砂浆和聚合物砂浆等。

砂浆按其用途分为砌筑砂浆、抹面砂浆和特种砂浆。

3.7.1 砌筑砂浆

3.7.1.1 砌筑砂浆的组成材料

（1）胶凝材料。砌筑砂浆常用的胶凝材料有水泥、石灰、石膏和黏土等。

砌筑砂浆常用六大通用水泥来配制，一般所用的水泥品种可根据使用的环境和部位来选择。一般水泥强度等级为砂浆强度等级的4~5倍，水泥砂浆采用的水泥强度等级不宜大于42.5。

在拌制砂浆时，为了提高砂浆的流动性和保水性，常加入石灰、石膏、粉煤灰和黏土，配制混合砂浆，达到提高质量、降低成本的目的。

（2）细骨料。砂浆所用细骨料，除了应符合混凝土用砂的要求外，并要求最大粒径不得超过砌筑砂浆厚度的1/5~1/4。砌砖用的砂浆，砂的最大粒径一般为2.5 mm，砌石材用的砂浆，砂的最大粒径一般不超过50 mm；表面的抹灰及勾缝砂浆，宜选用细砂，其最大粒径不大于1.2 mm。砂浆强度等级等于或大于5.0 MPa时，砂的含泥量小于或等于5%；当强度等级低于5.0 MPa时，砂的含泥量不得超过10%。

（3）外加剂。为了提高砂浆的和易性，改善硬化后砂浆的性质，节约水泥，可在水泥砂浆或混合砂浆中掺入外加剂。最常用的外加剂是微沫剂，它是一种松香热聚物，掺量一般为水泥质量的0.005%~0.010%，以通过试验的调配掺量为准。

（4）水。砂浆用水和混凝土用水的品质要求相同。

3.7.1.2 技术性质

A　新拌砂浆的和易性

砂浆在硬化前应具有良好的和易性，即砂浆在搅拌、运输、摊铺时易于流动并不易失水的性质，和易性包括流动性和保水性。

（1）流动性。砂浆的流动性是指砂浆在重力或外力的作用下流动的性能。砂浆的流动性用“稠度”来表示。

砂浆稠度的大小用沉入度（mm）表示，用砂浆稠度仪测定。沉入度大的砂浆流动性好。

砂浆沉入度的大小与砌体基材、施工气候有关。砂浆稠度的选择可根据施工经验来确定，并应符合《砌体结构工程施工质量验收规范》（GB 50203—2011）规定，如表3-31所示。

表 3-31 砌筑砂浆的稠度

砌体种类	砂浆稠度/mm
烧结普通砖砌体 蒸压粉煤灰砖砌体	70~90
混凝土实心砖、混凝土多孔砖砌体 普通混凝土小型空心砌块砌体 蒸压灰砂砖砌体	50~70
烧结多孔砖、空心砖砌体 轻集料混凝土小型空心砌块砌体 蒸压加气混凝土砌块砌体	60~80
石砌体	30~50

（2）保水性。砂浆的保水性是指新拌砂浆保持内部水分不流出的能力。保水性好的砂浆在运输、存放和施工过程中，水分不易从砂浆中离析，砂浆能保持一定的稠度，使砂浆在施工中能均匀地摊铺在砌体中间，形成均匀密实的连接层；保水性不好的砂浆则相反。

在拌制砂浆时，有时为了提高砂浆的流动性、保水性，常加入一定的掺合料（石灰膏、粉煤灰、石膏等）和外加剂。加入的外加剂，不仅可以改善砂浆的流动性、保水性，而且有些外加剂能提高硬化后砂浆的黏结力和强度，改善砂浆的抗渗性和干缩等。

砂浆的保水性是用分层度（mm）来表示。保水性好的砂浆，分层度不应大于30 mm，否则砂浆易产生离析、分层，不便于施工；但分层度过小，接近于零时，砂浆易发生干缩裂缝，因此，砂浆的分层度一般控制在 10~30 mm。

目前，我国砂浆品种日益增多，有些新品种砂浆用分层度指标来衡量砂浆各组分的稳定性或保持水分的能力已不太适宜，此时可采用保水率指标来评价砂浆的保水性。

B 硬化后砂浆的强度及强度等级

砂浆在砌体中，主要是传递荷载，因此要求砂浆要有一定的抗压强度。砂浆的抗压强度是确定砂浆强度等级的重要依据。

砂浆抗压强度是以标准立方体试件（70.7 mm×70.7 mm×70.7 mm）一组 6 块，在标准养护条件下，测定其 28 d 的抗压强度值而定的。根据砂浆的抗压强度，水泥砂浆和预拌砂浆的强度可分为 M5、M7.5、M10、M15、M20、M25、M30；水泥混合砂浆可分为 M5、M7.5、M10、M15 等强度等级。

砂浆的强度除了与水泥的强度和用量有关外，还与基层材料的吸水性有关。砂浆强度可用下列两种方法计算。

（1）对于不吸水的基层。对于基底致密的石材，它们一般不吸水，砂浆强度遵从水灰比的规律，采用近似于混凝土的强度公式，即：

$$f_{m} = 0.29 f_{ce}\left(\frac{C}{W} - 0.4\right) \tag{3-20}$$

式中 f_{m}——砂浆 28 d 抗压强度，MPa；

f_{ce}——水泥的强度等级，MPa；

C/W——灰水比。

（2）对于吸水的基层。当采用砌筑砖、多孔混凝土或其他一些多孔材料时，由于基层能吸水，砂浆中保留水分的多少取决于砂浆的保水性，而与水灰比的关系不大，砂浆强度等级主要取决于水泥用量和水泥强度等级，按下式计算：

$$f_{m,0}=Af_{ce}\frac{Q_C}{1000}+B \tag{3-21}$$

式中　Q_C——每立方米砂浆中水泥的用量，kg；

A，B——砂浆的特征系数，水泥混合砂浆的 $A=1.5$、$B=-4.25$。

砂浆的强度公式很不成熟，随组成材料种类、各地区材料性质、拌制方式不同而异，可参考当地长期使用的经验和资料予以修正。

C　黏结力

砂浆是通过胶结料将散粒状或块体的材料胶结为一个整体的，因此，为了提高砌体的整体性，保证砌体的强度，要求砂浆和基体材料有足够的黏结力，随着砂浆抗压强度的提高，砂浆与基层的黏结力也相应提高。在充分润湿、干净、粗糙的基面，砂浆的黏结力较大。

D　砂浆的变形

砂浆在承受荷载或在温度条件变化时容易变形，变形过大会降低砌体的整体性，引起沉降和裂缝。在拌制砂浆时，如果混合料掺量太多或用轻骨料，会引起砂浆的较大收缩变形。有时，为了减小收缩，可以在砂浆中加入适量的膨胀剂。

E　凝结时间

砂浆凝结时间，以贯入阻力达到 0.5 MPa 为评定的依据。水泥砂浆不宜超过 8 h，水泥混合砂浆不宜超过 10 h，掺入外加剂应满足工程设计和施工的要求。

F　砂浆的耐久性

修建水工建筑物和道路建筑物的砂浆，经常与水接触并处于外部环境中，故应考虑砂浆的抗渗、抗侵蚀、抗冻性。砂浆耐久性的影响因素和混凝土的基本相同。

根据《砌筑砂浆配合比设计规程》（JGJ/T 98—2010）规定，稠度、保水率和抗压强度这三项技术指标是砌筑砂浆的必检项目，三项都满足规程要求者，称为合格砂浆。

3.7.1.3　*砌筑砂浆配合比设计*

A　设计原则

对于砌筑砂浆，一般是根据结构的部位，确定强度等级，查阅有关资料和手册选定配合比（表 3-32）。但有时在工程量较大时，为了保证质量和降低造价，应进行配合比设计，并经试验调整确定。

表 3-32　砌筑砂浆配合比（质量比）

砂浆强度等级	水泥砂浆（水泥：砂）	水泥混合砂浆	
		水泥：石灰膏：砂	水泥：粉煤灰：砂
M5	1：5	1：0.97：8.85	1：0.63：9.10
M7.5	1：4.4	1：0.63：7.30	1：0.45：7.25
M10	1：3.8	1：0.40：5.85	1：0.30：4.60

注：表中砂浆配合比采用强度等级为 32.5 的水泥。

B 设计步骤

（1）确定试配强度。砂浆的试配强度按下式计算：

$$f_{m,0} = kf_2 \tag{3-22}$$

式中 $f_{m,0}$——砂浆的试配强度，MPa；

f_2——砂浆强度标准值，MPa；

k——系数，按表 3-33 选取。

表 3-33 砂浆强度标准差 σ 及 k 值

施工水平	强度标准差 σ/MPa							k
	M5	M7.5	M10	M15	M20	M25	M30	
优良	1.00	1.50	2.00	3.00	4.00	5.00	6.00	1.15
一般	1.25	1.88	2.50	3.75	5.00	6.25	7.50	1.20
较差	1.50	2.25	3.00	4.50	6.00	7.50	9.00	1.25

（2）计算水泥用量。水泥用量按下式计算：

$$C = \frac{1000(f_{m,0} - B)}{A f_{ce}} \tag{3-23}$$

（3）计算石灰膏用量。为了保证砂浆有良好的和易性、黏结力和较小的变形，在配制砌筑砂浆时，一般要求水泥混合砂浆中的水泥和掺合料总量在 300～400 kg，常取 350 kg。石灰膏用量按下式计算：

$$D = 350 - C \tag{3-24}$$

式中 D——石灰膏的用量；

350——经验系数（胶凝材料的总量）；

C——1 m^3砂浆的水泥用量。

水泥砂浆中水泥的最小用量不能低于 200 kg。

当石灰膏的稠度不是 120 mm 时，其用量应乘以换算系数，换算系数见表 3-34。

表 3-34 石灰膏不同稠度的换算系数

稠度/mm	120	110	100	90	80	70	60	50	40	30
换算系数	1.00	0.99	0.97	0.95	0.93	0.92	0.90	0.88	0.87	0.86

（4）确定砂的用量。砂的用量以含水率 1%～3%的砂为准，配 1 m^3砂浆需用砂 1 m^3，当为干砂时，砂用量为 0.9 m^3，当含水率升高，大于 3%时，砂的用量应相应提高，一般为 1.1～1.25 m^3。

（5）用水量。砂浆的用水量根据砂浆的稠度确定。1 m^3砂浆的用水量可查表 3-35 和表 3-36 或根据经验选定。

表 3-35 每立方米水泥砂浆材料的用量

强度等级	水泥/kg	砂/kg	水/kg	强度等级	水泥/kg	砂/kg	水/kg
M5	200~230	砂堆积密度值	270~330	M20	340~400	砂堆积密度值	270~330
M7.5	230~260			M25	360~410		
M10	260~290						
M15	290~330			M30	430~480		

表 3-36 每立方米水泥粉煤灰砂浆材料的用量

强度等级	水泥和粉煤灰总量/kg	粉煤灰	砂/kg	水/kg
M5	210~240	粉煤灰量可占胶凝材料总量的 15%~25%	砂堆积密度值	270~330
M7.5	240~270			
M10	270~300			
M15	300~330			

当砂浆的初配确定以后，应进行砂浆的试配，试配时以满足和易性和强度要求为准，进行必要的调整，最后将所确定的各种材料用量换算成以水泥用量为 1 的质量比或体积比，即得到最后的配合比。

3.7.2 抹面砂浆

抹面砂浆一般用于建筑物或构件的表面，抹面砂浆有保护基层、增加美观的功能。抹面砂浆的强度要求不高，但要求保水性好，与基底的黏结力好。

3.7.2.1 抹面砂浆的组成材料

抹面砂浆的组成材料的要求同砌筑砂浆基本相同。只是由于抹面砂浆的主要技术指标不是强度，而是和易性和黏结力，因此，抹面砂浆较砌筑砂浆所用的胶凝材料多，并可在其中加入有机聚合物（如常在水泥砂浆中加入占水泥质量 10%的聚乙烯醇缩甲醛胶），提高砂浆和基层的黏结力，增加砂浆的柔韧性，减少开裂，使砂浆不易脱落，便于涂抹。由于抹面砂浆的面积较大，干缩的影响较大，常在砂浆中加入一些纤维材料，增加抗拉强度，增加抹灰层的弹性和耐久性，同时减少干缩和开裂。

3.7.2.2 抹面砂浆的分类

抹面砂浆根据胶凝材料可分为水泥砂浆、水泥混合砂浆、石灰砂浆、石膏砂浆、麻刀石灰砂浆、纸筋石灰砂浆等。抹面砂浆在施工时又可分为三层：第一层为底层，它的作用是使砂浆与基面牢固地黏结，要求砂浆有较高的黏结力和良好的和易性；第二层为中层，它的作用是为了找平，也可以省去不用；第三层为面层，是为了使表面平整光洁。砖墙、混凝土（梁、板、柱）结构的底层一般用混合砂浆，中层一般用混合砂浆或石灰砂浆，面层多用混合砂浆、纸筋混合砂浆和麻刀石灰混合砂浆。水泥砂浆不得抹在石灰砂浆层上。

在硅酸盐砌块墙面上作砂浆的抹面层或粘贴重型饰面材料时，由于日久易脱落，因此，最好在砂浆层内夹一层固定好的钢丝网。

普通抹面砂浆用于室外、易撞击或用于潮湿的环境中，如外墙、水池、墙裙等，一般应采用水泥砂浆，其体积配合比为水泥：砂=1：(2~3)。

一般砖石砌体用的水泥砂浆的体积配合比为1：1~1：6，石灰水泥混合砂浆为1：0.5：4.5~1：1：6.0。普通抹面砂浆的配合比，见表3-37。

表3-37 抹面砂浆配合比

材　料	体积配合比	应用范围
石灰：砂	1：3	用于干燥环境中的砖石墙面打底或找平
石灰：黏土：砂	1：1：6	干燥环境墙面
石灰：石膏：砂	1：0.6：3	不潮湿的墙及天花板
石灰：石膏：砂	1：2：3	不潮湿的线脚及装饰
石灰：水泥：砂	1：0.5：4.5	勒角、女儿墙及较潮湿的部位
水泥：砂	1：2.5	用于潮湿的房间墙裙、地面基层
水泥：砂	1：1.5	地面、墙面、天棚
水泥：砂	1：1	混凝土地面压光
水泥：石膏：砂：锯末	1：1：3：5	吸声粉刷
水泥：白石子	1：1.5	水磨石
石灰膏：麻刀	1：2.5	木板条顶棚底层
石灰膏：纸筋	1 m^3石灰膏掺36 kg纸筋	较高级的墙面及顶棚
石灰膏：纸筋	100：38（质量比）	木板条顶棚面层
石灰膏：麻刀	1：1.4（质量比）	木板条顶棚面层

3.7.3 特种砂浆

在土木工程中，除了具有一般砂浆的性质外，并能满足某种特殊功能要求的砂浆称为特种砂浆。常用的特种砂浆有以下几种。

3.7.3.1 装饰砂浆

装饰砂浆是指用作建筑物的饰面的砂浆。它除了具有抹面砂浆的功能外，还兼有装饰的效果。装饰砂浆可分两类，即灰浆类和石渣类。

A 组成材料

(1) 胶凝材料。胶凝材料可采用石膏、石灰、白水泥、彩色水泥、高分子胶凝材料、硅酸盐系列水泥。

(2) 骨料。骨料可采用石英砂、普通砂、彩釉砂、着色砂、大理石或花岗石加工而成的石渣等。

(3) 着色剂。装饰性砂浆的着色剂应选用较好的耐候性的矿物颜料。常用的着色剂有氧化铁红、氧化铁黄、氧化铁棕、氧化铁黑、氧化铁紫、铬黄、铬绿、甲苯胺红、群青、钴蓝、锰黑、炭黑等。

B 灰浆类装饰砂浆

灰浆类装饰砂浆是用各种着色剂使水泥砂浆着色，或对水泥砂浆表面形态进行艺术处理，获得一定色彩、线条、纹理质感的表面装饰砂浆。装饰性抹面砂浆底层和中层多与普通抹面砂浆相同，只改变面层的处理方法。常用的灰浆类装饰砂浆有以下几种：

（1）拉毛灰。拉毛灰是用铁抹子或木蟹，将罩面灰轻压后顺势用力拉去，形成很强的凹凸质感的装饰性砂浆面层。拉毛灰不仅具有装饰作用，并具有吸声作用，一般用于外墙及影剧院等公共建筑的室内墙壁和天棚的饰面。

（2）甩毛灰。甩毛灰是用竹丝刷等工具将罩面灰浆甩在墙面上，形成大小不一而又有规律的云状毛面装饰性砂浆。

（3）假面砖。假面砖是在掺有着色剂的水泥砂浆抹面的墙面上，用特制的铁钩和靠尺，按设计要求的尺寸进行分格处理，形成表面平整、纹理清晰的装饰效果，多用于外墙装饰。

（4）喷涂。喷涂是用挤压式砂浆泵或喷斗，将掺有聚合物的少量砂浆喷涂在墙面基层或底面上，形成装饰性面层，为了提高墙面的耐久性和减少污染，再在表面上喷一层甲基硅醇钠或甲基硅树脂疏水剂。喷涂一般用于外墙装饰。

（5）弹涂。弹涂是将掺有107胶水的各种水泥砂浆，用电动弹力器，分次弹涂到墙面上，形成1~3 mm的圆状的带色斑点，最后刷一道树脂面层，起到防护作用。弹涂可用于内外墙饰面。

（6）拉条。拉条是在面层砂浆抹好后，用一凹凸状的轴辊在砂浆表面由上而下滚压出条纹。拉条饰面立体感强，适用于会场、大厅等内墙装饰。

C 石渣类装饰性砂浆

（1）水刷石。水刷石是将水泥和石渣按适当的比例加水拌和配制成石渣浆，在建筑物表面的面层抹灰后，待水泥浆初凝，用毛刷刷洗，或用喷枪以一定的压力水冲洗，冲掉石渣表面的水泥浆，使石渣露出来，达到饰面的效果。一般用于外墙饰面。

（2）干粘石。干粘石是将石渣、彩色石子等粘在水泥或107胶的砂浆黏结层上，再拍平压实而成。施工时，可采用手工甩粘或机械甩喷，施工时注意石子一定要黏结牢固，不掉渣，不露浆，石渣的2/3应压入砂浆内。一般用于外墙饰面。

（3）水磨石。水磨石是由水泥、白色大理石石渣或彩色石渣、着色剂按适当的比例加水配制，经搅拌、浇筑、养护，待其硬化后，在其表面打磨，洒草酸冲洗，干燥后上蜡而成。水磨石可现场制作，也可预制。一般用于地面、窗台、墙裙等。

（4）斩假石。斩假石又称剁斧石。以水泥、石渣按适当的比例加水拌制而成。砂浆进行面层抹灰，待其硬化到一定的强度时，用斧子或凿子等工具在面层上剁斩出纹理。一般用于室外柱面、栏杆、踏步等的装饰。

3.7.3.2 防水砂浆

防水砂浆是用作防水层的砂浆。它是用特定的施工工艺或在普通水泥中加入防水剂等以提高砂浆的密实性或改善抗裂性，使硬化后的砂浆层具有防水、抗渗等性能。

防水砂浆根据施工方法可分为两种：

（1）利用高压喷枪将砂浆以100 m/s的高速喷到建筑物的表面，砂浆被高压空气压实，密实度大、抗渗性好，但由于施工条件的限制，目前应用还不广泛。

（2）人工多层抹压法，将砂浆分几层压实，以减少内部的连通孔隙，提高密实度，达到防水的目的。这种防水层的做法，对施工操作的技术要求很高。

随着防水剂产品的不断增多和防水剂性能的不断提高，在普通水泥砂浆内掺入一定量的防水剂而制成的防水砂浆，是目前应用最广泛的防水砂浆品种。

防水砂浆配合比为水泥：砂≤1：2.5，水灰比应为0.5~0.6，稠度不应大于80 mm。水泥宜选用32.5强度等级以上的水泥，砂子应选用洁净的中砂。防水剂的掺量按生产厂推荐的最佳掺量掺入，进行试配，最后确定适宜的掺量。

由防水砂浆构筑的刚性防水层适用于不受振动和具有一定刚度的混凝土或砖石的表面，例如地下室、水池等。

3.7.3.3 保温砂浆

保温砂浆是以水泥、石灰、石膏等胶凝材料与轻质骨料（珍珠岩砂、浮石、陶粒等）按一定的比例配制的砂浆。它具有轻质、保温等特性。

常用的保温砂浆有水泥膨胀珍珠岩砂浆、水泥膨胀蛭石砂浆、水泥石灰膨胀蛭石砂浆等。水泥膨胀珍珠岩砂浆用42.5强度等级的普通水泥配制，其体积比为水泥：膨胀珍珠岩砂=1：(5~12)，水灰比为1.5~2.0，导热系数为0.067~0.074 W/(m·K)，可用于砖及混凝土内墙表面抹灰或喷涂。水泥石灰膨胀蛭石砂浆的体积配合比为水泥：石灰膏：膨胀蛭石=1：1：(5~8)，导热系数为0.076~0.105 W/(m·K)，一般用于平屋顶保温层及顶棚、内墙抹灰。

3.7.3.4 耐酸砂浆

用水玻璃和氟硅酸钠加入石英砂、花岗岩砂、铸石按适当的比例配制的砂浆，具有耐酸性。可用于耐酸地面和耐酸容器的内壁防护层。

3.7.3.5 防辐射砂浆

在水泥中加入重晶石粉和重晶石砂可配制具有防X射线的砂浆，其配合比一般为水泥：重晶石粉：重晶石砂=1：0.25：(4~5)。配制砂浆时加入硼砂、硼酸可制成具有防中子辐射能力的砂浆，此类砂浆用于射线防护工程。

3.7.3.6 吸声砂浆

用水泥、石膏、砂、锯末等可以配制成吸声砂浆。轻骨料配成的保温砂浆一般也具有吸声性。如果在吸声砂浆内掺入玻璃纤维、矿物棉等松软的材料能获得更好的吸声效果。吸声砂浆用于室内的墙面和顶棚的抹灰。

【背景知识】

可弯曲的混凝土

目前，可弯曲的混凝土在国内外学术界和实际工程应用中都受到了广泛关注。其实，可弯曲的混凝土是通俗名称，其专业名称有多种，比如ECC（engineered cementitious composite，即工程水泥基复合材料）、超高韧性水泥基复合材料、高延性混凝土等。

美国密歇根大学Victor C. Li教授采用细观力学和断裂力学基本原理，最早提出了ECC的基本设计理念。随后，ECC在日本获得了飞快发展和广泛应用，日本称之为“超高性能纤维增强水泥基复合材料（ultra high performance fiber reinforced cementitious composite，UHPFRCC)”，欧洲称为“应变硬化水泥基复合材料（strain hardening cementitious composites，SHCC)”。

ECC名称中的“engineered”具有“经设计的”含义，表明这类材料在材料设计方面的特别之处。普通的纤维混凝土（如钢纤维混凝土）和常见的高性能纤维增强水泥基复合材料（如SIFCON）通常仅仅是通过调整纤维掺量来实现特定的性能，而ECC是以断裂力学和微观力学的概念为指导，对纤维、基体以及纤维基体界面进行有意识地调整发展而来，对应复合材料通过产生多条细密裂缝来实现准应变硬化特性。ECC在拉伸和剪切荷载作用下呈现出受拉应变硬化和多裂缝开展特征，这种优异特性是普通混凝土难以企及的。ECC的拉伸应变能力超过3%，是普通混凝土的150~300倍，是普通纤维混凝土的30~300倍。目前，ECC已被应用于桥梁、公路及隧道、结构加固等实际工程中，取得了良好的效果。

我国浙江大学徐世烺教授团队研发出了一种具有高韧、控裂、耐久特性，并且拉伸变形能力高出普通混凝土800倍的高韧性纤维混凝土材料。该材料的极限抗拉应变最高可达8.4%，最大裂缝宽度远小于0.1 mm，变形能力和强度综合性指标比国际上最好的数据分别超出70%和60%，目前已在浙江新岭隧道、常山港特大桥等重大基础设施项目上得到应用。这项成果获得了2018年度国家技术发明奖二等奖。2021年，徐世烺教授当选为中国科学院院士。

练 习 题

3-1 单项选择题

(1) 影响混凝土材料强度的因素不包括（　　）。

A. 孔隙率　　B. 含水率　　C. 尺寸　　D. 元素组成

(2) 影响混凝土碳化的因素不包括（　　）。

A. 水泥品种　　B. 水胶比　　C. 环境　　D. 骨料

(3) 有抗渗要求的混凝土不宜选用（　　）。

A. 硅酸盐水泥　　B. 复合硅酸盐水泥

C. 矿渣硅酸盐水泥　　D. 火山灰硅酸盐水泥

(4) 改善混凝土和易性的主要措施不包括（　　）。

A. 调整砂率　　B. 控制骨料级配

C. 调整水灰比　　D. 使用外加剂

(5) 混凝土发生碱骨料反应的必要条件中，不包含（　　）。

A. 水　　B. 水泥细度

C. 骨料中活性SiO_2　　D. 水泥中碱含量

(6) 混凝土抗压强度等级是以（　　）进行划分的。

A. 立方体抗压强度标准值　　B. 立方体抗压强度平均值

C. 立方体抗压强度最小值　　D. 立方体抗压强度最大值

(7) 用于吸水基层的砂浆，其强度与下列哪项参数无关（　　）。

A. 水泥用量　　B. 水泥强度　　C. 水灰比　　D. 胶砂比

(8) 关于合理砂率对混凝土拌合物特性的影响，说法不正确的是（　　）。

A. 坍落度最小　　B. 黏聚性良好　　C. 保水性良好　　D. 流动性最大

(9) 混凝土经碳化作用后，不属于其性能变化的是（　　）。

A. 碱度降低　　B. 体积收缩　　C. 强度降低　　D. 保护钢筋不锈蚀

(10) 评价建筑砂浆拌合物和易性的指标是（　　）。

A. 针入度　　B. 坍落度　　C. 沉入度　　D. 延度

3-2　简答题

(1) 什么是混凝土和易性，影响和易性的因素有哪些?

(2) 为什么混凝土在潮湿条件下养护时收缩较小，干燥条件下养护时收缩较大，而在水中养护时却几乎不收缩?

(3) 土木工程对混凝土的基本要求是什么?

(4) 配制大体积混凝土对水泥品种及外加剂选择有何要求?

(5) 造成建筑材料冻融破坏必须具有的条件有哪些，影响材料抗冻性的因素有哪些，材料的抗冻性指标有哪些?

(6) 什么是新拌砂浆的和易性? 包含哪几个方面的内容，分别是指什么?

(7) 某工程在配制 C60 大体积混凝土时，由于暂时买不到 42.5 强度等级的水泥，决定采用 32.5 等级的水泥，是否可行?

3-3　计算题

(1) 已知混凝土的基准配合比为水泥：砂：碎石 = 1：2.1：3.2，$W/C=0.6$，混凝土拌合物的实测容重为 $\rho_0=2400\ \text{kg/m}^3$，试计算 1 m^3 混凝土中各种材料用量。

(2) 已知混凝土的水灰比为 0.50，单位用水量为 180 kg/m^3，砂率为 33%，混凝土表观密度为 2400 kg/m^3，试计算 1 m^3 混凝土的各种材料用量。

(3) 若用 42.5 级矿渣水泥，实测水泥 28 d 抗压强度为 45.0 MPa，水灰比为 0.40，则该混凝土 28 d 抗压强度可达到多少?（$\alpha_a=0.53$，$\alpha_b=0.2$）。

(4) 某工程混凝土设计强度等级 C25，施工单位的强度标准差为 3.5 MPa，为满足 95% 以上的强度保证率，试求该工程混凝土的配制强度。

(5) 某工程为配制 C20 混凝土，原材料采用 42.5 级普通水泥、中砂和碎石。参照现有配合比资料，称取水泥 12.75 kg、砂 30.7 kg、碎石 57.2 kg、水 7.9 kg，试拌时为调整坍落度，保持 W/C 不变，增加水泥 0.32 kg，实测混凝土拌合物表观密度为 2450 kg/m^3，试求：

1) 1 m^3 混凝土中各材料用量。

2) 由于施工现场人员失误，加水量增大 10%，其他条件不变，那么 28 d 抗压强度变成了多少，比正常强度降低了多少百分比?（$\alpha_a=0.53$，$\alpha_b=0.2$）；

3) 若砂的含水率为 3%，碎石的含水率为 1%，那么用掉 2 袋水泥（共 100 kg）需要消耗的砂、石、水的用量分别是多少。

(6) 已知某混凝土配合比为水泥：砂：碎石 = 1：1.60：3.90，$W/C=0.5$，将此混凝土装入一组共三块 150 mm×150 mm×150 mm 的试模捣实后测得净重为 24.8 kg，试求：

1) 1 m^3 混凝土中各材料用量。

2) 若所用水泥为 42.5 级普通硅酸盐水泥，该水泥强度等级值的富余系数为 1.16，该混凝土经 28 d 标准养护后强度为多少?（$\alpha_a=0.53$，$\alpha_b=0.2$）。

(7) 某混凝土工程，经取样制成 200 mm×200 mm×200 mm 试件一组共三块，经 28d 标准养护后测得其破坏荷载分别为 888 kN、860 kN、1026 kN，请确定该组混凝土的强度。

(8) 某工程为多层办公楼，主体结构为钢筋混凝土框架结构，设计混凝土强度等级为 C20，梁、柱的最小截面边长为 300 mm，钢筋间最小净距为 50 mm，施工要求混凝土拌合物坍落度为 35~50 mm，机械搅拌和振捣，所用原材料如下：

水泥：P·F32.5，密度为 3.0 g/cm^3，实测抗压强度为 37.0 MPa；

砂：中砂，2 区级配，表观密度为 2650 kg/m^3；

碎石：5~31.5 mm，连续粒级，表观密度为3000 kg/m^3。

工程现场砂的含水率为3.8%，石子含水率为0.7%。试计算施工配合比。（$\alpha_a=0.53$，$\alpha_b=0.2$）。

（9）量化（quantification）是工程界人员经常采用的方法。对于普通混凝土来说，骨料可起到限制混凝土收缩的作用。

$$\varepsilon_c = \varepsilon_p (1 - V_a)^n \quad (1)$$

$$\varepsilon_c = \varepsilon_p (1 - V_a)^{-n} \quad (2)$$

式中，ε_c 为混凝土（concrete）的收缩率；ε_p 为水泥石（水泥浆体 paste）的收缩率；V_a为骨料体积分数；n 为与骨料弹性性能相关的常数，$n=1.2\sim1.7$。

1）请问式（1）与式（2）哪个更合理？简要说明理由。

2）已知某水泥浆体的水灰比为0.5，其2 d的收缩为1000微应变，$n=1.4$。当骨料的体积分数从0%增加到50%时，请估算该混凝土的2 d收缩的减少量和减少的百分数。

4　钢　材

本章学习的主要内容和目的：了解钢的分类；熟悉钢材的主要力学性能；熟悉钢材的冷热加工性能；掌握土木工程用钢的品种和选用。

金属材料是指一种和两种以上的金属元素与某些非金属元素组成的合金的总称。在土木工程中，金属材料有着广泛的应用，一般分为黑色金属和有色金属两大类。黑色金属是指以铁元素为主要元素的金属及其合金，如生铁、铸铁、碳素钢、合金钢等；有色金属是指以其他金属元素为主要元素的金属及其合金，如铝及铝合金、铜及铜合金等。

在金属材料中，钢材和铝合金是土木工程中广泛使用的金属材料。其中，钢材是最重要的土木工程材料之一，主要用于钢筋混凝土和钢结构工程。建筑钢材是指用于钢筋混凝土结构的钢筋、钢丝和用于钢结构的各种型钢，以及用于围护结构和装修工程的各种深加工钢板和复合板等。建筑钢材具有强度高、塑性和韧性好、可加工性强、质量均匀、性能可靠等优点，但也存在容易锈蚀、维护费用高、耐火性差等缺点。由于建筑钢材主要用作结构材料，钢材的性能对结构的安全起着决定性的作用，因此，我们应对钢材的各种性能有充分的了解，合理选择和使用钢材。

4.1　钢材的生产和分类

钢铁生产的整体过程如图 4-1 所示。该过程包括以下三个阶段：

（1）将铁矿石还原为生铁；

（2）将生铁精炼成钢；

（3）将钢材加工成产品。

4.1.1　钢材的生产

钢是以铁为主要元素，含碳量在 2.11%以下，并含有少量的其他元素的金属材料。而含碳量在 2.11%~6.69%，并含有较多杂质的铁碳合金称为生铁。生铁是铁矿石、熔剂（石灰石）、燃料（焦炭）在高炉中经过还原反应和造渣反应而得到的一种铁碳合金，其中硫、磷等杂质含量较高，分为炼钢生铁（白口铁）和铸造生铁（灰口铁），生铁硬而脆、无塑性和韧性，不能进行焊接、锻造、轧制等加工，一般不用于土木工程；而钢材是生铁经冶炼、铸锭、轧制和热处理等过程生产而成的。

4.1.1.1　钢的冶炼

钢是由生铁冶炼而成的。钢的冶炼是将生铁在高温炉中进行氧化，使碳含量降到一定的限度，同时将硫、磷等有害杂质降低至允许范围之内。

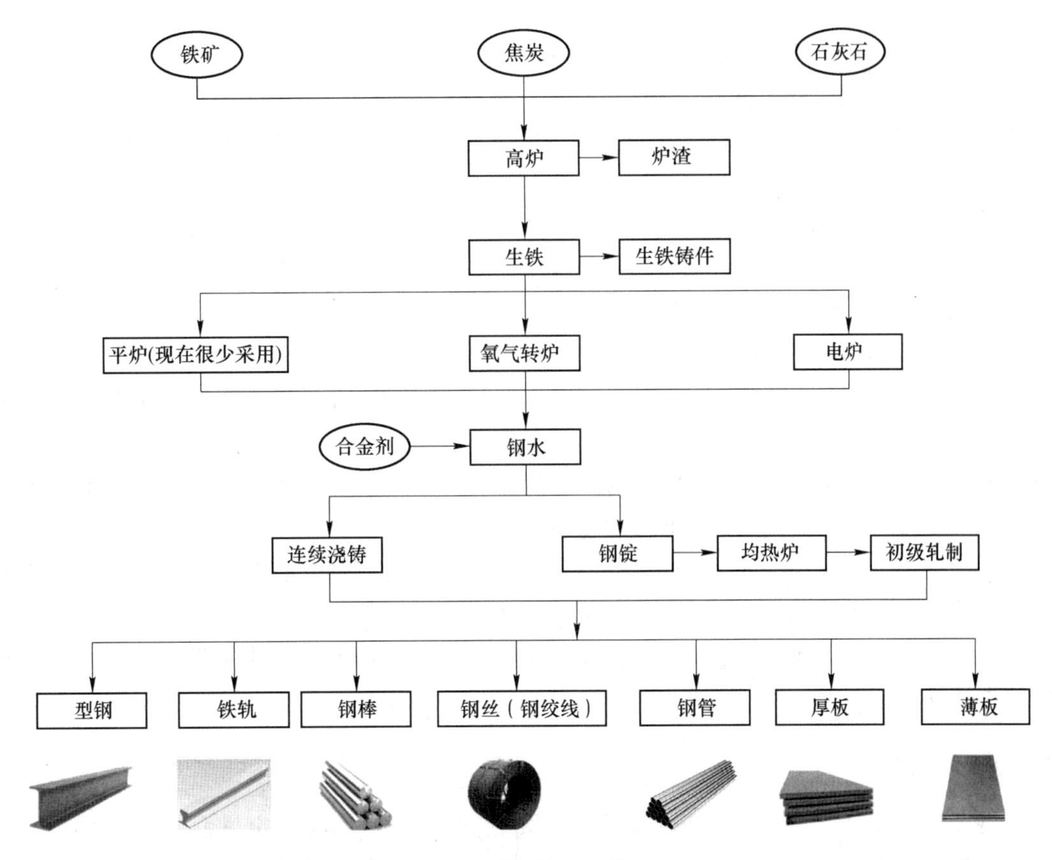

图 4-1　钢铁生产的整体过程

根据炼钢设备的不同，主要有平炉、氧气转炉和电炉三种炼钢方法。目前，氧气转炉炼钢法是主要的炼钢方法。三种炼钢方法的特点和用途见表 4-1。

表 4-1　三种主要炼钢方法的特点

炉　种	原　　料	特　　点	生 产 钢 种
平炉	生铁、废钢	冶炼时间长、成分稳定、质量较好、成本较高	碳素钢、低合金钢
氧气转炉	铁水、废钢	冶炼周期短、速度快、生产效率高、钢质较好	碳素钢、低合金钢
电炉	生铁、废钢	产量低、耗电大、成分控制严格、钢质好、成本高	优质碳素钢、合金钢

在钢的冶炼过程中，在高温下，部分铁被氧化成氧化铁，使钢的质量降低，因而在炼钢后期精炼时，需在炉内或钢包中加入脱氧剂（如锰铁、硅铁、铝铁等）进行脱氧，使氧化铁还原成金属铁。钢水经脱氧后浇入锭模，形成柱状钢锭的工艺过程称为铸锭。在铸锭冷却过程中，由于钢内某些元素在铁的液相中的溶解度高于固相，它们向凝固较晚的钢锭中心集中，导致化学成分在钢锭截面上分布不均匀，这种现象称为化学偏析，其中以硫、磷偏析最为严重，偏析现象对钢材质量影响很大。

根据脱氧程度的不同，浇铸的钢锭可分为沸腾钢、镇静钢和半镇静钢。沸腾钢是脱氧不完全的钢，钢液中保留了相当数量的 FeO，铸锭时不加脱氧剂，产生大量的 CO 气体逸出，引起钢水沸腾，故称为沸腾钢。沸腾钢的塑性好，有利于冲压，其缺点是组织不够致密、气泡较多、化学偏析较大、成分不均匀、强度和抗腐蚀性差、低温冷脆性大，但是成本较低，常用于一般建筑结构中。镇静钢为完全脱氧的钢，浇注时钢液镇静。镇静钢组织致密、偏析小、质量均匀、焊接性能好、抗腐蚀性强，但成本较高。优质钢和合金钢一般都是镇静钢，常用于承受冲击荷载和重要结构。半镇静钢为脱氧较完全的钢，脱氧程度介于沸腾钢和镇静钢之间，浇注时有沸腾现象，但较沸腾钢弱，这类钢具有沸腾钢和镇静钢的某些优点，在冶炼操作上较难掌握。

4.1.1.2 压力加工和热处理

钢在铸锭过程中常会出现偏析、缩孔、气泡、晶粒粗大和组织不致密等缺陷，故钢材在铸锭后大多都要经过压力加工才能使用。压力加工分为热加工和冷加工两种。

热加工是将钢锭加热至呈塑性状态，在再结晶温度以上完成压力加工。钢通过热加工，可得到各种型钢及钢筋。冷加工是指在再结晶温度以下完成的压力加工。冷加工方式很多，如冷拉、冷拔和冷轧等。钢经过压力加工后，可使钢锭内部气泡焊合，疏松组织密实、消除铸造显微缺陷、晶粒细化，提高强度和质量。

钢经过压力加工成钢材后，再经过适当的热处理，可显著提高其强度，并恢复其良好的塑性和韧性。

4.1.2 钢的分类

钢按化学成分分为碳素钢和合金钢。碳素钢是指钢中除含有一定量为了脱氧而加入的硅（一般不超过 0.40%）和锰（一般不超过 0.80%，较高含量可到 1.2%）等合金元素外，不含其他合金元素（残余元素除外）的钢。根据含量的高低又大致可分成低碳钢（含碳量一般小于 0.25%）、中碳钢（含碳量一般在 0.25%~0.60%）和高碳钢（含碳量一般大于 0.60%），但它们之间并没有很严格的界限。合金钢是指钢中除含硅和锰作为合金元素或脱氧元素外，还含有其他合金元素（如铬、镍、钼、钒、钛、铜、钨、铝、钴、铌、锆和其他元素等），有的还含有某些非金属元素（如硼、氮等）的钢。根据钢中合金元素含量的多少，又可分为低合金钢、中合金钢和高合金钢。与碳素钢比，合金钢的性能有显著的提高，故应用日益广泛。

4.1.2.1 按用途分类

按钢材的用途可分为结构钢、工具钢和特殊性能钢三大类。结构钢包括工程结构用钢材和机械结构用钢材；工具钢是用来制造各种工具的钢，根据工具用途不同可分为刃具钢、模具钢与量具钢；特殊性能钢是具有特殊物理化学性能的钢，可分为不锈钢、耐热钢、耐磨钢和磁钢等。

4.1.2.2 按化学成分分类

按钢材的化学成分可分为碳素钢和合金钢两大类。碳素钢按含碳量又可分为低碳钢（$w(C) \leqslant 0.25\%$）、中碳钢（$0.25\% < w(C) < 0.6\%$）、高碳钢（$w(C) \geqslant 0.6\%$）；合金钢按合金元素含量又可分为低合金钢（合金元素总含量不大于 5%）、中合金钢（合金元素总含量为 5%~10%）、高合金钢（合金元素总含量大于 10%）。此外，根据钢中所含主要合

金元素种类不同，也可分为锰钢、铬钢、铬镍钢、铬锰钛钢等。

4.1.2.3 按质量分类

按钢材中有害杂质磷、硫的含量可分为普通钢（含磷量不大于 0.045%、含硫量不大于 0.055%，或磷、硫含量均不大于 0.050%）、优质钢（磷、硫含量均不大于 0.040%）、高级优质钢（含磷量不大于 0.035%、含硫量不大于 0.030%）。

此外，还有按冶炼炉的种类，将钢分为平炉钢（酸性平炉、碱性平炉）、空气转炉钢（酸性转炉、碱性转炉、氧气顶吹转炉钢）与电炉钢。按冶炼时脱氧程度，将钢分为沸腾钢（脱氧不完全）、镇静钢（脱氧比较完全）及半镇静钢。

钢厂在给钢的产品命名时，往往将用途、成分、质量这三种分类方法结合起来。如将钢称为普通碳素结构钢、优质碳素结构钢、碳素工具钢、高级优质碳素工具钢、合金结构钢、合金工具钢等。

目前，在土木工程中常用的钢种是普通碳素结构钢和普通低合金结构钢。

4.2 建筑钢材的技术性能

建筑钢材的性能主要包括力学性能、工艺性能和化学性能等。只有在了解和掌握钢材的各种性能的基础上，才能做到正确、合理地选用钢材。

4.2.1 钢材的力学性能

4.2.1.1 抗拉性能

钢材的抗拉性能是钢材的重要性能。钢材的抗拉性能可通过低碳钢（软钢）受拉试验，绘制出应力-应变曲线，如图 4-2 所示，可以分为弹性阶段（$O \to A$）、屈服阶段（$A \to B$）、强化阶段（$B \to C$）和颈缩阶段（$C \to D$）。

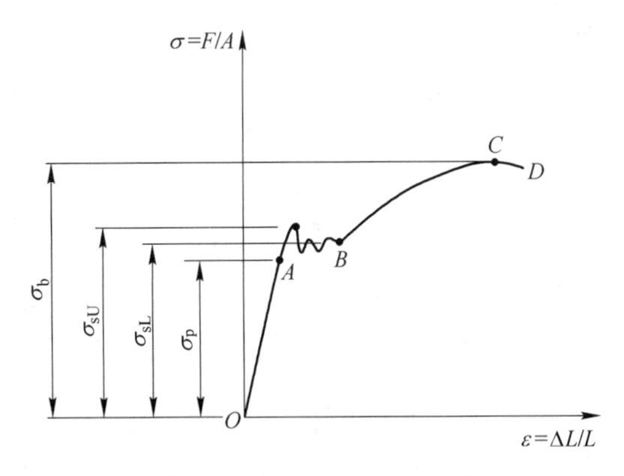

图 4-2 软钢的应力-应变图

A 弹性阶段

曲线的 OA 段是一条直线，应力较低，此阶段应力与应变成正比，如卸去外力，软钢恢复原状，无残余变形，这一阶段称为弹性阶段。与 A 点对应的应力称为弹性极限，以 σ_p 表示。在这一阶段，应力和应变的比值为常数，称为弹性模量（E），即 $E=\sigma/\varepsilon$。弹性模量反映钢材的刚度，是计算结构受力变形的重要指标。

B 屈服阶段

当应力超过 A 点以后，应变的增长比应力快，此时，除产生弹性变形外，还产生塑性变形，曲线的 AB 段称为屈服阶段。在屈服阶段中，应力不增加，而变形继续增加，此时相应的应力称为屈服极限或屈服强度，用 σ_s 表示。如果应力在屈服阶段出现波动，则应区分上屈服点（σ_{sU}）和下屈服点（σ_{sL}）。上屈服点是指试样发生屈服而应力首次下降前的最大应力，下屈服点是指不计初始瞬时效应时屈服阶段中的最小应力。由于下屈服点比较稳定且容易测定，因此常采用下屈服点作为钢材的屈服强度。

钢材达到屈服点以后，变形迅速发展，尽管尚未断裂，也已不能满足使用要求。故设计中一般以屈服强度作为强度取值的依据。

C　强化阶段

当应力超过屈服点以后，在曲线的 BC 段，由于钢材的内部组织中的晶格扭曲、晶粒破碎等原因，阻止了晶格的进一步滑移，抵抗塑性变形的能力又重新提高，BC 段呈上升曲线，故称为强化阶段。对应于最高点 C 的应力称为抗拉强度，用 σ_b 表示。它是钢材所能承受的最大抗拉应力。

钢材的抗拉强度在设计中虽然不能利用，但是抗拉强度与屈服强度之比（强屈比）σ_b/σ_s 是评价钢材使用安全可靠性的一个参数。强屈比越大，钢材的受力超过屈服点工作时的可靠性越大，安全性越高；但是，强屈比大，钢材强度的利用率偏低，钢材浪费大。常用建筑钢材的强屈比一般应不低于 1.2，用于抗震结构的普通钢筋实测强屈比应不低于 1.25。

D　颈缩阶段

在钢材强化达到 C 点后，抵抗变形能力明显降低，塑性变形迅速发展，应力逐渐下降，试件薄弱处断面急剧缩小，产生“颈缩”现象而断裂，故曲线的 CD 段称为颈缩阶段。

如图 4-3 所示，将拉断的试件拼合起来，测量出标注范围内的长度 l_1(mm)，l_1 与试件受力前的原标距长度 l_0(mm) 之差为塑性变形值，它与 l_0 之比称为伸长率 δ。δ 按下式计算：

$$\delta = \frac{l_1 - l_0}{l_0} \times 100\% \qquad (4\text{-}1)$$

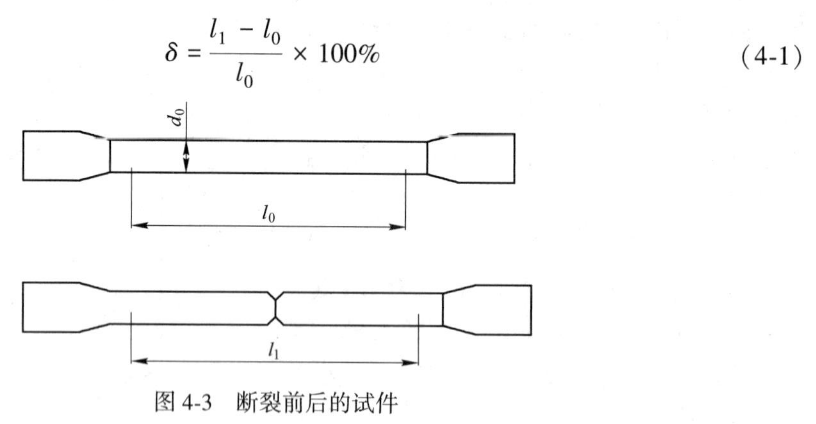

图 4-3　断裂前后的试件

必须指出，由于试件断裂前的颈缩现象，在试件标距内的塑性变形分布不均匀，颈缩处的变形较大。所以，当原标距与试件的直径越大，则颈缩处的伸长值在整个伸长值中的比重越小，因而计算的伸长率偏小。通常，钢材的原标距取为 $l_0 = 5d_0$ 或 $l_0 = 10d_0$，其伸长率分别用 δ_5 和 δ_{10} 表示，d_0 为钢材的原直径。对于同一钢材，δ_5 大于 δ_{10}。

钢材的塑性变形也可用断面收缩率 ψ 表示，即：

$$\psi = \frac{A_0 - A_1}{A_0} \times 100\% \qquad (4\text{-}2)$$

式中 A_0——颈缩处断裂前的截面积，mm^2；

A_1——颈缩处断裂后的截面积，mm^2。

钢材正常是在弹性范围内使用，但在应力集中处的应力可能超过屈服点，良好的塑性变形能力可使应力重新分布，避免结构过早破坏。因此，钢材应具有良好的塑性变形能力。常用建筑钢材（低碳钢）的伸长率一般为20%～30%，断面收缩率一般为60%～70%。

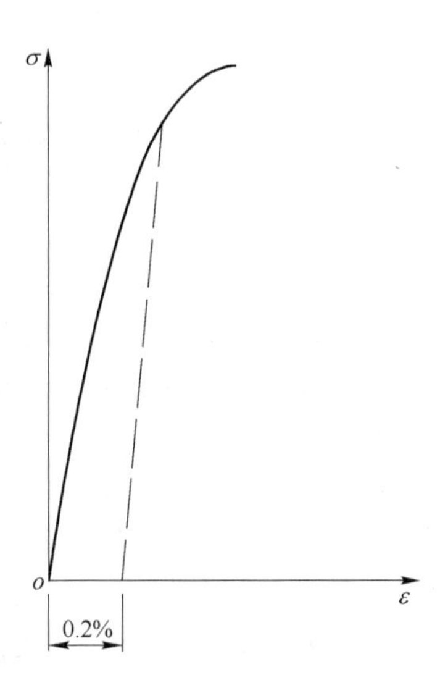

图4-4 硬钢的应力-应变图

预应力钢筋混凝土用高强度钢筋和钢丝及某些合金钢材具有硬钢的特点，其抗拉强度高，无明显的屈服强度，伸长率小。在外力作用下屈服现象不明显，不能测出屈服点，故常采用产生残余变形为0.2%～1%时的应力作为屈服强度，用$\sigma_{0.2}$表示，如图4-4所示。

4.2.1.2 冲击韧性

冲击韧性是指钢材抵抗冲击荷载的能力。冲击韧性是通过标准试件的弯曲冲击韧性试验确定的（见图4-5）。

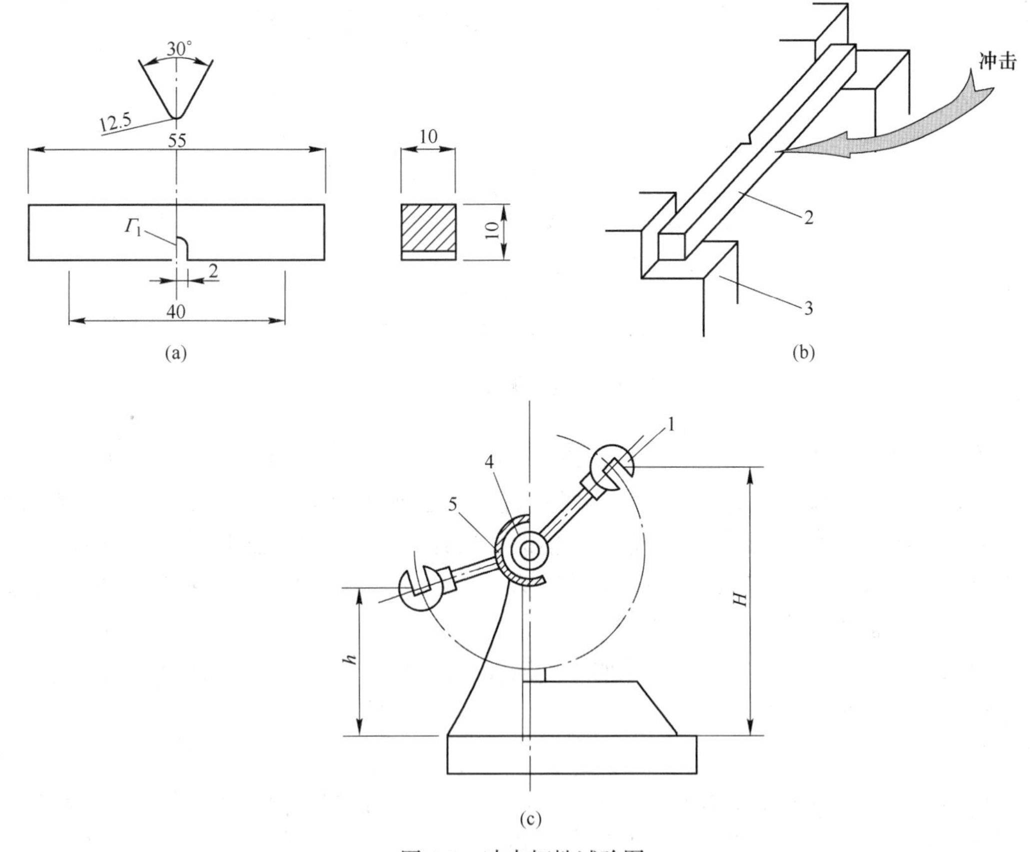

图4-5 冲击韧性试验图

（a）试件尺寸（mm）；（b）试验装置；（c）试验机

1—摆锤；2—试件；3—试验台；4—指针；5—刻度盘；H—摆锤扬起高度；

h—摆锤向后摆动高度；Γ_1—U型缺口根部半径

用摆锤冲击试件刻槽处背面，将其打断，以试件单位截面积上所消耗的功作为钢材的冲击韧性值，以 a_K(J/cm^2) 表示。a_K值越大，冲击韧性越好。

钢材的冲击韧性对钢的化学成分、材料状态、冶炼和轧制质量、偏析程度都比较敏感，同时与试样的形状、尺寸有很大关系。a_K对材料的内部结构缺陷、显微组织的变化很敏感，如夹杂物、偏析、气泡、内部裂纹、钢的回火脆性、晶粒粗化等都会使 a_K值明显降低；同种材料的试样，缺口越深、越尖锐，缺口处应力集中程度越大，越容易变形和断裂，冲击功越小，材料表现出来的脆性越高。因此不同类型和尺寸的试样，其 a_K值不能直接比较。欲了解试验细节的读者，可以参阅《金属材料　夏比摆锤冲击试验方法》(GB/T 229—2020)。

同时，环境温度对钢材的冲击功影响也很大。试验表明，冲击韧性随温度的降低而下降。其规律是开始时下降缓和，当达到一定温度范围时，突然大幅度下降，而呈脆性，这种性质称为钢材冷脆性。这时的温度称为脆性临界温度（图 4-6)，该值越低，钢材的低温冲击韧性越好。因此，在负温下使用的钢材，应选用脆性临界温度低于使用温度的钢材。

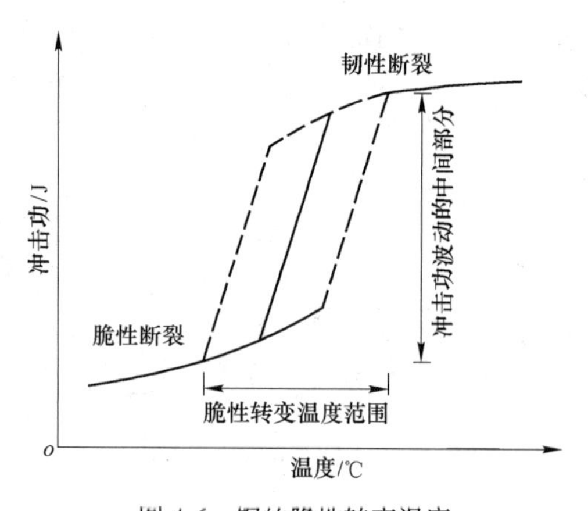

图 4-6　钢的脆性转变温度

钢材随时间的延长，其强度逐渐提高，塑性和冲击韧性下降的现象称为时效。通常，完成时效变化的过程可达数十年。而钢材经过冷加工或使用中经受震动及反复荷载的作用，时效可迅速发展。因时效导致钢材性能改变的程度称为时效敏感性。时效敏感性越大的钢材，经过时效后冲击韧性下降越显著。为了保证安全，对于承受动荷载的重要结构，应选用时效敏感性小的钢材。

综上所述，对于直接承受动荷载而且可能在负温下工作的结构，应按照有关规范的要求，进行钢材的冲击韧性检验。

4.2.1.3　*耐疲劳性*

钢材在交变荷载反复作用下，往往在应力远远低于抗拉强度时发生断裂，这种现象称为钢材的疲劳破坏。钢材疲劳破坏时的危险应力用疲劳强度（或疲劳极限）来表示，它是指试件在交变应力的作用下，于规定周期基数内不发生疲劳破坏的最大应力值，对钢材而言，一般承受交变荷载达 10^7周次不破坏的最大应力定义为疲劳强度。在设计承受反复荷载且须进行疲劳验算的结构时，应测定所用钢材的疲劳强度。

测定疲劳强度时，应根据结构使用条件确定采用的应力循环类型、应力比值（最小与最大应力之比，又称应力特征值ρ）和周期基数。例如，测定钢筋的疲劳极限时，通常采用的是承受大小改变的拉应力循环，应力比值通常为0.1~0.8（非预应力筋）和0.7~0.85（预应力筋）；周期基数一般为2×10^7和4×10^7以上。

在钢材的使用中，其疲劳破坏是由拉应力引起的。首先在局部开始形成微细裂纹，然后由于裂纹尖端的应力集中而使其逐渐扩展，直到疲劳断裂。它的破坏特点是断裂突然发生，断口可明显区分为扩展区和残留部分瞬时断裂区。

钢材的疲劳极限不仅与钢材的内部组织有关，也和表面质量有关，钢材内部成分的偏析和夹杂物的多少，以及最大应力处的表面光洁程度、加工损伤等都是影响其疲劳强度的因素。例如，钢材焊接接头的卷边和表面微小的腐蚀缺陷，都可使疲劳极限显著降低。

4.2.1.4 硬度

钢材的硬度是指其抵抗硬物压入产生塑性变形的能力。测定硬度的方法有布氏硬度、洛氏硬度和维氏硬度。常用的是布氏硬度和洛氏硬度。

布氏硬度（HB）是以一定的载荷（一般为3000 kg）把一定大小（直径一般为10 mm）的淬硬钢球压入材料表面，保持一段时间，去载后，负荷与其压痕面积之比值，即为布氏硬度值。布氏硬度试验方法压痕较大，试验数据准确、稳定，可用于测定软硬不同、厚薄不一的材料的硬度，应用广泛。

洛氏硬度是用一个顶角120°的金刚石圆锥体或直径为1.59 mm、3.18 mm的钢球，在一定载荷下压入被测材料表面，由压痕的深度求出材料的硬度。洛氏法压痕较小，一般用于判断机械零件的热处理效果。

4.2.2 钢材的工艺性能

钢材良好的工艺性能，可以保证钢材顺利通过各种加工，而钢材制品的质量不受影响，满足钢材的使用，冷弯、冷拉、冷拔及钢材的连接性能等均是钢材的重要工艺性能。

4.2.2.1 冷弯性能

冷弯性能是指钢材在常温下承受弯曲变形的能力，是建筑钢材的重要工艺性能。钢材的冷弯性能指标用试件在常温下所能承受的弯曲程度表示。弯曲程度常用弯曲的角度α，弯心直径d与试件的直径（或厚度）a的比值（d/a）来区分。弯曲角度越大，d/a越小，试件的弯曲程度越高。在钢材的技术标准中，对不同钢材的冷弯指标均有具体规定，按规定的弯曲角度和弯心直径进行试验，试件受弯部位不发生裂缝、断裂或起层，即认为冷弯性能合格。图4-7为冷弯试验示意图。

钢材的冷弯性能和伸长率均是塑性变形能力的反映。伸长率反映钢材在均匀变形条件下的塑性变形，而冷弯试验反映钢材在局部不均匀变形条件下的塑性变形，钢材冷弯部位外部受拉、内部受压，是对钢材的塑性更为严格的检验，它能揭示钢材内部是否存在内部组织的不均匀、内应力、夹杂物、微裂纹等缺陷。在土木工程中，还常采用冷弯性能来检验钢材的冶金质量和焊接接头的焊接质量。

4.2.2.2 冷加工性能及时效

A 冷加工强化

钢材在常温下进行冷拉、冷拔或冷轧，使之产生塑性变形，从而提高屈服强度，称为

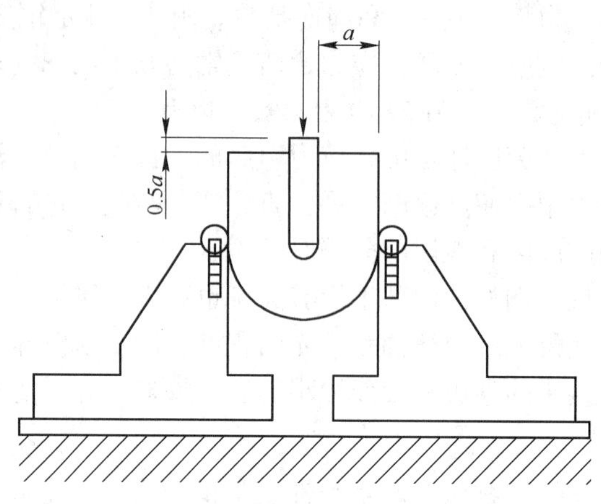

图 4-7　冷弯试验示意图

冷加工强化。钢材经冷加工强化后塑性、韧性和弹性模量都会降低，钢材的强屈比降低，钢材利用率提高。同时，由于冷加工时产生内应力，钢材的弹性模量也会降低。钢材的冷加工所采取的冷拉应力应控制在钢材的屈服强度和抗拉强度之间。

（1）冷拉。冷拉是将热轧钢筋利用冷拉设备进行张拉，使之伸长。钢材经过冷拉后，屈服强度可提高 20%~30%，可节约钢材 10%~20%。钢材经过冷拉后屈服阶段缩短，伸长率降低，材质变硬。钢材的冷拉工艺包括双控法和单控法。双控法对钢材冷拉处理是既控制冷拉应力，又控制钢材的伸长率；而单控法只控制钢材的伸长率。单控法的工艺简单，但双控法的冷拉工艺安全性高。

（2）冷拔。冷拔是将钢筋通过硬质合金拔丝模孔强行拉拔。每次拉拔断面缩小应在 10%以下。钢筋在冷拔过程中，不仅受拉，同时还受到模孔的挤压，经过一次或多次冷拔后的钢筋，表面光洁度高，屈服强度提高 40%~60%，但塑性大幅降低，具有硬钢的性质。

B　时效

钢材经过冷加工后，在常温下存放 15~20 d，或在 100~200 ℃保温 2~3 h，其屈服强度、抗拉强度及硬度进一步提高，而塑性和韧性继续降低，这种现象称为时效。前者称为自然时效，后者称为人工时效。由于时效过程中内应力的削减，冷加工造成的弹性模量损失可以得到基本恢复。

钢材的时效是一个普遍现象，有些未经过冷加工的钢材，长期存放后也会出现时效现象，冷加工则加速了时效的发展。一般冷加工和时效同时采用，通过试验来确定冷拉控制参数和时效方式。通常强度较低的钢筋采用自然时效，强度较高的钢筋采用人工时效。

钢材经过冷加工及时效处理后的性能变化规律如图 4-8 所示。

图 4-8 中 $OBCD$ 为未经冷拉和时效的应力-应变曲线。当试件冷拉至超过屈服强度的任意一点 K，卸去荷载，由于试件已产生塑性变形，则曲线沿 KO'下降，但不能回到 O 点，KO'大致与 BO 平行。如将此试件立即重新拉伸，则应力-应变曲线将成为 $O'KCD$，屈服点由 B 点提高到 K 点。但如在 K 点卸载后进行时效处理，然后重新拉伸，则应力-应变

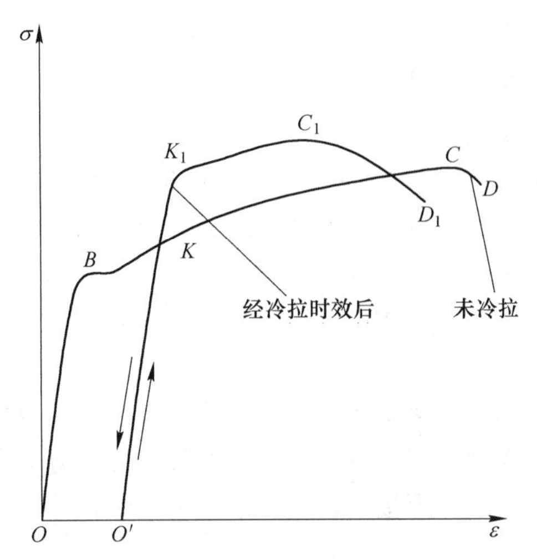

图 4-8 钢筋的冷拉和时效处理前后的抗拉应力-应变关系

曲线为 $O'KK_1C_1D_1$，这表明冷拉时效后，屈服强度和抗拉强度均得到提高，而塑性和韧性降低。

冷加工时效强化的原因，主要是溶于 α-Fe 固溶体中的氮、碳原子析出，有向晶格缺陷处移动、富集的倾向，甚至呈氮化物和碳化物，因而造成晶格畸变加剧，进一步阻碍滑移，抵抗外力的能力增强。

因时效而使性能改变的程度为钢材的时效敏感性。钢材受到振动、冲击或随加工发生体积变形，可加速完成时效。因此，对于承受动荷载的重要结构，应选用时效敏感性小的钢材。

4.2.2.3 钢材的热处理

钢材的热处理是将钢材在固态范围内进行加热、保温和冷却，从而改变其金相组织和显微结构组织，或消除由于冷加工在材料内部产生的内应力，获得需要性能的一种综合工艺。热处理一般在钢材生产厂或加工厂进行，并以一定的热处理状态供应给客户。在建筑工地，有时还须对焊接件进行热处理。常用热处理方法有退火、正火、淬火和回火等。

(1) 退火。是将钢材加热到一定温度，保温后缓慢冷却（随炉冷却）的一种热处理工艺，按加热温度可分为重结晶退火和低结晶退火。其目的是细化晶粒，改善组织，降低硬度，提高塑性，消除组织缺陷和内应力，防止变形、开裂。冷加工后的低碳钢，通常在 650~700 ℃的温度下进行退火，提高其塑性和韧性。

(2) 正火。是退火的一种变态或特例，两者仅冷却速度不同，正火是在空气中冷却。与退火相比，正火后钢的硬度、强度较高，而塑性减少。其目的是细化晶粒、消除组织缺陷等。

(3) 淬火。是将钢材加热到相变临界点以上（一般为 900 ℃以上），保温后放入水或油等冷却介质中快速冷却的一种热处理操作。其目的是得到高强度、高硬度的组织，以便在随后的回火时获得具有高的综合力学性能的钢材。淬火会使钢的塑性和韧性显著降低。

(4) 回火。是将钢材加热到相变温度以下，保温后在空气中冷却的热处理工艺。其目的是消除淬火产生的很大内应力，降低脆性，改善力学性能等。根据加热温度分为高温回火（500~650 ℃）、中温回火（300~500 ℃）、低温回火（150~300 ℃）。加热温度越高，硬度降低越多，塑性和韧性恢复越好。

4.2.2.4　钢材的连接

钢筋连接方法有绑扎连接、焊接连接和机械连接。绑扎连接由于需要较长的搭接长度，浪费钢筋且连接不可靠，常被限制使用。焊接连接的方法较多，成本低、质量可靠，宜优先使用。机械连接无明火作业，设备简单，不受气候等条件影响，连接可靠，工艺简单，适用范围较广，尤其适用于现场焊接有困难的情况和高强钢材的连接。

A　钢筋的焊接

焊接是将两金属的接缝处加热熔化或加压，或两者并用，以造成金属原子间和分子间的结合，从而使之牢固地连接起来。钢筋的焊接按焊接工艺分为电弧焊、闪光对焊、电渣压力焊、电阻点焊、气压焊等。焊接质量取决于钢材的焊接性、焊接工艺和焊接材料。

a　电弧焊

电弧焊是目前应用最广泛的焊接方法。把要焊接的金属作为一极，焊条作为另一极，两极接近时产生电弧，使金属和焊条熔化的焊接方法叫作电弧焊接，通称电焊。

电弧焊广泛应用于钢筋接头、钢筋骨架连接、装配式结构接头焊接和各种钢结构的焊接等。它包括帮条焊、搭接焊、坡口焊、窄间隙焊和熔槽帮条焊五种接头形式。

对于电弧焊接头的质量检验应分批进行外观检查和力学性能检验，电弧焊接头外观检查时要求焊缝表面平整，不得有凹槽或焊瘤；焊接接头区域不得有肉眼可见裂纹；咬边深度、气孔、夹渣等缺陷和接头尺寸允许偏差应符合《钢筋焊接及验收规程》（JGJ 18—2012）的规定。电弧焊接头的力学性能检验应符合《钢筋焊接接头试验方法标准》（JGJ/T 27—2014）的规定。

b　闪光对焊

钢筋闪光对焊的原理是利用对焊机使两端钢筋接触，通过低电压的强电流，待钢筋被加热到一定温度变软后，进行轴向加压顶锻，形成对焊接头，如图 4-9 所示。

钢筋闪光对焊工艺常用的有连续闪光焊、预热闪光焊和闪光-预热-闪光焊。对 HRB500 级钢筋有时在焊接后还进行通电热处理。连续闪光焊由两个主要阶段组成：闪光阶段和顶锻阶段。预热闪光焊只是在闪光阶段前增加了预热阶段。连续闪光焊适用于钢筋直径较小、钢筋牌号较低的钢材；预热闪光焊适用于钢筋直径较大且钢筋断面较平整的钢材；而钢筋直径较大，且钢筋断面不平整时应采用闪光-预热-闪光焊。其中连续闪光焊工艺简单、生产效率高，是一种常用的焊接方法。

闪光对焊接头的质量检验，应分批进行外观检查和力学性能试验。闪光对焊接头为纵向受力接头，其连接方式检查和接头力学性能检验规定为主控项目。闪光对焊接头外观检查应符合《钢筋焊接及验收规程》（JGJ 18—2012）的规定：接头处不得有横向裂纹；与电极接触处的钢筋表面，HPB300、HRB400 级钢筋焊接时不得有明显烧伤；HRB500 级钢筋焊接时不得有烧伤；负温闪光对焊时，对于 HRB400 和 HRB500 级钢筋，均不得有烧伤。闪光对焊接头拉伸试验结果应符合《钢筋焊接接头试验方法标准》（JGJ/T 27—2014）的规定：热轧钢筋接头试件的抗拉强度均不得小于该级别钢筋规定的抗拉强度；余热处理 HRB400 级钢筋接头试件的抗拉强度均不得小于热轧 HRB400 级钢筋抗拉强度

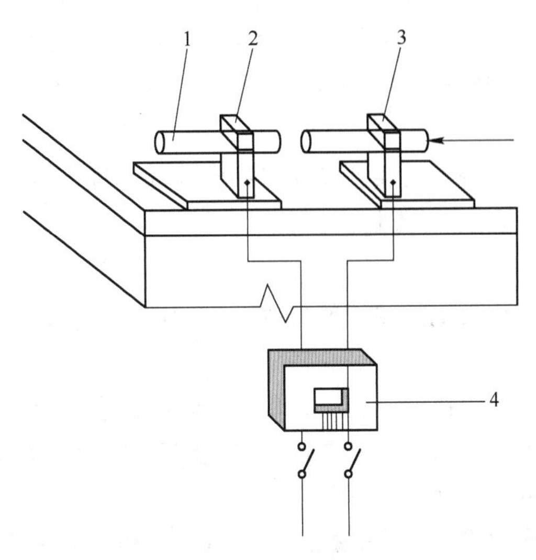

图 4-9　钢筋对接焊
1—钢筋；2—固定电极；3—可动电极；4—焊接变压器

540 MPa，且应至少有两个试件断于焊缝之外，并呈延性断裂。

2021 年 12 月 14 日，住房和城乡建设部发布的《房屋建筑和市政基础设施工程危及生产安全施工工艺、设备和材料淘汰目录（第一批）》明确指出：钢筋闪光对焊工艺为淘汰工艺；淘汰类型为：限制使用；限制条件为：在非固定的专业预制厂（场）或钢筋加工厂（场）内，对直径大于或等于 22 mm 的钢筋进行连接作业时，不得使用钢筋闪光对焊工艺；可替代的施工工艺为：套筒冷挤压连接、滚压直螺纹套筒连接等机械连接工艺。建筑施工时，应特别注意钢筋闪光对焊工艺的使用场景。

c　电渣压力焊

电渣压力焊为我国首创，是将两钢筋安放成竖向或斜向（倾斜度在 4∶1 的范围内）对接形式，利用焊接电流通过两钢筋间隙，在焊剂层下形成电弧过程和电渣过程，产生电弧热和电阻热，熔化钢筋，加压完成的一种压焊方法。与电弧焊相比，它工效高、成本低，在一些高层建筑施工中已取得很好的效果。

电渣压力焊应用于现浇钢筋混凝土结构中的钢筋连接。

电渣压力焊的质量检验应分批进行外观检查和力学性能检验，其连接方式检查和接头力学性能检验规定为主控项目。接头尺寸允许偏差应符合《钢筋焊接及验收规程》（JGJ 18—2012）的规定。接头的力学性能检验应符合《钢筋焊接接头试验方法标准》（JGJ/T 27—2014）的规定。

d　电阻点焊

电阻点焊是将两钢筋安放成交叉叠接形式，压紧于两电极之间，利用电阻热熔化母材金属，加压形成焊点的一种压焊方法。电阻点焊的工艺过程应包括预压、通电、锻压三个阶段。电阻点焊应根据钢筋级别、直径及焊机性能等具体情况，选择变压器级数、焊接通电时间和电极压力。电阻点焊是一种高效率、低成本的焊接方法。

采用电阻点焊焊接钢筋骨架和钢筋网效果显著。采用点焊代替绑扎可提高工效，节约劳动力，成品刚性好，便于运输。采用焊接骨架和焊接网时，钢筋在混凝土中能更好地锚固，可提高构件的刚度及抗裂性，钢筋端不需弯钩，可节约钢材。因此钢筋骨架成型应优先采用点焊。

电阻点焊接头为非纵向受力接头，其质量检验与验收规定为一般项目。焊接骨架和焊接网的质量应包括外观检查和力学性能检验。

e　气压焊

气压焊是用氧气、乙炔火焰加热钢筋接头，温度达到塑性状态时施加压力，使钢筋接头压接在一起的工艺。

钢筋气压焊适合于现场焊接梁、板、柱的 HRB400 级直径为 20~40 mm 的钢筋。不同直径的钢筋也可焊接，但直径差不大于 7 mm。钢筋弯曲的地方不能焊。进口钢筋的焊接，要先做试验，以验证它的可焊性。

对于气压焊接头的质量检验，应分批进行外观检查和力学性能检验，焊接接头为纵向受力接头，其连接方式检查和接头力学性能检验规定为主控项目。焊接接头的力学性能检验应符合《钢筋焊接接头试验方法标准》（JGJ/T 27—2014）的规定。焊接接头的外观质量检验为一般项目。

f　预埋件钢筋埋弧压力焊

预埋件钢筋埋弧压力焊是将钢筋与钢板安放成 T 形接头形式，利用焊接电流通过时，在焊剂层下产生电弧，形成熔池，加压完成的一种压焊方法。它具有比电弧焊工效高、质量好（焊后钢板变形性小、抗拉强度高）、成本低（不用焊条）等特点。预埋件钢筋埋弧压力焊适用于钢筋与钢板丁字形接头焊接。预埋件钢筋埋弧压力焊焊接接头为非纵向受力接头，其质量检验与验收规定为一般项目。

B　钢筋的机械连接

钢筋机械连接技术是一项新型钢筋连接工艺，被称为继绑扎、电焊之后的“第三代钢筋接头”，具有接头强度高于钢筋母材、速度比电焊快 5 倍、无污染、节省钢材 20%等优点。钢筋机械连接是通过钢筋与连接件的机械咬合作用或钢筋端面的承压作用，将一根钢筋中的力传递至另一根钢筋的连接方法。

常用的机械连接方法有钢筋套筒挤压连接、钢筋锥螺纹连接及钢筋直螺纹连接等。

a　钢筋套筒挤压连接

钢筋套筒挤压连接是指通过挤压力使连接件钢套筒塑性变形与带肋钢筋紧密咬合形成的连接。有两种形式，径向挤压连接和轴向挤压连接。轴向挤压连接由于现场施工不方便及接头质量不够稳定，没有得到推广；而径向挤压连接技术得到了大面积推广使用。现在工程中使用的套筒挤压连接接头，都是径向挤压连接。由于其优良的质量，套筒挤压连接接头在我国从 20 世纪 90 年代初至今被广泛应用于建筑工程中。

径向挤压连接接头强度高，性能可靠，能够承受高应力反复拉压载荷及疲劳载荷。其操作简便，施工速度快，节约能源和材料，综合经济效益好，该方法已在工程中大量应用。径向挤压连接适用于 ϕ18~50 mm 的 HRB400、HRB500 级带肋钢筋（包括焊接性差的钢筋）、相同直径或不同直径钢筋之间的连接。

b 钢筋锥螺纹连接

通过钢筋端头特制的锥形螺纹和连接件锥形螺纹咬合形成的连接，称为钢筋锥螺纹连接，它的诞生克服了套筒挤压连接技术存在的不足。锥螺纹丝头完全是预制，现场连接占用工期短，现场只需用力矩扳手操作，不需搬动设备和拉扯电线，深受各施工单位的好评。但是锥螺纹连接接头质量不够稳定：由于加工螺纹的小径削弱了母材的横截面积，从而降低了接头强度，一般只能达到母材实际抗拉强度的85%~95%。我国的锥螺纹连接技术和国外相比还存在一定差距，最突出的一个问题就是螺距单一，ϕ16~40 mm 钢筋采用螺距都为 25 mm，而 25 mm 螺距最适合于 ϕ22 mm 钢筋的连接，太粗或太细钢筋连接的强度都不理想，尤其是 ϕ36 mm、ϕ40 mm 钢筋的锥螺纹连接，很难达到母材实际抗拉强度的 0.9 倍。许多生产单位自称达到钢筋母材标准强度，是利用了钢筋母材超强的性能，即钢筋实际抗拉强度大于钢筋抗拉强度的标准值。由于锥螺纹连接技术具有施工速度快、接头成本低的特点，自 20 世纪 90 年代初推广以来也得到了较大范围的推广使用，但由于存在的缺陷较大，逐渐被直螺纹连接接头所代替。

钢筋锥螺纹连接具有工艺简单、可以预加工、连接速度快、同心度好、不受钢筋含碳量和花纹限制等优点。

钢筋锥螺纹连接适用于工业与民用建筑及一般构筑物的混凝土结构中，以及钢筋 ϕ16~40 mm 的 HRB400 级竖向、斜向或水平钢筋的现场连接施工。

c 钢筋直螺纹连接

等强度直螺纹连接接头是 20 世纪 90 年代钢筋连接的国际最新潮流，其接头质量稳定可靠，连接强度高，可与套筒挤压连接接头相媲美，而且又具有锥螺纹接头施工方便、速度快的特点，因此直螺纹连接技术的出现给钢筋连接技术带来了质的飞跃。目前我国直螺纹连接技术呈现百花齐放的景象，出现了多种直螺纹连接形式。

直螺纹连接接头主要有镦粗直螺纹连接接头和滚压直螺纹连接接头。这两种工艺采用不同的加工方式，增强钢筋端头螺纹的承载能力，达到接头与钢筋母材等强的目的。

直螺纹适合大直径、较长的通长钢筋连接，施工时不考虑钢筋的长度及弯钩位置，对于短筋及小直径的钢筋不适用。

(1) 镦粗直螺纹连接。通过钢筋端头镦粗后制作的直螺纹和连接件螺纹咬合形成的连接，称为镦粗直螺纹连接。其工艺是：先将钢筋端头通过镦粗设备镦粗，再加工出螺纹，其螺纹小径不小于钢筋母材直径，使接头与母材达到等强。国外镦粗直螺纹连接接头，其钢筋端头分为热镦粗和冷镦粗。热镦粗主要是消除镦粗过程中产生的内应力，但加热设备投入费用高。我国的镦粗直螺纹连接接头，其钢筋端头主要是冷镦粗，对钢筋的延性要求高，而对延性较低的钢筋，镦粗质量较难控制，易产生脆断现象。

镦粗直螺纹连接接头的优点是强度高、现场施工速度快、工人劳动强度低、钢筋直螺纹丝头全部预制，现场连接为装配作业。其不足之处在于镦粗过程中易出现镦偏现象，一旦镦偏必须切掉重镦；镦粗过程中产生内应力，钢筋镦粗部分延性降低，易产生脆断现象，螺纹加工需要两道工序、两套设备完成。

(2) 滚压直螺纹连接。通过钢筋端头直接滚压或挤（碾）压肋滚压或剥肋后滚压制作的直螺纹和连接件螺纹咬合形成的连接，称为滚压直螺纹连接。其基本原理是利用了金属材料塑性变形后冷作硬化增强金属材料强度的特性，仅在金属表层发生塑变、冷作硬化，金属内部仍保持原金属的性能，因而使钢筋接头与母材达到等强。

钢筋机械连接接头连接件的屈服承载力和抗拉承载力的标准值应不小于被连接钢筋的屈服承载力和抗拉承载力的标准值的 1.10 倍，钢筋机械连接接头按照《钢筋机械连接技术规程》（JGJ 107—2016）进行检验和验收。

4.2.3 钢材的化学成分对钢材性能的影响

钢材除了铁、碳两种基本化学元素外，还含有硅、锰、硫、磷、氧、氮及一些合金元素。各种元素的含量对钢材的性能都有一定的影响，为了保证钢的质量，在国家标准中对各类钢的化学成分都做了严格的规定。

（1）碳（C）。碳是决定钢材性质的重要元素，对钢材的力学性能有重要的影响（见图 4-10）。当含碳量低于 0.8%时，随着含碳量的增加，钢材的强度和硬度提高，塑性和韧性降低；同时，钢材的冷弯、焊接及抗腐蚀等性能降低，并增加了钢材的冷脆性和时效敏感性。但含碳量大于 1.0%时，钢材变脆，强度反而下降。含碳量大于 0.3%时，焊接性能明显下降。

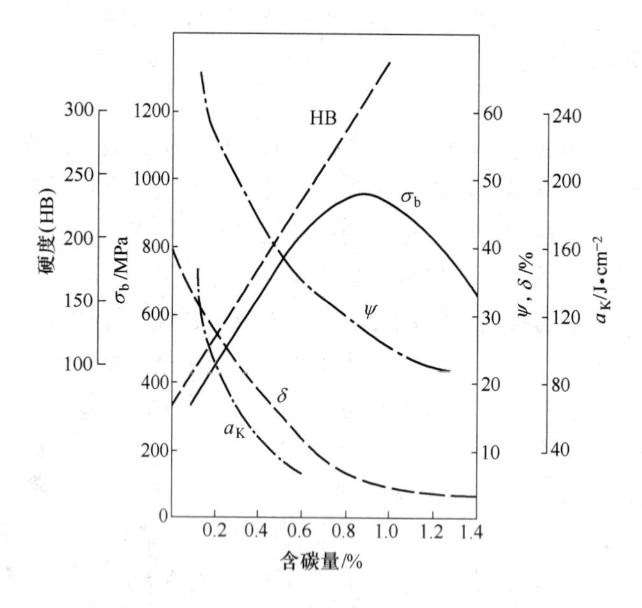

图 4-10 含碳量对热轧碳素钢性能的影响

（2）硅（Si）。硅是有益元素，是为了脱氧而加入，可使有害的 FeO 形成 SiO_2熔入钢渣中。硅也是钢材中的主要合金元素，含量通常在 1%以内，可提高强度，但对塑性和韧性没有明显的影响。当含硅量超过 1%时，钢材的冷脆性增大，可焊性变差。

（3）锰（Mn）。锰是有益元素，是为了脱氧去硫而加入的，可使有害的 FeO、FeS 形成 MnO 和 MnS 熔入钢渣中，消减硫和氧所引起的热脆性，改善钢材的热加工性能。锰也是主要的合金元素之一，通常含量为 1%～2%。当含量在 0.8%～1%时，可显著提高钢材的强度和硬度，几乎不降低塑性和韧性。当含量大于 1%时，在强度提高的同时，塑性和韧性有所下降，可焊性变差。

（4）磷（P）。磷是钢材的最主要有害元素之一，其含量一般不得超过0.045%，是区分钢材品质的重要指标之一。磷是从炼铁原料中带入的，它会显著降低钢材的塑性和韧性，特别是低温下的冲击韧性降低更为显著（常把这种现象称为低温冷脆性）。在钢中磷分布不均，会导致偏析较为严重。磷还能使钢材的冷弯性能降低，可焊性下降。但它可使钢材的强度、耐磨性及耐蚀性提高，在低合金钢中可配合其他元素（如铜元素）作为合金元素使用。

（5）硫（S）。硫是钢材的主要有害元素之一，其含量一般不得超过0.055%，也是区分钢材品质的重要指标之一。硫在钢中以FeS存在，是一种低熔点的化合物，熔点为1190 ℃。钢材在焊接时，由于硫化物熔点低，易形成热裂纹，这种在高温下形成热裂纹的特性称为热脆性。热脆性会严重损害钢材的焊接性和热加工性，还会降低钢材的冲击韧性、耐疲劳性及耐腐蚀性。即使微量的硫存在，也对钢有害，应严格控制其含量。

（6）氧（O）、氮（N）。氧和氮都是钢材的有害元素，是在炼钢中进入钢液的，未除尽的氧、氮以FeO、Fe_4N等化合物形式存在，会降低钢材的强度、冷弯性能和焊接性能。氧还会引起钢材的热脆性和时效敏感性的增加。在钢中氧和氮的含量分别不得超过0.05%和0.03%。

4.3 常用建筑钢材

在土木工程中常用的钢材包括钢结构用的型钢和钢筋混凝土用的钢筋、钢丝两大类。常用的钢筋、钢丝、型钢及预应力锚具等基本上都是碳素钢和低合金高强度结构钢，经热轧或再进行冷加工强化及热处理等工艺加工而成。

4.3.1 钢结构用钢

4.3.1.1 碳素结构钢

碳素结构钢包括一般结构钢和工程用热轧钢板、钢带、型钢等。根据国家标准《碳素结构钢》（GB/T 700—2006），碳素结构钢按屈服强度分为Q195、Q215、Q235和Q275 4个牌号，每个牌号又根据硫、磷等有害杂质的含量分为若干等级。

A 牌号及标注

碳素结构钢的牌号包括屈服点字母Q、屈服点数值、质量等级（A、B、C、D）和脱氧方法（沸腾钢F、半镇静钢b、镇静钢Z、特殊镇静钢TZ）四部分。对于镇静钢和特殊镇静钢，在钢的牌号中予以省略。例如，Q235AF表示屈服强度为235 MPa的A级沸腾钢，Q235C表示屈服强度为235 MPa的C级镇静钢。

B 技术要求

碳素结构钢的技术要求包括化学成分、力学性能、冶炼方法、交货状态及表面质量五个方面。碳素结构钢的化学成分、力学性能和工艺性能应符合表4-2~表4-4的要求。

表 4-2 碳素结构钢的牌号和化学成分

牌号	质量等级	厚度（或直径）/mm	脱氧方法	化学成分（质量分数）/%，不大于				
				C	Si	Mn	P	S
Q195	—	—	F、Z	0.12	0.30	0.50	0.035	0.040
Q215	A	—	F、Z	0.15	0.35	1.20	0.045	0.050
	B							0.045
Q235	A	—	F、Z	0.22	0.35	1.40	0.045	0.050
	B			0.20①				0.045
	C		Z	0.17			0.040	0.040
	D		TZ				0.035	0.035
Q275	A	—	F、Z	0.24	0.35	1.50	0.045	0.050
	B	≤40	Z	0.21			0.045	0.045
		>40		0.22				
	C	—	Z	0.20			0.040	0.040
	D		TZ				0.035	0.035

①经需方同意，Q235B 的碳含量可不大于 0.22%。

表 4-3 碳素结构钢的力学性能

牌号	屈服强度/MPa，不小于						抗拉强度/MPa	断后伸长率/%，不小于				
	厚度（或直径）/mm							厚度（或直径）/mm				
	≤16	>16~40	>40~60	>60~100	>100~150	>150~200		≤40	>40~60	>60~100	>100~150	>150~200
Q195	195	185	—	—	—	—	315~430	33	—	—	—	—
Q215	215	205	195	185	175	165	335~450	31	30	29	27	26
Q235	235	225	215	215	195	185	370~500	26	25	24	22	21
Q275	275	265	255	245	225	215	410~540	22	21	20	18	17

表 4-4 碳素结构钢的弯曲试验指标

牌 号	试 样 方 向	冷弯试样（180°，$B=2a$①）	
		钢材厚度（或直径）②/mm	
		≤60	>60~100
		弯心直径 d	
Q195	纵	0	—
	横	0.5a	
Q215	纵	0.5a	1.5a
	横	a	2a
Q235	纵	a	2a
	横	1.5a	2.5a
Q275	纵	1.5a	2.5a
	横	2a	3a

①B 为试样宽度，a 为试样厚度（或直径）。

②钢材厚度（或直径）大于 100 mm 时，弯曲试验由供需双方协商确定。

C 性能及用途

钢材随着钢号的增大，含碳量增加，强度和硬度相应提高，塑性和韧性降低，冷弯性能变差。

Q235号钢含碳量不大于0.22%，属低碳钢，具有较高的强度，良好的塑性、韧性及可焊性，综合性能好，能满足一般钢结构和钢筋混凝土用钢要求，且成本较低，在土木工程中应用十分广泛。

Q195、Q215号钢，强度低，塑性和韧性较好，易于加工，常用作钢钉、铆钉、螺栓及铁丝等。Q215号钢经过冷加工后可代替Q235号钢使用。Q275号钢强度较高，但塑性、韧性、可焊性较差，不易焊接和冷弯加工，可用于轧制钢筋、做螺栓配件等，更多用于机械零件和工具。

4.3.1.2 优质碳素结构钢

按国家标准《优质碳素结构钢》（GB/T 699—2015）的规定，优质碳素结构钢根据含锰量的不同可分为：普通锰钢（$w(\mathrm{Mn})=0.35\%\sim0.8\%$）和较高锰钢（$w(\mathrm{Mn})=0.7\%\sim1.2\%$）两种。

优质碳素结构钢的牌号以两位数表示，它表示钢中平均含碳量万分数。如45号钢表示钢中平均含碳量为0.45%。数字后含有“锰”或“Mn”则表示为较高锰钢，否则为普通锰钢。如45Mn表示平均含碳量为0.45%，含锰量为0.7%~1.0%的较高锰钢。若是沸腾钢或半镇静钢，还应在牌号后加上“沸”（F）或“半”（b）。

优质碳素结构钢的钢材一般以热轧状态供应，硫、磷等杂质比普通碳素钢少，其他缺陷限制也更严格，其质量好、性能稳定。优质碳素结构钢成本较高，仅用于重要结构的钢铸件及高强螺栓、螺柱等。如30、35、40及45号钢用作高强螺栓，45号钢还用作预应力锚具。65、75、80号钢可用来生产预应力混凝土用碳素钢丝、刻痕钢丝和钢绞线等。

4.3.1.3 低合金高强度结构钢

低合金高强度结构钢是在碳素结构钢（$w(\mathrm{C})\leqslant0.20\%$）的基础上，添加少量的一种或几种合金元素（总量小于5%）的一种结构钢。其目的是提高钢的屈服强度、抗拉强度、耐磨性、耐蚀性和耐低温性能。

根据国家标准《低合金高强度结构钢》（GB/T 1591—2018）的规定，低合金高强度结构钢可分为Q355、Q390、Q420、Q460、Q500、Q550、Q620、Q690八个牌号，根据硫、磷等有害杂质的含量分为A、B、C、D和E五个等级，钢中其他元素主要有锰、硅、钒、钛、铌、铬、镍及稀土元素等。其牌号的标注方法由屈服点字母Q、屈服点数字、质量等级等三部分组成。

在钢结构中常采用低合金高强度结构钢轧制型钢、钢板来建造桥梁、高层及大跨度建筑。在重要的钢筋混凝土结构或预应力钢筋混凝土结构中，主要应用低合金高强度结构钢轧制的热轧带肋钢筋。

4.3.2 钢筋混凝土用建筑钢材

4.3.2.1 钢筋

钢筋混凝土结构用的钢筋和钢丝，主要由碳素结构钢和低合金结构钢轧制而成。主要用于混凝土结构，有钢筋混凝土结构用普通钢筋和预应力混凝土用预应力钢筋。通常将公称直径为 8~40 mm 的称为钢筋，公称直径不超过 8 mm 的称为钢丝。主要品种有热轧钢筋、冷加工钢筋、热处理钢筋、预应力混凝土用钢丝和钢绞线。

A 热轧钢筋

热轧钢筋是经热轧成型并自然冷却的成品钢筋，由低碳钢和普通合金钢在高温状态下压制而成，主要用于钢筋混凝土和预应力混凝土结构的配筋，是土木建筑工程中使用量最大的钢材品种之一。ϕ6.5~9 mm 的钢筋，大多数卷成盘条；ϕ10~40 mm 的钢筋一般是 6~12 m 长的直条。热轧钢筋应具备一定的强度，即屈服强度和抗拉强度，它是结构设计的主要依据。热轧钢筋分为热轧光圆钢筋和热轧带肋钢筋两种。热轧钢筋为软钢，断裂时会产生颈缩现象，伸长率较大。

根据《钢筋混凝土用钢 第 1 部分：热轧光圆钢筋》（GB/T 1499.1—2017）和《钢筋混凝土用钢 第 2 部分：热轧带肋钢筋》（GB/T 1499.2—2018）的规定，热轧带肋钢筋不再按Ⅱ级、Ⅲ级和Ⅳ级分级，而是以屈服强度特征值 400、500、600 分级。热轧钢筋的力学性能及工艺性能应符合表 4-5、表 4-6 的要求。

表 4-5 热轧钢筋的性能——热轧光圆钢筋

牌号	外形	公称直径 a/mm	下屈服强度 /MPa	抗拉强度/MPa	断后伸长率 A/%	最大力总伸长率 A_{gt}/%	冷弯试验	
			不小于	不小于	不小于	不小于	角度	弯心直径
HPB300	光圆	6~22	300	420	25	10.0	180°	$d=a$

注：表中 HPB 代表热轧光圆钢筋。

表 4-6 热轧钢筋的性能——热轧带肋钢筋

牌号	外形	公称直径 a/mm	下屈服强度 /MPa	抗拉强度 /MPa	断后伸长率 A/%	最大力总伸长率 A_{gt}/%	冷弯试验	
			不小于	不小于	不小于	不小于	角度	弯曲压头直径
HRB400	月牙肋	6~25	400	540	16	7.5	180°	$d=4a$
HRBF400		28~40						$d=5a$
HRB400E HRBF400E		>40~50			—	9.0		$d=6a$
HRB500		6~25	500	630	15	7.5	180°	$d=6a$
HRBF500		28~40						$d=7a$
HRB500E HRBF500E		>40~50			—	9.0		$d=8a$
HRB600		6~25	600	730	14	7.5	180°	$d=6a$
		28~40						$d=7a$
		>40~50						$d=8a$

注：表中 HRB 代表热轧带肋钢筋；E—“地震”的英文（Earthquake）首位字母，F—“细”的英文（Fine）的首位字母。

10 种钢筋中，牌号为 HPB300 的钢筋为热轧光圆钢筋，表面光圆；其余均为热轧带肋钢筋，外表带肋。带“E”字母的可用于抗震钢筋，有 HRB400E、HRBF400E、HRB500E、HRBF500E 四个牌号；带“F”字母的为细晶粒带肋钢筋，有 HRBF400、HRBF400E、HRBF500、HRBF500E 四个牌号。

B　冷拉钢筋

冷拉钢筋是将热轧钢筋在常温下通过张拉到超过屈服点的某一应力，使其产生一定的塑性变形后卸荷，再经时效处理而成。冷拉钢筋按其力学性能分为四级，其性能要求见表 4-7。

表 4-7　冷拉钢筋的性能

强度等级代号	公称直径 a /mm	屈服强度 /MPa	抗拉强度 /MPa	伸长率 δ_5 /%	冷弯试验	
					角度	弯心直径
冷拉Ⅰ级	6~12	280	370	11	180°	$d=3a$
冷拉Ⅱ级	8~25	450	510	10	90°	$d=4a$
	28~40	430	490			$d=5a$
冷拉Ⅲ级	8~40	500	570	8	90°	$d=5a$
冷拉Ⅳ级	10~28	700	835	6	90°	$d=5a$

冷拉Ⅰ级钢筋在混凝土结构中可作手拉钢筋，冷拉Ⅱ、Ⅲ、Ⅳ级钢筋可作预应力混凝土结构的预应力筋。由于冷拉钢筋的塑性、韧性和弹性模量有所降低，而屈服强度和硬度有所提高，在负温、冲击或反复荷载作用下不宜使用。

C　冷轧带肋钢筋

冷轧带肋钢筋是用热轧盘条经多道冷轧减径、一道压肋并经消除内应力后形成的一种带有二面或三面月牙形的钢筋。冷轧带肋钢筋具有如下优点：钢材强度高，可节约建筑钢材和降低工程造价，LL550 级冷轧带肋钢筋与热轧光圆钢筋相比，用于现浇结构（特别是楼屋盖中）可节约 35%~40%的钢材；冷轧带肋钢筋与混凝土之间的黏结锚固性能良好。因此用于构件中，杜绝了构件锚固区开裂、钢丝滑移而破坏的现象，且提高了构件端部的承载能力和抗裂能力；在钢筋混凝土结构中，裂缝宽度也比热轧光圆钢筋小，甚至比热轧螺纹钢筋还小；冷轧带肋钢筋伸长率较同类的冷加工钢材大。

根据国家标准《冷轧带肋钢筋》（GB/T 13788—2017）的规定，冷轧带肋钢筋的牌号由 CRBH 和钢筋的抗拉强度最小值构成。C、R、B、H 分别为冷轧（cold rolled）、带肋（ribbed）、钢筋（bar）、高延性（high elongation）四个词的英文首位字母。冷轧带肋钢筋分为 CRB550、CRB650、CRB800、CRB600H、CRB680H、CRB800H 六个牌号。CRB550、CRB600H 为普通钢筋混凝土用钢筋，CRB650、CRB800、CRB800H 为预应力混凝土用钢筋，CRB680H 可作为普通钢筋混凝土用钢筋，也可以作为预应力混凝土用钢筋使用。

冷轧带肋钢筋各等级的力学性能和工艺性能应符合表 4-8 中的规定。

表 4-8 冷轧带肋钢筋力学性能和工艺性能

分类	牌号	规定塑性延伸强度 $R_{p0.2}$/MPa	抗拉强度 R_m/MPa	R_m/R_a	断后伸长率/%		最大力总伸长率/%	弯曲试验 180°	反复弯曲次数	应力松弛初始应力应相当于公称抗拉强度的 70%
					A	A_{100mm}	A_{gt}			1000 h,% (不大于)
		不小于								
普通钢筋混凝土用	CRB550	500	500	1.05	11.0	—	2.5	$d=3a$	—	—
	CRB600H	540	600	1.05	14.0	—	5.0	$d=3a$	—	—
	CRB680H①	600	680	1.05	14.0	—	5.0	$d=3a$	4	5
预应力混凝土用	CRB650	585	650	1.05	—	4.0	2.5	—	3	8
	CRB800	720	800	1.05	—	4.0	2.5	—	3	8
	CRB800H	720	800	1.05	—	7.0	4.0	—	4	5

注：$d=3a$ 中的 d 为弯心直径，a 为钢筋公称直径。

① 当该牌号钢筋作为普通钢筋混凝土用钢筋使用时，对反复弯曲和应力松弛不做要求；当该牌号钢筋作为预应力混凝土用钢筋使用时应进行反复弯曲试验代替 180°弯曲试验，并检测松弛率。

冷轧带肋钢筋是采用冷加工方法强化的典型产品，冷轧后强度明显提高，但塑性也随之降低，使强屈比变小，但不得小于 1.05。这种钢筋适用于中、小预应力混凝土构件中，是冷拔低碳钢丝的更新换代产品；在现浇混凝土结构中，可以节约钢材，是同类冷加工钢材中较好的一种。

D 预应力混凝土用钢棒

预应力混凝土用钢棒，又称 PC 钢棒，是一种低合金调质钢，是由普通热轧中低碳低合金钢筋经淬火和回火调质处理后的钢筋。它具有很高的强度和足够的韧性，是预应力混凝土钢筋的重要品种之一。按钢棒表面形状分为光圆钢棒、螺旋槽钢棒、螺旋肋钢棒、带肋钢棒四种。《预应力混凝土用钢棒》（GB/T 5223.3—2017）规定钢棒的力学性能和工艺性能应符合表 4-9 的规定。其主要用于制作港口混凝土管桩、高层建筑地基混凝土管桩、桥墩混凝土管桩。主要特点：屈服强度高达 1275 MPa，拉伸强度高达 1570 MPa，伸长率良好；表面有周期性变化的刻痕（3~6 头螺旋凹线），与混凝土有良好的握裹力，具有与 7 股钢绞线一样的黏结性能；由于采用的是低碳钢，具有良好的点焊性能。使用 PC 钢棒编笼，可以很方便地采用自动混焊工艺生产混凝土管桩。有良好的镦锻性能，应用于现场施工时，可以端部镦头和滚丝；当作为钢筋整体预张拉时，锚固极为方便。PC 钢棒成品卷起是在弹性范围内，故成品松卷后会自动伸直，而无需再矫直。该产品经过各种严格的理化检验，是螺纹钢和建筑线材的替代产品。

表 4-9 预应力混凝土用钢棒的力学性能和工艺性能

表面形状类型	公称直径/mm	抗拉强度/MPa（不小于）	规定塑性延伸强度/MPa（不小于）	弯曲性能		应力松弛性能	
				性能要求	弯曲半径/mm	初始应力为公称抗拉强度的百分数/%	1000 h 应力松弛率/%（不大于）
光圆	6	1080 1230 1420 1570	930 1080 1280 1420	反复弯曲不小于4次	15	60 70 80	1.0 2.0 4.5
	7				20		
	8				20		
	9				25		
	10				25		
	11						
	12						
	13			弯曲160°~180°后弯曲处无裂纹	弯曲压头直径为钢棒公称直径的10倍		
	14						
	15						
	16						
螺旋槽	7.1	1080 1230 1420 1570	930 1080 1280 1420	—			
	9.0						
	10.7						
	12.6						
	14.0						
螺旋肋	6	1080 1230 1420 1570	930 1080 1280 1420	反复弯曲不小于4次（180°）	15		
	7				20		
	8				20		
	9				25		
	10				25		
	11			弯曲160°~180°后弯曲处无裂纹	弯曲压头直径为钢棒公称直径的10倍		
	12						
	13						
	14						
	16	1080 1270	930 1080				
	18						
	20						
	22						
带肋钢棒	6	1080 1230 1420 1570	930 1080 1280 1420	—			
	8						
	10						
	12						
	14						
	16						

4.3.2.2　钢丝和钢绞线

A　钢丝

预应力混凝土用钢丝是指用优质碳素结构钢制成，抗拉强度高达1470~1770 MPa的钢丝。

根据《预应力混凝土用钢丝》（GB/T 5223—2014）的规定，钢丝按加工状态分为冷拉钢丝和消除应力钢丝两类，按外形分为光圆钢丝、螺旋肋钢丝和刻痕钢丝三种。冷拉钢丝是用盘条通过拔丝等减径工艺经冷加工而形成的产品并以盘卷供货的钢丝。消除应力钢丝可分为低松弛钢丝和普通松弛钢丝两种。钢丝在恒定长度下应力随时间而减小的现象称为松弛。钢丝在塑性变形下进行的短时热处理，得到的应是低松弛钢丝。钢丝通过矫直工序后在适当的温度下进行的短时热处理，得到的应是普通松弛钢丝。冷拉或消除应力的低松弛光圆、螺旋肋和刻痕钢丝一般用于预应力混凝土结构，其中冷拉钢丝仅用于压力管道。

冷拉钢丝的公称直径有4.00 mm、5.00 mm、6.00 mm、7.00 mm和8.00 mm五种规格，公称抗拉强度则有1470 MPa、1570 MPa、1670 MPa和1770 MPa四种规格。消除应力光圆及螺旋肋钢丝的公称直径范围为4.00~12.00 mm，公称抗拉强度则有1470 MPa、1570 MPa、1670 MPa、1770 MPa和1860 MPa五种规格。

B　钢绞线

钢绞线主要由冷拉光圆钢丝及刻痕钢丝捻制而成。由冷拉光圆钢丝捻制的钢绞线称为标准型钢绞线，由刻痕钢丝捻制的钢绞线称为刻痕钢绞线。有的钢绞线在捻制后又经过冷拔，称为模拔型钢绞线。

根据《预应力混凝土用钢绞线》（GB/T 5224—2023）的规定，钢绞线按结构分为九类，如表4-10所示。

表4-10　钢绞线的分类与代号

结构类型	结构代号
用两根冷拉光圆钢丝捻制成的标准型钢绞线	1×2
用三根冷拉光圆钢丝捻制成的标准型钢绞线	1×3
用三根含有刻痕钢丝捻制成的刻痕钢绞线	1×3I
用七根冷拉光圆钢丝捻制成的标准型钢绞线	1×7
用六根含有刻痕钢丝和一根冷拉光圆中心钢丝捻制成的刻痕钢绞线	1×7I
用六根含有螺旋肋钢丝和一根冷拉光圆中心钢丝捻制成的螺旋肋钢绞线	1×7H
用七根冷拉光圆钢丝捻制后再经模拔型钢绞线	（1×7）C
用十九根冷拉光圆钢丝捻制的1+9+9西鲁式钢绞线	1×19S
用十九根冷拉光圆钢丝捻制的1+6+6/6瓦林吞式钢绞线	1×19W

钢绞线的公称直径是指钢绞线外接圆直径的名义尺寸。图4-11是1×2、1×7结构钢绞线的外形示意图，d为单根钢丝的公称直径，D_n为钢绞线的公称直径。

钢绞线的公称抗拉强度最大规格为2360 MPa。以1×2结构钢绞线为例，其公称抗拉强度有1720 MPa、1860 MPa和1960 MPa三种规格。以1×7结构钢绞线为例，其公称抗

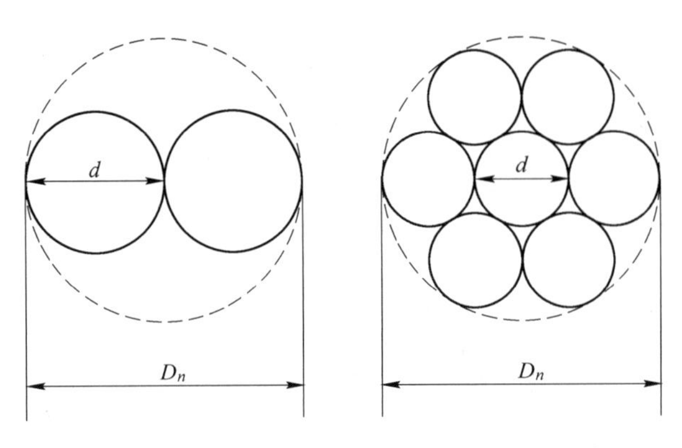

图 4-11 1×2 和 1×7 结构钢绞线横截面形状示意图

拉强度有 1770 MPa、1860 MPa、1960 MPa、2160 MPa、2230 MPa 和 2360 MPa 六种规格。

钢丝、钢绞线均属于冷加工强化级热处理钢材，拉伸试验时没有屈服点，但抗拉强度远远超过热轧钢筋和冷轧钢筋，并具有良好的柔韧性，应力松弛率低。盘条供应，松卷后可自动弹直，可按要求长度进行切割。钢丝、钢绞线主要用于薄腹梁、吊车梁、电杆、大型屋架、大型桥梁等大荷载、大跨度及需要曲线配筋的预应力混凝土结构。

4.4 钢材的腐蚀与防止

广义的腐蚀指材料与环境间发生的化学或电化学相互作用而导致材料功能受到损伤的现象。狭义的腐蚀是指金属与环境间的物理-化学相互作用，使金属性能发生变化，导致金属、环境及其构成体系功能受到损伤的现象。钢材长期暴露于空气或潮湿环境中将会产生锈蚀，尤其是空气中含有侵蚀性的介质时，锈蚀更为严重。锈蚀不仅使钢材的有效断面减小，浪费大量的钢材，而且形成大小不一的锈坑、锈斑，造成应力集中，加速结构的破坏；在受到冲击荷载、交变荷载作用时，产生锈蚀疲劳，使得钢材的疲劳强度大幅度下降，可能出现脆性断裂。

影响钢材锈蚀的主要因素有环境中的湿度、氧，介质中的酸、碱和盐，钢材的化学成分及表面状况等。一些卤素离子，特别是氯离子能破坏保护膜，促进锈蚀反应，使锈蚀迅速发展。

4.4.1 钢材腐蚀类型

钢材的腐蚀分为化学锈蚀和电化学锈蚀。

4.4.1.1 化学锈蚀

钢材的化学锈蚀指钢材直接与周围介质发生化学反应而产生的锈蚀。这种锈蚀多数是氧化作用，使钢材表面形成疏松的氧化物。在常温下，钢材表面形成一薄层氧化保护膜 FeO，可以起一定的防止钢材锈蚀的作用，故在干燥环境中，钢材锈蚀进展缓慢。但在温度或湿度较高的环境中，化学锈蚀进展加快。

4.4.1.2 电化学锈蚀

电化学锈蚀是指钢材与电解质溶液接触形成微电池而产生的锈蚀。潮湿环境中钢材表面会被一层电解质水膜所覆盖，而钢材本身含有铁、碳等多种成分，由于这些成分的电极电位不同，形成许多微电池。在阳极区，铁被氧化成为 Fe^{2+} 进入水膜；在阴极区，溶于水膜中的氧被还原为 OH^- 离子。随后两者结合生成不溶于水的 $Fe(OH)_2$，并进一步氧化成为疏松易剥落的红棕色铁锈 $Fe(OH)_3$。电化学锈蚀是钢材锈蚀的最主要形式。

4.4.2 防止钢材锈蚀的措施

4.4.2.1 钢结构用钢材的锈蚀防止

（1）采用耐候钢。即耐大气腐蚀钢，在钢中加入一定量的铬、镍、钛等合金元素，改变金属的内部结构，可制成不锈钢。通过加入某些合金元素，可以提高钢材的耐锈蚀能力。

（2）金属覆盖。采用镀或喷镀的方法覆盖在钢材表面，提高钢材的耐腐蚀能力。薄壁钢材可采用热浸镀锌（白铁皮）、镀锡（马口铁）、镀铜、镀铬或镀锌后加涂塑料涂层等措施。

（3）非金属覆盖。钢结构防止锈蚀通常采用表面刷漆、喷涂涂料、搪瓷和覆盖塑料等方法。常用的底漆有红丹、环氧富锌漆和铁红环氧底漆等，面漆有调和漆、醇酸磁漆及酚醛磁漆等。

（4）电化学保护法。金属单质不能得电子，只要把被保护的金属做电化学装置发生还原反应的一极——阴极，就能使引起金属电化腐蚀的原电池反应消除。具体方法有：

1）外加电流的阴极保护法。利用电解装置，使被保护的金属与电源负极相连，另外用惰性电极作为阳极，只要外加电压足够强，就可使被保护的金属不被腐蚀。

2）牺牲阳极的阴极保护法。利用原电池装置，使被保护的金属与另一种更易失电子的金属组成新的原电池。发生原电池反应时，原金属作为正极（即阴极）被保护，被腐蚀的是外加活泼金属——负极（即阳极）。

此外，还有加缓蚀剂等方法，减缓或防止金属被腐蚀。

4.4.2.2 钢筋混凝土用钢材锈蚀防止

混凝土的初始碱度较高，通常相当于饱和石灰水的碱度，其 pH 值大于 12.4。在这种初始的高碱环境中，钢筋表面迅速形成一层氧化铁钝化膜，水和氧气不能渗透过去，内部无法形成腐蚀电池；即使阴极区有足够的水和氧，也会因为该钝化膜抵制了铁离子的释放、阻止了阳极反应而避免了电化学反应的发生。很显然，混凝土的正常碱度能阻止钢筋锈蚀，并且碱度愈高，钝化膜的稳定性和对钢筋的保护性能就愈好。然而，在工程实践中，混凝土构筑物常常要受到融冰盐、海水或其他环境要素所引入的 Cl^- 的侵蚀（碳化作用是另一种形式）。当钢筋周围的混凝土液相中 Cl^- 浓度足够高时（存在一临界值），其表面钝化膜即遭破坏，钝化膜的保护作用亦随之失去。此时的钢筋一旦遇到空气和水，便会开始锈蚀。锈蚀形成的铁锈，其体积为原来的 4 倍，产生的内应力高达27 MPa，必然导致混凝土裂缝和剥落。当钢筋暴露于大气中时，锈蚀过程加速，最终将削弱断面并严重降低混凝土构筑物的结构强度。因此，为了提高钢筋混凝土的抗锈蚀能力，通常采用以下手段。

（1）提高混凝土的密实性。混凝土的密实性对防止钢筋腐蚀主要起以下三种作用：

1）在高 pH 值的环境中使钢筋表面形成钝化膜（电化学平衡理论）；

2）密实的混凝土能防止氧的渗入，削弱阳极反应，从而使钢筋的腐蚀速度降低（腐蚀反应的速度理论）；

3）防止由于盐分的渗透和 CO_2 的侵蚀而引起混凝土 pH 值的下降。

钢筋的锈蚀速度随着混凝土水灰比的减小而降低，水灰比小则钢筋的失重率小。试验表明，当水灰比分别为 0.64、0.55、0.47 时，锈蚀速度的比率大致为 1.36：1.00：0.70，二者近似为线形关系。一般地，降低水灰比能够提高混凝土的防锈能力。

（2）减少混凝土的裂缝和增大钢筋的保护层厚度。混凝土结构中钢筋锈蚀的典型迹象是沿着主筋方向出现纵向裂缝、角部混凝土剥落或板面大面积剥落。通常，钢筋锈蚀速度随着混凝土保护层厚度的增加而减缓。试验表明，当保护层厚度分别为 15 mm、20 mm、25 mm 时，钢筋锈蚀速度的平均比率为 1.10：1.00：0.85。南京水利科学研究所等单位也曾在湛江港做过暴露试验，其潮上部位水灰比 0.65 组的五年检查结果表明，保护层为 15 mm、30 mm、50 mm 的试件中，钢筋周围的 Cl^- 含量分别为 0.29%、0.10%和 0.04%；十年检查结果表明，保护层为 15 mm、30 mm、50 mm 的试件中，钢筋周围的 Cl^- 含量分别为 0.64%和 0.26%。上述情况表明，增加钢筋保护层的厚度能有效地阻止和延缓 Cl^- 渗透到钢筋表面，从而提高钢筋的抗蚀性。

（3）给钢筋混凝土结构喷刷防腐涂层。实际调查在一般室内环境中使用 20~70 年的构件，有的混凝土虽已完全碳化但钢筋基本未锈；而在高湿度或受干湿交替作用的室内潮湿环境中的结构，特别是露天结构和海工结构，却有着程度不等的钢筋锈蚀现象。在气候比较干旱的兰州、长春地区，钢筋锈蚀较慢，仅为北京、济南地区的 65%；而在年降雨量较大、平均相对湿度较大的武汉、杭州地区，则锈蚀速度较快，约为北京、济南地区的 1.6 倍。

气温对钢筋的锈蚀也有很大的影响。冈田清等研究过湿度为 90%以上，气温为20 ℃、40 ℃、60 ℃三种环境下混凝土中钢筋的锈蚀问题。试验结果表明，当温度从 40 ℃上升至 60 ℃，锈蚀的面积将增加 4~6 倍。

（4）减少混凝土中氯盐含量。氯盐是一种强电解质，能对钢筋直接发生化学腐蚀，又极易形成电化学腐蚀且能腐蚀水泥石结构，危害极大。它主要来自海洋环境、沿海、盐碱土及盐湖区等。氯盐（如 $CaCl_2$）所提供的 Cl^- 是钢铁（且大多数金属）最强烈的活化剂，它能够破坏钢筋周围的保护膜从而引起腐蚀，也能增大溶液导电性、增大电位差而加速腐蚀过程。

（5）添加阻锈剂。钢筋阻锈剂是对钢筋起作用的化学物质，其较小的剂量就能达到阻止或减缓钢筋锈蚀的目的。采用有效的钢筋阻锈剂防止钢筋锈蚀是最简单、最有效、技术经济效果最好的一种方法。通常按使用方式和工程对象分为掺入型阻锈剂与渗透型阻锈剂两大类。

1）掺入型阻锈剂。掺入型阻锈剂是研究开发较早、技术比较成熟的阻锈剂种类，即将阻锈剂掺加到混凝土中使用，主要用于新建工程（也可用于修复工程）。在美国、日本和苏联等国，已经有 70 多年的应用历史，在我国也有 30 多年大型工程的应用历史。以亚硝酸盐为例，它在钢筋发生作用的表达式：$Fe^{2+}+OH^-+NO^{2-}=NO+\gamma FeOOH$，亚硝酸根（$NO^{2-}$）促使亚铁离子（$Fe^{2+}$）生成具有保护作用的钝化膜（$\gamma FeOOH$）。当有氯盐存在时，氯盐离子（$Cl^-$）的破坏作用与亚硝酸钠的成膜修补作用进行竞争，当“修补”作用大于“破坏”作用时，钢筋锈蚀便会停止。

混凝土中掺入钢筋阻锈剂能起到两方面的作用：一方面，推迟钢筋开始生锈的时间；另一方面，减缓了钢筋腐蚀发展的速度。混凝土越密实，掺用钢筋阻锈剂后的效果就越好，使用得当将能达到设计期望年限的要求。

2）渗透型阻锈剂。渗透型阻锈剂是近些年国外发展起来的新型阻锈剂类型，即将阻锈剂涂到混凝土表面，使其渗透到混凝土内并到达钢筋周围，主要用于已有工程的修复。该种阻锈剂已经进入我国市场，我国也有单位在研制开发。该类阻锈剂的主要成分是有机物（脂肪酸、胺、醇和酯等），它们具有挥发、渗透的特点，能够渗透到混凝土内部；这些物质可通过“吸附”“成膜”等原理保护钢筋，有些品种还具有使混凝土增加密实的功能。

【背景知识】

A 超级钢

随着全球国力竞争的加剧，科技研发成为国家实力的重要标志。在这场竞争中，中国研发出了一种令世界瞩目的材料——超级钢（抗拉强度 1000 MPa 以上）。超级钢的特点及应用如下：

（1）强度高。与其他钢材相比，超级钢具有超高屈服强度，使其在船舶、航母等领域的应用更加出色。

（2）硬度高。国外的超级钢通常使用昂贵的合金金属，而中国采用了常见的铝元素，通过与镍合金的复合，形成了细小弥散的晶粒结构，从而增强了钢材的硬度。

（3）应用广。随着超级钢的成功研发，其广泛的应用前景引起了各行业的关注。除在国防、航天和航空领域的应用，这种超级钢还可以用于铁路运输和汽车制造行业，它也有着重要的用途。

B 耐候钢

耐候钢，即耐大气腐蚀钢，是介于普通钢和不锈钢之间的低合金钢系列，耐候钢由普碳钢添加少量铜、镍等耐腐蚀元素而成，具有优质钢的强韧、塑延、成型、焊割、磨蚀、高温、抗疲劳等特性；耐候性为普碳钢的 2~8 倍，涂装性为普碳钢的 1.5~10 倍。同时，它具有耐锈，使构件抗腐蚀延寿、减薄降耗，省工节能等特点。

耐候钢主要用于铁道、车辆、桥梁、塔架、光伏和高速公路工程等长期暴露在大气中使用的钢结构。目前，我国的公路、铁路桥梁中已有部分采用了耐候钢，还有一些桥梁正在准备采用耐候钢。如沈阳后丁香大桥、大连普湾十六号跨海大桥、拉林铁路雅鲁藏布江大桥、潍莱铁路和郑济铁路上梁等。

练 习 题

4-1 填空题

（1）对同一种钢材，断后伸长率 δ_5________ δ_{10}（比较大小）；对于冷拔低碳钢丝，其伸长率用 δ_{100} 表示，其中下标 100 表示的意义为________。

（2）建筑钢材随着含碳量的增加，其强度________、塑性________。

(3) 钢材的锈蚀有________和________两种类型。
(4) 钢材随着含碳量的增加，其冲击韧性________，冷弯性能________。
(5) 钢材的冲击韧性随温度的下降而降低，当环境温度降至一定的范围时，钢材冲击韧性值________，这时钢材呈脆性，这时的温度称之为钢材的________。
(6) 低合金高强度结构钢的牌号由________、________、________三个部分组成。
(7) 钢材中________含量较高时，易导致钢材在________温度范围以下呈脆性，这称为钢材的低温冷脆性。
(8) 在实际工程中，对建筑钢材进行性能检验时，通常检验________和________两方面的性能。
(9) 钢筋混凝土结构用热轧钢筋按强度大小分为________个等级，其中________级钢筋为光圆钢筋。
(10) 结构设计时，钢材强度的取值依据为________。$\sigma_{0.2}$中，0.2 表示的意义为________。
(11) 随着时间的延长，钢材强度，塑性和韧性________，此称钢材的________性质。
(12) 热轧钢筋，根据其表面形状分为________和________两类。
(13) 碳素结构钢牌号的含义是：Q 表示________；Q 后面的数字表示________；数字后的 A、B、C、D 表示________；牌号末尾的“F”表示________，末尾是“b”，则表示________。
(14) 低合金高强度结构钢具有良好的________、________、________、________、________、________等性能。
(15) 建筑钢材随着含碳量的增加，其伸长率________，冲击韧性________，冷弯性能________，硬度________，可焊性________。
(16) 耐候钢具有________，使构件________、________，省工节能等特点。
(17) 超级钢的特点：________、________、应用广。

4-2 单项选择题

(1) 当碳素结构钢中含碳量小于 0 8%时，随含碳量增加，钢材的（　　）性能降低。
A. 硬度　B. 塑性　C. 强度　D. 脆性
(2) 钢结构设计时，碳素结构钢以（　　）强度作为设计计算的取值依据。
A. σ_p　B. σ_s　C. σ_b　D. $\sigma_{0.2}$
(3) 钢筋冷拉后（　　）指标提高。
A. σ_s　B. σ_b　C. σ_s 和 σ_b　D. 强屈比
(4) 吊车梁和桥梁用钢，要注意选用（　　）性较大的钢材。
A. 塑　B. 韧　C. 脆　D. 弹
(5) 以下元素中能够显著消除或减轻氧、硫所引起的钢材热脆性的是（　　）。
A. C　B. Si　C. Mn　D. P
(6) 使钢材产生热脆性的有害元素是（　　）。
A. Mn 和 Si　B. S 和 O　C. P 和 S　D. C
(7) 严寒地区的露天焊接钢结构，应优先选用下列钢材中的（　　）钢。
A. Q275—B・F　B. Q235—C　C. Q275　D. Q235—A・F
(8) 钢材随着其含碳量的（　　）而强度提高，其延性和冲击韧性呈现降低。
A. >2%　B. 提高　C. 不变　D. 降低
(9) 在碳素钢中掺入少量合金元素的主要目的是（　　）。
A. 改善塑性、韧性　B. 提高强度、硬度
C. 改善性能、提高强度　D. 延长使用寿命
(10) 以下各元素（　　）对钢材性能的影响是有利的。
A. 适量 S　B. 适量 P　C. 适量 O　D. 适量 Mn
(11) 钢筋经冷拉和时效处理后，其性能变化中，以下说法不正确的是（　　）。

A. 屈服强度提高　　B. 抗拉强度提高
C. 断后伸长率减小　　D. 冲击吸收功增大

（12）钢材牌号的质量等级中，表示钢材质量最好的等级是（　　）。
A. A　　B. B　　C. C　　D. D

（13）牌号 HPB300 中，300 和 HP 分别表示（　　）。
A. 屈服强度特征值，热轧光圆　B. 屈服强度特征值，冷轧光圆
C. 抗拉强度特征值，热轧光圆　D. 抗拉强度特征值，冷轧光圆

4-3　简答题

（1）简述钢材经冷拉和时效处理后的性能变化。
（2）何谓钢的冷加工强化及时效处理？
（3）钢材冷拉和时效处理的概念和目的。
（4）随含碳量增加，碳素钢的性能有何变化？
（5）为什么说屈服点（σ_s）、抗拉强度（σ_b）和伸长率（δ）是建筑用钢的重要技术性能指标？
（6）热轧带肋钢筋的牌号如何表示，为什么 HRB400 号钢筋被广泛用于建筑工程中？试比较 HRB400、HRB400E、HRBF400 和 HRBF400E 在性能和应用上有什么区别。
（7）钢材冷弯性能的表示方法及其实际意义。
（8）普通碳素结构钢的牌号如何确定，牌号与其性能的关系如何？
（9）简述防止钢筋混凝土结构中的钢筋发生腐蚀的措施（至少五种）。
（10）简述影响钢材冲击韧性的主要因素。
（11）冲击韧性的定义及表示方法是怎样的，影响冲击韧性的主要因素是什么？
（12）钢材锈蚀的主要原因和防止方法有哪些？
（13）简述冷弯性能的含义和表示方法。
（14）简述低合金结构钢的主要用途及被广泛采用的原因。
（15）普通碳素结构钢随着含碳量的增加，其下列性能有何变化？

含碳量	可焊性	冷弯性能	韧性	屈服强度
增加				

（16）与钢筋相比，钢绞线的性能或特征如何变化？

4-4　分析题

（1）说明 Si、Mn、N、O、P、S 化学元素对钢材性能的影响。
（2）分析钢中化学元素 P、N、Mn 对钢材性能的影响。
（3）说明在建筑工程中选用碳素结构钢应考虑的条件，哪些条件下不能选用沸腾钢？
（4）何谓钢的冷加工强化和时效处理，冷拉并时效处理后的钢筋性能有何变化？
（5）请举例，说明耐候钢有哪些应用场景？

4-5　计算题

（1）经试验测得某工程用热轧钢筋的屈服荷载为 33.9 kN，极限荷载为 47.5 kN，钢筋直径为 12 mm，$5d$ 标距拉断后的长度为 78.4 mm，$10d$ 标距拉断后的长度为 148 mm。试计算：1）钢材截面积；2）屈服强度；3）极限强度；4）强屈比；5）δ_5 和 δ_{10}；并在应力-应变图中标明相应的位置。
（2）从进货的一批钢筋中抽样，并截取一根钢筋做拉伸试验，测得如下结果：屈服下限荷载为 42.4 kN，抗拉极限为 62.0 kN，钢筋公称直径为 12 mm，拉断时标距长度为 71.1 mm，试计算其屈服强度、极限强度、伸长率 δ_5 和强屈比，同时指出强屈比的工程意义并绘出钢材拉伸曲线示意图。
（3）某热轧钢筋试件，直径为 18 mm，做拉伸试验，屈服点荷载为 95 kN，拉断时荷载为 150 kN，拉断

后，测得试件断后标距伸长量为 $\Delta l = 27$ mm，试求该钢筋的屈服强度、抗拉强度、断后伸长率 δ_5 和强屈比，并说明该钢材试件的有效利用率和安全可靠程度。

（4）今有一批公称直径为 16 mm 的螺纹钢，截取一段进行拉伸试验，测得弹性极限荷载、屈服荷载、极限荷载为：68. 5 kN、76. 8 kN、116. 5 kN。求相应的强度，并在应力-应变图中标明相应的位置，计算强屈比并说明其实际指导意义。

（5）用一根直径为 20 mm 的钢筋试件做拉伸试验，测得屈服点和最大破坏荷载分别为 160 kN 和 220 kN，其断后拉伸增量为 19 mm。试求该钢筋的强屈比、屈服强度 σ_s 和伸长率 δ_5。

5 砌体材料

本章学习的主要内容和目的：熟悉砌墙砖的种类和应用；掌握砌块的种类和应用。

砌体材料在房屋建筑中起承重、围护和分隔作用，同样与建筑物的功能、自重、成本、工期以及建筑能耗等均有着直接关系，它也是土木工程材料最重要的材料之一。实心黏土砖和石材作为传统的砌体材料代表，既浪费了大量的土地资源和矿山资源，消耗了大量燃料，严重影响了农业生产和生态环境，也不符合我国建筑材料可持续发展的要求，传统的砌体材料逐渐退出建筑市场，也是我国墙改的主要方向。

5.1 砌墙砖

砌墙砖是指以黏土、水泥或工业废料等为主要原料，以不同工艺制成，在建筑工程中用于承重或非承重墙体的砖。砌墙砖是当前主要的墙体材料，与目前新型墙体材料相比具有原料易得、生产工艺简单、物理力学性能优异、价格低、保温绝热和耐久性较好等优点，其长度不超过 365 mm，宽度不超过 240 mm，高度不超过 115 mm。一般按生产工艺分为两类：一类是通过焙烧工艺制得的，称为烧结砖；一类是通过蒸养、蒸压或自养等工艺制得的，称为免烧砖。砌墙砖按孔洞率的大小又分为实心砖、多孔砖和空心砖。实心砖无孔洞或孔洞率小于 25%；多孔砖的孔洞率不小于 25%，孔的尺寸小且数量多；空心砖的孔洞率不小于 40%，孔的尺寸大且数量少。

5.1.1 烧结砖

以黏土、页岩、粉煤灰、煤矸石为主要原料，经焙烧而制成的砖称为烧结砖。根据生产原料分为黏土砖（N）、页岩砖（Y）、煤矸石砖（M）和粉煤灰砖（F）。

烧结砖的生产工艺包括原料开采、泥料制备、制坯、焙烧等工序。其中，焙烧是生产工艺中最重要的环节之一，在焙烧过程中，窑内焙烧温度的分布难以绝对均匀，因此，在烧制过程中除了正火砖外，不可避免会出现欠火砖和过火砖。欠火砖是烧成温度过低而造成的，这种砖的色浅、声哑、孔隙率大、强度低、耐久性差；过火砖是由于烧成温度过高产生软化变形，严重时出现局部烧结成大块的现象，这种砖色深、声清脆、吸水率低、强度高。这两种砖均属于不合格产品。砖的焙烧温度因所用原料不同而不同，黏土砖烧结温度为 950 ℃左右，页岩砖和粉煤灰砖为 1050 ℃左右，煤矸石砖为 1100 ℃左右。

黏土砖分为红砖和青砖两种。在氧化气氛的焙烧窑烧成的砖，黏土中铁元素形成氧化铁（Fe_2O_3），呈红色，称红砖；若砖坯开始在氧化气氛中焙烧，当烧结温度达到 1000 ℃

左右又处于还原气氛（如通入水蒸气）中继续焙烧，此时氧化铁被还原成四氧化三铁（Fe_3O_4），呈青色，称青砖。青砖的耐久性较红砖更好。

通常制作的黏土砖为外燃砖，砖在烧制时，所用燃料在砖坯外面。近年来，我国还普遍采用了内燃砖。它是将煤渣、粉煤灰等可燃工业废料以适当的比例作为生产原料掺入制坯黏土中作为内燃原料，当砖坯烧制到一定温度，内置燃料的坯体也进行燃烧，这样烧成的砖称为内燃砖。内燃砖和外燃砖相比，可节省外投燃料和部分黏土用量（可节约原料黏土5%~10%），同时焙烧时热源均匀，烧制效果好，原料燃烧后留下大量封闭小孔，因此，砖的表观密度小、导热系数低，隔声保温效果好，强度提高。

5.1.1.1 烧结普通砖

烧结普通砖是指公称尺寸为240 mm ×115 mm ×53 mm 的实心烧结砖。

A 主要技术性质

烧结普通砖的各项技术性能指标应满足国家标准《烧结普通砖》（GB/T 5101—2017）规定的尺寸偏差、外观质量、强度等级、抗风化性能、泛霜和石灰爆裂等要求，且产品中不得含有欠火砖、酥砖和螺纹砖。

烧结普通砖的检验方法按照国家标准《砌墙砖试验方法》（GB/T 2542—2012）规定执行。

a 尺寸偏差和外观质量

各质量等级砖的尺寸偏差和外观质量要求参考国家标准《烧结普通砖》（GB/T 5101—2017）的规定，在此不具体展开。

b 强度

烧结普通砖的强度等级是通过取10块砖试样进行抗压强度试验，根据抗压强度平均值和强度标准值划分为MU30、MU25、MU20、MU15、MU10五个强度等级。各等级的强度标准见表5-1。

表5-1 烧结普通砖的强度等级 MPa

强度等级	抗压强度平均值 $\bar{f}$	强度标准值 f_k
MU30	≥30.0	≥22.0
MU25	≥25.0	≥18.0
MU20	≥20.0	≥14.0
MU15	≥15.0	≥10.0
MU10	≥10.0	≥6.5

表中的强度标准值按照下面公式计算：

$$f_k = \bar{f} - 1.83S \quad (5\text{-}1)$$

$$S = \sqrt{\frac{1}{9}\sum_{i=1}^{10}(f_i - \bar{f})^2} \quad (5\text{-}2)$$

式中 $\bar{f}$——10块砖试件的抗压强度平均值，MPa，精确至0.1 MPa；

f_k——强度标准值，MPa，精确至0.1 MPa；

f_i——单块砖试件的抗压强度值，MPa，精确至 0.01 MPa；

S——10 块砖试件的抗压强度标准差，MPa，精确至 0.01 MPa；

c　抗风化性能

抗风化性能是指在干湿变化、温度变化、冻融变化等物理因素作用下，材料不破坏，仍能保持其原有性质的能力。砖的抗风化性能与砖的使用寿命密切相关，它是烧结普通砖耐久性的重要指标。该性能除了与自身性质有关外，还与所处的环境的风化指数有关。风化指数是指日气温从正温降至负温或从负温升至正温的每年平均天数，与每年从霜冻之日起至霜冻消失之日止这一期间降雨总量（以 mm 计）的平均值的乘积。风化指数大于 12700 为严重风化区（我国的东北、华北、西北等地区），小于 12700 为非严重风化区（我国的华东、华南、华中、西南等地区）。砖的抗风化性能是一项综合指标，主要用吸水率、饱和系数和抗冻性等指标判别。用于严重风化地区中黑龙江、吉林、辽宁、内蒙古和新疆等地区的烧结普通砖的抗冻性能必须符合国家标准 GB/T 5101—2017 的规定；用于其他地区的烧结普通砖如果 5 h 沸煮吸水率和饱和系数符合 GB/T 5101—2017 的规定，可以不做冻融试验。烧结普通砖的抗风化性能见表 5-2。

表 5-2　烧结普通砖的抗风化性能

<table>
<tr><th rowspan="3">砖种类</th><th colspan="4">严重风化区</th><th colspan="4">非严重风化区</th></tr>
<tr><th colspan="2">5 h 沸煮吸水率/%
≤</th><th colspan="2">饱和系数
≤</th><th colspan="2">5 h 沸煮吸水率/%
≤</th><th colspan="2">饱和系数
≤</th></tr>
<tr><th>平均值</th><th>单块最大值</th><th>平均值</th><th>单块最大值</th><th>平均值</th><th>单块最大值</th><th>平均值</th><th>单块最大值</th></tr>
<tr><td>黏土砖、建筑渣土砖</td><td>≤18</td><td>≤20</td><td rowspan="2">≤0.85</td><td rowspan="2">≤0.87</td><td>≤19</td><td>≤20</td><td rowspan="2">≤0.88</td><td rowspan="2">≤0.90</td></tr>
<tr><td>粉煤灰砖</td><td>≤21</td><td>≤23</td><td>≤23</td><td>≤25</td></tr>
<tr><td>页岩砖</td><td rowspan="2">≤16</td><td rowspan="2">≤18</td><td rowspan="2">≤0.74</td><td rowspan="2">≤0.77</td><td rowspan="2">≤18</td><td rowspan="2">≤20</td><td rowspan="2">≤0.78</td><td rowspan="2">≤0.80</td></tr>
<tr><td>煤矸石砖</td></tr>
</table>

B　应用

烧结普通砖具有较高的强度、良好的绝热性、透气性和体积稳定性，较好的耐久性及隔热、隔声、价格低等优点，是应用最为广泛的砌体材料之一。在建筑工程中主要用作墙体材料，其中，优等品可用于清水墙和墙体装饰，一等品、合格品可用于混水墙，而中等泛霜的砖不能用于潮湿部位。烧结普通砖也可用于砌筑柱、拱、烟囱、基础等，还可以与轻混凝土、加气混凝土等隔热材料混合使用，或者中间填充轻质材料做成复合墙体；在砌体中适当配置钢筋或钢丝网制作柱、过梁作为配筋砌体，代替钢筋混凝土或过梁等。

黏土砖的制作一般采取的是毁田取土，大量破坏农田；而且还具有砖的自重较大、烧砖能耗高、尺寸小、施工效率低、施工成本高、性能单一、抗震性差等缺点。因此，我国自 20 世纪 90 年代开始，大力推广新型墙体材料，以空心砖、工业废渣砖及砌块、轻质板材等替代实心黏土砖。

5.1.1.2　烧结多孔砖和多孔砌块

生产烧结多孔砖和多孔砌块的主要原料有黏土、页岩、煤矸石、粉煤灰、淤泥以及其他固体废弃物。烧结多孔砖是指经焙烧而制成的孔洞率不小于25%，孔的尺寸小而数量多的砖。烧结多孔砌块是指经焙烧而制成的孔洞率不小于33%，孔的尺寸小而数量多的砌块。烧结多孔砖和多孔砌块主要用于建筑物的承重部位。烧结多孔砖和多孔砌块的外形一般为直角六面体（见图5-1），在与砂浆的结合面上应设有增加结合力的粉刷槽和砌筑砂浆槽。

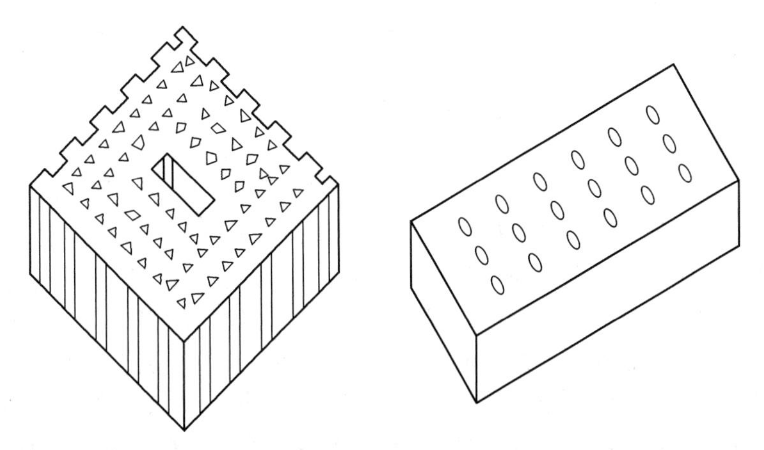

图5-1 烧结多孔砖和多孔砌块

烧结多孔砖和多孔砌块的尺寸规格应符合表5-3的要求。

表5-3 烧结多孔砖和多孔砌块的尺寸要求

尺寸	规格要求
砖的尺寸/mm	290，240，190，180，140，115，90
砌块的尺寸/mm	490，440，390，340，290，240， 190，180，140，115，90

根据GB/T 13544—2011《烧结多孔砖和多孔砌块》的规定，烧结多孔砖和多孔砌块的强度等级可按抗压强度分为MU30、MU25、MU20、MU15和MU10五个等级，烧结多孔砖的密度等级可按表观密度分为1000、1100、1200和1300四个等级，烧结多孔砌块的密度等级可按表观密度分为900、1000、1100和1200四个等级。强度等级应符合表5-4的规定，密度等级应符合表5-5的规定。

表5-4 烧结多孔砖和多孔砌块的强度等级 MPa

强度等级	抗压强度平均值	抗压强度标准值
MU30	≥30.0	≥22.0
MU25	≥25.0	≥18.0
MU20	≥20.0	≥14.0
MU15	≥15.0	≥10.0
MU10	≥10.0	≥6.5

表 5-5 烧结多孔砖和多孔砌块的密度等级

密度等级		三块试件的干表观密度平均值/$kg \cdot m^{-3}$
烧结多孔砖	烧结多孔砌块	
—	900	≤900
1000	1000	901~1000
1100	1100	1001~1100
1200	1200	1101~1200
1300	—	1201~1300

5.1.1.3 烧结空心砖和空心砌块

生产烧结空心砖和空心砌块的主要原料有黏土、页岩、煤矸石、粉煤灰、淤泥、建筑渣土以及其他固体废弃物。烧结空心砖是指经焙烧而制成的孔洞率不小于40%，孔的尺寸大而数量少的砖。空心砌块是指空心率不小于25%的砌块。烧结空心砖和空心砌块常用于非承重部位。空心砖和空心砌块的外形为直角六面体（见图5-2），混水墙用空心砖和空心砌块应在大面和条面上设置均匀分布的粉刷槽或类似结构，深度不小于2mm。

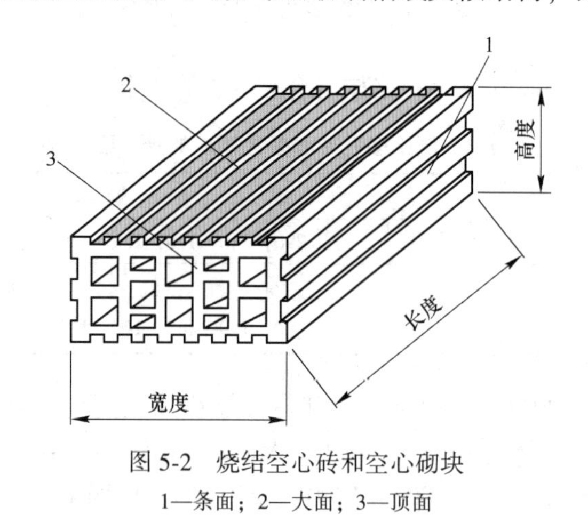

图 5-2 烧结空心砖和空心砌块

1—条面；2—大面；3—顶面

烧结空心砖和空心砌块的尺寸规格应符合表5-6的要求。

表 5-6 烧结空心砖和空心砌块的尺寸要求

尺寸	规格要求
长度/mm	390，290，240，190，180（175），140
宽度/mm	190，180（175），140，115
高度/mm	180（175），140，115，90

根据《烧结空心砖和空心砌块》（GB/T 13545—2014）的规定，烧结空心砖和空心砌块的强度等级可按抗压强度分为MU10.0、MU7.5、MU5.0和MU3.5四个等级，密度等级可按表观密度分为800、900、1000和1100四个等级。强度等级应符合表5-7的规定，

密度等级应符合表5-8的规定。

表5-7 烧结空心砖和空心砌块的强度等级

强度等级	抗压强度/ MPa		
	平均值	变异系数δ ≤0.21	变异系数δ >0.21
		标准值	单块最小值
MU10.0	≥10.0	≥7.0	≥8.0
MU7.5	≥7.5	≥5.0	≥5.8
MU5.0	≥5.0	≥3.5	≥4.0
MU3.5	≥3.5	≥2.5	≥2.8

表5-8 烧结空心砖和空心砌块的密度等级

密度等级	五块试件的表观密度平均值/kg·m^{-3}
800	≤800
900	801~900
1000	901~1000
1100	1001~1100

5.1.2 非烧结砖

不经焙烧制成的砖均为非烧结砖。如免烧免蒸砖、蒸压蒸养砖、碳化砖等。目前应用较广的是蒸养（压）砖，这类砖是以钙质材料（石灰、水泥、电石渣等）和硅质材料（砂、粉煤灰、煤矸石、矿渣、炉渣等）为主要原料，经坯料制备、压制成型，在自然条件或人工蒸养（压）条件下，发生化学反应，生成以水化硅酸钙、水化铝酸钙为主要胶结产物的硅酸盐建筑制品。主要品种有灰砂砖、粉煤灰砖、炉渣砖等。与烧结普通砖相比，非烧结砖节约土地资源，节约燃煤，能充分利用工业废料，减少环境污染。其规格尺寸与烧结普通砖相同。

5.1.2.1 蒸压粉煤灰砖

蒸压粉煤灰砖（autoclaved fly ash brick）是指以粉煤灰、生石灰为主要原料，可掺加适量石膏等外加剂和其他集料，经坯料制备、压制成型、高压蒸汽养护而制成的砖。

根据我国建材行业标准《蒸压粉煤灰砖》（JC/T 239—2014）的规定，蒸压粉煤灰砖的外形为直角六面体，规格尺寸为240 mm×115 mm×53 mm，按强度分为MU10、MU15、MU20、MU25、MU30五个等级。其强度等级应符合表5-9的规定。

除强度外，蒸压粉煤灰砖的技术要求还包括尺寸允许偏差、外观质量、抗冻性、线性干燥收缩值（应不大于0.50 mm/m）、碳化系数（应不小于0.85）、吸水率（应不大于20%）和放射性等。

表 5-9 蒸压粉煤灰砖的强度等级 MPa

强度等级	抗压强度		抗折强度	
	平均值	单块最小值	平均值	单块最小值
MU10	≥10.0	≥8.0	≥2.5	≥2.0
MU15	≥15.0	≥12.0	≥3.7	≥3.0
MU20	≥20.0	≥16.0	≥4.0	≥3.2
MU25	≥25.0	≥20.0	≥4.5	≥3.6
MU30	≥30.0	≥24.0	≥4.8	≥3.8

5.1.2.2 炉渣砖

炉渣是指煤燃烧后的残渣。以炉渣为主要原料，掺入适量石灰、石膏（或水泥、电石渣），经混合、压制成型、蒸汽养护或蒸压养护而制成的砖称为炉渣砖（cinder brick）。炉渣砖主要用于一般建筑物的墙体和基础部位。

根据我国建材行业标准《炉渣砖》（JC/T 525—2007）的规定，炉渣砖的外形为直角六面体，规格尺寸为 240 mm×115 mm×53 mm，按强度分为 MU15、MU20、MU25 三个等级。其强度等级应符合表 5-10 的规定。

表 5-10 炉渣砖的强度等级 MPa

强度等级	抗压强度		
	平均值	变异系数 δ ≤0.21	变异系数 δ >0.21
		标准值	单块最小值
MU15	≥15.0	≥10.0	≥12.0
MU20	≥20.0	≥14.0	≥16.0
MU25	≥25.0	≥19.0	≥20.0

除强度外，炉渣砖的技术要求还包括尺寸允许偏差、外观质量、抗冻性、碳化性能、干燥收缩率（应不大于 0.06%）、耐火极限（不小于 20 h）、抗渗性和放射性等。

5.2 建筑砌块

砌块是建筑用人造块材，是近年来迅速发展起来的新型砌筑材料，外形多为直角六面体，也有各种异形。其长度大于 365 mm，或宽度大于 240 mm，或高度大于 115 mm。按用途可分为承重砌块和非承重砌块；按孔洞状况分为实心砌块（无空洞或空心率<25%）和空心砌块（空心率≥25%）；按原材料可分为混凝土砌块、轻骨料混凝土砌块、硅酸盐砌块（如加气混凝土砌块等）和烧结砌块（如烧结空心砌块）。

砌块是我国大力推广的砌筑材料，它可以充分利用地方资源和工业废料，可以节省黏土资源和改善环境，并具有生产工艺简单、能耗低、强度高、耐久性好、适用性强等优点，也是我国城市建筑中应用最广的砌筑材料。常用的有普通混凝土小型空心砌块、蒸压加气混凝土砌块和轻集料混凝土小型空心砌块等。

5.2.1 蒸压加气混凝土砌块

蒸压加气混凝土砌块是用钙质材料（如石灰、水泥等）、硅质材料（如石英砂、粉煤灰、粒化高炉矿渣等）和发气剂（铝粉等）为原料，经加水搅拌、浇注成型、化学反应发气膨胀、预养切割和高压蒸汽养护等工艺制成的多孔硅酸盐砌块。通常按原材料的种类不同，蒸压加气混凝土砌块分为：蒸压水泥-石灰-砂加气混凝土砌块、蒸压水泥-石灰-粉煤灰加气混凝土砌块、蒸压水泥-矿渣-砂加气混凝土砌块、蒸压水泥-石灰-尾矿加气混凝土砌块、蒸压水泥-石灰-沸腾炉渣加气混凝土砌块、蒸压水泥-石灰-煤矸石加气混凝土砌块、蒸压石灰-粉煤灰加气混凝土砌块。

5.2.1.1 主要技术性质

A 规格尺寸

国家标准《蒸压加气混凝土砌块》（GB/T 11968—2020）对砌块的规格尺寸作了规定，砌块的长度应为600 mm，宽度应为100 mm、120 mm、125 mm、150 mm、180 mm、200 mm、240 mm、250 mm、300 mm，高度应为200 mm、240 mm、250 mm、300 mm。如需其他规格，可由供需双方协商解决。

B 抗压强度与干密度

蒸压加气混凝土砌块按抗压强度分为 A1.5、A2.0、A2.5、A3.5、A5.0 五个等级，其中强度级别 A1.5 和 A2.0 适用于建筑保温；蒸压加气混凝土砌块按干密度分为 B03、B04、B05、B06、B07 五个级别。其中干密度级别 B03 和 B04 适用于建筑保温。蒸压加气混凝土砌块的抗压强度和干密度应符合表 5-11 的规定。

表 5-11 蒸压加气混凝土砌块抗压强度和干密度要求

强度级别	抗压强度/ MPa		干密度级别	平均干密度 /kg · m^{-3}
	平均值	最小值		
A1.5	≥1.5	≥1.2	B03	≤350
A2.0	≥2.0	≥1.7	B04	≤450
A2.5	≥2.5	≥2.1	B04	≤450
			B05	≤550
A3.5	≥3.5	≥3.0	B04	≤450
			B05	≤550
			B06	≤650
A5.0	≥5.0	≥4.2	B05	≤550
			B06	≤650
			B07	≤750

C 外观质量

砌块按照尺寸偏差分为了Ⅰ型和Ⅱ型。Ⅰ型适用于薄灰缝砌筑，Ⅱ型适用于厚灰缝砌筑。砌块的外观质量应符合表5-12的规定。

表5-12 蒸压加气混凝土砌块外观质量要求

项目		Ⅰ型	Ⅱ型
缺棱掉角	最小尺寸/mm	≤10	≤30
	最大尺寸/mm	≤20	≤70
	三个方向尺寸之和不大于120 mm的掉角个数/个	≤0	≤2
裂纹长度	裂纹长度/mm	≤0	≤70
	任意面不大于70 mm裂纹条数/个	≤0	≤1
	每块裂纹总数/条	≤0	≤2
损坏深度/mm		≤0	≤10
表面疏松、分层、表面油污		无	无
平面弯曲/mm		≤1	≤2
直角度/mm		≤1	≤2

5.2.1.2 应用

蒸压加气混凝土砌块适用于承重和非承重的内外墙。由于其质量轻，可减轻建筑物自重，有利于提高建筑的抗震能力；导热系数小，一般为0.10~0.28 W/(m·K)，保温隔热，绝热性能好；内部含有大量的、独立的封闭气孔，隔声性好、抗冻性强。同时，表面平整、尺寸精确，易于加工、施工方便。但是，其强度不高，干缩大、表面易起粉，且体积稳定性差。在运输过程中注意防雨防潮，面积过大的墙面和与梁柱结合部位应挂铁丝网，砌筑蒸压加气混凝土砌块用砂浆应有很好的和易性，抹面砂浆提高灰砂比等。

5.2.2 普通混凝土小型砌块

普通混凝土小型砌块是以水泥、矿物掺合料、砂、石、水等为原材料，经搅拌、振动成型、养护等工艺制成的小型砌块，包括空心砌块和实心砌块。空心砌块的空心率不小于25%，实心砌块的空心率小于25%。

5.2.2.1 主要技术性质

A 规格和外观质量

砌块的外形一般为直角六面体，常用块型的规格尺寸见表5-13。

表5-13 普通混凝土小型砌块的规格尺寸

长度/mm	宽度/mm	高度/mm
390	90、120、140、190、240、290	90、140、190

B 强度及强度等级

砌块的强度是以试验所得的极限破坏荷载除以砌块受压面的毛面积而求得的。砌块强度取决于混凝土的强度和空心率。《普通混凝土小型砌块》（GB/T 8239—2014）规定，普通混凝土小型砌块的强度等级有 MU5.0、MU7.5、MU10、MU15、MU20、MU25、MU30、MU35 和 MU40 九个等级。砌块按使用时砌筑墙体的结构和受力情况，分为承重结构用砌块（简称承重砌块）和非承重结构用砌块（简称非承重砌块），各类砌块的强度等级见表 5-14。

表 5-14 砌块的强度等级分类 MPa

砌块种类	承重砌块	非承重砌块
空心砌块	MU7.5、MU10.0、MU15.0、MU20.0、MU25.0	MU5.0、MU7.5、MU10.0
实心砌块	MU15.0、MU20.0、MU25.0、MU30.0、MU35.0、MU40.0	MU10.0、MU15.0、MU20.0

对于不同强度等级的砌块，其抗压强度应符合表 5-15 的规定。

表 5-15 普通混凝土小型砌块的抗压强度 MPa

强度等级	抗压强度	
	平均值	单块最小值
MU5.0	≥5.0	≥4.0
MU7.5	≥7.5	≥6.0
MU10	≥10.0	≥8.0
MU15	≥15.0	≥12.0
MU20	≥20.0	≥16.0
MU25	≥25.0	≥20.0
MU30	≥30.0	≥24.0
MU35	≥35.0	≥28.0
MU40	≥40.0	≥32.0

C 抗渗性和抗冻性

通常普通混凝土砌块的吸水率在 5%~8%，软化系数在 0.85~0.95。因此，砌块应具有良好的抗渗性，以免渗漏。砌块的抗冻性影响其使用寿命，根据其使用条件，砌块的抗冻性应符合表 5-16 的要求。

表 5-16 普通混凝土小型砌块的抗冻性

使用条件	抗冻指标	质量损失率	强度损失率
夏热冬暖地区	D15	平均值≤5% 单块最大值≤10%	平均值≤20% 单块最大值≤30%
夏热冬冷地区	D25		
寒冷地区	D35		
严寒地区	D50		

5.2.2.2 应用

普通混凝土小型砌块作为替代烧结砖的墙体材料，可用于非承重墙结构和承重墙结构。承重砌块的吸水率应不大于 10%，线性干燥收缩值应不大于 0.45 mm/m；非承重砌块的吸水率应不大于 14%，线性干燥收缩值应不大于 0.65 mm/m。砌块的碳化系数和软化系数均应不小于 0.85。

5.2.3 轻集料混凝土小型空心砌块

轻集料混凝土小型空心砌块是以轻集料混凝土制作的小型块材。根据《轻集料混凝土小型空心砌块》（GB/T 15229—2011）的规定，砌块的主规格尺寸为 390 mm×190 mm×190 mm。砌块孔的排数有单排孔、双排孔、三排孔和四排孔。砌块密度等级分为八级：700、800、900、1000、1100、1200、1300、1400。除自燃煤矸石掺量不小于砌块质量35%的砌块外，其他砌块的最大密度等级为 1200。砌块强度等级分为五级：MU2.5、MU3.5、MU5.0、MU7.5、MU10.0。砌块的强度等级应符合表 5-17 的规定。

表 5-17 轻集料混凝土小型空心砌块的强度等级 MPa

强度等级	抗压强度	
	平均值	单块最小值
MU2.5	≥2.5	≥2.0
MU3.5	≥3.5	≥2.8
MU5.0	≥5.0	≥4.0
MU7.5	≥7.5	≥6.0
MU10.0	≥10.0	≥8.0

轻集料混凝土小型空心砌块的吸水率应不大于 18%，干燥收缩率应不大于 0.065%，碳化系数和软化系数均应不小于 0.8，抗冻性应符合表 5-18 的要求。

表 5-18 轻集料混凝土小型空心砌块的抗冻性

使用条件	抗冻指标	质量损失率	强度损失率
温和与夏热冬暖地区	D15	≤5%	≤2.5%
夏热冬冷地区	D25		
寒冷地区	D35		
严寒地区	D50		

5.2.4 石膏空心砌块

石膏胶凝材料的研究与生产近年来也获得不小进展，研制出连续炒锅、干热法生产建筑石膏和高强石膏，综合开发硬石膏及工业废渣等，用来制造石膏砌块。制造过程中掺入一定的防水剂、增强剂、减水剂等外加剂和各种轻骨料，可以生产出成本低且满足多功能要求的空心砌块。石膏空心砌块施工省工、省料，咬合力强，有一定防水、防潮能力，是理想的室内轻质隔断材料，在干旱、半干旱地区也可推广至外墙。除小砌块外，天津等地仍坚持石膏条板的生产，其强度、防潮及运输等问题已解决，使用更加方便，效益也好。有些国家还用石膏胶凝材料生产薄壁空心条板，用作内隔墙材料。

5.3　绿色与节能型墙体材料

我国建筑业自改革开放以来得到了空前发展，但也存在突出问题：95%以上的高耗能建筑，年能耗超过全国总能耗的四分之一。发展绿色墙体材料将取得显著的节地和节约资源效果，可使资源消耗量减少30%以上。2020年，在墙体材料总产量增加1300亿块的情况下，资源消耗量却略有下降，年节地则高达34.5万亩，烧砖大量毁田情况基本扭转。与传统产品相比，节能的绿色墙体材料可使建筑平均节能约30%。

我国现有房屋建筑数量巨大。一是我国城乡既有建筑面积多达420亿平方米；二是我国建筑规模庞大，是世界上最大的建筑市场，每年新建建筑竣工面积超过各发达国家每年新建建筑竣工面积之和。图5-3为2016—2023年我国房屋新开工面积情况，可以看出，我国每年房屋新开工面积基本保持在10亿平方米以上。

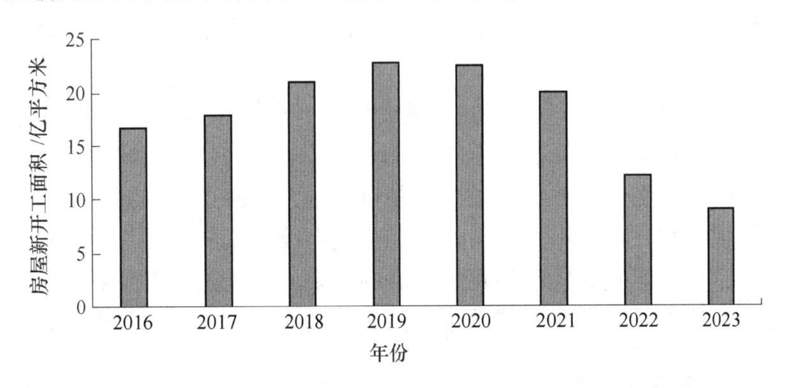

图5-3　2016—2023年我国房屋新开工面积

由此可知，建筑能耗将成为未来几年我国能源消费的主要增长点之一。因此，发展绿色及节能型墙体材料，对于降低我国建筑能耗具有重要意义。

当前，发展绿色与节能型墙体材料主要是指发展固体废弃物生产的绿色墙体材料、非黏土质新型墙体材料、高保温性墙体材料等三类新型墙体材料。

5.3.1　固体废弃物生产绿色墙体材料

（1）煤矸石空心砖。煤矿废渣——煤矸石的主要成分是黏土，用它生产空心砖可做到“制坯不用土，烧砖不用煤”，实现废弃物资源化和淘汰黏土砖的双重目标。承重煤矸石空心砖比强高、容重轻、与水泥砂浆结合强度高，作为保温隔热墙体新材料也是建筑节能型材料。煤矿排放的煤矸石占原煤产量的8%~10%。与此同时，我国每年采煤新增1亿多吨煤矸石，因此加强研究开发煤矸石烧砖的装备、工艺技术，并提高煤矸石空心砖的质量对于促进我国建材、建筑和采煤业的可持续发展将起重要作用。

（2）高掺量烧结粉煤灰砖。烧结粉煤灰砖是一种性能可靠、社会效益显著的墙体材料。利用粉煤灰为主要原料烧结多孔砖，有利于资源开发和环境保护，推动墙体材料的改革，节约制砖取土量和粉煤灰排污费用，具有十分重大的社会效益和经济效益。

（3）工业废石膏砌块和墙板。工业废石膏是工业副产品，如脱硫石膏、磷石膏、氟石膏、黄金石膏渣、盐石膏、柠檬酸石膏等。比如，我国自2006年起，全国所有火力发电厂基本全部实行脱硫系统改造，产生了大量的脱硫石膏，加上其他工业行业的废渣石膏，产品原材料资源非常广泛。经比较，采用工业废石膏制造石膏墙板、砌块的生产成本更低，产品同样具备天然石膏的隔声、隔热、防水、轻质等优良性能，且耐火性极好，耐火极限可达35 h以上。

(4) 农林业副产品轻质板材。目前农作物收割后有一部分秸秆在农田里被焚烧污染空气，少量用作造纸材料。我国20世纪80年代曾从英国引进设备生产稻草板，其防火性、耐虫蛀性、防霉性等都能满足使用要求，今后应加强农作物秸秆生产轻质板材的研究与开发。

5.3.2 非黏土质新型墙体材料

利用非黏土资源生产新型墙体材料可以收到显著的节地效果，在很多非黏土资源中，硅空心砌块是最重要的一种。除了之前提到的灰砂砖、混凝土空心砌块等之外，目前还有硅酸钙板等墙体材料。

硅酸钙板是以硅质材料和钙质材料为主要原料，适量掺加纤维增强材料及其他添加剂，经制浆、抄取、切割、加压、蒸压养护、干燥、表面处理等工序生产的一种新型墙体材料，具有很好的防火性和尺寸稳定性，产品可锯、刨、磨、钻，属施工方便的薄板类墙体材料。硅酸钙板属水硬性材料，不怕水，可为复合墙体发展提供优质材料。我国生产硅酸钙板时间较短，目前影响我国硅酸钙板发展的重要原因是国产制浆和抄取设备落后，加快设备研制开发，提高制浆、抄取技术水平已成为硅酸钙板发展的当务之急。

5.3.3 高保温性复合墙体材料

外墙外保温是目前墙体高保温体系中使用最为普遍的。外墙外保温是指采用一定的固定方式（黏结、机械锚固、粘贴-机械锚固、喷涂、浇注等），把导热系数较低（保温隔热效果较好）的绝热材料与建筑物墙体固定为一体，增加墙体的平均热阻值，从而达到保温或隔热效果的一种工程方法。胶粉聚苯颗粒保温隔热灰浆是一种新型多功能保温隔热灰浆，此灰浆层是具有施工工艺简单、导热系数低、蓄热系数高、强度高、自重轻、体积稳定性好、环保节能、成本低等优点的建筑非承重墙体保温隔热材料。

胶粉聚苯颗粒保温隔热灰浆由干粉料、聚苯颗粒和水组成，干粉料与聚苯颗粒分别定额包装，施工现场直接按比例加水配合即可使用。施工时按设计厚度进行，低于4 cm可一次施工并找平，如果要进行第二次施工，间隔时间不小于24 h；保温隔热层完全干燥以后，使用砂纸或其他粗糙的器具进行打磨。

膨胀聚苯板（EPS板）薄抹灰建筑外墙保温隔热材料主要具有以下优点：节能效果明显，容重为18 kg/m^3的EPS板的传热系数K为0.038 $W/(m^2 \cdot K)$，热惰性指标D为0.40，保温隔热效果明显；保护层具有较好的柔韧性，有效阻止系统开裂；外墙外保温系统可提高房屋有效利用面积约16%~18%；根据厚度不同可适用于不同的节能阶段（其他的保温隔热措施由于保温层厚度的限制而不能适用于较高节能要求的建筑）；耐久性好。

【背景知识】

美科学家证实火星土壤可制砖头

2015年，美国宇航局宣布，发现火星上有流动的液态水，但它大气稀薄，气候寒冷，二氧化碳和沙尘终年不断。想要变成适宜人居的星球，首先需要搭建防范尘暴的坚固建筑。来自美国加利福尼亚大学圣地亚哥分校的工程师研发出一种用火星土壤制成砖头的方法，并且质量不错！相关论文已发表于2017年4月27日的《自然科学报告》杂志上。

火星是众多科幻作品中人类移民的最终目的地，但人类要想在火星上建立家园还面临不少困难。火星轨道呈椭圆形，与地球间的最近距离约为5500万公里，最远距离则超过4亿公里。现有飞船到达火星最快要用7个月，来回平均要花2年左右。所以，从地球上运输物资到火星建造房屋还不现实，只能利用当地资源，比如火星土壤。

火星土壤中含有大量氧化铁，在太阳光紫外线的长期照射下，已经固化为一层红黄相间的氧化物。研究者提出，将这样的火星土壤转化为坚固的建筑材料，并不需要像在地球上那样使用砖窑或添加剂，只需要进行强力压缩即可。工程师使用火星土壤模拟物进行了试验，发现只需施加适当压力就足以使土壤变成细小而坚硬的块状物，其强度甚至超过了钢筋混凝土。火星土壤模拟物的性质与真正的火星土壤还是有本质上的差异，但如果新的制砖技术被证明可能适用于火星土壤，这对任何一位梦想移民火星的人来说都是好消息。

除了火星建造外，人们对月球建造也开展了大量探索研究。华中科技大学丁烈云院士团队直接面向月面建造原位材料利用与制备需求，配制了专门的模拟月壤（HUST-1），相关研究成果已在国际权威学术期刊 *Construction and Building Materials* 发表。清华大学冯鹏教授等通过对现有建造条件和建造技术进行深入调研，提出了一种月面原位资源新型建造方案，通过综合利用月壤混凝土打印、月壤袋约束、激光烧结和微波烧结等技术，可大量使用月球原位资源，降低发射成本，同时自动化程度高，可实施性强。

练　习　题

5-1　填空题

（1）与烧结多孔砖相比，烧结空心砖的孔洞尺寸较________，主要适用于________墙。

（2）过火砖与欠火砖相比，表观密度________，颜色________，抗压强度________。

（3）某住宅采用现浇大孔混凝土作为墙体材料，该墙体材料保温性能较________，隔声性能较________。

（4）内燃砖与外燃砖相比，前者表观密度比后者________，强度比后者________。

（5）某建筑物基础采用砖基础，应选用________砌体材料和________砂浆。

（6）烧结普通砖属于________材料，承受冲击荷载的构件一般选用________材料。

（7）普通黏土砖的外形尺寸是________；1 m^3砖砌体需要用砖________块，砂浆________ m^3。

（8）1 m^3砖砌体需用烧结普通砖________块，需用________ m^3砂浆。

5-2　单项选择题

（1）确定多孔砖强度等级的依据是（　　）。

A. 抗压强度平均值　　　　B. 抗压强度标准值

C. 抗压强度和抗折强度　　D. 抗压强度平均值和标准值或最小值

(2) 确定普通黏土砖强度等级的依据是（　　）。

A. 抗压强度　　B. 抗压和抗折强度

C. 外观质量　　D. 抗压强度平均值和标准值或最小值

(3) 人工鉴别过火砖与欠火砖的常用方法是（　　）。

A. 根据砖的强度　　B. 根据砖颜色的深浅及打击声音

C. 根据砖的外形尺寸　　D. 根据砖的表面状况

(4) 240 mm 厚的实心墙每 1 m^2需要用砖（　　）块。

A. 123　　B. 512　　C. 128　　D. 256

(5) 黏土砖的质量等级是根据（　　）来确定的。

A. 外观质量　　B. 抗压强度平均值和标准值

C. 强度等级和耐久性　　D. 尺寸偏差和外观质量

(6) 做抗压强度试验时，烧结普通砖的受压面积（理论上）为（　　）。

A. 240 mm×115 mm　　B. 240 mm×53 mm

C. 120 mm×115 mm　　D. 100 mm×100 mm

5-3　简答题

欠火的烧结普通砖的下列特征或特性如何（变化）？

特征或特性	颜色	敲击声	吸水率	强度	耐久性
如何（变化）					差

5-4　分析题

(1) 烧结多孔砖与烧结普通砖相比，其优势主要体现在哪些方面？

(2) 简述用烧结多孔砖代替实心砖的若干好处。

6 木　　材

本章学习的主要内容和目的：掌握木材的主要种类、力学性能和应用。

木材是人类最先使用的建筑材料之一，举世称颂的古建筑之木构架等巧夺天工，为世界建筑独树一帜。北京故宫、祈年殿都是典型的木建筑殿堂；山西应县的木塔，堪称木结构的杰作，在建筑史上创造了奇观。岁月流逝，木质建筑历经千百年而不朽，依然显现当年的雄姿。时至今日，木材在建筑结构、装饰上的应用仍不失其高贵、显赫的地位，并以它特有的性能在室内装饰方面大放异彩，创造了千姿百态的装饰新领域。

6.1 木材的分类与构造

6.1.1 木材的分类

土木工程中使用的木材是由树木加工而成，树木的种类不同，木材的性质及应用也不同，因此必须了解木材的种类，才能合理地选用木材。树木共分为针叶树和阔叶树两大类，见表6-1。

表6-1　木材的分类及应用

分类标准	分类名称	说　明	主要用途
按树种分类	针叶树	树叶细长如针、多为常绿树。材质一般较软，有的含树脂，故又称软材。如：红松、落叶松、云杉、冷杉、杉木、柏木等都属此类	建筑工程、桥梁、家具、造船、电杆、坑木、枕木、桩木、机械模型等
	阔叶树	树叶宽大、叶脉成网状，大都为落叶树，材质较坚硬，故称硬材。如：樟木、榉木、水曲柳、青冈、柚木、山毛榉、色木等都属于此类。也有少数质地较软的，如桦木、椴木、山杨、青杨等属于此类	建筑工程、机械制作、造船、车辆、桥梁、枕木、家具、坑木及胶合板等

6.1.1.1　针叶树

针叶树树叶细长成针状，多为四季常青树。树干高大通直、纹理顺直、材质均匀、木质较软、易于加工，故通常又称为软木材。针叶树木材强度较高，容重和胀缩变形较小，耐腐性较强，因此被广泛用于各个构件和装饰构件中。在建筑工程中常作为承重构件和门窗等用材，如松、杉、柏等。

6.1.1.2 阔叶树

阔叶树树叶宽大，叶脉呈网状，树干通直部分较短，材质坚硬而较难加工，故又称为硬木材。阔叶树木容重一般较大、强度高、胀缩和翘曲变形大、易开裂，在建筑中常用来制作尺寸较小的构件。

6.1.2 木材的结构

木材属于天然建筑材料，因树种及生长条件的不同，构造特征有显著差别。木材的构造特征是人们用以识别木材的依据，对木材生产、流通、贸易领域中木材的检验、鉴定与识别及木材合理加工利用等均有着重要意义。木材的构造可以从宏观和微观两个层次上认识。

6.1.2.1 木材的宏观构造

宏观构造特征是指用肉眼或借助于10倍放大镜所能观察到的木材构造特征。要全面、正确地了解木材的细胞或组织所形成的各种构造特征，就必须通过木材的切面来观察。

从不同的方向锯切木材，可以得到不同的切面。利用各切面上细胞及组织所表现出来的特征，可识别木材和研究木材的性质、用途。要全面、正确地了解木材的细胞或组织所形成的各种构造特征，就必须通过木材的三个切面来观察。树干的三个标准切面是：横切面、径切面和弦切面，如图6-1所示。

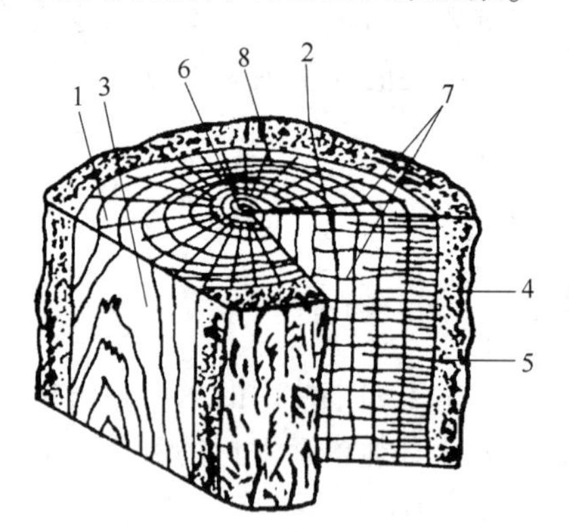

图6-1 木材的宏观构造

1—横切面；2—径切面；3—弦切面；4—树皮；5—木质部；6—髓心；7—髓线；8—年轮

树木由树皮、木质部、髓心组成。靠近髓心的木质部颜色较深，称为心材；靠近树皮的木质部颜色较浅，称为边材。通常心材的利用价值较边材要大一些；髓心质量差，易腐朽。木材横切面内的同心圆环称为年轮。同一年轮内，春季生长的木质颜色较浅，称为春材或早材；夏季或秋季生长的颜色较深，称为夏材或晚材。年轮愈密，木材的强度愈高。由髓心向外的射线称为髓线，它与周围的连接差，木材干燥时易沿此开裂。

树种不同，其纹理、花纹、色泽、气味也各不相同，体现了宏观构造的特征。木材的纹理是指木材体内纵向组织的排列情况，分直纹理、斜纹理、扭纹理和乱纹理等。木材的花纹是指纵切面上组织松紧、色泽深浅不同的条纹，它是由年轮、纹理、材色及不同锯切方向等因素决定，可呈现出银光花纹、色素花纹等，充分显示了木材自身具有的天然的装饰性，尤其是髓线发达的硬木，经刨削磨光后，花纹美丽，是一种珍贵的装饰材料。

6.1.2.2 木材的微观结构

木材的微观结构需要在显微镜下观察，如图6-2和图6-3所示，在显微镜下观察木材的切片，木材是由无数管状细胞结合而成的。从阔叶树看到，木材是由无数管状细胞紧密结合而成的，它们绝大部分为纵向排列，少数为横向排列（如髓线）。每个细胞由细胞壁和细胞腔组成，细胞壁由纤维组成，纤维之间可以吸附和渗透水分。细胞壁承受力的作用，因此，木材的细胞壁越厚、细胞腔越小，木材就越密实，其容重和强度也就越大，但膨胀变形也越大。春木的细胞壁薄而腔大，夏木的细胞壁厚而腔小。针叶树材的显微结构较简单而规则，它由管胞、髓线、树脂道组成。阔叶树材的显微结构较为复杂，主要由导管、木纤维及髓线组成。春材中有粗大导管，沿年轮呈环状排列的称为环孔材；春材、夏材中管孔大小无显著差异，均匀或比较均匀分布的称为散孔材。阔叶树材的髓线发达，它粗大而明显。导管和髓线是鉴别针叶树和阔叶树的主要标志。年轮与髓线赋予木材优良的装饰性。

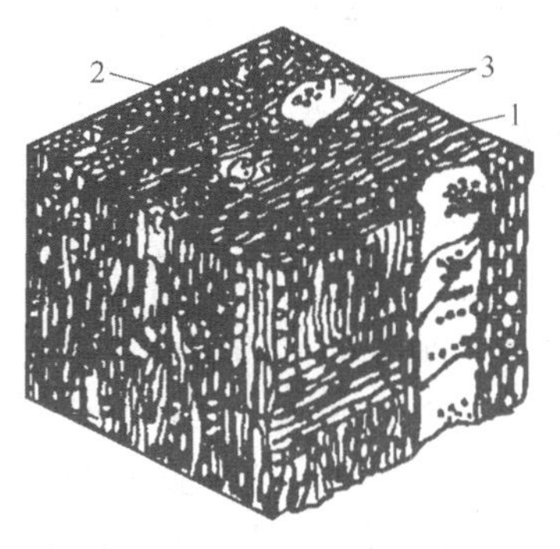

图 6-2 针叶树马尾松微观构造

1—管胞；2—髓线；3—树脂道

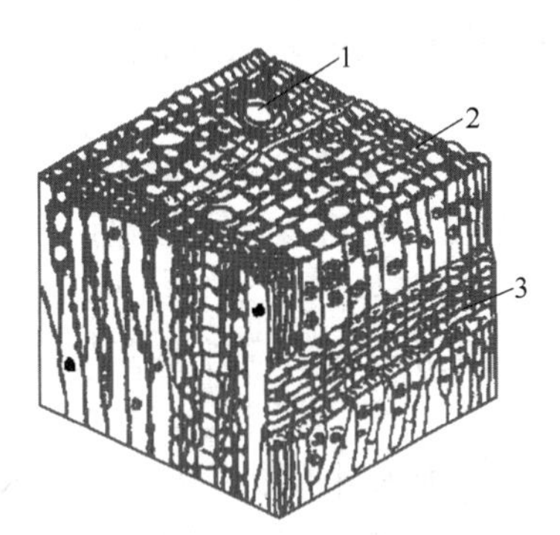

图 6-3 阔叶树柞木微观构造

1—管胞；2—髓线；3—木纤维

6.2 木材的基本性质

木材的基本性质包括密度、含水率、湿胀与干缩、强度等，其中含水率对木材的湿胀干缩和强度影响很大。

6.2.1 木材的密度和表观密度

6.2.1.1 密度和表观密度

不同树种木材的密度相差不大，平均为 1.55 g/cm^3。

木材的表观密度因树种的不同而不同。我国木材中表观密度最轻的是台湾的二色轻木，仅有 186 kg/m^3；最重的是我国广西的蚬木，表观密度高达 1128 kg/m^3；大多数木材的表观密度在 400~600 kg/m^3。

6.2.1.2 密度的影响因素

除了含水率以外，影响木材密度的因素还包括树种、抽提物含量、立地条件和树龄等。在同一棵树上，不同部位的木材密度也有较大的差异。

（1）树种。不同树种的木材其密度也有很大差异。这主要是由于不同树种木材的空隙度不同而引起的，空隙度越大，木材的密度越小。

（2）抽提物含量。木材中通常含有多种抽提物，其中包括松烯、树脂、多酚类（如单宁、糖类、油脂类），以及无机化合物（如硅酸盐、碳酸盐、磷酸盐）。这些物质是在次生壁成熟期以及心材形成期沉积在细胞壁中的，因此，心材中抽提物的含量高于边材，心材的密度通常比边材的密度大。

（3）立地条件。树木的立地条件，包括气候、地理位置等，对木材密度也有很大影响。

（4）树龄。一般来说，从幼龄期直至成熟期，木材的密度有随着树龄的增高而增大的趋势，并且通常在幼龄期密度随树龄增高而增大的速率比较高，进入成熟期后趋于平缓，有时也有转为下降的情况。

（5）在树干上的部位。

1）沿着树干半径方向。成熟材的树干的密度沿着半径方向的变化可以分为三种情况：

①平均密度沿着髓心向外呈线性或曲线增大趋势。

②平均密度沿着髓心向外先减小，之后再呈增大趋势，树皮部分的密度或高于或低于接近髓心部分的密度。

③平均密度沿着髓心向外呈直线或曲线减小趋势，髓心部分的密度高于树皮部分的密度。

对于多数针叶树来说，相同树种的木材密度沿着树干半径方向的变化属于同一类型。但是，也有一些树种表现为不同的类型。针叶树木材密度沿着树干半径方向的不同变化类型与管胞直径的变化、细胞壁厚度的变化及晚材率的变化有关。

对于阔叶树来说，变化要比针叶树复杂，同一棵树的不同高度上的木材有可能分属不同的变化类型。对于环孔材来说，木材密度的变化主要受晚材率的影响；而对于散孔材来说，木材密度的变化依赖于导管和纤维细胞壁的体积比的变化。

2）沿着树干高度方向。大多数针叶树的木材密度在树干基部出现最大值，然后沿着树干高度方向呈减小趋势。阔叶树的木材密度在树干高度方向上的变化很不一致，没有一个统一的方式。原因可能在于阔叶树中不同部位各类细胞的比例差异很大，或者是立地条件等对树木生长有很大的影响。

6.2.2 木材与水有关的性质

木材中的水分可分为三种，即自由水、吸附水和化合水。

自由水存在于组成木材的细胞间隙中，影响木材的表观密度、燃烧性、干燥性及渗透性。吸附水是指被物理吸附于细胞壁内的细纤维中的水，是影响木材强度和胀缩变形的主要因素。化合水是组成细胞化合成分的水分，对木材的性能无影响。

6.2.2.1 木材含水率

A 含水率

木材或木制品中的水分含量通常用含水率来表示。根据基准的不同分为绝对含水率和相对含水率两种。建筑木材工业中一般采用绝对含水率（简称含水率），即水分质量占木材绝干质量的百分率。相对含水率在造纸和纸浆工业中比较常用，是水分质量占含水试材质量的百分率。绝对含水率的计算公式如下：

$$M_C = \frac{m - m_0}{m_0} \times 100\% \tag{6-1}$$

式中 M_C——试材的绝对含水率，%；

m——含水试材的质量，g；

m_0——试材的绝干质量，g。

由于绝对含水率的计算式中分母为绝干质量，所以含水率有可能出现高于100%的情况。表6-2中列出几种常见的针叶树和阔叶树的心材及边材生材含水率。

表6-2 几种树种的生材含水率 %

类别	树种	心材	边材
阔叶树	白桉（white ash）	46	44
	白杨（aspen）	95	113
	黄桦（yellow birch）	74	72
	美洲榆（american elm）	95	92
	糖槭（sugar maple）	65	72
	北方红栎（northern red oak）	80	69
	白橡木（white oak）	64	78
	枫香（sweetgum）	79	137
	黑胡桃木（black walnut）	90	73
针叶树	美国侧柏（western red cedar）	58	249
	花旗松（douglas-fir）	37	115
	白杉（white fir）	98	160
	杰克松（ponderosa pine）	40	148
	拉布拉利松（loblolly pine）	33	110
	红杉（redwood）	86	210
	东岸云杉（eastern spruce）	34	128
	西岸云杉（sitka spruce）	41	142

B 纤维饱和点

当木材细胞腔与细胞间隙中没有自由水，而细胞壁内吸附水达到饱和时的木材含水率称为纤维饱和点，它是影响强度和胀缩性能的临界点。在纤维饱和点以下，随着含水率的增大，木材的细胞壁吸水，体积膨胀，强度下降，直至达到纤维饱和点，木材含水率继续增大，体积也不再膨胀，强度也不再下降。即在纤维饱和点以下，含水率越低强度越高，体积越小。因树种的不同，木材的纤维饱和点也会不同，一般在25%~35%，通常取其平均值（30%）。

C 平衡含水率

木材中所含的水分会随着环境温度和湿度的变化而变化。木材长时间处于一定温度和湿度的环境中时，木材中的含水率最后会与周围环境湿度达到平衡，这时木材的含水率称为平衡含水率。

6.2.2.2 木材胀缩性

木材的含水率在纤维饱和点以下，由于含水率的增加而引起尺寸和体积的膨胀称为湿胀；由于含水率的减少而引起尺寸和体积的收缩称为干缩。木材的这种湿胀和干缩性质称为胀缩性。

木材由细胞组成，在细胞腔内有自由水，细胞壁中有吸附水（吸湿水、胞壁水）。只有吸附水的增加和减少才能引起木材的胀缩，当吸入的水分在细胞壁中呈饱和状态时，木材的吸湿性达到最大。此后如将木材继续置于水中，含水率虽然继续增加，但只能增加自由水，故不能引起木材胀缩。木材的湿胀性纵向（顺纹理）很小，横向（横纹理）很大，弦向又比径向约大一倍。

木材湿胀的大小，以胀缩率表示，即木材全干尺寸和在空气中湿润至纤维饱和点的含水率时尺寸的差值与全干尺寸的百分比。或以湿胀系数表示，即含水率每增加1%的平均湿胀率。

反之，即当含水率低于纤维饱和点时，才发生干缩。木材干缩的大小，以干缩率表示，即含水率高于纤维饱和点的生材和干燥后木材尺寸的差值与湿材尺寸的百分比。木材的干缩纵向很小，横向很大（与生长轮所成的角度愈小，干缩愈大）。径向和弦向干缩率的不同是木材产生裂缝和翘曲的主要原因。干缩的大小因树种而异，一般正常木材的纵缩为0.1%~0.3%，径缩为3%~6%，弦缩为6%~12%，体积干缩为9%~14%。

由于木材有湿胀和干缩的缺点，使木材的尺寸和体积不能保持稳定，而随空气中的湿度和温度变化。要保持木材尺寸的稳定性，在使用时要保持木材的含水率与当地平衡含水率相当。干燥至平衡含水率时的木材，才能进行加工及使用。

6.2.3　木材的力学性质

6.2.3.1　木材的强度

木材的强度主要指木材的抗拉、抗压、抗弯和抗剪强度。

A　抗压强度

木材的抗压强度分为顺纹抗压强度和横纹抗压强度两种。

当压力方向与木材纤维方向平行时为顺纹受压，顺纹受压破坏是由于木材细胞壁失稳造成的，而非纤维的断裂。木材的顺纹抗压强度较高，且疵病对其影响较小，工程中用作柱子、斜撑等的木材均为顺纹受压构件。当压力方向与木材纤维方向垂直时为横纹受压，横纹受压破坏是由于木材细长的管状细胞被压扁，产生大量变形造成的。木材的横纹抗压强度很低。

B　抗拉强度

木材的抗拉强度也分为顺纹抗拉强度和横纹抗拉强度两种。

当拉力方向与木材纤维方向平行时为顺纹受拉。木材单纤维的抗拉强度很高，理论上顺纹抗拉强度是木材所有强度中最高的，但在实际使用中，木材的各种缺陷（木节、裂缝、斜纹、虫蛀等）对顺纹抗拉强度的影响很大。当拉力方向与木材纤维方向垂直时为横纹受拉，横纹受拉破坏是将木材纤维横向撕裂，由于木材纤维之间的横向连接比较薄弱，所以木材的横纹抗拉强度很低。

C　抗弯强度

木材受弯时，上部为顺纹受压，下部为顺纹受拉，而在水平面中还存在剪切力。破坏时，首先是受压区达到强度极限，但并不立即破坏，随着外力的增大，将产生大量塑性变形，而当受拉区内许多纤维达到强度极限时，则因纤维本身及纤维间连接的断裂而破坏。所以，木材的抗弯强度较高，实际工程中常用作受弯构件，如梁、桁架、地板等。在实际使用中，木材的各种缺陷对其抗弯强度影响也很大。

D 抗剪强度

木材的剪切分为顺纹剪切、横纹剪切和横纹切断三种。

当剪切力方向与木材纤维方向平行时为顺纹剪切，这种剪切破坏只是剪切面内纤维间的连接被破坏，绝大部分纤维本身并不破坏，所以木材的顺纹抗剪强度很小。当剪切力方向与木材纤维方向垂直，且剪切面与木材纤维方向平行时为横纹剪切，这种剪切破坏，破坏的是剪切面中纤维的横向连接，所以木材的横纹抗剪强度更低。当剪切力与木材纤维方向垂直，且剪切面也与木材纤维方向垂直时为横纹切断，这种剪切破坏是将木纤维切断。所以，木材的横纹切断强度较大。木材的各种强度值见表 6-3。

表 6-3 木材各种强度值

抗压强度/ MPa		抗拉强度/ MPa	
顺纹	横纹	顺纹	横纹
100	10~20	200 ~ 300	6 ~ 20
抗弯强度/ MPa		抗剪强度/ MPa	
		顺纹	横纹
150 ~ 200		15 ~ 20	50 ~ 100

6.2.3.2 影响木材强度的主要因素

影响木材强度的主要因素如下：

(1) 含水率。木材的含水率在纤维饱和点以内变化时，含水量增加使细胞壁中的木纤维之间的联结力减弱、细胞壁软化，故强度降低；含水量减少使细胞壁比较紧密，强度增高。

含水率的变化对各强度的影响是不一样的。对顺纹抗压强度和抗弯强度的影响较大，对顺纹抗拉强度和顺纹抗剪强度影响较小。

(2) 环境温度。木材强度随环境温度升高会降低。当温度由 25 ℃升到 50 ℃时，针叶树抗拉强度降低 10%~15%，抗压强度降低 20%~24%。当木材长期处于 60~100 ℃温度时，会引起水分和所含挥发物的蒸发，而呈暗褐色，强度下降，变形增大。温度超过 140 ℃时，木材中的纤维素发生热裂解，色渐变黑，强度明显下降。因此，长期处于高温的建筑物，不宜采用木结构。

(3) 负荷时间。木材的长期承载能力远低于暂时承载能力。这是因为在长期承载情况下，木材会发生纤维等速蠕滑，累积后产生较大变形而降低了承载能力。

木材在长期荷载作用下不致引起破坏的最大强度，称为持久强度。木材的持久强度比其极限强度小得多，一般为极限强度的 50%~60%。一切木结构都处于某一种负荷的长期作用下，因此在设计木结构时，应考虑负荷时间对木材强度的影响。

(4) 木材的疵病。木材在生长、采伐及保存过程中，会产生内部和外部的缺陷，这些缺陷统称为疵病。木材的疵病主要有木节、斜纹、腐朽及虫害等，这些疵病将影响木材的力学性质，但同一疵病对木材不同强度的影响不尽相同。木节使木材顺纹抗拉强度显著降低，对顺纹抗压影响最小，在木材受横纹抗压和剪切时，木节反而增加其强度。斜纹是木纤维与树轴成一定夹角而形成的，会严重降低木材的顺纹抗拉强度，抗弯强度次之，而对顺纹抗压强度影响较小。裂纹、腐朽、虫害等疵病，会造成木材构造的不连续性或组织的破坏，因此严重影响木材的力学性质，有时甚至能使木材完全失去使用价值。

6.3 木材的特点及应用

6.3.1 木材的特点

木材是人类最早应用于建筑以及装饰装修的材料之一。由于木材具有许多其他材料无法替代的优良特性，使它们至今在建筑装饰装修中仍然占有极其重要的地位。虽然其他种类的新材料不断出现，但木材仍然是家具和建筑领域不可缺少的材料，其特点可以归结如下：

（1）不可替代的天然性。木材是天然的，有独特的质地与构造，其纹理、色泽等能够给人们一种回归自然、返璞归真的感觉，深受人们的喜爱。

（2）典型的绿色材料。木材本身不存在污染源，其散发的清香和纯真的视觉感受有益于人们的身体健康。与塑料、钢铁等材料相比，木、竹材是可循环利用和永续利用的材料。

（3）优良的物理力学性能。木材是质轻而比强度高的材料，具有良好的绝热、吸声、吸湿和绝缘性能。同时，竹、木材与钢铁、水泥和石材相比具有一定的弹性，可以缓和冲击力，提高人们居住和行走的安全。

（4）良好的加工性。木材可以方便地进行锯、刨、铣、钉、剪等机械加工和贴、粘、涂、画、烙、雕等装饰加工。

基于上述特点，木质装饰材料迄今为止仍然是建筑装饰领域中应用最多的材料。

6.3.2 木材的综合应用

木材被广泛地应用于建筑工程中，一般有木地板、木饰面板和枋木三类。

6.3.2.1 木地板

木地板是由硬木树种和软木树种经加工处理而制成的木板面层。木地板可分为实木地板、强化木地板、实木复合地板、竹材地板和软木地板。

A 实木地板

实木地板是用天然木材经锯解、干燥后直接加工成不同几何单元的地板，其特点是断面结构为单层，充分保留了木材的天然性质。近些年来，虽然有不同类别的地板大量涌入市场，但实木地板以它不可替代的优良性能稳定地占领着一定的市场份额。

B 强化木地板

强化木地板是多层结构地板，由表面耐磨层、装饰层、缓冲层、人造板基材、平衡层组成。

强化木地板的底层是为了使板材在结构上对称以避免变形而采用的与表面装饰层平衡的纸张，此外在安装后也起到一定的防潮作用。平衡纸为漂白或不漂白的牛皮纸，具有一定的厚度和机械强度。平衡纸浸渍酚醛树脂，含量一般为80%以上，具有较高的防湿防潮能力。

强化木地板的特点为：

(1) 优良的物理力学性能。强化木地板首先是具有很高的耐磨性，表面耐磨耗为普通油漆木地板的10~30倍。其次是产品的内结合强度、表面胶合强度和冲击韧性等力学性能都较好。根据检测，复合强化木地板的表面电阻小于1011 Ω，有良好的抗静电性能，可用作机房地板。此外，强化木地板还有良好的耐污染腐蚀、抗紫外线光、耐香烟灼烧等性能。

(2) 有较大的规格尺寸且尺寸稳定性好，安装简便，维护保养简单。

C　复合地板

由于世界天然林的逐渐减少，特别是装饰用优质木材的日渐枯竭，木材的合理利用已越来越受到人们的重视，多层结构的复合地板就是这种情况下的产物之一。多层复合地板实际上是利用珍贵木材或木材中的优质部分以及其他装饰性强的材料作表层，材质较差或质地较差部分的竹、木材料作中层或底层，经高温高压制成的多层结构的地板。这种地板不仅充分利用了优质材料，提高了制品的装饰性，而且所采用的加工工艺也不同程度地提高了产品的物理力学性能。

6.3.2.2　木饰面板

用木材装饰室内墙面，按主要原料不同可分为两类：一类是薄木装饰板，此类板材主要由原木加工而成，经选材干燥处理后用于装饰工程；另一类是人工合成木制品，它主要由木材加工过程中的下脚料或废料经过机械处理，生产出人造材料。

A　胶合板

胶合板是用原木旋切成薄片，再用胶黏剂按奇数层数，以各层纤维互相垂直的方向黏合热压而成的人造板材。按胶合板的层数，可分为三夹板、五夹板、七夹板和九夹板，前两种最常用。胶合板常见的幅面尺寸如表6-4所示。

表6-4　胶合板常见的幅面尺寸

宽度/mm	长　度/mm				
	915	1220	1830	2135	2440
915	915	1220	1830	2135	—
120	—	1220	1830	2135	2440

胶合板板材幅面大，易于加工；板材的横向和纵向的抗拉、抗剪强度均匀，适应性强；板面平整，收缩性小，不翘不裂；板面具有美丽的花纹，是装饰工程中使用最频繁、数量最大的板材；既可以做装饰面板的基材，又可以直接用于装饰面板，能获得天然木材的质感。胶合板广泛用于建筑室内的墙面装饰，也用来做家具。胶合板面上可油漆成各种类型的漆面，可裱贴各种墙纸、墙布，可粘贴各种塑料装饰板，也可以进行涂料的喷涂处理。

B 细木工板

细木工板由于其材性类似于天然木材，在家具和室内装饰装修中得到越来越广泛的应用，成为人造板中最大的板种之一。细木工板有许多品种，内部芯条或其他材料密集排列的为实心细木工板，内部芯条或其他材料间断排列的为空心细木工板。用胶黏剂将内部芯条或其他材料粘接在一起的称板芯胶拼细木工板，板芯材料之间的连接不采用胶黏剂粘接的称板芯不胶拼细木工板。在家具和室内装修中应用较多的是实心细木工板，内部板芯材料胶拼或不胶拼的都有采用，板芯胶拼细木工板多用于家具和高档装修中，板芯不胶拼细木工板多用于一般装修中。

细木工板按结构不同，可分为芯板不胶拼和芯板胶拼两种；按表面加工状况可分为一面砂光、两面砂光和不砂光三种；按所使用的胶合剂不同，可分为Ⅰ类胶细木工板、Ⅱ类胶细木工板两种；按面板的材质和加工工艺质量不同，可分为一、二、三等三个等级。细木工板的尺寸规格和技术性能如表 6-5 所示。

表 6-5 细木工板的尺寸规格和技术性能

<table>
<tr><th colspan="6">长度/mm</th><th rowspan="2">宽度/mm</th><th rowspan="2">厚度/mm</th><th rowspan="2">技术性能</th></tr>
<tr><th>915</th><th>1220</th><th>1520</th><th>1830</th><th>2138</th><th>2440</th></tr>
<tr><td>915</td><td>—</td><td>—</td><td>1830</td><td>2135</td><td>—</td><td>945</td><td rowspan="2">16
19
22
25</td><td rowspan="2">含水率：10%±3%；
静曲强度：
厚度为 16 mm，不低于 15 MPa；
厚度小于 16 mm，不低于 12 MPa；
胶层剪切强度不低于 1 MPa</td></tr>
<tr><td>—</td><td>1220</td><td>—</td><td>1830</td><td>2135</td><td>2440</td><td>1220</td></tr>
</table>

C 纤维板

纤维板是以木质纤维或其他植物纤维材料为主要原料，经破碎、浸泡、研磨成木浆，再加入一定的胶料，经热压成型、干燥等工序制成的一种人造板材。按纤维板的体积密度不同可分为硬质纤维板、中密度纤维板、软质纤维板三种；按表面分为一面光板和两面光板两种；按原料不同分为木材纤维板和非木材纤维板。硬质纤维板的强度高，耐磨、不易变形，可用于墙壁、门板、地面、家具等。硬质纤维板按其物理力学性能和外观质量分为特级、一级、二级、三级等四个等级。

中密度纤维板品种很多，根据国家标准《中密度纤维板》（GB/T 11718—2021），中密度纤维板板型增加为 4 种。根据用途分为普通型、家具型、承重型和建筑型 4 类，根据适用条件又分为干燥、潮湿、高湿、温带-潮湿、热带-潮湿和室外 6 种。另外，还增加了附加分类，按外观质量分为优等品和合格品，力学性能统一为一个等级要求。

软质纤维板的结构松散、强度低，但吸声性和保温性好，主要用于吊顶等。

D 刨花板

刨花板是利用施加胶料和辅助料或未施加胶料和辅助料的木材或非木材植物制成的刨花材料压制成的板材。刨花板按原料不同分为木材刨花板、甘蔗渣刨花板、亚麻屑刨花板、棉秆刨花板、竹材刨花板、水泥刨花板、石膏刨花板等；按表面分为未饰面刨花板和饰面刨花板；按用途分为家具、室内装饰等一般用途的刨花板和非结构建筑用刨花板。

刨花板属于中低档装饰材料，且强度较低，一般用作绝热、吸声材料，地板基层，还可以用于吊顶、隔墙、家具等。

6.3.3　木材发展方向

随着木材的减少和木材使用性能要求的提高，原始木材的天然特性难以满足需要。将木材加工成木板、木条、单板、刨花或纤维等组元，利用现代技术将木材组元重组为新型木质材料是其发展趋势。

现代复合木质材料具有原始木材所不具备的几何性能、同一性、均匀性和曲面成形性。木质复合材料经过各种复合制得后，比原本木材具有更多优良性能，可按照人们的意愿和用途，改良天然木材固有的缺点或赋予木材新的功能，提高木材使用价值，实现低质材的优化利用。因此在人类面临资源和环境挑战的今天，研制开发多种新型的木质复合材料，对高效利用木材资源，保护生态环境和促进社会持续发展均有重要意义。

6.3.3.1　复合材料中的人造板

木基复合材料研究的另一个前沿是木质材料的功能化，大致可分为填充、混杂、复合和表面覆盖等方法，如将导电性填料填充到木材中，将导电性短纤维与木材纤维或木粉混杂和复合。还可将导电性纤维与木纤维混杂成功能纸，使纸张的全部、外表面或内部成为连续相平面选择性导电材料。将小木片镀镍后模压，可制成曲面选择性导电材料，电磁波屏蔽效果可达 40~70 dB（以对频率 15 GHz 电磁波的屏蔽效能 20 dB 为例，可将电磁波干扰或污染强度衰减 90%），体积电阻率可达 0.15~5.9 Ω·cm（实体木材一般为 10^8~10^{11} 数量级）。研究开发木质屏蔽功能复合材料，在 9 kHz~15 GHz 范围内减少室内电磁污染，有利于实现其环境认证（如 ISO 14000）和安全认证（如 CE 标记），增加木质板材产品的附加值，在室内装修、办公用家具、公共场所等应用领域有广阔的前景。人造板工业作为现代工业的一个分支已有近百年的历史，未来将如何发展是研究人员普遍关注的问题。以往人造地板有胶合板、纤维板和刨花板三大板之分，近年来又发展了定向刨花板三大板之分，人造板已从以往的普通人造板产品发展到结构人造板产品。结构人造板主要考虑板材的工程性能，它包括力学性能和尺寸稳定性及其他相关性能。结构人造板板种的不断更新，实际上就是复合材料复合理论的体现。

6.3.3.2　木质陶瓷

用木质材料与热固性树脂制成的复合材料在高温绝氧条件下烧结而成的多孔性炭素材料，具有新的功能。木材陶瓷的烧结温度和温升速度与其力学性质有关，木材陶瓷材料的静曲强度达到 27 MPa（木材为 29~183 MPa），弹性模量达到 7.5 GPa（木材为 4~21 GPa）。木材陶瓷材料随着烧结温度的提高，从绝缘体过渡到导体，相对密度为 0.7~1.0（木材为 0.24~1.13），可取代传统的铁氧体电磁屏蔽材料，也可作为远红外发热材料和吸收材料（波长为 4.0~22.0 μm，放射能为黑体的 80%），还可作为无润滑滑动部件（摩擦系数为 0.1~0.15，布氏硬度可达 60 MPa），并具有易加工制造，高强、优良的摩擦和磨耗特性，以及自含润滑油、耐腐蚀和低密度（为钢的 1/9~1/13）特性等。

6.3.3.3　无机复合材料

利用双重扩散法使两种可溶性无机化合物注入木材中，通过化学反应形成不溶性的无机物，沉积在木材的细胞腔中或细胞壁上，便成为一种含有无机物的新型复合木材。其加工性能与普通木材相同，对层积、胶合、涂饰无不利影响；其力学强度除韧性有所下降外，弯曲强度、刚性有所增加，硬度、耐磨性提高；具有优良的阻燃性和天然的耐久性；能最大限度地保留原木的视觉特性。

6.3.3.4 金属复合材料

用熔融的合金和金属元素注入木材可制得木材-金属复合材料（或金属化木材）。木材-金属复合材料的比重明显提高，其抗压强度、硬度、导热系数、耐磨性、冲击韧性大幅度增加，耐久性、尺寸稳定性明显改善。

6.3.3.5 木塑复合材料

木塑复合材料是一种木材与塑料树脂的复合物，它是将不饱和烯烃类单体或预聚物浸注到实体木材之中，并通过高能射线辐射或化学引发剂的作用，使其在木材内部与木材组分产生接枝共聚而形成一种天然木材与塑料树脂合成一体的复合材料。这种木塑复合物既保持有天然木材的纹理结构，又具有强度高、尺寸稳定性好、耐水、耐腐、耐磨等许多优良性能，因而具有很高的利用价值。木塑复合物可以用于一些特殊的场合，如运动器材、乐器用材、雕刻用材、军工用材或高档地板和台面等。

6.3.3.6 酰化复合材料

酰化复合是用酰化剂（如酸酐、有机酸等）处理木材，在木材分子中引入酰基，改善木材的拒水性。其抗水性、尺寸稳定性、抗拉强度、弹性模量大幅度提高，广泛应用于木材和碎料的处理。

6.3.3.7 其他木质复合材料

（1）木材与金属的复合。用于与金属形成复合材料的木材可以是实体木材，也可以是木纤维。在实体木材表面复合一层金属可以提高木材的耐温性、耐磨性及强度。金属丝与木纤维混合后压制成的整体复合材料具有较高的耐温性和强度，并同时具有金属材料的韧性。混有金属纤维或复合有金属孔板的木纤维复合材料可以模压制成各种制品，如防火、防盗功能的模压门制品等。

（2）木材与玻璃纤维的复合。由于此种复合材料掺入大量木纤维，可以降低制品的重量。利用轻质木材为芯材，外侧复合上玻璃纤维树脂所形成的复合材料具有较高的强度/质量比，可以用作结构材料及风力发电机桨叶。利用玻璃纤维增加木材的强度及刚度是一个经济上可行的技术方案。玻璃纤维的加入可增加复合材料的抗弯、抗拉强度，降低其吸水厚度膨胀率。

6.4 木材的防腐

6.4.1 木材腐蚀的原因

木材易腐蚀是它的最大缺点。侵害木材的真菌常见的是腐朽菌。腐朽菌在木材中生存和繁殖的原因有三种：适宜的水分、空气和温度。当含水率在35%~50%，温度在25~30 ℃，又有足够的空气时，腐朽菌最宜繁殖，木材也最易腐朽。当含水率在20%以下，温度高于60 ℃，腐朽菌将不能生存和繁殖。因此，若木材能长期保持干燥，就不会腐朽；木材完全浸入水中或深埋地下，由于空气不足，也不会腐朽。

6.4.2 防腐措施

木材防腐通常采用木材本身的天然耐腐性、物理保管和化学保管等方法。木材的物理保管主要通过控制木材的含水率来提高木材的耐腐性，通常有干存法、湿存法、水存法等。物理保管常用的是干存法，即将木材干燥，使含水率小于20%，使用时注意通风和除湿。而木材化学保管是采用有毒的化学药剂（防腐剂）对木材进行处理，以达到毒杀迫害木材的菌类和虫类的目标，据测算，经过防腐处理的木材比未处理木材的使用寿命要延长5~10倍。因此，在木材防腐上采用化学保管这一防腐措施最为常见。

木材上应用的防腐剂应具备如下条件：对真菌具有高毒性；易浸注木材；持久性强，不易挥发、流失；对容器、工具无腐化性；对人、畜无害；不增加木材燃烧性；无色、无臭，便于油漆；对木材胀缩影响小；药源充沛，价格低。

6.4.2.1 常用防腐剂

目前应用的木材防腐剂主要有三类，即油质防腐剂、有机溶剂防腐剂和水溶性防腐剂。

A 油质防腐剂

油质防腐剂是指具有足够毒性和防腐性能的油类。目前主要应用的油质防腐剂是煤杂酚油（克里苏油，又称木材防腐油），以及煤杂酚油和煤焦油或石油的混杂油。

油质防腐剂具有防腐效果好、耐天气性强、抗雨水或海水冲洗、对金属腐化性低、来源广、价格低等优点，但气味辛辣，刺激皮肤，处理后木材呈黑色，不便油漆，温度升高时易出现溢油现象。

B 有机溶剂防腐剂

有机溶剂防腐剂是溶解于有机溶剂的杀菌、杀虫毒性药剂。常用的毒性药剂有五氯苯酚、氯化苯、环烷酸铜、8-羟基喹啉酮和有机锡化合物等。

有机溶剂防腐剂具有毒性强，易被木材吸收，可用涂刷、喷雾、浸渍等方法处理，持久性好，应用后木材形变小，表面洁净，可进行油漆、胶合，不腐化金属等优点，但成本较高，防火要求高，不适用于食品工业用材的防腐。

C 水性防腐剂

水性防腐剂主要指能溶于水的，对破坏木材的生物有毒性的物质。其特点是水溶性好，不含重金属成分，不降低木材的强度，不改变木材的原有颜色，木材在使用中对环境和人体无毒性。常用的有氟化物、硼化物、砷化物、铜化物、五氯酚钠单盐防腐剂，铜铬砷氧化物、季铵铜、铜铬硼等复合防腐剂。

6.4.2.2 处理方法

各种木材应用的环境不同，对防腐效能的要求不同，对防腐剂的吸收量也不同。木材防腐的处理可分为下列两类。

A 常压法

常压法有涂刷法、浸泡法、扩散法、热冷槽法和树液置换法等。上述方法的处理均属于表层处理，防腐剂保存时间短。但对浸注性好的木材而言，经济实用，如用于门窗料、新锯板方材、木质人造板和生材的防腐处理等。

（1）门窗料的处理。对浸透性好的木材，用5%的五氯苯酚将干燥的门窗料冷浸3~5 min,即可满足要求；但五氯苯酚对人有害，可应用三丁基氧化锡石油溶剂处理门窗料，其防腐效果和油漆性能均良好。

（2）新锯板方材的处理。一般采纳油溶性防腐剂低量喷涂法处理。

（3）木质人造板的处理。可在单板、刨花和碎料阶段用硼化物喷淋或二甲基硼化物蒸气处理单板，防止板材变色。

B 真空加压法

真空加压法是先将处理罐抽真空，随后注入防腐剂，再施以不同压力，将防腐剂注入木材内部的处理方法。此法适用于易腐烂难浸注木材的防腐处理，如云杉、鱼鳞云杉、落叶松等；也适用于易注入木材的防腐处理，如处理永久性的木建筑、枕木、坑木和海中桩柱等。其防腐效果和时间均优于常压法。常用真空加压法有下列几种：

（1）满细胞法。其又称完浸注法、贝塞尔法。此法处理后，防腐剂充溢了细胞壁、细胞腔和细胞间隙。此法包含以下工序：木材入罐—将处理罐抽真空，抽除木材细胞腔内的气体—维持真空状态下注入防腐剂—施加压力，使防腐剂浸入木材内部、达到规定的吸收量后，解除压力，回收剩余防腐剂—抽真空，抽出部分细胞中的防腐剂和木材表面过剩的防腐剂—木材出罐。

（2）空细胞法。其又称定量浸注法、吕宾法。此法处理后，防腐剂只充溢细胞壁，而细胞腔及间隙不保存或少保存药剂。此法包含以下工序：木材入罐—将处理罐抽真空，抽去木材细胞腔内的气体—维持真空状态下注入防腐剂—通入空气，大气压下使防腐剂浸入木材内部—排出剩余防腐剂，此时细胞腔中仍有防腐剂—二次真空抽出细胞腔中部分剩余防腐剂，此时仅细胞壁内存有防腐剂—通入空气，木材表面近乎干燥—木材出罐。

该法的特性是处理前后木材的大小、含水率和外观无变化，且处理后即可装配、胶粘、油漆。

上述处理方法防腐效果的强弱，主要取决于所用防腐剂的毒性大小，毒性越大防腐效果越佳。然而，这些毒性药剂对人类和环境也相应地产生很多不利影响。因此，近年来世界上广泛开发了数种高效低毒的木材防腐剂。如烷基铵化合物就是一种极具潜力的新型木材防腐剂，具有水溶性好、致死生物效率高、领域广、抗流失性强、维持木材本质、不影响油漆、对人体无毒害、对环境无污染等特性。

【背景知识】

应县木塔——世界三大奇塔之一

应县木塔，又称佛宫寺释迦塔，位于山西省朔州市应县佛宫寺内，始建于辽清宁二年（1056年），是世界上现存最高大、最古老纯木结构楼阁式建筑，与意大利比萨斜塔、巴黎埃菲尔铁塔并称“世界三大奇塔”。“玲珑峻碧倚苍穹，海内浮图第一工”“如峰拔地耸霄雄，万木桓桓镇梵宫”……这些赞美应县木塔的诗句，讴歌了我国古代匠人们的伟大创造。

应县木塔高67.31 m，相当于20多层楼高，巍然耸立在晋北广袤的大地上。木塔总质量为7400多吨，主体使用材料为华北落叶松，斗拱使用榆木，木料总用量多达上万立方米。塔身平面呈现八角形，明五暗四共九层，外观五层六檐，底层重檐出挑深远。“这塔真是个独一无二的伟大作品。不见此塔，不知木构的可能性到了什么程度。”这就是让建筑大师梁思成拍案叫绝的国宝——应县木塔。1961 年，应县木塔被国务院列为第一批全国重点文物保护单位。

然而，近千年来，由于历经风雨侵蚀、地震损伤、战火破坏和不当维修，这座世界现存最高大的木结构楼阁式佛塔已扭曲变形。尤其是 20 世纪 30 年代，木塔二到五层的夹泥墙被人为拆除，对木塔结构产生了严重影响。原来，当地主张修塔的人士认为，玲珑宝塔不玲珑，破坏了风水。因此，将夹泥墙改成了轻巧透风的格扇门。梁思成痛惜再三，称其为“木塔八百余年以来最大的厄运”。他认为“这种灰泥墙壁，可避风雨，斜戗对于构架尤能增强其坚固。最近应县士绅，擅将墙壁拆除，代以格子门，不惟毁坏了可贵的古壁画，改变了古建筑的原形，而且对于塔的保固方面，尤有莫大的影响。在最近的将来，必须恢复原状，否则适足以促短塔的寿命而已”。十余年后，木塔表现出的“病态”，证实了梁思成当年的忧虑。1950 年，时任清华大学营建系副教授的莫宗江，参加雁北文物勘查团再次探访木塔时，发现它已扭转、倾斜，部分构件脱榫、劈裂。二十世纪七八十年代，国家文物局曾组织专家进行抢险加固，但没能阻挡住木塔继续变形。1991 年，应县木塔修缮工程正式立项，但修缮方案却因多方面原因至今“难产”。

练 习 题

6-1 单项选择题

（1）木材中（　　）含量的变化，是影响木材强度和胀缩变形的主要原因。

A. 自由水　B. 吸附水　C. 化学结合水　D. 蒸发水

（2）木材湿胀干缩沿（　　）方向最小。

A. 弦向　B. 纤维　C. 径向　D. 髓线

（3）用标准试件测木材的各种强度，以（　　）强度最大。

A. 顺纹抗拉　B. 顺纹抗压　C. 顺纹抗剪　D. 抗弯

（4）木材在进行加工使用之前，应预先将其干燥至含水达（　　）。

A. 纤维饱和点　B. 饱和含水率　C. 标准含水率　D. 平衡含水率

（5）木材的木节和斜纹会降低木材的强度，其中对（　　）强度影响最大。

A. 抗拉　B. 抗弯　C. 抗剪　D. 抗压

（6）木材在不同含水量时的强度不同，故木材强度计算时含水量是以（　　）为标准。

A. 纤维饱和点　B. 平衡含水率　C. 标准含水率　D. 饱和含水率

6-2 多项选择题

（1）在纤维饱和点以下，随着含水率增加，木材的（　　）。

A. 导热性降低　B. 质量增加　C. 强度降低　D. 体积收缩　E. 体积膨胀

（2）建筑工程中通常用作承重构件的树种有（　　）。

A. 松树　B. 柏树　C. 榆树　D. 杉树　E. 水曲柳

（3）树木由（　　）等部分组成。

A. 树皮　B. 木质部　C. 髓心　D. 髓线　E. 年轮

（4）影响木材强度的因素有（　　）。

A. 含水量　B. 负荷时间　C. 环境温度　D. 疵病　E. 胀缩

6-3 简答题

(1) 木材由哪几部分构成?

(2) 木材有几种缺陷?

6-4 计算题

一根加工用阔叶松原木，材长 3. 17 m，检尺径 22 cm，还有三个弯曲，其中一个弯曲拱高为 3. 2 cm，内曲水平长为 0. 5 m，其余两个弯曲拱高为 6 cm，内曲水平长分别为 2 m、1. 2 m。问这根原木检尺长是多少，评为几等材?

7 沥青及沥青混合材料

本章学习的主要内容和目的： 掌握沥青材料的基本组成和结构特点、工程性质及测定方法；了解沥青的改性、主要沥青制品及其用途；熟悉沥青混合料设计与配制方法及其应用。

沥青是一种土木工程中应用较多的有机胶凝材料，它是由一些极为复杂的高分子碳氢化合物及其非金属（氧、硫、氮等）衍生物所组成的混合物，在常温下呈固体、半固体或黏稠液体形态。沥青是憎水性材料，几乎不溶于水，且构造致密，具有良好的防水性；沥青能抵抗一般酸、碱、盐类等侵蚀性液体和气体的侵蚀，具有较强的抗腐蚀性；沥青能紧密黏附于矿物材料的表面，具有很好的黏结力；同时，它还具有一定的塑性，能适应基材的变形。因此，沥青被广泛应用于防水、防潮、防腐工程及道路工程、水工建筑等。

沥青按产源不同可分为地沥青和焦油沥青，地沥青包括天然沥青和石油沥青，焦油沥青包括煤沥青和页岩沥青。土木工程中常用的沥青主要是石油沥青和少量煤沥青。本书主要介绍石油沥青、煤沥青的主要性能及用于道路工程的沥青混合料。

7.1 石 油 沥 青

石油沥青是石油原油经蒸馏提炼出各种轻质油（如汽油、柴油等）及润滑油后的残留物，再经加工而成的产品，颜色为褐色或黑褐色。采用不同产地的原油及不同的提炼加工方式，可以得到组成、性质各异的多种石油沥青品种。按用途不同将石油沥青分为道路石油沥青，建筑石油沥青，防水、防潮石油沥青和普通石油沥青。

7.1.1 石油沥青的组分

由于沥青的化学组成十分复杂，对组成进行分析很困难，且化学组成并不能反映其性质的差异，所以一般不作沥青的化学分析，而从使用角度将沥青中化学成分及物理力学性质相近的成分划分为若干个组，称之为组分。各组分含量的多少与沥青的技术性质有着直接的关系。石油沥青的组分如下：

（1）油分。油分为淡黄色至红褐色的油状液体，是沥青中分子量最小、密度最小的组分。石油沥青中油分的含量为40%~60%。油分赋予沥青以流动性。

（2）树脂。树脂又称沥青脂胶，为黄色至黑褐色黏稠状物质（半固体），分子量比油分大。石油沥青中脂胶的含量为15%~30%，沥青脂胶使沥青具有良好的塑性和黏性。

（3）地沥青质。地沥青质为深褐色至黑色固态无定形物质（固体粉末），分子量比树脂更大。地沥青质是决定石油沥青温度敏感性、黏性的重要组分，含量在10%～30%。其含量越高，沥青的温度敏感性越小，软化点越高，黏性越大，也越硬脆。

此外，石油沥青中还含有2%～3%的沥青碳和似碳物，呈无定形黑色固体粉末状，在石油沥青组分中分子量最大，它会降低石油沥青的黏结力。石油沥青中还含有蜡，蜡也会降低石油沥青的黏结力和塑性，同时对温度特别敏感，即温度稳定性差，故蜡是石油沥青的有害成分。

7.1.2 石油沥青的技术性质

7.1.2.1 黏滞性

黏滞性又称黏性或稠度，它所反映的是沥青材料内部阻碍其相对流动和抵抗剪切变形的一种特性，也是沥青材料软硬、稀稠程度的表征。黏滞性的大小与组分及温度有关，若地沥青质含量较高，又有适量树脂，而油分含量较少时，黏滞性较大；在一定温度范围内，当温度升高时，黏滞性随之降低，反之则增大。

沥青黏滞性大小的表示有绝对黏度和相对黏度（条件黏度）两种。绝对黏度的测定方法因材而异，较为复杂，不便于工程上应用，工程上常用相对黏度来表示。测定相对黏度的主要方法有标准黏度法和针入度法。黏稠石油沥青（固体或半固体）的相对黏度是用针入度仪测定的针入度来表示。针入度值越小，表示黏度越大。

黏稠石油沥青的针入度是在规定温度（25±0.1）℃条件下，以规定质量的标准针，经历规定时间（5 s）贯入试样中的深度，以1/10 mm为单位表示。

对于液体石油沥青或较稀的石油沥青的相对黏度，可用标准黏度计测定的标准黏度表示。标准黏度是在规定温度（20 ℃、25 ℃、30 ℃或60 ℃）、规定直径（3 mm、5 mm或10 mm）的孔口流出50 cm^3沥青所需的时间（s），用符号“$C_t^d T$”表示，d为流孔直径，T为试样温度，t为流出50 cm^3沥青所需的时间。

7.1.2.2 塑性

塑性是石油沥青在外力作用下产生变形而不破坏，除去外力后，仍有保持变形后形状的性质。

塑性好的沥青适应变形的能力强，在使用中能随建筑结构的变形而变形，沥青层保持完整而不开裂。当受到冲击、振动荷载时，能吸收一定的能量而不破坏，还能减少摩擦产生的噪声。故塑性好的沥青不仅能配制成性能良好的柔性防水材料，也是优良的道路路面材料。

石油沥青的塑性用延度来表示。延度越大，塑性越好。延度测定是把沥青制成“∞”形标准试件，置于延度仪内（25±0.5）℃水中，以（5±0.25）cm/min的速度拉伸，用拉断时的伸长度（cm）表示。

7.1.2.3 温度敏感性

温度敏感性是指石油沥青的黏滞性随温度的升降而变化的性能。由于沥青是一种高分子非晶态热塑性物质，故没有固定的熔点。当温度升高时，沥青由固态或半固态（或称高弹态）逐渐软化，内部分子间产生相对滑动，即产生黏性流动，这种状态称为黏流态。

反之，当温度降低时，沥青从黏流态逐渐凝固为固态，甚至变硬变脆，成为玻璃态。

沥青的温度敏感性大，则其黏滞性和塑性随温度的变化幅度就大。工程中希望沥青材料具有较高的温度稳定性，因此，实际应用中，一是选用温度敏感性较小的沥青，二是通过加入滑石粉、石灰石粉等矿物填料，来减小其温度敏感性。

温度敏感性以软化点指标表示。由于沥青材料从固态至液态有一定的变态间隔，故规定以其中某一状态作为从固态转变到黏流态的起点，相应的温度称为沥青的软化点。

沥青软化点一般采用环球法测定。把沥青试样装入规定尺寸的铜环内，上置一直径为9.5 mm、质量为（3.50±0.05）g 的标准钢球，浸入水或甘油中，以规定的速度升温（50 ℃/min），当沥青软化下垂至规定距离（25.0 mm）时的温度即为软化点，以℃计。

沥青在低温时常表现为脆性破坏，因此，沥青的脆点是反映其温度敏感性的另一个指标，它是指沥青从高弹态转变到玻璃态过程中的某一规定状态的相应温度。通常采用的费拉斯（Frass）脆点是涂于金属片的试样薄膜在特定条件下因被冷却和弯曲而出现裂纹时的温度（℃）。该指标主要反映沥青的低温变形能力，寒冷地区应考虑所用沥青的脆点。沥青的软化点越高，脆点越低，其温度敏感性越小。

7.1.2.4 大气稳定性

大气稳定性是指石油沥青在热、阳光、氧气和潮湿等因素的长期综合作用下抵抗老化的性能，即沥青材料的耐久性。

热可以加速沥青分子的运动，引起轻质油分挥发，并促进化学反应进行，导致沥青技术性能降低。尤其是在施工加热（160～180 ℃）时，由于有空气中的氧参与共同作用，会使沥青性质产生严重的劣化。因此，施工中加热温度不能过高，时间不能过长。

日光（特别是紫外线）对沥青照射后，会产生光化学反应，促使氧化速度加快。空气中的氧在加热的条件下，会促使沥青组分对其吸收，并产生脱氧作用，使沥青组分发生递变。水与光、氧、热共同作用时能起催化剂的作用。在以上因素的综合作用下，沥青中各组分将不断发生递变，低分子化合物将逐渐转变为高分子物质，即油分和树脂逐渐减少，而地沥青质逐渐增多。因此，石油沥青随着时间的推移，流动性和塑性会逐渐减小，硬脆性会逐渐增大，直至脆裂。这个过程称为石油沥青的“老化”。大气稳定性好的石油沥青抗老化性能强。

石油沥青的大气稳定性以加热蒸发损失百分率和加热前后针入度比来评定。其测定方法是：先测沥青试样的质量及其针入度，然后将试样置于烘箱中，在 160 ℃下加热蒸发5 h，待冷却后再测定其质量及针入度。计算出蒸发损失质量占原质量的百分数（称为蒸发损失百分率）；标出蒸发后针入度占原针入度的百分数（称为蒸发后针入度比）。蒸发损失百分率越小及蒸发后针入度比越大，表示沥青的大气稳定性越好，即老化越慢。

以上四种性质是石油沥青材料的重要技术性质，针入度、延度及软化点等三项指标是划分石油沥青牌号的依据。此外，还应了解石油沥青的其他性质，如溶解度、闪点及燃点，以评定沥青的品质和保证施工安全。

溶解度是指石油沥青在有机溶剂（如三氯乙烯、四氯化碳等）中溶解的百分率，以表示石油沥青中有效物质的含量，即纯净程度。

闪点（也称闪火点）是指加热沥青至挥发出的可燃气体与空气的混合物在规定条件

下与火焰接触，初次闪火（有蓝色闪光）时的沥青温度（℃）。

燃点（也称着火点）指加热沥青产生的气体与空气的混合物，与火焰接触能持续燃烧5 s以上，此时沥青的温度即为燃点（℃）。燃点温度比闪点温度约高10 ℃。

闪点和燃点的高低表明沥青引起火灾或爆炸的可能性大小，在运输、贮存和加热使用时应予以注意。沥青加热温度不允许超过闪点，更不能达到燃点。例如建筑石油沥青闪点约230 ℃，在熬制时一般温度为185~200 ℃，为安全起见，沥青还应与火焰隔离。

7.1.3 石油沥青的技术标准及选用

7.1.3.1 石油沥青的技术标准

表7-1和表7-2列出了各品种石油沥青的技术标准。由表7-1可看出，道路石油沥青、建筑石油沥青和普通石油沥青都是按针入度指标划分牌号的。同一品种石油沥青材料中，牌号越小，沥青越硬；牌号越大，沥青越软。同时随着牌号增大，沥青的黏性减小（针入度增大），塑性增大（延度增大），温度敏感性增大（软化点降低）。

表7-1 各品种石油沥青的技术标准

质量指标	《道路石油沥青》(NB/SH/T 0522—2010)							《建筑石油沥青》(GB/T 494—2010)		
	A-200	A-180	A-140	A-100甲	A-100乙	A-60甲	A-60乙	40	30	10
针入度（25 ℃，100g）/10^{-1}mm	200~300	161~200	121~160	91~120	81~120	51~80	41~80	36~50	26~35	10~25
针入度（0 ℃）/10^{-1}mm（不小于）								6	6	3
延度（25 ℃）/cm（不小于）	20	100	100	90	60	70	40	3.5	2.5	1.5
软化点（环球法）/℃	30~45	35~45	38~48	42~52		45~55		60	75	95
溶解度（三氯乙烯，三氯甲烷或苯）/%（不小于）	99.0							99.0		
蒸发损失（163 ℃，5h）/%（不大于）	1							1		
蒸发后针入度比/%（不小于）	50	60		65		70		65		
闪点（开口）/℃（不低于）	180	200	230					260		
脆点/℃（不高于）								报告	报告	报告

表 7-2 重交通道路石油沥青的技术标准（GB/T 15180—2010）

项目	质量指标					
	AH-130	AH-110	AH-90	AH-70	AH-50	AH-30
针入度（25 ℃，100 g，5 s）/10^{-1} mm	120~140	100~120	80~100	60~80	40~60	20~40
延度（15 ℃）/cm（不小于）	100	100	100	100	80	报告①
软化点/℃	38~51	40~53	42~55	44~57	45~58	50~65
溶解度/%（不小于）	99.0	99.0	99.0	99.0	99.0	99.0
闪点（开口杯法）/℃（不小于）	230					260
密度（25 ℃）/kg·m^{-3}	报告①					
蜡含量（质量分数）/%（不大于）	3.0	3.0	3.0	3.0	3.0	3.0
薄膜烘箱试验（163 ℃，5 h）						
质量变化/%（不大于）	1.3	1.2	1.0	0.8	0.6	0.5
针入度比/%（不小于）	45	48	50	55	58	60
延度（15 ℃）/cm（不小于）	100	50	40	30	报告①	报告①

①报告必须报告实测值。

防水、防潮石油沥青按针入度指数划分牌号，还增加了保证低温变形性能的脆点指标。随着牌号增大，其针入度指数增大，温度敏感性减小，脆点降低，应用温度范围扩大。

7.1.3.2 石油沥青的选用

选用沥青材料时，应根据工程性质（道路、房屋、防腐等）及当地气候条件，所处工程部位（屋面或地下等）来选用不同品种和牌号的沥青。

道路石油沥青牌号较多，主要用于道路路面或车间地面等工程。用于二级以下公路和城市次干路、支路路面，应选用中、轻交通量道路石油沥青；用于高速公路、一级公路和城市快速路、主干道路路面，应选用重交通量道路石油沥青。一般拌制成沥青混合料使用。道路石油沥青还可作密封材料、黏结剂及沥青涂料等。

建筑石油沥青黏性大，耐热性较好，但塑性较小，可用于制造油毡、油纸、防水涂料和沥青胶，主要用于屋面及地下防水、沟槽防水、防腐蚀及管道防腐等工程。一般屋面防水用沥青材料的软化点应比当地夏季屋面最高温度高 20 ℃以上，以避免夏季沥青软化流淌，但软化点也不宜过高，否则冬季易发生低温冷脆开裂。

防水、防潮石油沥青的温度稳定性较好，适合作油毡的涂覆材料及建筑屋面和地下防水的黏结材料。牌号从 3 号到 5 号，沥青温度敏感性逐渐变小。6 号沥青质地较软，温度敏感性也小，主要适用于寒冷地区的屋面及其他防水防潮工程。

普通石油沥青含蜡较多，一般含量大于 5%，有的高达 20%以上（称多蜡石油沥青），故温度敏感性较大。因此，在工程中只能与其他种类石油沥青掺配使用，而不宜在工程中单独使用。

7.1.3.3 石油沥青的掺配与稀释

当不能获得合适牌号的沥青时，可采用两种牌号的石油沥青掺配使用，但不能与煤沥青相掺。两种石油沥青的掺配比例可用下式估算：

$$Q_1 = \frac{T_2 - T}{T_2 - T_1} \times 100\% \qquad (7\text{-}1)$$

$$Q_2 = 100 - Q_1 \tag{7-2}$$

式中 Q_1——较软石油沥青用量,%;

Q_2——较硬石油沥青用量,%;

T——掺配后的石油沥青软化点,℃;

T_1——较软石油沥青软化点,℃;

T_2——较硬石油沥青软化点,℃。

以估算的掺配比例和其邻近的比例（±5%~±10%）进行试配。将沥青混合熬制均匀，测定其软化点，然后绘制掺配比-软化点关系曲线，即可从曲线上确定所要求的掺配比例，也可采用针入度指标按上法估算及试配。

当沥青过于黏稠影响使用时，可以加入溶剂进行稀释，但必须采用同一产源的油料作稀释剂。如石油沥青采用汽油、煤油、柴油等石油产品系列的轻质油料作稀释剂，而煤沥青则采用煤焦油、重油、蒽油等煤产品系列的油料作稀释剂。

7.2 煤 沥 青

煤沥青是生产焦炭和煤气的副产物。烟煤在干馏过程中的挥发物质，经冷凝而成黑色黏性液体称为煤焦油，再经分馏加工提取轻油、中油、重油及蒽油之后所得残渣即为煤沥青。

根据蒸馏程度不同，煤沥青分为低温沥青、中温沥青和高温沥青三种。土木工程中所采用的煤沥青多为黏稠或半固体的低温沥青。煤沥青的技术要求应符合表 7-3 的规定。

表 7-3 煤沥青的技术要求

指 标	低温沥青		中温沥青		高温沥青	
	1号	2号	1号	2号	1号	2号
软化点/℃	35~45	46~75	80~90	75~95	95~100	95~120
甲苯不溶物含量/%	—	—	15~25	≤25	≥24	—
灰分/%	—	—	≤0.3	≤0.5	≤0.3	—
水分/%	—	—	≤5.0	≤5.0	≤4.0	≤5.0
喹啉不溶物/%	—	—	≤10	—	—	—
结焦值/%	—	—	≥45	—	≥52	—

煤沥青的主要组分为油分、脂胶、游离碳等，还含有少量酸、碱物质，与石油沥青相比，煤沥青的性能特点如下：

（1）温度敏感性较大。其组分中所含可溶性树脂多，由固态或黏稠态转变为黏流态（或液态）的温度间隔较窄，夏天易软化流淌，冬天易脆裂。

（2）大气稳定性较差。所含挥发性成分和化学稳定性差的成分较多，在热、阳光、氧气等长期综合作用下，煤沥青的组成变化较大，易硬脆。

（3）塑性较差。所含游离碳较多，容易因变形而开裂。

（4）因为含表面活性物质较多，所以与矿料表面黏附力较强。

（5）防腐性好。因含有酚、蒽等有毒性和臭味的物质，防腐能力较强，故适用于木材的防腐处理。但防水性不如石油沥青，因为酚易溶于水。施工中要遵守有关操作和劳保规定，防止中毒。

煤沥青与石油沥青的外观和颜色大体相同，使用中必须注意区分，以防掺混使用而产生沉渣变质，失去胶凝性。二者简易鉴别方法见表7-4。

表7-4 煤沥青与石油沥青简易鉴别方法

鉴别方法	石油沥青	煤沥青
密度法	近似为1.0 g/cm³	大于1.10 g/cm³
锤击法	声哑，有弹性、韧性感	声脆，韧性差
燃烧法	烟无色，基本无刺激性臭味	烟呈黄色，有刺激性臭味
溶液比色法	用30~50倍汽油或煤油溶解后，将溶液滴于滤纸上，斑点呈棕色	溶解方法同左，斑点有两圈，内黑外棕

7.3 改性石油沥青

通常由石油加工厂生产的沥青并不能完全满足土木工程对沥青的性能要求，即良好的低温柔韧性，足够的高温稳定性，一定的抗老化能力，较强的黏附力，以及对构件变形有良好的适应性和耐疲劳性等。因此，常用矿物填料和高分子合成材料对沥青进行改性。改性沥青主要用于生产防水材料。

7.3.1 矿物填料改性沥青

在沥青中加入一定数量的矿物填充料，可以提高沥青的黏性和耐热性，减小沥青的温度敏感性，主要适用于生产沥青胶。

矿物填料有粉状和纤维状两种，常用的填料有滑石粉、石灰石粉、硅藻土、石棉绒、云母粉、磨细砂、粉煤灰、水泥、高岭土、白垩粉等。

掺入沥青中的矿物填料能被沥青包裹而形成稳定的混合物的前提是：沥青能润湿矿物填料；沥青与矿物填料之间具有较强的吸附力，并不为水所剥离。

一般由共价键或分子键结合的矿物属憎水性（即亲油性）的材料，如滑石粉等，对沥青的亲和力大于对水的亲和力，所以滑石粉颗粒表面所包裹的沥青不会被水所剥离。虽然由离子键结合的矿物属亲水性矿物，不亲油，如碳酸盐、硅酸盐、云母等，但由于沥青中含有酸性树脂，它是一种表面活性物质，能够与矿物颗粒表面产生较强的物理吸附作用。故这些矿物填料也能与沥青形成稳定的混合物。但矿物掺量要适当，一般掺量为20%~40%时效果较好。

7.3.2 橡胶改性沥青

橡胶是石油沥青的重要改性材料，它与石油沥青有很好的混溶性，能使沥青兼具橡胶的很多优点，如高温变形性小，低温柔性好，克服了沥青热淌冷脆的缺点，提高了其强度、伸长率和耐老化性等。由于橡胶的品种和掺入方法不同，故各种橡胶沥青的性能也不相同。现将常用的品种分述如下：

(1) 氯丁橡胶改性沥青。石油沥青中掺入氯丁橡胶后，可使其气密性、低温柔性、耐化学腐蚀性、耐光、耐臭氧性、耐候性和耐燃性等得到极大改善。氯丁橡胶掺入的方法有溶剂法和水乳法。溶剂法是先将氯丁橡胶溶于一定的溶剂（如甲苯）中形成溶液，然后掺入液态沥青中并混合均匀即可。水乳法是将橡胶和石油沥青分别制成乳液，然后混合均匀即可使用。

（2）丁基橡胶改性沥青。丁基橡胶沥青的配制方法与氯丁橡胶沥青类似，且稍简单些。将丁基橡胶碾切成小片，在搅拌时把小片加热到100%的溶剂中（不得超过110 ℃），制成浓溶液，同时将沥青加热脱水熔化成液体状沥青，通常在100 ℃左右把两种液体按比例混合搅拌均匀并进行浓缩15~20 min，丁基橡胶在混合物中的含量一般为2%~4%；也可以将丁基橡胶和石油沥青分别制备成乳液，然后再按比例把两种乳液混合即成。丁基橡胶沥青具有优异的耐分解性，并有较好的低温抗裂性能，多用于道路路面工程和制作密封材料及涂料。

（3）热塑性丁苯橡胶（SBS）改性沥青。SBS热塑性橡胶兼有橡胶和塑料的特性，常温下具有橡胶的弹性，在高温下又能像塑料那样熔融流动，成为可塑的材料。所以采用SBS橡胶改性沥青，其耐高、低温性能均有较明显提高，制成的卷材弹性和耐疲劳性也大幅提高，是目前应用最成功和用量最大的一种改性沥青。SBS的掺入量一般为5%~10%，此类改性沥青主要用于制作防水卷材，也可用于制作防水涂料等。

（4）再生橡胶改性沥青。再生橡胶掺入石油沥青中，同样可大幅提高石油沥青的气密性、低温柔性、耐火性、耐热性、黏结性和不透气性。在生产卷材、密封材料和防水涂料等产品时均需应用。

由于石油沥青中含芳香性化合物较少，使得树脂和石油沥青的相溶性较差，故可用的树脂品种较少。常用的树脂有：古马隆树脂，聚乙烯，聚丙烯，酚醛树脂及天然松香等。

古马隆树脂呈黏稠液体或固体状，浅黄色至黑色，易溶于氯化烃、酯类、硝基苯等，属热塑性树脂。将沥青加热熔化脱水，在150~160 ℃情况下，把古马隆树脂加入熔化的沥青中，并不断搅拌，再把温度升至185~190 ℃，保持一定时间，使之充分混合均匀，即得到古马隆树脂改性沥青。树脂掺量约40%，这种沥青的黏性较大。

将沥青加热熔化脱水再加入高密度聚乙烯，并不断搅拌30 min，温度保持在140 ℃左右，即可得到均匀的聚乙烯树脂改性沥青。用直馏沥青28%、氧化沥青30%、聚乙烯树脂3%、渣油5%、矿粉填料25%，可制得具有自黏性的混合物。

此外，用无规聚丙烯（APP）对石油沥青改性做涂层材料，用聚酯无纺布和玻璃纤维做基胎，则可制成具有良好的弹塑性、耐高温性和抗老化性的APF改性沥青卷材。

7.3.3　橡胶和树脂共混改性沥青

同时用橡胶和树脂来改善石油沥青的性质，可使沥青兼具橡胶和树脂的特性。橡胶与树脂具有较好的混溶性，故能取得较满意的改性效果。

在加热熔融状态下，沥青与高分子聚合物之间会发生相互侵入和扩散，沥青分子填充在聚合物大分子的间隙内，同时聚合物分子的某些链节扩散进入沥青分子中，从而形成凝聚网状混合结构，由此而获得较优良的性能。这种改性沥青可用于生产卷材、片材、密封材料和防水涂料等。

7.4　沥青混合料

沥青混合料是沥青混凝土混合料和沥青碎石混合料的总称。沥青混凝土混合料是由适当比例的粗骨料、细骨料及填料与沥青在严格控制条件下拌和、压实后剩余空隙率小于10%的混合料，简称沥青混凝土；沥青碎石混合料是由适当比例的粗骨料、细骨料及少量填料（或不加填料）与沥青拌和、压实后剩余空隙率在10%以上的混合料，简称沥青碎石。沥青混合料主要用于道路工程铺筑路面。

7.4.1 分类

沥青混合料的分类可以从不同角度进行，常用的几种分类方式如下：

（1）按胶结材料种类分类。按胶结料种类分为石油沥青混合料和煤沥青混合料。

（2）按施工温度分类。按沥青混合料拌制和摊铺温度分为热拌热铺混合料和常温沥青混合料。热拌热铺混合料即沥青与矿质骨料（简称矿料）在热态下拌和，热态下铺筑；常温沥青混合料，即采用乳化沥青或稀释沥青与矿料在常温下拌和、铺筑。

（3）按骨料级配类型分类。包括：

1）连续级配沥青混合料，即混合料中的矿质骨料是按级配原则，从大到小各级粒径按比例搭配组成的。

2）间断级配沥青混合料，即骨料级配组成中缺少一个或若干个粒径档次。

（4）按混合料密实度分类。包括：

1）密级配沥青混合料，指连续级配、相互嵌挤密实的骨料与沥青拌和、压实后剩余空隙率小于10%的混合料。

2）开级配沥青混合料，指级配主要由粗骨料组成，细骨料较少，骨料相互拨开，压实后剩余空隙率大于15%的开式混合料。

3）半开级配沥青混合料，指由粗、细骨料及少量填料（或不加填料）与沥青拌和、压实后剩余空隙率在10%~15%的半开式混合料，也称为沥青碎石混合料。

（5）按骨料最大粒径分类。包括：

1）粗粒式沥青混合料，指骨料最大粒径为26.5 mm或31.5 mm的混合料。

2）中粒式沥青混合料，指骨料最大粒径为16 mm或19 mm的混合料。

3）细粒式沥青混合料，指骨料最大粒径为9.5 mm或13.2 mm的混合料。

4）砂粒式沥青混合料，指骨料最大粒径等于或小于4.75 mm的混合料。

7.4.2 沥青混合料组成材料及结构

7.4.2.1 组成材料

沥青混合料的组成材料有沥青、粗骨料、细骨料和填料。

A 沥青

应根据当地气候条件、施工季节气温、路面类型、施工方法等具体情况按表7-5选用沥青标号。煤沥青不宜用于热拌沥青混合料路面的表面层。

B 粗骨料

所用粗骨料包括碎石、破碎砾石和矿渣等。粗骨料应该洁净、干燥、无风化、无杂质。压碎值和磨耗率等力学性能指标应满足规范要求。碱性的矿料与沥青黏结时，会发生化学吸附过程，在矿料与沥青的接触面上形成新的化合物，使黏结力增强，而酸性矿料表面与沥青不会形成化学吸附，故黏结力较低。为保证与沥青的黏附性符合有关规范要求，应采取下列抗剥离措施：

（1）采用干燥的磨细消石灰或生石灰粉、水泥作为填料的一部分，其用量为矿料总量的1%~2%。

（2）在沥青中掺加抗剥离剂。

（3）将粗骨料用石灰浆处理后使用。

表7-5 热拌沥青混合料用石油沥青标号的选用（GB 50092—1996）

气候分区	最低月平均气温/℃	沥青标号	
		沥青碎石	沥青混凝土
寒区	低于-10	AH-90，AH-110，AH-130，A-100，A-140	AH-90，AH-110，AH-130，A-100，A-140
温区	0~ -10	AH-90，AH-110，A-100，A-140	AH-70，AH-90，A-60，A-100
热区	高于0	AH-50，AH-70，AH-90，A-100，A-60	AH-50，AH-70，A-60，A-100

C 细骨料

细骨料包括天然砂、机制砂及石屑。细骨料应该洁净、干燥、无风化、无杂质，有适当的颗粒组成，其质量应符合规范要求，并与沥青有良好的黏结能力。与沥青黏结性能较差的天然砂及用花岗石、石英岩等酸性石料破碎的机制砂或石屑，不宜用于高速公路、一级公路、城市快速路、主干路沥青面层。必须使用时，应采用抗剥离措施。

D 填料

在沥青混合料中起填充作用的粒径小于0.075 mm的矿质粉末称为填料。填料宜采用石灰岩或岩浆岩中的强基性岩石（憎水性石料）经磨细得到的矿粉，原石料中的泥土杂质应除去。矿粉要求干燥、洁净，其质量符合规范要求。当采用水泥、石灰、粉煤灰作填料时，其用量不宜超过矿料总量的2%。

7.4.2.2 组成结构

沥青混合料的组成结构有以下三类：

（1）悬浮密实结构。采用连续型密级配骨料与沥青组成的混合料，经过多级密垛虽然可以获得很大的密实度，但是各级骨料均被次级骨料所隔开，不能直接靠拢形成骨架，有如悬浮于次级骨料及沥青胶浆之间，其组成结构如图7-1（a）所示。这种结构的沥青混合料，虽然黏聚力较强，但内摩擦角较小，因此其高温稳定性差。

（2）骨架空隙结构。采用连续型开级配骨料与沥青组成的沥青混合料，粗骨料所占比例较高，细骨料则很少，甚至没有。粗骨料可以相互靠拢形成骨架，但由于细骨料过少，不足以填满粗骨料之间的空隙，因此形成骨架空隙结构，如图7-1（b）所示。这种结构的混合料具有较大的内摩擦角，但黏聚力较弱。

（3）骨架密实结构。采用间断型密级配骨料与沥青组成的沥青混合料，由于缺少中间粒径的骨料，较多的粗骨料可以形成空间骨架，同时又有相当数量的细骨料可将骨架的空隙填满，如图7-1（c）所示。这种结构不仅具有较强的黏聚力，内摩擦角也较大，因此组合料的抗剪强度较高。

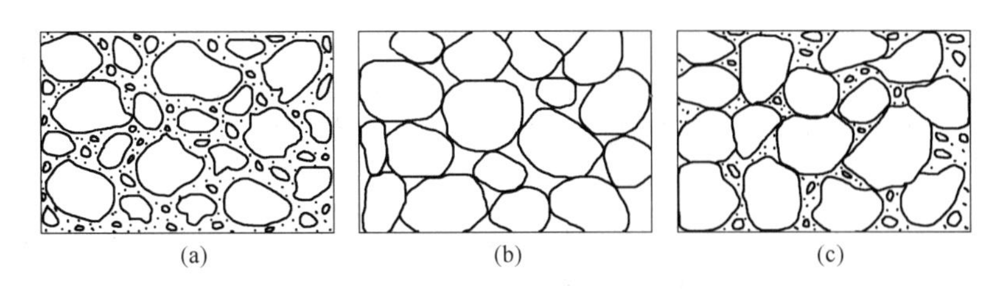

图 7-1 沥青混合料的组成结构示意图
（a）悬浮密实结构；（b）骨架空隙结构；（c）骨架密实结构

7.4.2.3 沥青混合料的技术性质

沥青混合料构筑的路面除了承受汽车等荷载的反复作用外，同时还要受到各种自然因素的影响，为了保证路面的安全性、舒适性、耐久性，沥青混合料必须满足下列技术要求。

A 高温稳定性

沥青路面在高温时，由于沥青混合料的抗剪强度不足或塑性变形过大会产生推挤、拥包等破坏。因此，高温稳定性是沥青混合料的一个重要的技术性质。

沥青混合料高温稳定性是指在夏季高温（通常取 60 ℃）条件下，经车辆荷载反复作用后不产生车辙和波浪等病害的性能。

我国现行国家标准《沥青路面施工及验收规范》（GB 50092—1996）规定，采用马歇尔稳定度试验来评价沥青混合料的高温稳定性，对于高速公路、一级公路和城市快速路、主干路沥青路面的上面层和中面层的沥青混合料,还应通过动稳定度试验以检验其抗车辙能力。

（1）马歇尔稳定度试验。该试验主要测定马歇尔稳定度和流值：马歇尔稳定度是指标准尺寸试件在规定温度和加荷速度下，在马歇尔试验仪中最大的破坏荷载（kN）；流值是指达到最大破坏荷载时试件的垂直变形（以 0.1 mm 计）。

（2）车辙试验。目前的方法是用标准成型方法，制成 300 mm×300 mm×500 mm 的沥青混合料试件，在 60 ℃下（根据需要，如在寒冷地区，也可采用45 ℃或其他温度，但应在报告中注明），以一定荷载的橡胶轮（轮压为 0.7 MPa）在同一轨迹上作一定时间的反复行走，测定其在变形稳定期每增加 1 mm 变形的碾压次数，即动稳定度，以次/mm 表示。

$$DS = \frac{(t_2 - t_1) \times 42}{d_2 - d_1} \times c_1 \times c_2 \tag{7-3}$$

式中 DS——沥青混合料的动稳定度，次/mm；

d_1——时间 t_1（一般为 45 min）时的变形量，mm；

d_2——时间 t_2（一般为 60 min）时的变形量，mm；

42——每分钟行走次数，次/ min；

c_1，c_2——分别表示试验机、试样的修正系数。

B 低温抗裂性

沥青路面在低温下的破坏主要是由于沥青混合料的抗拉强度不足或变形能力较差而出现低温收缩开裂。低温抗裂性的指标，目前尚处于研究阶段，未列入技术标准。现在普遍采用的方法是测定沥青混合料的低温劲度和温度收缩系数，计算出低温收缩时在路面中所出现的温度应力并与沥青混合料的抗拉强度对比，来预估沥青路面的开裂温度。

C 耐久性

沥青混合料的耐久性直接关系到沥青路面的使用年限。影响沥青混合料耐久性的因素，除了沥青的化学性质、矿料的矿物成分外，沥青混合料的空隙率、沥青用量也是重要的影响因素。

从耐久性的角度出发，沥青混合料的空隙率应尽量小，以防止水和阳光中紫外线对沥青的老化作用。但从沥青混合料的高温稳定性考虑，空隙率又应大一些，以备夏季沥青材料膨胀。从两个方面考虑，一般沥青混凝土应留有3%~10%的空隙。

沥青用量与路面耐久性也有很大关系。沥青用量较少时，沥青膜变薄，混合料的延伸能力降低，脆性增加。同时，如沥青用量偏少，将使混合料空隙率增大，沥青膜暴露较多，加速沥青老化，而且增大了渗水率，增强了水对沥青的剥落作用，使沥青与矿料的黏附力降低。而沥青用量过多会使混合料的内摩阻力显著降低，黏结力下降，从而降低了混合料的抗剪强度。因此，需要确定一个沥青最佳用量，通常以马歇尔稳定度试验来确定。

我国现行规范采用空隙率、饱和度和残留稳定度等指标来表征沥青混合料的耐久性。

D 抗滑性

为保证汽车安全快速行驶，要求沥青路面具有一定的抗滑性。路面表层矿料的抗滑性对路面的抗滑性有直接的贡献。我国现行国家标准（GB 50092—1996）对抗滑层骨料有磨光值、道瑞磨耗值和冲击值三项指标要求。高速公路的抗滑层骨料一般选用抗滑性能好的玄武岩、安山岩等材料。沥青用量过多对路面抗滑性不利，沥青含蜡量高对路面抗滑性也有明显的不利影响。

E 施工和易性

影响沥青混合料施工和易性的主要因素是矿料级配。若粗细骨料的颗粒大小差距过大，缺乏中间粒径，混合料容易产生离析；若细料太少，沥青层不容易均匀地分布在粗颗粒表面，反之，细料过多则使拌和困难。

【背景知识】

沥青滴落实验——世界上持续时间最久的物理实验

沥青滴落实验（见图7-2）是世界上持续时间最久的物理实验，吉尼斯世界纪录已将其列为上演时间最长的实验室研究。

这项实验最初于1927年由澳大利亚昆士兰大学物理学教授托马斯·帕内尔（Thomas Parnell）实施，旨在向学生证明物质的性质并不像看上去那样简单。一些物质看上去虽是固体，但实际上是黏性极高的液体，比如沥青，它在室温环境下流动速度极为缓慢，但最终会形成一滴。

帕内尔教授去世后，物理学家约翰·梅因斯通（John Mainstone）自1961年开始接管这项沥青滴落实验，但他一直没能看到或拍摄下液体滴落的画面，因为一滴沥青液滴需要7~13年时间才能形成（见图7-3），但是只要1/10秒便会滴落。前八滴沥青真正落下的瞬间全都没人看见。

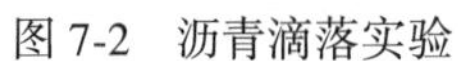

图 7-2　沥青滴落实验

图 7-3　沥青滴落实验装置与滴落记录

2014 年 4 月 20 日，第九滴沥青滴落，人们终于拍到了沥青滴落的画面。殊为遗憾的是，梅因斯通教授在 2013 年 8 月就不幸去世，毕生都未能亲眼见证沥青滴落的瞬间。梅因斯通教授去世后，物理学家怀特（White）开始接管沥青滴落实验。

练　习　题

7-1　填空题

（1）半固态石油沥青的稠度用________来表示，其值越大，稠度越________。

（2）石油沥青四组分中________和________组分含量增大，可使沥青黏度增大。

（3）石油沥青随着牌号降低，其黏性________，塑性________，温度敏感性________。

（4）与石油沥青相比，煤沥青的大气稳定性________。

（5）软化点既是反映沥青材料________的一个指标，也是沥青________的一种量度，我国现行试验法是采用________法软化点。

（6）沥青的组分中，________决定石油沥青的流动性，________决定沥青的高温稳定性。

（7）沥青延度试验时，标准试验条件为温度 T=________，拉伸速度 v=________。

（8）牌号为 30 甲的石油沥青，比牌号为 100 甲的石油沥青的黏滞性________，软化点________，塑性________。

（9）蜡对沥青胶体结构的影响是在高温时，它的黏度降低，使沥青胶体结构向________方向发展；在低温时，它能结晶析出，使沥青胶体结构向________方向发展。

7-2　单项选择题

（1）油分、树脂及地沥青质是石油沥青的三大组分，这三种组分长期在大气中是（　　）的。

A. 固定不变　　B. 慢慢挥发　　C. 逐渐递变　　D. 与日俱增

（2）沥青胶的标号是由（　　）来确定的。

A. 软化点　　B. 耐热度　　C. 延伸度　　D. 抗拉强度

（3）石油沥青化学组分中饱和组分含量增加，沥青的（　　）。

A. 延度增加　　B. 稠度降低　　C. 软化点提高　　D. 针入度减小

（4）随着时间的延长，石油沥青中三大组分逐渐递变的顺序是（　　）。

A. 油分→树脂→地沥青质　　B. 树脂→油分→地沥青质

C. 油分→地沥青质→树脂　　D. 树脂→地沥青质→油分

（5）石油沥青油毡和油纸的标号是以（　　）来划分的。

A. 油毡、油纸的耐热温度（℃）　B. 油毡、油纸的抗拉强度（MPa）

C. 油毡、油纸的单位质量（kg/m^2）　D. 油毡、油纸的纸胎原纸的单位质量（g/m^2）

（6）黏稠石油沥青在大多数实用条件下，均表现为（　　）。

A. 弹性　B. 黏-弹性　C. 黏性　D. 塑性

（7）液体石油沥青的标号按（　　）划分。

A. 油分含量　B. 蒸发损失　C. 闪点　D. 黏度

（8）下列选项中，除（　　）以外均为改性沥青。

A. 氯丁橡胶沥青　B. 聚乙烯树脂沥青　C. 沥青胶　D. 煤沥青

7-3　简答题

（1）石油沥青的牌号如何确定，牌号与沥青性能之间的关系如何？

（2）如何鉴别煤沥青和石油沥青？

（3）石油沥青油毡如何制得，其标号如何划分？

（4）乳化沥青的组成是什么？

（5）沥青材料的主要组分是什么，各自含量多少，对沥青性能的影响如何？

（6）石油沥青的主要技术性质是哪些，各用什么指标表示？

（7）沥青老化的本质是什么，会引起沥青物理、力学性质发生怎样的变化？

（8）与石油沥青比较，煤沥青的性质有哪些特点？

7-4　计算题

今有软化点分别为 95 ℃和 25 ℃的两种石油沥青，某工程的屋面防水要求使用软化点为 75 ℃的石油沥青，请问应如何配制？

8 合成高分子材料

本章学习的主要内容和目的：了解合成高分子材料的种类、特征和应用。

合成高分子材料是由高分子组成的材料。在土木工程中所涉及的主要有塑料、橡胶、化学纤维、建筑胶和涂料，这些高分子材料的基本成分是人工合成的，简称高聚物。由高聚物加工或用高聚物对传统材料进行改性所制得的土木工程材料，习惯上称为化学建材。化学建材在土木工程中的应用日益广泛，在装饰、防水、胶黏、防腐等各个方面所起的重要作用是其他土木工程材料不可替代的。

8.1 合成高分子材料概述

8.1.1 高分子材料的基本知识

以石油、煤、天然气、水、空气及食盐等为原料，制得的低分子材料单体（如乙烯、氯乙烯、甲醛等），经合成反应即得到合成高分子材料，这些材料的分子质量一般都在几千以上，甚至可达到数万，数十万或更大。从结构上看，高分子材料是由许多结构相同的小单元（称为链节）重复构成的长链材料。例如，乙烯（$CH_2{=}CH_2$）的相对分子质量为 28，而由乙烯单体聚合而成的高分子材料聚乙烯（CH_2—CH_2）$_n$ 相对分子质量则在 1000~35000 或更大。其中每一个“—CH_2—CH_2—”为一个链节，n 称聚合度，表示一个高分子中的链节数目。

一种高分子材料是由许多结构和性质相类似而聚合度不完全相等，即相对分子质量不同的有机物形成的混合物，称为同系聚合物，故高分子材料的相对分子质量只能用平均分子质量表示。

8.1.2 高分子材料的分类

从不同的角度对合成高分子材料有不同的分类法。

8.1.2.1 按分子链的形状分类

根据分子链的形状不同，可将高分子材料分为线型的、支链型的和体型三种。

（1）线型高分子材料的主链原子排列成长链状。如聚乙烯、聚氯乙烯等属于这种结构。

（2）支链型高分子材料的主链也是长链状，但带有大量的支链。如 ABS 树脂、高抗冲的聚苯乙烯树脂等属于支链型结构。

（3）体型高分子材料的长链被许多横跨链交联成网状，或在单体聚合过程中在二维空间或三维空间交联形成空间网络，分子彼此固定。如环氧、聚酯等树脂的最终产物属于体型结构。

8.1.2.2 按应用特性分类

高分子材料按应用特性可分为橡胶、纤维、塑料、高分子胶黏剂、高分子涂料和高分子基复合材料等。

橡胶是一类线型柔性高分子聚合物，其分子链间次价力小，分子链柔性好，在外力作用下可产生较大变形，外力去除后能迅速恢复原状。橡胶可分为天然橡胶和合成橡胶。

纤维分为天然纤维和化学纤维。前者包括蚕丝、棉、麻、毛等。后者是以天然高分子或合成高分子为原料，经过纺丝和后处理制得。纤维的次价力大、形变能力小、模量高，一般为结晶聚合物。

塑料是以合成树脂或化学改性的天然高分子为主要成分，再加入填料、增塑剂和其他添加剂制得。塑料的分子间次价力、模量和形变量介于橡胶和纤维之间。

高分子胶黏剂是以合成天然高分子化合物为主体制成的胶黏材料，可分为天然和合成胶黏剂，后者应用较多。

高分子涂料是以聚合物为主要成膜物质，添加溶剂和各种添加剂制得。根据成膜物质不同，分为油脂涂料、天然树脂涂料和合成树脂涂料。

高分子基复合材料是以高分子化合物为基体，添加各种增强材料制得的一种复合材料。它综合了原有材料的性能特点，并可根据需要进行材料设计。

8.1.2.3 按结晶性能分类

高分子材料按结晶性能，分为晶态高分子材料和非晶态高分子材料，由于线型高分子难免没有弯曲，故高分子材料的结晶为部分结晶。结晶所占的百分比称为结晶度。一般来说结晶度越高，高分子材料的密度、弹性模量、强度、硬度、耐热性、折光系数等越大，而冲击韧性、黏附力、断裂伸长率、溶解度等越小。晶态高分子材料一般为不透明或半透明的，非晶态高分子材料则一般为透明的。体型高分子材料只有非晶态一种。

8.1.3 高分子材料的变形与温度

非晶态线型高分子材料的变形与温度的关系如图8-1所示。非晶态线型高分子材料在低于某一温度时，由于所有的分子链和大分子链均不能自由转动而成为硬脆的玻璃体，即处于玻璃态，高分子材料转变为玻璃态的温度称为玻璃化温度 T_R。当温度超过玻璃化温度 T_R 时，由于分子链可以发生运动（大分子不运动），使高分子材料产生大的变形，具有高弹性，即进入高弹态。温度继续升高至某一数值时，由于分子链和大分子链均可发生运动，使高分子材料产生塑性变形，即进入黏流态，将此温度称为高分子材料的黏流态温度 T_f。

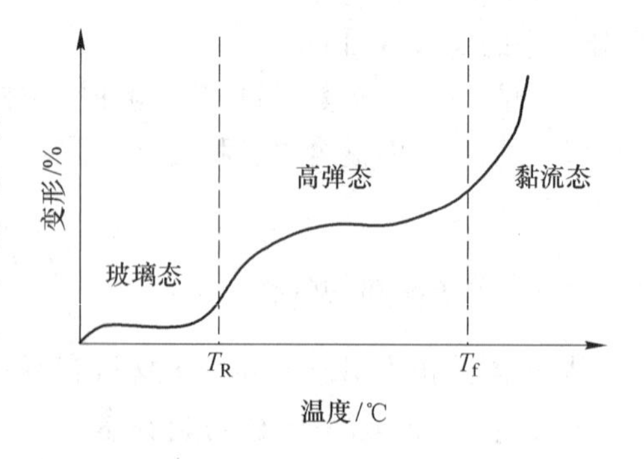

图8-1 非晶态线型高分子材料的变形与温度的关系

热塑性树脂与热固性树脂在成型时均处于黏流态。

玻璃化温度 T_R 低于室温的称为橡胶，高于室温的称为塑料。玻璃化温度是塑料的最高使用温度，但却是橡胶的最低使用温度。

8.1.4 高分子材料合成方法

将低分子单体经化学方法聚合成为高分子材料，常用的合成方法有加成聚合和缩合聚合两种。

8.1.4.1 加成聚合

加成聚合又称为加聚反应。它是由许多相同或不相同的不饱和（具有双键或三键的碳原子）单体（通常为烯类）在加热或催化剂的作用下，不饱和键被打开，各单体分子相互连接起来而成为高聚物，如乙烯、聚氯乙烯、聚乙烯。

加聚反应得到的高聚物一般为线型分子，其组成与单体的组成基本相同，反应过程中不产生副产物。

由加聚反应生成的树脂称为聚合树脂，其命名一般是在其原料名称前面冠以“聚”字，如聚乙烯、聚苯乙烯、聚氯乙烯等。

8.1.4.2 缩合聚合

缩合聚合又称作缩聚反应，它是由一种或数种带有官能团（H—、—OH、Cl—、—NH_2、—COOH 等）的单体在加热或催化剂的作用下，逐步相互结合而成为高聚物。同时，单体中的官能团脱落并化合生成副产物（水、醇、氨等）。

缩聚反应生成物的组成与原始单体完全不同，得到的高聚物可以是线型的或体型的。

缩聚反应生成的树脂称为缩合树脂。其命名一般是在原料名称后加上“树脂”两字，如酚醛树脂、环氧树脂、聚酯树脂等。

8.1.5 高分子材料的基本性质

（1）质轻。密度一般在 0.90~2.20 g/cm^3，平均约为铝的 1/2，钢的 1/5，混凝土的 1/3，与木材相近。

（2）比强度高。这是由于长链型的高分子材料分子与分子之间的接触点很多，相互作用很强，而且其分子链是蜷曲的，相互纠缠在一起。

（3）弹性好。这是因为高分子材料受力时，其蜷曲的分子可以被拉直而伸长，当外力除去后，又能恢复到原来的蜷曲状态。

（4）绝缘性好。由于高分子材料中的化学键是共价键，不能电离出电子，因此不能传递电流；又因为其分子细长而蜷曲，在受热或声波作用时，分子不容易振动。所以，高分子材料对于热、声也具有良好的隔绝性能。

（5）耐磨性好。许多高分子材料不仅耐磨，而且有优良的自润滑性，如尼龙、聚四氯乙烯等。

（6）耐腐蚀性优良。这是因为许多分子链上的基团被包在里面，当接触到能与分子中某一基团起反应的腐蚀性介质时，被包在里面的基团不容易发生变化，因此，高分子材料具有耐酸、耐腐蚀的特性。

（7）耐水性、耐湿性好。多数高分子材料憎水性很强，有很好的防水和防潮性。

高分子材料的主要缺点是：耐热性与抗火性差、易老化、弹性模量低、价格较高。在土木工程中应用时，应尽量扬长避短，发挥其优良的基本性质。

8.2　建筑塑料

8.2.1　塑料的基本概念

塑料是以合成树脂为主要成分，在一定条件（温度、压力等）下，可塑成一定形状并在常温下保持其形状的高分子材料。塑料按组成成分分为单一组分塑料和多组分塑料。根据用途，塑料可分为通用塑料和工程塑料。根据其受热后性能的不同，塑料还可分为热固性塑料和热塑性塑料。塑料由于其质轻、比强度高、化学稳定性好、导热系数小、装饰性和加工性能好及耗能较低的特点，已广泛应用于土木工程，作为结构材料和功能材料。

8.2.2　塑料的基本组成

塑料是由合成树脂和各种添加剂所组成的。合成树脂是塑料的主要成分，其质量占塑料的40%以上。塑料的性质主要取决于所采用的合成树脂的种类、性质和数量，因此，塑料常以所用合成树脂命名，如聚乙烯（PE）塑料、聚氯乙烯（PVC）塑料。

（1）合成树脂。合成树脂的种类很多，而且随着有机合成工业的发展和新聚合方法的不断出现，合成树脂的品种还在继续增加。工程中获得广泛应用的合成树脂大约有20种。合成树脂按其可否进行二次加工可分为热塑性树脂和热固性树脂，热塑性树脂可反复加热软化、冷却硬化，热固性树脂初次加热时软化，但固化后再加热时不会软化。根据加入树脂性能的不同，常将塑料分为热固性塑料和热塑性塑料。

（2）填料。填料又称为填充料、填充剂或体质颜料，其种类很多。按外观形态，可分为粉状、纤维状和片状三类。一般来说，粉状填料有助于提高塑料的热稳定性，降低可燃性，而片状和纤维状填料则明显提高塑料的抗拉强度、抗磨强度和大气稳定性等。

（3）增塑剂。增塑剂是能使聚合物塑性增加的物质。它可降低树脂的黏流温度，使树脂具有较大可塑性，以利于塑料的加工，少量的增塑剂还可降低塑料的硬度和脆性，使塑料具有较好的柔韧性。增塑剂主要为酯类及酮类。

（4）稳定剂。稳定剂是指抑制或减缓老化的破坏作用的物质。塑料在加工和使用过程中，由于受热、光、氧的作用，可能发生降解、氧化断链及交联等，使塑料老化。为了提高塑料的耐老化性能，延长使用寿命，通常要加入各种稳定剂，如抗氧剂、光屏蔽剂、紫外光吸收剂及热稳定剂等。

（5）固化剂。固化剂又称为硬化剂，主要作用是使某些合成树脂的线型结构交联成体型结构，从而使树脂具有热固性，不同品种的树脂应采用不同品种的固化剂。

（6）着色剂。着色剂是使塑料制品具有特定的色彩和光泽的物质，常用的着色剂是一些有机和无机颜料，颜料不仅对塑料具有着色性，同时也兼有填料和稳定剂的作用。

（7）其他添加料。在塑料的加工和生产中还常加入一定量的其他添加剂，一方面可以改善塑料制品的性能，另一方面能够满足塑料制品的功能要求。如阻燃剂、防霉剂、抗静电剂、发泡剂等。

8.2.3 建筑塑料的特性

建筑塑料具有许多优良的特性，但也存在不足，其主要特点如下：

(1) 具有较高的比强度。塑料的密度为 0.8~2.2 g/cm^3，为钢材的 1/8~1/4，是混凝土的 1/3~2/3。塑料的强度较高，其比强度可超过钢材，是混凝土的 5~15 倍。因而在建筑中应用塑料代替传统材料，可以减轻建筑物的自重，而且还给施工带来了诸多方便。

(2) 可加工性好，装饰性强。塑料可以采用多种加工方法加工成型，制成薄膜、管材、异型材等各种产品；并且便于切割、黏结和“焊接”加工。塑料易于着色，可制成各种鲜艳的颜色，也可以进行印刷、电镀、印花和压花等加工，使得塑料具有丰富的装饰效果。

(3) 耐热性、受热变形大。塑料的耐热性一般不高，在高温下承受荷载时往往软化变形，甚至分解、变质，普通的热塑性塑料的热变形温度为 60~120 ℃，只有少量品种能在 200 ℃左右长期使用。塑料的线膨胀系数较大，比金属大 3~10 倍。因而，温度变形大，容易因为热应力的累积而导致材料破坏。

(4) 耐燃性。部分建筑塑料制品具有阻燃性，即制品在遇到明火时会阻燃或自熄。有些聚合物本身具有自熄性，如 PVC。这也是目前在建筑塑料制品中应用聚氯乙烯材料最多的主要原因之一。塑料一般不具有耐燃性，在塑料的生产过程中常通过特殊的配方技术，如添加阻燃剂、消烟剂等来改善它的耐燃性。

(5) 隔热性能好，电绝缘性优良。塑料的导热性很小，导热系数一般为 0.024~0.69 W/(m·K)，只有金属的 1/100。泡沫塑料的导热性最小，与空气相当。常用于隔热保温工程。塑料具有良好的电绝缘性，是良好的绝缘材料。

(6) 弹性模量小，受力变形大。塑料的弹性模量小，是钢的 1/10~1/20。且在室温下，塑料在受荷载后就有明显的蠕变现象。因此，塑料在受力时的变形较大，并具有较好的吸振、隔声性能。

(7) 耐老化性。塑料存在易老化的问题，建筑塑料制品很多用于户外，直接受紫外线照射和风雨吹打，因此对抗光老化、热老化、抗氧化都有较高的要求。通过合适的配方和加工，可以使塑料延缓老化，从而延长塑料的使用寿命。近几年来，关于塑料老化的原因以及防止老化的方法的研究工作已取得了很大进展，已经找到了能延缓老化的物质，大幅提高了塑料的抗老化能力。应该说老化问题将不再是建筑中使用塑料的主要障碍。

(8) 耐腐蚀性。大多数塑料对酸、碱、盐等腐蚀性物质的作用具有较高的稳定性。但热塑性塑料可被某些有机溶剂所溶解，热固性塑料则不能被溶解，仅可能出现一定的溶胀。

(9) 良好的装饰性能。现代先进的塑料加工技术可以把塑料加工成各种建筑装饰材料，例如塑料墙纸、塑料地板、塑料地毯以及塑料装饰板等。种类繁多，花式多种多样，适应不同的装饰要求。

(10) 功能性。塑料是一种多功能材料。一方面可以通过调整配合比参数及工艺条件制得不同性能的材料。另一方面因塑料的种类很多，可以根据功能需求，选择不同的塑料制品。同时应该充分考虑塑料制品要求以人为本、环保绿色，对环境和人体无污染，在加工、建造、居住等方面无不良影响。

8.2.4 土木工程常用的塑料制品

（1）塑料管。塑料管是以合成高分子树脂为主要原料，经挤出、注塑、焊接等工艺成型的管材和管件。与传统的钢管和铁管相比，塑料管具有耐腐蚀、不生锈、不结垢、质量轻、施工方便和供水效率高等优点，已成为当今土木工程中取代铸铁、陶瓷和钢管的主要材料。

（2）装饰装修制品。塑料的装饰性和加工性能好，常用来生产装饰装修材料，主要有以下几种：

1）塑料面砖。塑料面砖以 PS、PVC、PP 等为原料制造，模仿传统陶瓷面砖，具有美观适用、厚度小、重量轻、施工方便的特点，是一种较为理想的超薄型墙面装饰材料，可用于室内墙面、柱面装饰。

2）塑料壁纸。塑料壁纸是用纸或玻璃纤维布做基材，以聚氯乙烯为主要成分，加入添加剂和颜料等，经涂塑、压花或印花、发泡等工艺制成的塑料卷材。塑料壁纸具有美观、耐用、易清洗、施工方便的特点，发泡塑料壁纸还具有较好的吸声性能，因而广泛地应用于室内墙面、顶棚等的装饰。塑料壁纸的缺点是透气性较差。

3）塑料地面卷材。塑料地面卷材是经混炼、热压或压延等工艺制成的卷材。主要为聚氯乙烯（PVC）塑料地面卷材，有无基层卷材和有基层卷材两种：无基层卷材质地柔软，有一定弹性，适合于家庭地面装饰；有基层卷材一般由两层或多层复合而成，常见的是三层结构。

4）塑料地板。塑料地板采用聚氯乙烯、重质碳酸钙和添加剂为原料，经混炼、热压或压延等工艺制成。有硬质、半硬质和软质三种。塑料地板制作的图案丰富，颜色多样，并具有耐磨、耐燃、尺寸稳定、价格低等优点，适合于人流不大的办公室、家庭等的地面装饰。

（3）隔热保温材料。主要有以下几种：

1）泡沫塑料。泡沫塑料是在聚合物中加入发泡剂，经发泡、固化或冷却等工序而制成的多孔塑料制品。泡沫塑料的孔隙率高达95%~98%，且孔隙尺寸小，因而具有优良的隔热保温性能，常用的有聚苯乙烯泡沫塑料、聚氯乙烯泡沫塑料、聚氨酯泡沫塑料、脲醛泡沫塑料等。

2）蜂窝塑料板。蜂窝塑料板是在蜂窝状的芯材上黏合面板的多孔板材，其孔隙较大，孔隙率很高。蜂窝状的芯材是由浸渍聚合物（酚醛树脂等）的片状材料（牛皮纸、玻璃布、木纤维板）经加工黏合成的形状似蜂窝的六角形空心板材。蜂窝塑料板的抗压强度和抗折强度高，导热系数低，主要用作隔热保温和隔声材料。

3）塑料门窗。塑料门窗是改性后的硬质聚氯乙烯（PVC），加入适量的添加剂，经混炼、挤出等工艺制成的异形材加工而成，改性后的硬质聚氯乙烯具有较好的可加工性、稳定性、耐热性和抗冲击性。

(4) 纤维增强塑料。纤维增强塑料是一种树脂基复合材料。添加纤维的目的是提高塑料的弹性模量和强度。常用纤维材料除玻璃纤维、碳纤维外，还有石棉纤维、天然植物纤维、合成纤维和钢纤维等，目前用得最多的是玻璃纤维和碳纤维。

8.3 建筑涂料

8.3.1 建筑涂料的基本概念

涂料是一类能涂覆于物体表面并在一定条件下形成连续和完整涂膜的材料总称。早期的涂料主要以干性油或半干性油和天然树脂为主要原料，所以这种涂料被称为油漆。建筑物用各类材料在受日光、大气、雨水等的侵蚀后，会发生腐朽、锈蚀和粉化。采用涂料在材料表面形成一层致密而完整的保护膜，可保护基体免受侵害，并可美化环境。

涂料的装饰功能主要体现在涂料可以赋予建筑物各种色彩和丰富的质感，如在外墙上涂料可以产生具有浮雕感的、类似石材的表面质感。

8.3.2 建筑涂料的组成

涂料的基本组成包括成膜物质、颜料、溶剂（分散介质）以及辅料（助剂）。

8.3.2.1 成膜物质

成膜物质也称基料，是涂料最主要的成分，其性质对涂料的性能起主要作用。成膜物质分为两大类：一类是转化型（或反应型）成膜物质，另一类是非转化型（或挥发型）成膜物质。前者在成膜过程中伴有化学反应，形成网状交联结构，因此，此类成膜物质相当于热固型聚合物，如环氧树脂、醇酸树脂等；后者在成膜过程未发生任何化学反应，仅靠溶剂挥发成膜，成膜物质为热塑性聚合物，如纤维素衍生物、氯丁橡胶、热塑性丙烯酸树脂等。

建筑涂料常用树脂有聚乙烯醇、聚乙烯醇缩甲醛、丙烯酸树脂、环氧树脂、醋酸乙烯-丙烯酸酯共聚物（乙-丙乳液）、聚苯乙烯-丙烯酸酯共聚物（苯-丙乳液）、聚氨酯树脂等。

8.3.2.2 颜料

颜料主要起遮盖和着色作用，有的颜料还有增强、改善流变性能及降低成本的作用。按所起作用不同，颜料又分为着色颜料和体质颜料（又称填料）两类。

建筑涂料中使用的着色颜料一般为无机矿物颜料。常用的有氧化铁红、氧化铁黄、氧化铁绿、氧化铁棕、氧化铬绿、钛白、锌钡白、群青蓝等。

体质颜料，即填料，主要起到改善涂膜的机械性能、增加涂膜的厚度、降低涂料的成本等作用，常用的填料为重晶石粉、轻质碳酸钙、重质碳酸钙、高岭土及各种彩色小砂粒等。

8.3.2.3 溶剂

溶剂通常是用以溶解成膜物质的易挥发性有机液体。涂料涂敷于物体表面后，溶剂基本上应挥发尽，不是一种永久性的组分，但溶剂对成膜物质的溶解力决定了所形成的树脂溶液的均匀性、黏度和贮存稳定性，溶剂的挥发性影响涂膜的干燥速度、涂膜结构和涂膜外观。常用的溶剂有甲苯、二甲苯、丁醇、丁酮、乙酸乙酯等。溶剂的挥发会对环境造成污染，选择溶剂时，还应考虑溶剂的安全性和对人体的毒性。

涂料按溶剂及其对成膜物质作用的不同分为溶剂型涂料、水溶性涂料和水乳型涂料。其中，水溶性涂料和水乳型涂料称为水性涂料。

8.3.2.4 辅料

辅料（又称助剂或添加剂）是为了进一步改善或增加涂料的某些性能而加入的少量物质。通常使用的有增白剂、防污剂、分散剂、乳化剂、稳定剂、润湿剂、增稠剂、消泡剂、流平剂、固化剂、催干剂等。

8.3.3 常用的建筑涂料

8.3.3.1 外墙涂料

（1）过氯乙烯外墙涂料。过氯乙烯外墙涂料干燥速度快，常温下 2 h 全干；耐大气稳定性好，并具有良好的化学稳定性，在常温下能耐 25%的硫酸和硝酸、40%的烧碱以及酒精、润滑油等物质。但附着力较差；热分解温度低（一般应在 60 ℃以下使用）以及溶剂释放性差；含固量较低，很难形成厚质涂层；苯类溶剂的挥发污染环境，伤害人体。

（2）氯化橡胶外墙涂料。氯化橡胶外墙涂料又称橡胶水泥漆。它是以氯化橡胶为主要成膜物质，再辅以增塑剂、颜料、填料和溶剂经一定工艺制成。为了改善综合性能，有时也加入少量其他树脂。氯化橡胶外墙涂料具有优良的耐碱、耐候性，且易于重涂维修。

（3）聚氨酯系列外墙涂料。聚氨酯系列外墙涂料是一种优质外墙涂料，其固化后的涂膜具有近似橡胶的弹性，能与基层共同变形，有效地阻止开裂；耐酸碱性、耐水性、耐老化性、耐高温性等均十分优良，涂膜光泽度极好，呈瓷质感。

（4）苯-丙乳胶漆。苯-丙乳胶漆由苯乙烯和丙烯酸酯类单体通过乳液聚合反应制得苯-丙共聚乳液，是目前质量较好的乳液型外墙涂料之一。苯-丙乳胶漆具有丙烯酸酯类的高耐光性、耐候性和不泛黄性等特点；而且耐水、耐酸碱、耐湿擦洗性能优良，外观细腻、色彩艳丽、质感好，与水泥混凝土等大多数建筑材料有良好的黏附力。

（5）彩色砂壁状外墙涂料。简称彩砂涂料，是以合成树脂乳液（一般为苯-丙乳液或丙烯酸乳液）为主体制成。着色骨料一般采用高温烧结彩色砂料、彩色陶料或天然带色石屑。彩砂涂料可用不同的施工工艺做成仿大理石、仿花岗石质感和色彩的涂料，因此又称为仿石涂料、石艺漆、真石漆。彩砂涂料具有丰富的色彩和质感，保色性、耐水性、耐候性好，涂膜坚实，骨料不易脱落，使用寿命可达 10 年以上。

（6）水乳型合成树脂乳液外墙涂料。水乳型合成树脂乳液外墙涂料是由合成树脂配以适量乳化剂、增稠剂和水通过高速搅拌分散形成的稳定乳液为主要成膜物质配制而成。所有乳液型外墙涂料由于以水为分散介质，故无毒，不易发生火灾，环境污染少，对人体毒性小，施工方便，易于刷涂、滚涂、喷涂，并可以在潮湿的基面上施工，涂膜的透气性好。目前存在的主要问题是低温成膜性差，通常必须在 10 ℃以上施工才能保证质量，因而冬季施工一般不宜采用。

（7）复层建筑涂料。复层建筑涂料是由两种以上涂层组成的复合涂料。复层建筑涂料一般由基层封闭涂料（底层涂料）、主层涂料、面层涂料所组成。复层建筑涂料按主涂层涂料主要成膜物质的不同，分为聚合物水泥系、硅酸盐系、合成树脂乳液系和反应固化型合成树脂乳液系四大类。

（8）硅溶胶无机外墙涂料。硅溶胶无机外墙涂料是以胶体二氧化硅为主要成膜物质，加入多种助剂经搅拌、研磨调制而成的水溶性建筑涂料。硅溶胶无机外墙涂料的遮盖力强、细腻、颜色均匀明快、装饰效果好，而且涂膜致密性好，坚硬耐磨，可用水砂纸打磨抛光，不易吸附灰尘，对基层渗透力强，耐高温性及其他性能均十分优良。硅溶胶还可与某些有机高分子聚合物混溶硬化成膜，构成兼有无机和有机涂料的优点。

8.3.3.2 内墙和顶棚涂料

（1）乳胶漆。乳胶漆是由合成树脂乳液为主要成膜物质，以水作为分散剂，随水分蒸发干燥成膜，涂膜的透气性好，无结露现象，且具有良好的耐水、耐碱和耐候性。常用的品种有醋酸乙烯乳胶漆和醋酸乙烯-丙烯酯有光内墙乳胶漆。后者价格较高，性能优于醋酸乙烯乳胶漆。

（2）聚乙烯醇类水溶性内涂料。聚乙烯醇类水溶性内涂料是以聚乙烯醇树脂及其衍生物为主要成膜物质，涂料资源丰富，生产工艺简单，具有一定装饰效果，且价格低，但涂料的耐水性、耐水洗刷性和耐久性差。是目前生产和应用较多的内墙顶棚涂料。

（3）多彩内墙涂料。多彩内墙涂料简称多彩涂料，是目前国内外流行的高档内墙涂料，它经一次喷涂即可获得多种色彩的立体涂膜的涂料。目前生产的主要是水包油型（水为分散介质，合成树脂为分散相），为获得理想的涂膜性能，常采用三种以上的树脂混合使用。多彩涂料的色彩丰富，图案变化多样，立体感强，具有良好的耐水性、耐油性、耐碱性、耐洗刷性。多彩涂料宜在5~30 ℃下储存，且不宜超过半年。多彩涂料不宜在雨天或湿度高的环境中施工，否则易使涂膜泛白，且附着力也会降低。

8.3.3.3 地面涂料

（1）溶剂型地面涂料。溶剂型地面涂料是以合成树脂为基料，添加多种辅助材料制成。其性能及生产工艺与溶剂型外墙涂料相似，所不同的是在选择填料及其他辅助材料时比较注重耐磨性和耐冲击性等。

（2）合成树脂厚质地面涂料。合成树脂厚质地面涂料属于溶剂型涂料，它能形成厚质涂膜，如环氧树脂地面厚质涂料和聚氨酯地面厚质涂料。环氧树脂地面厚质涂料固化后，涂膜坚硬、耐磨，且具有一定的冲击韧性，耐化学腐蚀、耐油、耐水性能好，与基层黏结力强，耐久性好，但施工操作较复杂。聚氨酯地面厚质涂料具有弹性，故步感舒适，黏结性好，其他各项性能均十分优良，但目前价格较高，适用于高级住宅地面装饰。

8.3.3.4 特种涂料

特种涂料是各种功能性涂料的总称。许多建筑物涂刷涂料除了一般的装饰要求外，往往还有某些特殊功能，如防水功能、防火功能、防霉功能等。特种涂料的种类很多，在建筑工程中有重要地位。

（1）防火涂料。防火涂料主要涂刷在某些易燃材料的表面，以提高易燃材料的耐火能力，或减缓火焰蔓延传播速度，为人们灭火提供时间。

（2）防水涂料。防水涂料的品种很多，但是装饰性的防水涂料主要有聚氨酯、丙烯酸防水涂料和有机硅憎水剂三种。

（3）防霉涂料。防霉涂料是在某些普通涂料中掺加适量相容性防霉剂制成。对防霉剂的基本要求是成膜后能保持抑制霉菌生长的效能，不改变涂料的装饰和使用效果。

（4）防腐涂料。建筑物常用防腐涂料主要有环氧树脂系、聚氨酯系、橡胶树脂系和呋喃树脂系防腐涂料四大类。

其他特种涂料还有防雾涂料、防辐射涂料、防震涂料、杀虫涂料（灭蚊、防白蚁）、耐油涂料、隔热涂料（屋面热反射涂料、保温涂料）、隔声涂料（吸声或隔声）、香型涂料等。所有上述特种涂料，基本上是在普通涂料的生产工艺中掺入相应的特种外掺料制得，因而兼有普通涂料的性能。

8.4 胶 黏 剂

8.4.1 胶黏剂的基本概念

胶黏剂是应用于各类建筑物、结构及构件，对其进行加固、补强、修复、黏结、密封的，且具有较高黏结强度及良好综合性能的物质，是建筑工程中不可缺少的配套材料之一。它不但广泛应用于建筑施工及建筑室内外装修工程，如墙面、地面、吊顶工程的装修黏结，还常用于屋面防水、新旧混凝土接缝等。

8.4.2 胶黏剂的组成

尽管胶黏剂的品种很多，但其组分一般主要有黏结料、固化剂、增韧剂、稀释剂等几种。但并不一定每种胶黏剂都含有这些成分，这主要取决于其性能和用途。

（1）黏结料。黏结料又称主体黏料，是胶黏剂中将两种被黏结材料牢固结合在一起时，起主要作用的组分，是胶黏剂的基础。它的性质决定了胶黏剂的性能和用途。

（2）固化剂。固化剂也是胶黏剂的主要成分之一。固化剂的性质和用量对胶黏剂的性能起着重要的作用。固化剂是与主树脂进行化学反应的物质，它能使线型分子形成网状或体型结构使主体黏料（胶黏剂）在一定外界条件下，由液态转变为固态，从而产生黏结力。

（3）填料。胶黏剂中的填料一般不参与主体树脂的化学反应，但可以改变其性能，降低成本。它可以增加胶黏剂的弹性模量，降低线膨胀系数，减少固化收缩率，增加电导率、黏度、抗冲击性；提高使用温度、耐磨性、胶结强度；改善胶黏剂耐水、耐介质性和耐老化性等。但它会增大胶黏剂的密度，增大黏度，而不利于涂布施工，容易造成气孔等缺陷。

（4）增韧剂。树脂固化后一般较脆，加入增韧剂后可提高冲击韧性，改善胶黏剂的流动性、耐寒性与耐振性，但会降低弹性模量、抗蠕变性、耐热性。

（5）稀释剂。其作用是降低黏度，便于涂布施工，同时起到延长使用寿命的作用。

（6）改性剂。为了改善胶黏剂的某一性能，满足特殊要求，常常加入一些改性剂。如偶联剂、防腐剂、阻燃剂等。

8.4.3 土木工程常用的胶黏剂

8.4.3.1 结构胶黏剂

(1) 环氧树脂胶黏剂。环氧树脂胶黏剂是当前应用最广泛的胶黏剂，因环氧树脂胶黏剂中含有环氧基、羟基、氨基和其他极性基团，对大部分材料有良好的黏结能力，有万能胶之称。其抗拉强度和抗剪切强度高，固化收缩率小，耐油和多种溶剂、耐潮湿，抗蠕变性好，是较好的结构胶黏剂。环氧树脂胶黏剂在土木工程中的应用很多，主要用于裂缝修补、结构加固和表面防护等。

(2) 不饱和聚酯树脂胶黏剂。不饱和聚酯树脂胶黏剂的特点是黏结强度高，抗老化性及耐热性较好，可在室温和常压下固化，固化速度快，但固化时的收缩大，耐碱性较差。适于黏结陶瓷、玻璃、木材、混凝土和金属结构构件。

8.4.3.2 非结构胶黏剂

(1) 聚醋酸乙烯胶黏剂。聚醋酸乙烯胶黏剂是由醋酸乙烯单体聚合而成的，俗称白乳胶。其特性是使用方便、价格低、润湿能力强，有较好的黏附力，适用于多种黏结工艺。但其耐热性、对溶剂作用的稳定性及耐水性较差，只能作为室温下使用的非结构胶。

(2) 聚氨酯胶黏剂。聚氨酯胶黏剂是分子链中含有异氰酸酯基（—NCO）及氨基甲酸酯基（—NH—COO—），具有很强的极性和活泼性的一类黏合剂。聚氨酯胶黏剂有良好的黏结强度、耐超低温性能和耐磨、耐油、耐溶剂、耐老化等性能。

(3) 氯丁橡胶胶黏剂。氯丁橡胶胶黏剂是以氯丁橡胶为主要组成的，加入氧化锌、氧化镁、填料、抗老化剂和抗氧化剂等制成，是目前应用最广泛的一种橡胶型胶黏剂。氯丁橡胶胶黏剂对水、油、弱酸、弱碱、醇和脂肪烃有良好的抵抗力，可在-50~80 ℃的温度下工作，但是徐变较大，且容易老化。

8.5 土工合成材料

8.5.1 土工合成材料的基本概念

土工合成材料是土木工程应用的合成材料的总称。作为一种新型的土木工程材料，它以人工合成的聚合物，如塑料、化纤、合成橡胶等为原料，制成各种类型的产品，置于土体内部、表面或各种土体之间，发挥加强或保护土体的作用。

8.5.2 土工合成材料种类

关于土工合成材料的分类，至今尚无统一准则。《土工合成材料应用技术规范》(GB/T 50290—2014) 将土工合成材料分为土工织物、土工膜、土工复合材料和土工特种材料等类型。土工复合材料是由上述各种材料复合而成的，如复合土工膜、土工复合防排水材料等。目前这些材料已广泛地用于水利、水电、公路、建筑、海港、采矿、军工等工程的各个领域。

(1) 土工织物。土工织物为透水性土工合成材料。土工织物的制造一般要经过两个步骤：首先把聚合物原料加工成丝、短纤维、纱或条带，再制成平面结构的土工织物。土工织物突出的优点：重量轻，整体连续性好，施工方便，抗拉强度较高，耐腐蚀和抗微生物侵蚀性好。缺点：未经特殊处理，则抗紫外线能力低，如暴露受到紫外线直接照射容易衰化，但若不直接暴露，抗老化及耐久性能仍是较高的。

（2）土工膜。土工膜一般分为沥青和聚合物（合成高聚物）两大类，也有采用天然橡胶制作的。为了适应工程应用中不同强度和变形的需要，两大类中又各有不加筋和加筋或组合的类型。土工膜的制造方法一般分为工厂制成的和现场制成的两种。大量工程实践表明，土工膜有很好的不透水性，很好的弹性和适应变形的能力，能承受不同的施工条件和工作应力，具有良好的耐老化能力（处于水下和土中的土工膜的耐久性尤为突出）。

（3）土工特种材料。土工特种材料包括土工格栅、土工模袋、土工网、土工网垫、土工格室等。

1）土工格栅。土工格栅是一种主要的土工合成材料，与其他土工合成材料相比，它具有独特的性能与功效。土工格栅常用作加筋土结构的筋材或土工复合材料的筋材等，国内外工程中大量采用土工格栅加筋路基路面。土工格栅分为两类：塑料类和玻璃纤维类。

2）土工模袋。土工模袋是一种双层聚合化纤织物制成的连续（或单独）袋状材料。它可以代替模板用高压泵把混凝土或砂浆灌入模袋中，最后形成板状或其他形状结构。用于护坡或其他地基处理工程。

3）土工网。土工网是合成材料条带、粗股条编织或合成树脂压制的具有较大孔眼、刚度较大的平面结构或三维结构的网状土工合成材料，用于软基加固垫层、坡面防护、植草以及制造组合土工材料的基材。

4）土工网垫和土工格室。土工网垫和土工格室都是合成材料特制的三维结构。前者多为长丝结合而成的三维透水聚合物网垫，后者由土工织物、土工格栅或土工膜、条带聚合物构成的蜂窝状或网格状三维结构，常用作防冲蚀和保土工程，刚度大的、侧限能力高的多用于地基加筋垫层或支挡结构中。

（4）土工复合材料。上工复合材料是由两种或两种以上的材料组合而成的复合型土工合成材料。土工复合材料可将不同构成材料的性质结合起来，更好地满足具体工程的需要，能起到多种功能的作用。

8.5.3 土工合成材料的主要用途

在公路工程中，土工合成材料的主要用途可以概括为工程过滤、工程排水、工程隔离、工程加筋、工程防渗和工程防护。

（1）工程过滤。把土工织物置于土体表面或相邻土层之间，可以有效地阻止土颗粒通过，从而防止由于土粒的过量流失而造成土体的破坏。同时允许土中的水或气体通过织物自由排出，以免由于孔隙水压力的升高而造成土体的失稳等不利后果。土工织物适用于：土石坝黏土心墙或黏土斜墙的滤层，堤、坝、河、渠及海岸块石或混凝土护坡的滤层，水闸下游护坡下部的滤层，排水暗道周边或碎石排水暗沟周边的滤层，水利工程中水井、减压井或测压管的滤层等。

（2）工程排水。有些土工合成材料可以在土体中形成排水通道，把土中的水分汇集起来，沿着材料的平面排出体外。较厚的针刺型无纺织物和某些具有较多孔隙的复合型土工合成材料都可以起排水作用。工程排水材料适用于：土坝或土堤中的防渗土工膜后面或混凝土护面下部的排水，埋入土体中消散孔隙水压力，软基处理中垂直排水，挡土墙后面的排水，排出隧洞周边渗水，人工填土地基或运动场地基的排水等。

（3）工程隔离。有些土工合成材料能够把两种不同粒径的土、砂、石料或把土、砂、石料与地基或其他建筑物隔离开来，以免相互混杂，失去各种材料和结构的完整性，或发生土粒流失现象。土工织物和土工膜都可以起隔离作用，可用于道路基层与路基之间或路基与地基之间的隔离层，在土石混合坝中隔离不同的筑坝材料，用作坝体与地基之间的隔离体，堆场与地基间的隔离层等。

（4）工程加筋。很多土工合成材料埋在土体中，可以分布土体的应力，增加土体的模量，传递拉应力，限制土体侧向位移，还增加土体和其他材料之间的摩阻力，提高土体及有关建筑物的稳定性。可用于加强软弱地基，加强边坡稳定性，用作挡土墙回填土中的加筋，或锚固挡土墙的面板，加固柔性路面防止反射裂缝的发展等。

（5）工程防渗。土工膜和复合型土工合成材料，可以防止液体的渗漏、气体的挥发，保护环境或建筑物的安全。可用于土石坝和库区的防渗，渠道防渗，隧道和涵管周围防渗，防止各类大型液体容器或水池的渗漏和蒸发，屋顶防漏，用于修筑施工围堰等。

（6）工程防护。多种土工合成材料可对土体或水面起防护作用。主要用于防止河岸或海岸被冲刷，防止垃圾、废料或废液污染地下水或散发臭味，防止水面蒸发或空气中灰尘污染水面，防止土体冻害等。

【背景知识】

铅芯隔震橡胶支座——减小地震损伤的法宝

随着中国经济建设和各区域往来融合的快速发展，中国道路和桥梁的建设也随之迅速发展。但若发生强震，桥梁结构则有可能出现严重破坏，特别是桥台、落梁、桥墩、桥梁支座破坏程度最为严重，这就推动了桥梁减震隔震技术的相应发展和应用。

隔震是为了将桥梁结构与可能引起破坏的地面运动尽可能分离开来，以降低地震作用造成的桥梁破坏。由于隔震橡胶支座能够在很大程度上减小地震造成的破坏力，从而产生很大的社会和经济效益，隔震技术逐渐得到普遍应用。

图 8-2　桥梁铅芯隔震橡胶支座
（位于桥梁的箱梁与墩柱之间）

目前，铅芯隔震橡胶支座（见图 8-2）是桥梁隔震的关键技术产品。铅作为常见的金属，在吸收能量以及塑性变形方面具有一定优势，适宜作为弹塑性体。通过将铅芯压入板式橡胶支座中心制成铅芯橡胶支座，可以解决很多桥梁抗震难题。铅芯隔震橡胶支座由铅芯、橡胶层、钢板等叠层黏结而成，主要利用橡胶的弹性以及铅芯的可塑性有效吸收地震能量，利用橡胶支座的水平柔性形成一道柔性隔震层，从而改变结构的基本周期，提高桥梁的抗周期疲劳能力与耐久性，最终达到减轻上部破坏的目的。

铅芯隔震橡胶支座不仅仅是应用在交通工程建设中，随着人们对建筑工程抗震要求的不断改进和创新，大直径铅芯橡胶隔震支座也被逐渐应用于房屋建筑抗震设计。铅芯隔震橡胶支座与建筑结构融为一体，显著优于传统的抗震技术措施，既确保了结构安全，又能避免地震造成的生命和财产损失。

练 习 题

简答题

(1) 何谓高分子材料，怎样分类？

(2) 高分子材料有哪些特征，应用前景如何？

(3) 常用高分子材料有哪些，有什么特点，应用范围如何？

(4) 试述线型非晶态高分子材料的玻璃态、高弹态和黏流态的物理含义及其力学特征。

(5) 简要说明建筑塑料的基本组成及各组分的作用。

(6) 试述涂料的组成成分及它们所起的作用。

(7) 对胶黏剂有哪些基本要求？试举两种建筑常用胶黏剂，并说明它们的特性与用途。

(8) 举例说明土工合成材料的应用。

9 前沿智能材料

本章学习的主要内容和目的：了解土木工程智能材料的性质、用途和技术瓶颈；掌握土木工程3D打印材料及建筑3D打印技术的研究现状及发展趋势。

9.1 概　　述

20世纪70年代，美国的科研人员将光纤埋入碳纤维增强复合材料中，使材料具有能够感知应力和断裂损伤的能力，这是智能材料的第一次试验，当时也称智能材料为自适应材料（adaptive material）。从1985年开始，在科研人员的不断努力下，智能材料系统逐渐受到全世界各国研究人员的重视和推广，并先后提出了机敏材料（smart materials）、机敏材料与结构（smart materials and structures）、自适应材料与结构（adaptive materials and structures）、智能材料系统与结构（intelligent materials systems and structures）等各种有关智能材料的名称。从表面上看，虽然各名称的叫法不尽相同，但研究的主要内容大体相同，都含有"智能"特性。

有学者认为智能材料系统（intelligent material systems，简称IMS）的定义可分为两类。第一类定义是从技术观点出发，认为在材料和结构中集成有执行器、传感器和控制器，但这个定义只叙述了智能材料系统的组成，而没有说明这个系统的目标，也没有给出制造这种材料系统的方法。而另一类定义是从科学理念的角度出发，认为在材料系统微结构中集成智能和生命的特点，从而达到降低耗能、减小质量，同时产生自适应能力的特点。该定义概括出了智能材料系统设计的主题性思想，抓住了材料的仿生特点，着重强调材料系统的目的，但没有定义出材料的使用类型，也没有叙述材料的传感性以及执行与控制能力。所以，若把两种定义综合起来，就能形成一个完整、科学的定义，即智能材料是能模仿生命系统，能感知环境变化，并能适时地改变自身一种或多种性能特点，且作出所期望的、能与变化后的环境相适应的复合材料或材料的复合。

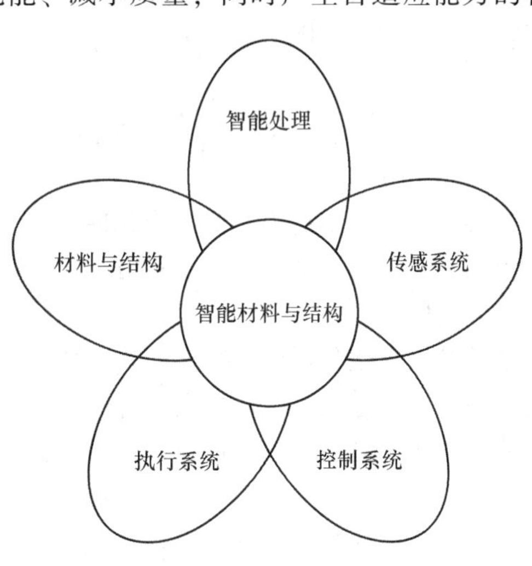

图9-1　智能材料与结构的构成

智能材料与结构体系的构成如图9-1所示。单一的人工材料不可能同时具备这些性能，只有将不同材料制成的控制器、执行器和感知器等集成或组合在一起，通过在这些功能之间建立起有效的联系，并使之相互作用、相互依存，才有可能实现材料的智能化。智能或机敏材料并不是专门研制的一种新型材料，大多是根据实际需要选择两种或多种不同的材料，按照一定的比例以某种特定的方式复合起来或者是材料的集成，即在所使用的材料构件中嵌入某种功能性材料或元件，使这种新组合的材料具有某种或多种感知特性甚至智能特性。这样，它已不再是传统的单一性质的材料，而是一种复杂的材料体系，故在智能材料后面加上“系统”两字，成为智能材料系统，通常简称为智能材料。

9.2 智能材料的性质

智能材料是指对于周围的环境刺激具有良好的感知能力，并能进行适当处理的可执行性的新型功能材料。它是继天然材料、合成高分子材料、人工设计材料之后的第四代材料。与前三种材料相比，智能材料具有以下这些特性。

（1）仿生性。智能材料的基础特性便是具有仿生学所构建的自适应系统。所谓仿生学，实质上是人类模仿生物系统以更好地适应周围环境。例如，目前广泛应用的雷达技术便是模拟基于蝙蝠飞行时所采用的声音传播体系所构建的一种空间位置定位系统。而智能材料体系，也会参照生物在适应环境变化时调整自身特点以应对环境的改变。与此同时，采取仿生学的研究方式还能够有效解决材料使用原理上的方向问题，能有效地控制研发成本。

（2）传感功能。顾名思义，传感功能是以信号传导与接收机制所建立的一套信息处理系统，主要功能便是实现对空间的监控。而材料技术虽然没有以 CPU 来建立中枢，但材料自身的分子特性就能够形成一套类似于 CPU 的中枢系统，能够识别环境的变化，从而积极应对，继而达成智能材料自适应的特点。

（3）自诊断（修复、调节能力）。从材料学的角度上说，复原行为可称为自动修复功能，而基于自动修复的原理，也意味着其修复过程中存在着诊断与识别的过程。由此意味着，虽然材料不会说话，但其诊断出自身问题后，可通过材料之间的相互作用，以特殊的“符号”来告知使用者自己当前的变化，由此也使得材料与人的沟通成为可能。

9.3 智能材料在土木工程中的应用

大体积混凝土结构的安全诊断性问题，是全球智能材料系统研究的重点课题之一。日本的相关研究人员将碳素纤维和玻璃纤维组合，嵌入混凝土，以检测混凝土的应力应变状态。这两种材料在力学和电学性能方面的互补性，使得纤维在提高强度的同时，还能通过纤维的电阻变化分析出混凝土的受力状态、形变程度和破坏情况，从而检测到混凝土的裂纹和损伤，乃至预报材料的服役寿命。这种纤维加强的智能混凝土材料已成功地应用于银行等重要建筑设施的防盗报警结构中。我国科研人员研发一种对压力敏感的压敏性混凝土材料，在混凝土中加入少量的碳素短纤维后，其电阻会随着材料受压大小而明显变化。根据其电阻变化的规律，可以检测出混凝土结构的安全性、损伤期和破坏程度，从而达到诊断效果。将这种复合材料做成传感器，嵌入大体积混凝土结构，并辅以网络结构系统，可以判断出大体积构件所受压力的位置和受力面积大小。如果材料内部不同部位的温度不同，会产生电动势差，进而可以通过检测各部位电动势的变化，来判断大体积混凝土结构内部温度的变化情况，形成温敏混凝土。这些将碳素纤维复合材料与光纤传感器复合形成的结构，可应用于大体积混凝土工程的一些重要部位。

检测钢筋混凝土结构的强度以及混凝土结构的完整性是土建工程中一项很重要的工作。对建筑结构的性能进行预先评估和预报，不仅会极大减少结构的维护费和管理费，而且能避免对生命财产造成的危害。在钢筋混凝土结构中埋入传感器并形成网络，就可以实时监测结构的完整性和力学性能，并能进行通信和设备控制。智能材料在这方面拥有很好的应用前景，目前的应用主要集中在建筑高层结构、水坝、桥梁等方面。

9.3.1 在混凝土固化监测中的应用

为了解决温湿度变化以及水化热产生的温差所引起的温度应力问题，可利用嵌入式光纤传感器对大体积混凝土结构进行温度监测。混凝土的抗拉强度远低于抗压强度，因此在结构的受拉区配置钢筋。通常将光纤传感器埋入未凝固的混凝土中，除要求光纤界面和混凝土之间有良好的锚固，还要求光纤在混凝土浇捣和工程施工过程中不受损伤及在高度碱性环境中具有良好的耐久性。

9.3.2 在混凝土大坝上的应用

工程结构的过度位移或者变形会导致结构失稳并造成破坏，而运用光纤技术可以对大坝结构的位移进行可靠的监测。光纤位移极限信号装置 DLS 可用于检测大坝裂缝宽度的变化；光纤应变计可用于缝隙或不透水沥青混凝土水坝状态变化的长期监测；环形光纤传感器分为两种，分别连接坝体的两边，用一特别的材料封装在大坝混凝土中心，当应变计用力锁定模式安装时，径向变化可引起传感器传输性质的变化。

9.3.3 在房屋建筑中的应用

（1）结构监测和损伤评估。对于受荷很大又很重要的构件，可以在钢筋混凝土制作时嵌入光纤阵列，通过计算机及神经网络判断缺陷的位置。由于水泥抗拉能力较差，通常将光纤安装在水泥受拉区域，检测混凝土是否出现裂缝。高层建筑的桩基完整性检查是一个工程难题，若在桩基中埋入偏振型或分布式光纤传感器，则可以直接判断桩基是否出现破坏。目前的研究表明，将碳纤维材料作为导电材料掺入混凝土浆，当纤维用量合适且制备工艺适当时，硬化电阻的特性会随外界的压力变化而变化，亦即对应力敏感，利用这一特性，这种材料不仅可用作工程材料而且可用作智能材料，用于结构监测和损伤评估，且将碳纤维加入混凝土，不存在埋入问题和相容性问题。

（2）光纤传感器可控制加热、空调、电力、下水道设备、电梯、照明、火警及出入控制，还可测量压力、温度、水管流量，控制温度、水泵、电动阀门、锅炉等。

（3）试验应力分析。利用嵌入的光纤检测混凝土的强度、位移及弹性模量等，并在此基础上设计结构，使建筑结构更加安全和经济。例如，将光纤阵列埋在机场跑道上，可以测得飞机起降落时跑道上的应力大小，得到二维应变图，有利于跑道的设计和维修。用纤维压缩法确定混凝土弹性模量及现场进行对比试验，在距离表面几厘米处嵌入绞合光纤，借助于安装在混凝土表面上的手摇螺旋器把压力施加给纤维，随着荷载压力的增加，绞合光纤的曲率增大，光纤管检测到的光通量增加，一定压力下，混凝土的强度和模量与光通量有关。在混凝土中嵌入单模偏振型光纤传感器，混凝土受到荷载作用时光面产生旋转，由光敏管检测出旋转情况，即可测得混凝土的强度和弹性模量。

9.3.4 在桥梁工程中的应用

桥梁是承受动荷载的结构，且容易被大气污染，因此往往要求能够监测它的强度和受荷情况，并且根据监测结果来指导维护和维修，这样可以很大程度上减少定时检测和维修费用。

（1）桥座力的测量。在桥面和桥墩之间有桥座，其作用是将荷载从桥面传递到桥墩，增加桥面的自由度并减少动载影响。桥座是由弹性层、加强板组成的堆积体，在其中放置了光纤传感器，它是采用微弯技术的多模光纤传感器，一端为光敏管，另一端为发光管。桥座受荷情况发生变化时，微弯器对光纤作用，使光纤输出的光强发生变化，从而使光敏管的输出改变，测试光敏管的信号变化即可以了解桥座受荷大小。

（2）桥梁的长期监测。例如在 Kererkusen 的 Schiessbergstrasse 大桥上，工程人员将光纤预埋在收缩量很小的合成树脂砂浆中，组成预应力钢筋，每根预应力钢筋中安装两只光纤传感器，可以实现长期监测。1993 年，在加拿大的卡尔加里建造了一座名为 Beddington Trail 的两跨公路桥。这座桥梁的创新之处在于桥墩部分首次采用了碳纤维复合材料替代混凝土中的钢筋，同时还在桥梁中布置了光纤布拉格光栅传感器，以检测使用过程中碳纤维复合材料代替钢筋的效果及桥梁内部的应变情况；另外，为了监测温度的影响，桥梁中还嵌入了传感器以测量温度的变化。

（3）桥梁的振动和损伤控制。现代吊索桥的跨度可达几千米，结构刚度小、柔性大，易受环境因素的影响，尤其是风荷载以及地震作用。为避免一阶扭转模态的出现，桥梁工程师设计出了以下系统：在桥的两边各有两个配重，当桥梁产生扭转时，两配重将相对桥体移动。一根扭力棒沿加强桁架在桥的长度方向移动并对滑轮施加弹性约束，这实际上是通过把绳索绕在加强桁架上来实现的。通过滑轮附近的摩擦控制器可调整配重和弹簧系统的扭力，这一系统仅在一阶扭转模态下起作用，可避免一阶扭转模态出现，从而保证大跨度吊索桥在风荷载作用下的安全。

9.3.5 在智能混凝土材料中的应用

智能混凝土是在混凝土中加入智能型材料，使混凝土材料具有一定的自适应性、感知性和损伤自修复性等智能特性的多功能复合材料，根据这些特性可以有效地预报混凝土材料内部的损伤，满足结构自我安全检测的需要，防止混凝土结构潜在的脆性破坏，能有效提高混凝土结构的安全性和耐久性。

9.3.5.1 自感应混凝土（损伤自诊断混凝土）

混凝土材料本身并不具备自感应功能，但在混凝土基材中复加部分导电相材料，可使混凝土具备本征自感应功能。目前常用的导电类材料可分为三类：碳类、金属类和聚合物类，其中最常用的是金属类和碳类：碳类导电组分包括石墨、炭黑及碳纤维；金属类材料则有金属微粉末、金属网、金属片、金属纤维等。

美国的科研人员在1989年首先发现，将一定尺寸、形状和掺量的短切碳纤维掺入混凝土原材料，可以使材料具有自感知内应力、变形和损伤程度的功能。通过对材料的微观结构变化和宏观行为进行观测，发现水泥基复合材料的电阻率变化与其内部结构变化是相对应的，如电阻率的可逆变化对应于材料的弹性变形，而电阻率的不可逆变化对应于材料的非弹性变形和断裂。

这种复合材料可以灵敏有效地检测拉、压、弯等受力状态及静态和动态荷载作用下材料的内部变化情况。当在水泥净浆中掺加0.5%（体积分数）的碳纤维时，它作为应变传感器的灵敏度可达700，远远高于一般的电阻应变片；在疲劳试验中还发现，无论是在压缩或者拉伸状态下，碳纤维混凝土材料的体积电导率会随疲劳次数的增加而发生不可逆的降低，因此可以应用这一特性对混凝土材料的疲劳损伤进行监测。通过标定这种自感应混凝土，科研人员能决定阻抗和载重之间的关系，由此可以确定以自感应混凝土做的公路上车辆的重量、方位和速度等参数，为交通管理的智能化提供了材料保障。

9.3.5.2 自调节混凝土

混凝土结构除了正常承载以外，人们还希望它在受台风、地震等自然灾害时，能够调整承载力和减少结构的振动。混凝土其实是一种惰性材料，要达到自调节的目的，就必须复合具有驱动功能的组件材料。20世纪90年代初，日本和美国的科研人员合作研制出了具有调整建筑结构承载能力的自调节混凝土材料，其基本原理是在混凝土中掺入形状记忆合金，利用形状记忆合金对温度的敏感性和不同温度下恢复相应形状的能力，在混凝土结构受到异常荷载作用下，通过记忆合金形状的改变，使混凝土内部应力重分布并产生一定的预应力，从而提高混凝土材料的承载能力。上海的同济大学混凝土材料国家重点实验室曾经尝试在混凝土中添加电黏性流体（一种在外界电场作用下可产生塑性、黏性和弹性等流变性能的双向变化的悬胶液）来研制自调节混凝土材料。利用电黏性流体的电-流变效应，在混凝土结构受地震或台风作用时，可自动调整其内部的流变特性，改变结构的自振频率和阻尼特性，从而达到减震消震的目的。

有些建筑物对其室内的湿度有较高的要求，如各类博物馆、展览馆及美术馆等。为实现稳定的湿度控制，室内往往需要安装许多控制系统、湿度传感器及复杂的布线等，其成本和使用维护费用都较高。日本的科研人员研制出的可自动调节环境湿度的混凝土材料就可完成对室内环境湿度的检测，并根据需求对其进行调节。这种可让混凝土材料自动调节环境湿度功能的关键成分是沸石粉，其机理为沸石中的硅钙酸盐含有很多细小的孔隙，这些孔隙可以对水分、NO_x 和 SO_x 气体进行选择性吸附。选择合适的沸石种类（天然沸石的种类有40多种）可以制备符合实际工程需要的可自动调节环境湿度的混凝土复合材料，它具有如下特点：优先吸附水分子，且水蒸气压力越低的地方，其吸湿容量越大；吸湿和放湿与环境温度的高低相关，温度升高时放湿，温度降低时吸湿。这种材料已用于多家美术馆的室内墙壁上，取得了非常好的应用效果。

自调节机敏混凝土具有电热效应和电力效应等性能。苏联的研究人员在1973年首先发现了力电（由变形产生电）、电力（由电产生变形）效应。他们在做水泥净浆小梁弯曲试验时，通过附着在梁上下表面的电极可测得电压，且对其逆反应——电力效应进行了研究，发现梁产生弯曲变形时，改变电压的方向，弯曲的方向也发生相应的变化。

自调节机敏混凝土的力电效应和电力效应是基于电化学理论的可逆反应，因此将电力效应应用于混凝土结构的传感和驱动时，可以在一定范围内对它们实施变形调节。例如，对于平整度要求较高的特殊钢筋混凝土桥梁，可通过自调节机敏混凝土的电热和电力自调节能力调节由于温差和自重所引起的蠕变效应；自调节机敏混凝土的热电效应使其可以方便地实时监测建筑物内部和周围环境的温差变化，并可以利用电热效应在冬季控制建筑物内部环境的温度，可极大地推进建筑向智能化方向发展。国内研究表明，碳纤维混凝土具有良好的导电性能，且通电后其发热功率也非常稳定，可利用其电热效应来对混凝土路面、机场跑道和桥面等结构进行融雪化冰等。基于碳纤维混凝土的道路及桥梁路面的自适应融雪和融冰系统的智能混凝土已经在欧美国家应用，并取得了很好的效果。

9.3.5.3 仿生自愈合水泥砂浆

混凝土材料在使用过程中和周围环境的影响下，不可避免地会产生局部损伤和开裂，混凝土的宏观破坏能被肉眼发现并用手工进行修补。同时，超声波无损检测技术对探察内部损伤也很有效，但由于这些技术的局限性，目前还不能用于诸如微开裂等微观损伤的探测，而微观损伤的修复才是工程的难点。这些微观损伤如果不及时修补，不但影响结构的正常使用，降低材料的耐久性，还可能由此引发宏观裂缝并出现脆性破坏，从而产生严重的工程事故。以往对混凝土材料的修复形式主要是事后维修和定时维修，随着现代智能化和多功能建筑对混凝土材料的要求越来越高，这种修复方式已经不能适应人们的需求了。仿生自愈合混凝土的工作原理是模仿生物组织能自动分泌某种物质，使受创伤部位得到愈合的机能。通过在混凝土中掺入特殊成分（如含黏结剂的空心纤维），形成智能型仿生自愈合神经网络系统，可以认为仿生自愈合混凝土是一种智能型仿生材料。

9.4 智能材料的发展与瓶颈

9.4.1 智能材料的发展

智能材料是智能化时代的成果，它在对重大土建基础设施的应变实量监测，结构的无损检查、及时修复，减轻台风、地震的冲击等诸多方面有很大的作用，对确保建筑物的安全性和长期的耐久性都有积极的效果。而且在现代建筑向智能化发展的背景下，对传统建筑材料的研究、制造、缺陷修复和预防等都提出了很大的挑战。智能材料作为建筑材料领域的高新科技，为传统建筑材料的发展注入了新的力量和活力，也为建筑材料未来发展提供了全新的机遇。对其基础原理及其应用技术的深入研究将使传统建筑材料发展进入科技创新的跑道，使传统材料工业获得全新的突破性进步。

9.4.2 智能材料的研究瓶颈

从上文内容中对于智能材料性能的探讨，可以发现智能材料毫无疑问有着广阔的发展空间，但是仅就土建工程而言，某一领域的优势或者特点是否能够产生现实价值，仍然需要深入研究。例如，目前得到广泛认可及应用的自调节混凝土材料，其材料特点具有十分理想的适应和调节功能，但是其本身的不完善，功能单一，导致真实的应用场景有限。所以，基于特定领域诉求所研发的材料，其是否能够有效突破领域的限制，也是智能材料未来发展的重要方向之一。

同时，此类研究其实缺少对于工程结果应用效率的考虑，目前在计算机的广泛应用下，就意味着需要大量电子元器件，而电子元器件的发展效率较慢，意味着计算机所能体现的价值很难达到理想的结果。未来电子元器件领域中智能材料的应用也将会成为土木工程和智能材料科学领域的主要发展方向之一。

9.5　3D 打印混凝土材料

9.5.1　概述

20 世纪 90 年代以来，3D 打印混凝土技术逐渐应用于建筑行业，以响应建筑智能化和工业化的发展需求。随着 3D 打印混凝土技术的日益成熟，其本质是一项基于挤出的增材制造技术，即将满足工艺要求的可打印材料泵送至喷嘴处，挤出形成打印层，层与层之间相互堆积，在不依靠模板的前提下逐层堆积形成建筑构件，甚至是工程实体，如图 9-2 所示。与传统混凝土施工技术相比，3D 打印混凝土技术可弥补因城市化和工业化进程加快所带来的劳动力短缺、建筑垃圾增多等诸多问题，同时具有施工速度快、无需模板就可打印复杂结构的优势。

图 9-2　3D 打印混凝土模拟图

9.5.2　3D 打印混凝土技术的工程应用

3D 打印混凝土技术主要采用材料挤出（material extrusion）和材料喷射（material jetting）两种施工工艺。图 9-3 为基于材料挤出工艺的 3D 打印混凝土技术。将混凝土材料施加一定的压力通过喷嘴挤出，成型一层材料，等前一层材料固化后，再进行下一层材料的打印，通过逐层累积的方法加工成最终的结构。图 9-4 为近年来出现的一种基于材料喷射工艺的 3D 打印混凝土技术。该技术是利用高压气体将混凝土喷射到基体上，随着喷射时间的延长，材料逐步累积，并利用机器人手臂控制材料沉积路径成型最终结构。与基于材料挤出的 3D 打印混凝土工艺相比，材料喷射技术加工的混凝土结构具有更高的致密度以及层间黏合力，并具有更高的施工效率。同时，该工艺还可以直接成型垂直面和悬垂面，是一种具有广泛应用潜力的 3D 打印混凝土施工技术。然而，与该技术相应的工艺、材料与设备等还不成熟，离实际工程应用还有一定距离，所以目前工程应用较为广泛的是基于材料挤出工艺的 3D 打印混凝土技术。

目前，3D 打印混凝土技术主要应用于建造模块化装配式建筑，即利用 3D 打印混凝土技术建造不同的建筑构件，然后将构件运送到现场进行组装。我国盈创公司（WinSun）是世界上 3D 打印建筑物的开创者之一，图 9-5 是利用 3D 打印混凝土技术建造的位于迪拜的“未来办公室”，是世界上第一座利用 3D 打印技术建造的办公建筑。

2020 年 2 月，湖北疫情不断蔓延，上海市金山区的一家科技企业运用 3D 打印混凝土

图 9-3 挤出式 3D 打印混凝土技术

图 9-4 喷射式 3D 打印混凝土技术

图 9-5 3D 打印混凝土建造的迪拜“未来办公室”及其建造过程

技术，建造出一批隔离病房，第一时间运往湖北省咸宁市中心医院，一解当地的燃眉之急。该病房长 3.8 m，宽 2.4 m，高 2.8 m，面积约 10 m^2，采用壳体结构，整体受力均匀，抗风抗震性能好，具有保温隔热的效果，密封性和保温性均可满足单独居住需要，如图 9-6 所示。

图 9-6 3D 打印混凝土隔离房

除了建造房屋以外，3D 打印混凝土技术还被应用到桥梁建设领域。2015 年荷兰埃因霍芬理工大学与某公司合作，建造了全球首座混凝土桥梁，如图 9-7 所示，在 3D 打印造桥领域属于突破性进展。该桥长 8 m，宽 3.5 m，承重可达 2 t，主要用于通行自行车。桥梁是由高强度、低成本的预应力混凝土制成，共建造了近 800 层。相比于传统的施工工艺，混凝土的用量更少，施工时间更短，整个建造过程耗费了 3 个月时间。

图 9-7 荷兰埃因霍芬理工大学的 3D 打印混凝土桥梁

9.5.3 3D 打印混凝土材料的可打印性

由于 3D 打印混凝土的施工特点，新拌制的混凝土材料是从一个喷嘴中挤出，并一层一层地堆积叠加而形成建筑构件，且先成型的材料能否有足够强度去支撑起上一层的材料，还要保证材料层与层之间具有足够的黏结力，使得打印出的构件具备良好的整体性，这些都与混凝土的可打印性有着密切的关系，而所谓的可打印性是指 3D 打印混凝土拌合物的流动性、可挤出性和支撑性。

9.5.3.1 流动性

流动性是评估混凝土浆体可打印性能的一个重要参数，良好的流动性可以保证砂浆在传输系统中具有可泵送性以及在打印系统中具有良好的挤出性。一般情况下，浆体含水率越高，材料的流动性越好，但过多的含水率会降低混凝土浆体的强度，所以混凝土浆体流动性试验的目的是在最优含水率的条件下，研究如何提高水泥浆体流动性的方法。

在最优含水率的条件下，浆体的堆积密度达到最大，此时孔隙率越低，用来填充孔隙的水分越少，则多余水分含量越高。正是这部分多余的水分，增加了固体颗粒间的润滑作用，对提高混凝土浆体的流动性起到至关重要的作用。所以，可以添加粒径较小的颗粒，来填充较大水泥颗粒间所形成的孔隙，从而达到减小孔隙率、增加多余水分含量及提高浆体流动性的目的。

值得注意的是，由于粉煤灰和硅粉的颗粒可以用来填充孔隙，虽然增加了多余水分含量，但是较细颗粒的填充会增加颗粒的比表面积，从而增加浆体的黏稠度，降低其流动性。所以，在配置 3D 打印混凝土的过程中，还需掺入一定量的减水剂，用于分散固体颗粒的絮状结构，释放出更多的水分子，并降低浆体的黏稠程度。材料的流动性评估可以通过塌落度试验来进行检测。

9.5.3.2 可挤出性

混凝土的可挤出性是决定 3D 打印混凝土可打印特性和稳定性的关键性参数和指标。由于 3D 打印混凝土的施工特点和要求，需要混凝土材料能够在管道中顺畅地流动，并能从喷嘴中连续均匀地被打印喷头挤出，从而定义了材料的可挤出性这个指标。大多数 3D 打印喷嘴的形状为圆形或者矩形，可挤出性是指材料在从喷嘴里面持续均匀挤出的过程中不发生堵塞和中断的能力。与流动性测试不同，可挤出性的测试和评价没有专门的设备和仪器，通常情况下仅依赖人眼观测评定。

用于3D打印的混凝土浆料需要具有良好的可挤出性能，这与其能否持续通过细管输送并经过喷头沉积成型密切相关，打印头的形状和尺寸都会影响材料的挤出效果。材料颗粒的级配选择是3D打印混凝土材料挤出控制的关键，同时原材料的颗粒应具有光圆的外形和较小的直径。在水与水泥的质量比一定的情况下，与带有棱角的颗粒相比，外表光圆的颗粒可以获得更好的挤出效果，还能降低喷头被堵塞的风险。

混凝土浆体的可挤出性与其流变性能有一定的关联，流变性能决定了新拌混凝土浆体的工作性能和压实能力。但用于测量流动性的坍落度试验不能用于测量低稠度或高流动性混凝土浆体的流变性能，通常采用流变仪直接测量混凝土浆体的流变性能。

9.5.3.3　支撑性

所谓支撑性是指3D打印混凝土拌合物在打印成型后，能够保持形状稳定的性能。3D打印混凝土材料在一层一层往上推挤的过程中，下一层的材料要有足够的支撑力去支撑上面材料传来的压力，这对材料的支撑性提出了较高的要求。如果材料没有足够的支撑性，整个结构就会发生较大的塑性变形，甚至会由于变形过大而发生塑性垮塌，即出现如图9-8所示的情况。

图9-8　因支撑性不足导致材料出现垮塌现象

混凝土材料的支撑性是评价3D打印混凝土浆体材料的另一个重要指标。它是指已经打印完成的混凝土浆体在自重及上层材料压力的作用下维持自身结构和外形的能力，可以被当作是混凝土材料的早期强度。挤出的混凝土浆体一定要有足够的支撑力来保证其能够准确打印，且在建造后保证形状不发生较大变化，并能够承受后续打印层的重力作用，同时相邻层之间还要保持良好的黏结性能。

在传统混凝土中，骨料占据了较大的比例，从而保证了混凝土结构具有稳定的尺寸效应。同样地，对于适用于3D打印的混凝土而言，在骨料占较高比例的情况下，较好的支撑性也是可以实现的。相关科研人员发现，粉煤灰可以提高混凝土浆体的黏度，并且能够提供材料稳定性所需的支撑力。可以通过土力学中的直剪试验来评估3D打印混凝土材料的支撑性。

9.5.3.4　可打印时间

3D打印混凝土施工质量除了与上述几个因素有关外，还有一个很重的指标，就是材料的可打印时间，即材料保持可打印性的持续时间。把3D打印混凝土拌合物从加水至失去可挤出性的时间定义为材料的可打印时间。3D打印混凝土拌合物在泵送前和泵送后均不应离析和泌水，凝结时间应满足可打印时间的要求。通常可打印时间应根据具体工程项目、打印施工安排等综合因素来设计，一般不大于拌合物初凝时间的80%。

3D打印混凝土材料的可打印时间与材料的凝结时间有着密切的关系，所以凝结时间须在以下两方面进行优化和控制：首先，混凝土材料在传输过程中，需要延长其凝结时间，保证混凝土材料能够持续流动；其次，当打印材料通过打印系统挤出成型后，要求其凝结时间尽可能缩短，以达到一定的强度去支撑后续材料的打印，从而保证适当的打印效率。控制混凝土凝结时间最有效的方法是使用速凝剂和缓凝剂，而检测凝结时间的方法可以采用贯入阻力试验或者维卡仪试验等。

9.5.4 3D 打印混凝土材料的选用及配合比

为了使混凝土具有良好的工作性能和打印性能，材料的选用和配合比设计一定要与 3D 打印系统互相兼容与协调，包括材料的控制系统、贮存系统、传输系统、挤出系统和打印系统等。在实际施工过程中，材料应具有易挤出、易流动、易支撑等特性，同时还应具备良好的力学性能和合理的凝结特点，保证材料在打印挤出的过程中能连续均匀并能快速成型，所以规范对 3D 打印混凝土原材料的选用有着严格的规定。

（1）水泥的选用。配制 3D 打印混凝土宜选用硅酸盐水泥或普通硅酸盐水泥，并应符合现行国家标准《通用硅酸盐水泥》（GB 175—2023）的有关要求。当采用其他品种水泥时，其性能应符合现行国家标准《白色硅酸盐水泥》（GB/T 2015—2017）、《硫铝酸盐水泥》（GB/T 20472—2006）、《铝酸盐水泥》（GB/T 201—2015）的有关规定。

（2）粗骨料的选用。由于 3D 打印施工工艺的特殊要求，混凝土拌合物需要通过打印头挤出，因此 3D 打印混凝土中骨料的最大粒径不宜过大，否则容易堵塞输料管道和打印喷嘴。无论 3D 打印混凝土配合比设计中是否含有粗骨料，骨料的最大粒径应首先根据输料设备和打印头的尺寸和施工经验进行设计，并最终通过试验确定。

配制 3D 打印混凝土的粗骨料宜选用级配合理、粒形良好、质地坚硬的碎石或卵石，最大粒径不应超过打印喷嘴出口内径的 1/3，且不宜超过 16 mm。粗骨料的含泥量和泥块含量应符合表 9-1 的规定，其他性能及试验方法应符合现行国家标准《建设用卵石、碎石》（GB/T 14685—2022）的有关规定。

表 9-1 粗骨料的含泥量和泥块含量

项 目	含泥量	泥块含量
指标/%	≤ 1.0	≤ 0.5

（3）细骨料的选用。配制 3D 打印混凝土的细骨料宜选用级配Ⅱ区的中砂。当 3D 打印混凝土中无粗骨料时，细骨料的最大粒径不应超过打印头出口内径的 1/3。天然砂的含泥量、泥块含量应符合表 9-2 的规定；人工砂的石粉含量应符合表 9-3 的规定。细骨料的其他性能及试验方法应符合现行国家标准《建设用砂》（GB/T 14684—2022）的有关规定。

表 9-2 天然砂的含泥量和泥块含量

项 目	含泥量	泥块含量
指标/%	≤ 3.0	≤ 1.0

表 9-3 人工砂的石粉含量

项 目		指标/%
石粉含量/%	MB < 1.4	≤ 7.0
	MB ≥ 1.4	≤ 3.0

配制3D打印混凝土使用的其他材料，如外加剂、矿物掺合料、合成纤维和拌合用水等，也应符合国家现行有关标准的规定。

一般来说，为了满足打印流动性的需求，通常需要增加水泥的用量，但是这样会增大混凝土的收缩率，引起水泥的水化热升高。所以，在配置材料时，通常会采用一些矿物掺合料来代替部分水泥。这些矿物掺合料具有较好的胶结能力、低水化热、低石灰消耗、可形成水化产物、可填充空隙等特点，能提高材料的物理和力学性能，比如通过添加诸如硅粉、粉煤灰、高炉矿渣、纳米硅粉和石灰石粉等矿物成分，提高混凝土的新拌能力和硬化特性。同时，3D打印混凝土还可以根据混凝土的性能设计要求和所使用的原材料情况，添加减水剂、早强剂、缓凝剂、增塑剂、消泡剂、引气剂、触变剂、黏度改性剂等功能型外加剂来改善混凝土的一些性能。如在混凝土中添加增塑剂，可以提高其流动性，且不影响材料硬化后的力学强度；黏度改性剂在稳定混凝土流变性和协调性上效果也很明显，而且还能提高打印物体的尺寸稳定性。

3D打印混凝土配合比设计还应根据3D打印建筑的结构形式、施工工艺以及环境等因素，并在综合考虑混凝土的可打印性、强度、耐久性及其他性能的基础上优化配合比。根据3D打印混凝土的凝结时间、工作性能、力学性能以及耐久性能要求，通过试验来确定矿物掺合料以及外加剂的品种和用量，其具体的配合比的设计及计算方法可参见《混凝土3D打印技术规程》（T/CECS 786—2020）。

9.5.5 3D打印混凝土硬化后的力学性能

3D打印混凝土技术采用逐层堆叠的成型工艺，其细观不均质性直接影响材料的宏观力学行为，相比于传统的支模浇筑工艺，其强度有明显的折减，同时材料的力学性能也出现较大的各向差异性。因此，关于均质材料的原有力学分析方法已不能完全反映3D打印混凝土材料的力学性能，所以引入了几个新的有关材料强度的概念。

（1）3D打印抗压强度折减率。3D打印抗压强度折减率是3D打印特殊工艺造成的强度损失，其检测方式是采用3D打印方式与现行国家标准《混凝土物理力学性能试验方法标准》（GB/T 50081—2019）规定的标准成型方式相比，试件抗压强度的损失率。

（2）层间黏结强度。相邻3D打印层混凝土之间抵抗拉伸破坏的能力。

（3）层间劈裂强度。相邻3D打印层混凝土之间抵抗劈裂破坏的能力。

3D打印混凝土的力学性能应符合设计要求，检验方法应符合现行国家标准《混凝土物理力学性能试验方法标准》（GB/T 50081—2019）的有关规定。硬化3D打印混凝土的抗压强度折减率、层间劈裂强度和层间黏结强度等性能宜符合表9-4的规定，其强度的测试方法详见相应的规程和标准。

表9-4 硬化3D打印混凝土性能技术要求及检验方法

<table>
<tr><th>项 目</th><th colspan="2">技术要求</th><th>检 验 方 法</th></tr>
<tr><td>打印成型抗压强度</td><td colspan="2">满足设计要求</td><td rowspan="2">详见《混凝土3D打印技术规程》（T/CECS 786—2020）</td></tr>
<tr><td>3D打印抗压强度折减率/%</td><td colspan="2">≤ 20</td></tr>
<tr><td rowspan="2">层间劈裂强度/ MPa</td><td>C20</td><td>0.8</td><td rowspan="2">详见《混凝土3D打印技术规程》（T/CECS 786—2020）</td></tr>
<tr><td>C30</td><td>1.0</td></tr>
</table>

续表 9-4

项　　目	技术要求		检 验 方 法
层间劈裂强度/ MPa	C40	1.5	详见《混凝土 3D 打印技术规程》（T/CECS 786—2020）
	C50	2.5	
	C60	3.5	
层间黏结强度/ MPa	≥ 1.5		详见《混凝土 3D 打印技术规程》（T/CECS 786—2020）
耐久性	满足设计要求		详见《混凝土结构耐久性设计标准》（GB/T 50476—2019）

9.5.6　3D 打印混凝土的发展与展望

本章介绍了 3D 打印混凝土技术的一些发展进程及其在各个领域的应用现状。通过介绍 3D 打印混凝土材料的一些基本性能，证明了该技术在建筑领域的可行性及巨大的发展潜力，改变了传统土建工程施工及建造方式。3D 打印混凝土技术是很有发展前景的建造方法，可以在建筑设计灵活性、建筑的自动化施工、降低工程成本、降低施工风险和劳动力需求等方面对传统建造和施工过程进行彻底的变革。然而，应用于建筑领域的 3D 打印技术仍然面临一些困难和挑战，主要集中在大型 3D 打印系统的装备制造及与 3D 打印机协调兼容的高性能水泥基材料的制备等方面。此外，还需建立统一的规范和标准，以便准确有效地评估 3D 打印材料性能和 3D 打印结构的质量检测。以上问题的解决将涉及材料科学、机械制造工程、自动化控制、机器人、建筑结构设计等一系列跨学科合作。目前 3D 打印混凝土技术仍处于概念验证和初步应用阶段，但通过不断克服和解决所面临的困难和挑战，3D 打印混凝土技术终将在建筑领域发挥其巨大的应用潜力和作用。

【背景知识】

仿生低碳新型建筑材料抗压强度达 17 MPa

我国研究人员受自然界中沙塔蠕虫构筑巢穴过程的启发，利用天然基黏结剂黏结沙粒、矿渣等各类固体颗粒，在低温常压条件下制备了力学性能优异的仿生低碳新型建筑材料，为建筑领域降低碳排放量提供了新思路。近日，研究成果发表于国际学术期刊 *Matter*。

生产传统水泥基建材在高温焙烧过程中需消耗大量能量并产生巨额碳排放量。发展新型低碳建筑材料，尤其是基于天然原料的低碳建筑材料，对于在建筑领域内降低碳排放量具有重要意义。

论文通讯作者、中国科学院理化技术研究所研究员王树涛介绍，近年来，国内外开展了大量的研究工作，提出多种基于天然原料的黏结剂，如生物高分子、细菌矿化黏结剂及酶矿化黏结剂等。然而，目前利用各类天然基黏结剂黏结沙粒及其他固体颗粒所形成的块材强度普遍较低，难以满足实际建筑需求。因此，设计天然基低碳建筑材料仍具有挑战性。

王树涛团队受沙塔蠕虫筑穴启发，利用仿生策略，设计了天然基仿生低碳新型建筑材料。自然界中，沙塔蠕虫可通过分泌复合有正电性蛋白与负电性蛋白的黏液黏结沙粒构筑坚固的巢穴。受此启发，他们引入正电性季铵化壳聚糖与负电性海藻酸钠形成仿生天然黏结剂，实现了对于沙粒、矿渣等各类固体颗粒的牢固黏结，最终在低温常压条件下形成高强度低碳建筑材料。

论文第一作者、中国科学院理化技术研究所博士生徐雪涛介绍，该天然基仿生低碳新型建筑材料的抗压强度高达 17 MPa。此外，该建筑材料具有优异的抗老化性能、防水性能以及独特的可循环利用性能。

（摘自《中国科学报》2023 年 9 月 27 日第 1 版）

练 习 题

简答题

(1) 什么叫作智能材料?

(2) 智能材料有哪些性质?

(3) 什么叫 3D 打印混凝土的打印性?

(4) 什么叫 3D 打印混凝土的可打印时间?

(5) 如果 3D 打印混凝土的流动性过低，会造成什么现象?

(6) 什么叫 3D 打印混凝土的抗压强度折减率?

10 其他工程材料

本章学习的主要内容和目的：熟悉防水材料、保温隔热材料和吸声隔声材料；了解建筑装饰材料防火材料。

10.1 防 水 材 料

10.1.1 防水涂料

防水涂料是一种流态或半流态物质，涂布在基层表面，固化成膜后形成有一定厚度和弹性的连续薄膜，使基层表面与水隔绝，起到防水、防潮作用。防水涂料特别适合于各种结构复杂的屋面、面积相对狭小的厕浴间、地下工程等的防水施工，以及屋面渗漏维修。防水涂料所形成的防水膜完整、无接缝、施工十分方便，而且大多数采用冷施工，不必加热熬制，改善了劳动条件。但是，防水涂料必须采用刷子或刮板等逐层涂刷（刮），故防水膜的厚度较难保持均匀一致。

防水涂料按液态类型可分为溶剂型、水乳型和反应型 3 种；按成膜物质的主要成分可分为沥青类、高聚物改性沥青类及合成高分子类。

10.1.1.1 防水涂料的基本性能要求

防水涂料的品种不同，其性能也各不相同。但无论何种防水涂料，要满足防水工程的要求，必须具备以下基本性能：

（1）固体含量。固体含量指防水涂料中所含固体的比例。固体含量多少与成膜厚度及涂膜质量密切相关。

（2）耐热度。耐热度指防水涂料成膜后的防水薄膜在高温下不发生软化变形和不流淌的性能。它反映防水涂膜的耐高温性能。

（3）柔性。柔性指防水涂料成膜后的膜层在低温下保持柔韧性的性能。它反映防水涂料在低温下的施工和使用性能。

（4）不透水性。不透水性指防水涂膜在一定水压（静水压或动水压）和一定时间内不出现渗漏的性能，是防水涂料满足防水功能要求的重要指标。

（5）延伸性。延伸性指防水涂膜适应基层变形的能力。防水涂料成膜后必须具有一定的延伸性，以适应由于温差、干湿等因素造成的基层变形，来保证防水效果。

10.1.1.2 常用防水涂料

A 沥青基防水涂料

沥青基防水涂料的成膜物质就是石油沥青。

(1) 冷底子油。用石油沥青直接溶于汽油、煤油、柴油等有机溶剂中成为溶剂型沥青涂料，它涂刷后涂膜很薄，不宜单独作防水涂料用，但其黏度小，能渗入混凝土、砂浆、木材等材料的毛细孔隙中，待溶剂挥发后，便与基材牢固结合，使基层具有一定的憎水性，为黏结同类防水材料创造了有利条件。因多在常温下用作防水工程的打底材料，故名冷底子油。通常是采用30%~40%的30号或10号石油沥青，与60%~70%的有机溶剂(常用汽油）配制而成。

(2) 石灰乳化沥青。以石油沥青为基料，石灰膏为分散体（乳化剂)，石棉绒为填料，在机械强制搅拌下将沥青乳化而制得的厚质防水涂料。这种石膏乳化沥青涂料生产工艺简单，成本低。石灰膏在沥青中形成蜂窝状骨架，耐热性好，涂膜较厚，可在潮湿基层上施工。但石油沥青未经改性，所以产品在低温时易碎。它和聚氯乙烯胶泥配合，可用于无砂浆找平层屋面防水。

(3) 膨润土沥青乳液。以优质石油沥青为基料，膨润土为分散剂，经搅拌而成。这种厚质涂料可在潮湿无积水的基层上施工，涂膜耐水性很好，黏结力强，耐热性好，不污染环境。一般和胎体增强材料配合使用，用于屋面、地下工程、厕浴间等防水防潮工程。

B　高聚物改性沥青防水涂料

高聚物改性沥青防水涂料是用再生橡胶、合成橡胶或SBS树脂对沥青进行改性而制成。用再生橡胶改性，可改善沥青低温脆性，增加弹性，增加抗裂性；用合成橡胶（氯丁、丁基等）改性，可改善沥青的气密性、耐化学性、耐光及耐候性；用SBS树脂改性，可改善沥青的弹塑性、延伸性、抗拉强度、耐老化性及耐高温性。

(1) 再生橡胶改性沥青防水涂料。以再生橡胶为改性剂、汽油为溶剂，添加其他填料（如滑石粉等)，与沥青加热搅拌而成。原料来源广泛，成本低，生产简单。但以汽油为溶剂，虽然固化迅速，在生产、储运和使用时都要特别注意防火与通风，而且需多次涂刷，才能形成较厚的涂膜。

这种防水涂料在常温和低温下都能施工，适用于屋面、地下室、水池、冻库、桥梁、涵洞等工程的抗渗、防水、防潮以及旧油毡屋面的维修。

如用水代替汽油，就可避免溶剂型防水涂料易燃、污染环境等缺点，但固化速度稍慢，贮存稳定性稍差，适合于混凝土基层屋面及地下混凝土建筑防潮、防水。

(2) 氯丁橡胶改性沥青防水涂料。以氯丁橡胶为改性剂、汽油为溶剂，加入填料、防老化剂等制成。这种防水涂料成膜速度快，涂膜致密，延伸性好，耐腐性、耐候性优良，但施工有污染，应有切实的防火与防爆措施。

(3) SBS改性沥青防水涂料。以SBS（苯乙烯-丁二烯-苯乙烯嵌段共聚物）树脂改性沥青，再加表面活性剂及少许其他树脂等配制而成的水乳型弹性防水涂料。这种涂料具有良好的低温柔性、黏结性、抗裂性、耐老化性和防水性，采用冷施工，操作方便、安全、无毒、不污染环境。施工时可用胎体增强材料进行加强处理。适合于复杂基层（如厕浴间、厨房、地下室、水池等）的防水与防潮处理。

C　合成高分子防水涂料

合成高分子防水涂料是以合成橡胶或合成树脂为主要成膜物质，再加入其他添加剂制成的单组分或双组分防水涂料。合成高分子防水涂料比沥青防水涂料和改性沥青防水涂料具有更好的弹性和塑性，更能适应防水基层的变形，从而能进一步提高防水效果，延长其使用寿命。

（1）聚氨酯防水涂料。聚氨酯防水涂料是一种双组分反应型防水涂料，甲组分为聚氨酯（异氰酸酯基化合物与多元醇或聚醚聚合而成），乙组分为固化剂（胺类或羟基类化合物或煤焦油），加上其他添加剂，按比例配合均匀涂于基层后，在常温下即能交联固化，形成较厚的防水涂膜。

聚氨酯防水涂膜固化无体积收缩，具有优异的耐候、耐油、耐臭氧、不燃烧等特性。涂膜弹性与延伸性好，有较高的抗拉强度和撕裂强度，使用温度为-30~80 ℃。耐久性好，当涂膜厚度为1.5~2 mm时，耐用年限可达10年以上。聚氨酯涂料对材料具有良好的附着力，因此与各种基材如混凝土、砖、岩石、木材、金属、玻璃及橡胶等均能黏结牢固，且施工操作较简便，是一种高档防水涂料。

聚氨酯防水涂料最适宜在结构复杂、狭窄和易变形的部位，如厕浴间、厨房、隧道、走廊、游泳池等的防水及屋面工程和地下室工程的复合防水。施工时应有良好的通风和防火设施。

（2）硅橡胶防水涂料。硅橡胶防水涂料是以硅橡胶乳液和其他高分子乳液配制成复合乳液为成膜物质，加上其他添加剂制得的乳液型防水涂料，兼有涂膜防水和渗透性防水材料的双重优点，具有良好的防水性、黏结性、延伸性和弹性，耐高温和低温性好。

硅橡胶防水涂料有Ⅰ型和Ⅱ型两种。Ⅱ型涂料中加有一定量的改性剂，以降低成本，但除了耐低温柔性略差外，其余性能都与Ⅰ型相同。Ⅰ型涂料和Ⅱ型涂料均由1号涂料和2号涂料组成，涂布时复合使用，1号涂布于底层和面层，2号涂布于中间层。这种涂料能渗入基层毛细孔0.2~0.3 mm，与基层牢固地黏结在一起，共同承受外力及压力水的渗入。

硅橡胶防水涂料采用冷施工，施工方便、安全，喷、涂、滚刷皆可，可在较潮湿的基层上施工，无环境污染。可配成各种颜色，装饰性良好。对水泥砂浆、金属、木材等具有良好的黏结性。适用于屋面、厕浴间、厨房、贮水池的防水处理，对于有复杂结构或有许多管道穿过的基层防水特别适用。

（3）丙烯酸酯防水涂料。以丙烯酸酯乳液为成膜物质，合成橡胶乳液为改性剂，加入其他添加剂配制而成。其涂膜具有一定的柔韧性和耐候性，具有良好的耐老化性、延伸性、弹性、黏结性及耐高温、低温性。由于丙烯酸酯色浅，故可以配成多种颜色的防水涂料，具有一定的装饰性。

丙烯酸酯防水涂料采用冷施工，无毒、不燃，可喷、刷、滚涂，十分方便。适用于屋面、地下室、厕浴间及异型结构基层的防水工程。因为涂膜连续性好、重量轻，特别适用于轻型薄壳结构的屋面防水。

10.1.2 防水卷材

防水卷材是土木工程防水材料的重要品种之一。其种类有沥青防水卷材、高聚物改性沥青防水卷材和合成高分子防水卷材。沥青防水卷材属传统的防水卷材，在性能上存在着一些缺陷，有的甚至是致命的缺点。与工程建设发展的需求不相适应，正在逐渐被淘汰，如石油沥青纸胎油毡，基本上已在防水工程中停止使用。但由于沥青防水卷材价格低、货源充足，对胎体材料进行改进后，性能有所改善，故在防水工程中仍有一定的使用量。而高聚物改性沥青防水卷材和合成高分子防水卷材由于其性能优异，应用日益广泛，是防水卷材的发展方向。

10.1.2.1　防水卷材的基本性能要求

防水卷材必须具备以下性能，才能满足防水工程的要求。

（1）耐水性。指在水的作用下和被水浸润后其性能基本不变，在压力水作用下具有不透水性。耐水性常用不透水性、吸水性等指标表示。

（2）温度稳定性。指在高温下不流淌、不起泡、不滑动，以及低温下不脆裂的性能。即在一定的温度变化下，保持原有性能的能力。常用耐热度、耐热性等指标表示。

（3）强度、抗断裂性及延伸性。指防水卷材承受一定荷载、应力，或在一定变形的条件下不断裂的性能。常用拉力、拉伸强度和断裂伸长率等指标表示。

（4）柔韧性。指在低温条件下，保持柔韧性的性能。它对于保证施工不脆裂十分重要。常用柔度、低温弯折性等指标表示。

（5）大气稳定性。指在阳光、热、臭氧及其他化学侵蚀介质等因素的长期综合作用下，抵抗老化变质的能力。常用耐老化性、热老化保持率等指标表示。

10.1.2.2　沥青防水卷材

沥青防水卷材是用纤维织物、纤维毡等胎体浸涂沥青，表面撒布粉状、粒状或片状材料制成的可卷曲的片状防水材料。传统的沥青纸胎防水卷材由于纸胎抗拉能力低、易腐烂、耐久性差，极易造成建筑物防水层渗漏，现已基本上被淘汰。目前常用的胎体材料有玻纤布、玻纤毡、黄麻毡、铝箔等，但由于沥青材料的低温柔性差，温度敏感性强，在大气作用下易老化，防水耐用年限短，因而沥青防水卷材属低档防水卷材。根据《屋面工程质量验收规范》（GB 50207—2012），沥青防水卷材仅用于屋面防水等级为Ⅲ级（一般的工业与民用建筑、防水耐用年限为10年）和Ⅳ级（非永久性的建筑，防水耐用年限为5年）的屋面防水工程。沥青防水卷材的特点及适用范围见表10-1。

表10-1　沥青防水卷材的特点及适用范围

卷材名称	特　点	适用范围	施工工艺
玻纤布沥青油毡	抗拉强度高，胎体不易腐烂，材料柔韧性好，耐久性比纸胎油毡提高一倍以上	多用作纸胎油毡的增强附加层和突出部位的防水层	热玛𤧛脂，冷玛𤧛脂粘贴施工
玻纤毡沥青油毡	有良好的耐水性、耐腐蚀性和耐久性，柔韧性也优于纸胎沥青油毡	常用作屋面或地下防水工程	热玛𤧛脂、冷玛𤧛脂粘贴施工
黄麻胎沥青油毡	抗拉强度高，耐水性好，但胎体材料易腐烂	常用作屋面增强附加层	热玛𤧛脂、冷玛𤧛脂粘贴施工
铝箔胎沥青油毡	有很高的阻隔蒸汽的渗透能力，防水功能好，且具有一定的抗拉强度	与带孔玻纤毡配合或单独使用，宜用于隔汽层	热玛𤧛脂粘贴施工

10.1.2.3　高聚物改性沥青防水卷材

高聚物改性沥青防水卷材是以合成高分子聚合物改性沥青为涂盖层，纤维织物或纤维毡为胎体，粉状、粒状、片状或薄膜材料为覆面材料制得的可卷曲片状防水材料。

高聚物改性沥青防水卷材克服了沥青防水卷材温度稳定性差、伸长率小的缺点，具有高温不流淌、低温不脆裂、拉伸强度高，以及伸长率较大等优异性能，且价格适中，属中档防水卷材。

A　SBS 改性沥青防水卷材

SBS 改性沥青防水卷材是以聚酯毡或玻纤毡为胎基，苯乙烯-丁二烯-苯乙烯（SBS）热塑性弹性体改性沥青浸渍和涂覆胎基，两面覆以隔离材料所制成的建筑防水卷材（简称“SBS 卷材”）。按国家标准《弹性体改性沥青防水卷材》（GB 18242—2008）的规定，SBS 卷材按胎基分为聚酯毡（PY）、玻纤毡（G）、玻纤增强聚酯毡（PYG）3 类，按上表面隔离材料分为聚乙烯膜（PE）、细砂（S）与矿物粒料（M）3 种，按下表面隔离材料分为细砂（S）、聚乙烯膜（PE）两种。按材料性能分为Ⅰ型和Ⅱ型。

SBS 卷材按不同胎基、不同上表面材料分为 6 个品种，见表 10-2。卷材幅宽 1000 mm，聚酯毡卷材厚度有 3 mm、4 mm 和 5 mm，玻纤毡卷材厚度有 3 mm 和 4 mm，每卷面积分为 15 m^2、10 m^2 和 7.5 m^2。

表 10-2　卷材品种胎基

上表面材料	聚酯毡	玻纤毡
聚乙烯膜	PY-PE	G-PE
细砂	PY-S	G-S
矿物粒料	PY-M	G-M

SBS 卷材按下列顺序标记：弹性体改性沥青卷材、型号、胎基、上表面材料、厚度和标准号。例如，3 mm 厚砂面聚酯胎Ⅰ型弹性体改性沥青防水卷材标记为：SBS Ⅰ PY S3 GB 18242—2008。

SBS 卷材的物理力学性能见表 10-3。

表 10-3　SBS 卷材物理力学性能（GB 18242—2008）

<table>
<tr><th rowspan="3">序号</th><th rowspan="3" colspan="2">检 测 项 目</th><th colspan="5">指　　标</th></tr>
<tr><th colspan="2">Ⅰ</th><th colspan="3">Ⅱ</th></tr>
<tr><th>PY</th><th>G</th><th>PY</th><th>G</th><th>PYG</th></tr>
<tr><td rowspan="4">1</td><td rowspan="4">可溶物含量/g · m^{-2}　≥</td><td>3 mm</td><td colspan="4">2100</td><td>—</td></tr>
<tr><td>4 mm</td><td colspan="4">2900</td><td>—</td></tr>
<tr><td>5 mm</td><td colspan="5">3500</td></tr>
<tr><td>试验现象</td><td>—</td><td>胎基不燃</td><td>—</td><td>胎基不燃</td><td>—</td></tr>
<tr><td rowspan="3">2</td><td rowspan="3">耐热性</td><td>℃</td><td colspan="2">90</td><td colspan="3">105</td></tr>
<tr><td>≤</td><td colspan="5">2 mm</td></tr>
<tr><td>试验现象</td><td colspan="5">无流淌、滴落</td></tr>
<tr><td>3</td><td colspan="2">低温柔性/℃</td><td colspan="2">-20</td><td colspan="3">-25</td></tr>
</table>

续表 10-3

序号	检测项目			指标				
				I		II		
				PY	G	PY	G	PYG
4	不透水性，30 min			0.3 MPa	0.2 MPa	0.3 MPa		
5	拉力	最大峰拉力/N·(50 mm)$^{-1}$	≥	500	350	800	500	900
		次高峰拉力/N·(50 mm)$^{-1}$	≥	—	—	—	—	800
		试验现象		拉伸过程中，试件中部无沥青涂盖层开裂或与胎基分裂现象				
6	伸长率	最大峰时伸长率/%	≥	30	—	40	—	—
		次高峰时伸长率/%	≥	—	—	—	—	15
7	浸水后质量增加/% ≤		PE、S	1.0				
			M	2.0				
8	热老化	拉力保持率/%	≥	90				
		最大峰时伸长率保持率/%	≥	80				
		低温柔性/℃		−15		−20		
				无裂缝				
		尺寸变化率/%	≤	0.7	—	0.7	—	0.3
		质量损失/%	≤	1.0				
9	渗油性，张数		≤	2				
10	接缝剥离强度/N·mm^{-1}		≥	1.5				
11	钉杆撕裂强度①/N		≥	—				300
12	矿物粒料黏附性②/g		≤	2.0				
13	卷材下表面沥青涂盖层厚度③		≥	1.0				
14	人工气候加速老化	外观		无滑动、流淌、滴落				
		拉力保持率/%	≥	80				
		低温柔性/℃		−2			−10	
				无裂缝				

①仅适用于单层机械固定施工方式卷材；

②仅适用于矿物粒料表面的卷材；

③仅适用于热熔施工的卷材。

SBS 卷材广泛适用于土木工程中的各类防水、防潮工程，尤其适用于寒冷地区和结构变形频繁的建筑物防水。

B　APP 改性沥青防水卷材

APP 改性沥青防水卷材是以聚酯毡或玻纤毡为胎基，以无规聚丙烯（APP）或聚烯烃类聚合物（APAO、APO）热塑性塑料改性沥青浸渍和涂覆胎基，两面覆以隔离材料所制成的建筑防水卷材（统称 APP 卷材）。按国家标准《塑性体改性沥青防水卷材》（GB 18243—2008）的规定，APP 卷材的品种分类与 SBS 卷材相同，见表 10-4，其幅宽、厚度、每卷面积、标记方法与SBS卷材相同。例如，3 mm厚砂面聚酯胎Ⅰ型塑性体改性沥青防水卷材标记为：

APP Ⅰ PY S3 GB 18243—2008

APP卷材的物理力学性能见表10-4。

表10-4 APP卷材物理力学性能（GB 18243—2008）

序号	检测项目			指标				
				Ⅰ		Ⅱ		
				PY	G	PY	G	PYG
1	可溶物含量/g·m^{-2} ≥		3 mm	2100				—
			4 mm	2900				—
			5 mm	3500				
			试验现象	—	胎基不燃	—	胎基不燃	—
2	耐热性		℃	110		130		
			≤	2 mm				
			试验现象	无流淌、滴落				
3	低温柔性/℃			-7		-15		
4	不透水性，30min			0.3 MPa	0.2 MPa	0.3 MPa		
5	拉力	最大峰拉力/N·(50 mm)$^{-1}$	≥	500	350	800	500	900
		次高峰拉力/N·(50 mm)$^{-1}$	≥	—	—	—	—	800
		试验现象		拉伸过程中，试件中部无沥青涂盖层开裂或与胎基分裂现象				
6	伸长率	最大峰时伸长率/%	≥	25	—	40	—	—
		次高峰时伸长率/%	≥	—	—	—	—	15
7	浸水后质量增加/% ≤		PE、S	1.0				
			M	2.0				
8	热老化	拉力保持率/%	≥	90				
		最大峰时伸长率保持率/%	≥	80				
		低温柔性/℃		-2		-10		
				无裂缝				
		尺寸变化率/%	≤	0.7	—	0.7	—	0.3
		质量损失/%	≤	1.0				
9	接缝剥离强度/N·mm^{-1}		≥	1.0				
10	钉杆撕裂强度①/N		≥	—				300
11	矿物粒料黏附性②/g		≤	2.0				
12	卷材下表面沥青涂盖层厚度③		≥	1.0				

续表 10-4

序号	检测项目			指标				
				I		II		
				PY	G	PY	G	PYG
13	人工气候加速老化	外观		无滑动、流淌、滴落				
		拉力保持率/%	≥	80				
		低温柔性/℃		-2		-10		
				无裂缝				

①仅适用于单层机械固定施工方式卷材；

②仅适用于矿物粒料表面的卷材；

③仅适用于热熔施工的卷材。

APP 卷材广泛适用于土木工程中的各类防水、防潮工程，尤其适用于高温或有强烈太阳辐照地区的建筑物防水。

C 其他品种高聚物改性沥青防水卷材

除了 SBS 卷材和 APP 卷材外，还有许多其他品种的高聚物改性沥青防水卷材，如橡塑改性沥青聚乙烯胎防水卷材、再生胶改性沥青防水卷材等，它们因高聚物品种和胎体品种的不同而性能各异，在防水工程中适用范围也各不相同。表 10-5 列出了几种常见的高聚物改性沥青防水卷材的特点和适用范围。

表 10-5 常见高聚物改性沥青防水卷材的特点和适用范围

卷材名称	特点	适用范围	施工工艺
SBS 改性沥青防水卷材	耐高、低温性能有明显提高，卷材的弹性和耐疲劳性明显改善	单层铺设的屋面防水工程或复合使用，适用于寒冷地区和结构变形频繁的建筑	冷施工铺贴或热熔铺贴
APP 改性沥青防水卷材	具有良好的强度、延伸性、耐热性、耐紫外线照射及耐老化性能	单层铺设，适合于紫外线辐射强烈及炎热地区屋面使用	热熔法或冷粘法铺设
PVC 改性焦油防水卷材	有良好的耐热及耐低温性能，最低开卷温度为-18 ℃	有利于在冬季负温度下施工	可热作业，也可冷施工
再生胶改性沥青防水卷材	有一定的延伸性，且低温柔性较好，有一定的防腐蚀能力，价格低，属低档防水卷材	变形较大或档次较低的防水工程	热沥青粘贴
废橡胶粉改性沥青防水卷材	比普通石油沥青纸胎油毡的抗拉强度、低温柔性均有明显改善	叠层使用于一般屋面防水工程，宜在寒冷地区使用	热沥青粘贴
橡塑改性沥青聚乙烯胎防水卷材	卷材既有橡胶的高弹性、延伸性，又有塑料的强度和热可塑性，综合性能优异，防水性好，耐久性好，对基层伸缩和局部变形的适应能力强	适用于屋面、地下室、立交桥、水库、游泳池等及各类储库的防水、防渗、防潮	可冷粘，热熔

续表 10-5

卷材名称	特　　点	适用范围	施工工艺
铝箔橡塑改性沥青防水卷材	具有弹塑混合型改性石油沥青防水卷材的一切优点，综合性能良好，铝箔水密性、气密性、耐候性和阳光反射性有很好的保护层作用，耐老化性好，低温柔性较好	适用于工业与民用建筑屋面的单层外露防水层	冷粘法，热熔法均可

对于屋面防水工程，国家标准《屋面工程技术规范》（GB 50345—2012）规定，高聚物改性沥青防水卷材适用于防水等级为Ⅰ级（特别重要的民用建筑和对防水有特殊要求的工业建筑，防水耐用年限为 25 年）、Ⅱ级（重要的工业与民用建筑、高层建筑，防水耐用年限为 15 年）和Ⅲ级的屋面防水工程。对于Ⅰ级屋面防水工程，除规定应有的一道合成高分子防水卷材外，高聚物改性沥青防水卷材可用于应有的三道或三道以上防水设防的各层，且厚度不宜小于 3 mm。对于Ⅱ级屋面防水工程，在应有的两道防水设防中，应优先采用高聚物改性沥青防水卷材，且所用卷材厚度不宜小于 3 mm。对于Ⅲ级屋面防水工程，应有一道防水设防，或两种防水材料复合使用；如单独使用，高聚物改性沥青防水卷材厚度不宜小于 4 mm；如复合使用，高聚物改性沥青防水卷材的厚度不应小于 2 mm。高聚物改性沥青防水卷材除外观质量和规格应符合要求外，还应检验拉伸性能、耐热度、柔性和不透水性等物理性能，并应符合相应的要求。

10. 1. 2. 4　合成高分子防水片材（卷材）

合成高分子防水片材（习惯上也称为卷材）是以合成橡胶、合成树脂或两者的共混体为基料，加入适量的化学助剂和填充料等，经混炼、压延或挤出等工序加工而制成的可卷曲的片状防水材料，分为均质片材和复合片材。其分类及代号见表 10-6。

表 10-6　合成高分子防水片材的分类

分　　类		代号	主要原材料
均质片	硫化橡胶类	JL1	三元乙丙橡胶
		JL2	橡塑共混
		JL3	氯丁橡胶、氯磺化聚乙烯、氯化聚乙烯等
	非硫化橡胶类	JF1	三元乙丙橡胶
		JF2	橡塑共混
		JF3	氯化聚乙烯
	树脂类	JS1	聚氯乙烯等
		JS2	乙烯醋酸乙烯共聚物、聚乙烯等
		JS3	乙烯醋酸乙烯共聚物与改性沥青共混等
复合片	硫化橡胶类	FL	（三元乙丙、丁基、氯丁橡胶、氯磺化聚乙烯等）/织物
	非硫化橡胶类	FF	（氯化聚乙烯、三元乙丙、丁基、氯丁橡胶、氯磺化聚乙烯等）/织物
	树脂类	FS1	聚氯乙烯/织物
		FS2	（聚乙烯、乙烯醋酸乙烯共聚物等）/织物

合成高分子防水片材具有较高的拉伸强度和撕裂强度，断裂伸长率大，耐热性和低温柔性好，耐腐蚀、耐老化等一系列优异的性能，是新型的高档防水材料。其规格尺寸见表10-7。

表 10-7 合成高分子防水片材的规格尺寸

项目	厚度/mm	宽度/mm	长度/m
橡胶类	1.0，1.2，1.5，1.8，2.0	1.0，1.1，1.2	≥20
树脂类	>0.5	1.0，1.2，1.5，2.0，2.5，3.0，4.0，6.0	

注：橡胶类片材在每卷 20 m 长度中允许有一处接头，且最小块长度应≥3 m，并应加长 15 cm 备作搭接；树脂类片材在每卷至少 20 m 长度内不允许有接头；自粘片材及异型片材每卷 10 m 长度内不允许有接头。

高分子防水片材的标记方法按如下顺序：类型代号、材质（简称或代号）、规格（长度×宽度×厚度）。例如，长度为 20000 mm、宽度为 1000 mm、厚度 1.2 mm 的均质硫化型三元乙丙橡胶（EPDM）片材标记为：JL1—EPDM-20000 mm×1000 mm×1.2 mm。

根据国家标准《高分子防水材料　第一部分：片材》（GB/T 18173.1—2012）的规定，均质片的物理性能必须满足表 10-8，复合片的物理性能必须满足表 10-9。

表 10-8 均质片的物理性能

项目		指标								
		硫化橡胶类			非硫化橡胶类			树脂类		
		JL1	JL2	JL3	JF1	JF2	JF3	JS1	JS2	JS3
拉伸强度/MPa	常温（23 ℃） ≥	7.5	6.0	6.0	4.0	3.0	5.0	10	16	14
	高温（60 ℃） ≥	2.3	2.1	1.8	0.8	0.4	1.0	4	6	5
拉断伸长率/%	常温（23 ℃） ≥	450	400	300	400	200	200	200	550	500
	低温（-20 ℃） ≥	200	200	170	200	100	100	—	350	300
撕裂强度/kN·m^{-1} ≥		25	24	23	18	10	10	40	60	60
不透水性（30 min）		0.3 MPa 无渗漏	0.3 MPa 无渗漏	0.2 MPa 无渗漏	0.3 MPa 无渗漏	0.2 MPa 无渗漏	0.2 MPa 无渗漏	0.3 MPa 无渗漏	0.3 MPa 无渗漏	0.3 MPa 无渗漏
低温弯折 ≥		-40 ℃ 无裂纹	-30 ℃ 无裂纹	-30 ℃ 无裂纹	-30 ℃ 无裂纹	-20 ℃ 无裂纹	-20 ℃ 无裂纹	-20 ℃ 无裂纹	-35 ℃ 无裂纹	-35 ℃ 无裂纹
加热伸缩量/mm	延伸 ≤	2	2	2	2	4	4	2	2	2
	收缩 ≤	4	4	4	4	6	10	6	6	6
热空气老化（80 ℃×168 h）	拉伸强度保持率/% ≥	80	80	80	90	60	80	80	80	80
	拉断伸长率保持率/% ≥	70	70	70	70	70	70	70	70	70
耐碱性（饱和 $Ca(OH)_2$ 溶液 23 ℃×168 h）	拉伸强度保持率/% ≥	80	80	80	80	70	70	80	80	80
	拉断伸长率保持率/% ≥	80	80	80	90	80	70	80	90	90

续表 10-8

项目		硫化橡胶类 JL1	硫化橡胶类 JL2	硫化橡胶类 JL3	非硫化橡胶类 JF1	非硫化橡胶类 JF2	非硫化橡胶类 JF3	树脂类 JS1	树脂类 JS2	树脂类 JS3
臭氧老化（40 ℃×168 h）	伸长率 40%，500×10^{-8}	无裂纹	—	—	无裂纹	—	—	—	—	—
	伸长率 20%，200×10^{-8}	—	无裂纹	—	—	—	—	—	—	—
	伸长率 20%，100×10^{-8}	—	—	无裂纹	—	无裂纹	无裂纹	—	—	—
人工气候老化	拉伸强度保持率/% ≥	80	80	80	80	70	80	80	80	80
	拉断伸长率保持率/% ≥	70	70	70	70	70	70	70	70	70
黏结剥离强度（片材与片材）	标准试验条件 /N·mm^{-1} ≥	1.5								
	浸水保持率/%（23 ℃×168 h） ≥	70								

注：1. 人工气候老化和黏结剥离强度为推荐项目；
2. 非外露使用可以不考虑臭氧老化、人工气候老化、加热伸缩量和 60 ℃断裂拉伸强度性能。

表 10-9　复合片的物理性能

项目		硫化橡胶类 FL	非硫化橡胶类 FF	树脂类 FS1	树脂类 FS2
拉伸强度/N·cm^{-1}	常温（23 ℃） ≥	80	60	100	60
	高温（60 ℃） ≥	30	20	40	30
拉断伸长率/%	常温（23 ℃） ≥	300	250	150	400
	低温(-20 ℃) ≥	150	50	—	300
撕裂强度/N ≥		40	20	20	50
不透水性（0.3 MPa，30 min）		无渗漏	无渗漏	无渗漏	无渗漏
低温弯折		-35 ℃ 无裂纹	-20 ℃ 无裂纹	-30 ℃ 无裂纹	-20 ℃ 无裂纹
加热伸缩量/mm	延伸 ≤	2	2	2	2
	收缩 ≤	4	4	2	4
热空气老化（80 ℃×168 h）	拉伸强度保持率/% ≥	80	80	80	80
	拉断伸长率保持率/% ≥	70	70	70	70

续表 10-9

项目		指标			
		硫化橡胶类 FL	非硫化橡胶类 FF	树脂类	
				FS1	FS2
耐碱性（饱和 $Ca(OH)_2$ 溶液 23 ℃×168 h）	拉伸强度保持率/% ≥	80	80	80	80
	拉断伸长率保持率/% ≥	80	60	80	80
臭氧老化(40 ℃×168 h),200×10^{-8},伸长率 20%		无裂纹	无裂纹	—	—
人工气候老化	拉伸强度保持率/% ≥	80	70	80	80
	拉断伸长率保持率/% ≥	70	70	70	70
黏结剥离强度（片材与片材）	标准试验条件 /N · mm^{-1} ≥	1.5			
	浸水保持率/%（23 ℃×168 h） ≥	70			
复合强度（FS2 型表层与芯层）/MPa ≥		—	—	—	0.8

注：1. 人工气候老化和黏结剥离强度为推荐项目；

2. 非外露使用可以不考虑臭氧老化、人工气候老化、加热伸缩量和高温（60 ℃）断裂拉伸强度性能。

（1）三元乙丙橡胶（EPDM）防水片（卷）材。三元乙丙橡胶防水片材是以乙烯、丙烯加上少量的双环戊二烯（二聚环戊二烯）共聚而成的以三元乙丙橡胶为主体，掺入适量的丁基橡胶，经过密炼、挤出或压延成型、硫化、分卷包装等工序制成的防水片材。

由于三元乙丙橡胶分子结构中的主链上没有双键（不饱和键），属于高度饱和的高分子材料，不易受臭氧、紫外线和湿热的影响而发生化学反应或断链，故其耐老化性能优越，化学稳定性也好。三元乙丙橡胶防水片材具有优良的耐候性、耐臭氧和耐热性，其使用寿命可达 20~40 年，其抗拉强度高、耐酸碱腐蚀、伸长率大、能很好地适应基层伸缩和局部开裂变形。适用温度在-48~-40 ℃，不脆裂；在 80~120 ℃不起泡、不流淌、不粘连，能在严寒和酷热的条件下长期使用。这种防水片材适用于防水要求高、耐用年限长的土木建筑防水工程。

（2）聚氯乙烯（PVC）防水卷材。聚氯乙烯防水卷材是以聚氯乙烯树脂为主要原料掺加填充料和适量的改性剂、增塑剂及其他助剂，经混炼、压延或挤出成型、分卷包装而成的防水材料。

聚氯乙烯防水卷材的拉伸强度高，柔性特别好，结构稳定，耐老化性好，使用期长，可达 20 年，耐腐蚀性、自熄性、耐细菌性好，性能优异，且价格低，适用于我国南北广大地区防水要求较高的屋面、地下室、水库、游泳池、水坝、水渠等工程的防水及基层有伸缩或局部开裂的建筑物的防水工程。

（3）氯磺化聚乙烯防水卷材。以氯磺化聚乙烯橡胶为主料，加入增塑剂、稳定剂、硫化剂、耐老化剂、填料、色料等，经混炼、压延（或挤出）、硫化、冷却、包装等工序制得的弹性防水材料，简称CSP。

由于聚乙烯分子中的双键经氯化和磺酰化后达到饱和，使结构高度稳定，所以耐老化性能十分优异。同时，聚乙烯的结构经氯化和磺酰化后发生变化，变得柔软而有弹性，能适应基层伸缩或局部开裂变形。产品有很好的自熄性，难燃，色彩丰富，有很好的装饰性，耐化学性能好。

氯磺化聚乙烯防水卷材适用于屋面工程的单层外露防水及地下室、涵洞、贮水池等有保护层的土木工程防水，特别适用于有酸碱介质存在的建筑物的防水和防腐。

除了以上3种典型品种外，合成高分子防水卷材还有很多种类，它们原则上都是塑料或橡胶经过改性，或两者复合以及多种材料复合所制成的能满足土木工程防水要求的制品。常见的合成高分子防水卷材的特点和适用范围见表10-10。

表10-10 常见合成高分子防水卷材的特点和适用范围

卷材名称	特点	适用范围	施工工艺
三元乙丙橡胶防水卷材	防水性能优异，耐候性好，耐臭氧性、耐化学腐蚀性，弹性和抗拉强度高，对基层变形开裂的适应性强，质量轻，使用温度范围宽，寿命长，但价格高，黏结材料尚需配套完善	防水要求较高，防水层耐用年限要求较长的工业与民用建筑，单层或复合使用	冷粘法或自粘法
丁基橡胶防水卷材	有较好的耐候性，耐油性，抗拉强度和伸长率，耐低温性能稍低于三元乙丙橡胶防水卷材	单层或复合使用于要求较高的防水工程	冷粘法施工
氯化聚乙烯防水卷材	具有良好的耐候、耐臭氧、耐热老化、耐油、耐化学腐蚀及抗撕裂的性能	单层或复合使用，宜用于紫外线强的炎热地区	冷粘法施工
氯磺化聚乙烯防水卷材	伸长率较大，弹性较好，对基层变形开裂的适应性较强，耐高、低温性能好，耐腐蚀性能优良，有很好的难燃性	适合于有腐蚀介质影响及在寒冷地区的防水工程	冷粘法施工
聚氯乙烯防水卷材	具有较高的拉伸和撕裂强度，伸长率较大，耐老化性能好，原材料丰富，价格低，容易黏结	单层或复合使用于外露或有保护层的防水工程	冷粘法或热风焊接法施工
氯化聚乙烯-橡胶共混防水卷材	不但具有氯化聚乙烯特有的高强度和优异的耐臭氧、耐老化性能，而且具有橡胶所特有的高弹性、高延伸性以及良好的低温柔性	单层或复合使用，尤宜用于寒冷地区或变形较大防水工程	冷粘法施工
三元乙丙橡胶-聚乙烯共混防水卷材	属于热塑性弹性材料，有良好的耐臭氧和耐老化性能，使用寿命长，低温柔性好，可在负温条件下施工	单层或复合外露防水层面，宜在寒冷地区使用	冷粘法施工

按国家标准《屋面工程技术规范》（GB 50345—2012）的规定，合成高分子防水卷材适用于防水等级为Ⅰ级、Ⅱ级和Ⅲ级的屋面防水工程。在Ⅰ级屋面防水工程中，必须至少有一道厚度不小于15 mm的合成高分子防水卷材；在Ⅱ级屋面防水工程中，可采用一道或两道厚度不小于12 mm的合成高分子防水卷材；在Ⅲ级屋面防水工程中，可采用一道厚度不小于12 mm的合成高分子防水卷材。

10.2 建筑装饰材料

建筑装饰材料一般是指主体结构工程完成后，进行室内外墙面、顶棚、地面的装饰和室内空间装饰装修所需要的材料，它起着保护建筑构件，美化建筑工程内外环境，增加使用功能的基本作用。从根本上说，它是建筑工程的组成部分，是集性能、工艺、造型设计、色彩、美学于一体的材料。

10.2.1 装饰材料的功能与选择

10.2.1.1 建筑装饰材料的功能

建筑装饰材料除了具有美化建筑物和环境的装饰功能外，还能起到保护建筑物，调节室内环境的作用。如：外墙装饰是建筑装饰的重要内容之一，其目的在于提高墙体抵抗自然界中各种因素如灰尘、雨雪、冰冻、日晒等侵袭破坏的能力，并与墙体结构一起共同满足保温、隔热、隔声、防水、美化等功能要求。所以外墙装饰材料应兼顾保护墙体和美化墙体的两重功能。装饰设计可以反映时代特征、民族气质、城市风貌，而设计的特征体现很大程度上受材料制约，尤其是受到材料的光泽、质地、质感、图案、花纹等装饰特性的影响。例如，高层建筑外墙面的装饰主要利用玻璃幕墙和铝板幕墙的光彩夺目、绚丽多彩展现亮丽效果，各种变化莫测、主体感极强的新型涂料，给人们一种由有限空间向无限空间延伸的感觉。因此，材料是装饰设计得以实现的物质基础，只有了解或掌握装饰材料性能，按照使用环境条件合理选择材料，充分发挥每种材料的长处，做到材尽其能、物尽其用，才能满足环境艺术设计的各项要求。根据材料使用的部位不同，所用材料的功能也不尽一致，概括而言，主要表现在三个方面：装饰功能、保护功能、室内环境调节功能。

A 装饰功能

建筑物的内外墙面装饰是通过装饰材料的质感、线条、色彩来表现的。质感是指材料质地的感觉，重要的是要了解材料在使用后人们对它的主观感受。一般装饰材料要经过适当的选择和加工才能满足人们视觉美感要求。花岗岩如不经过加工打磨，就没有动人的质感，只有经过加工处理，才能呈现出不同的质感，既可光洁细腻，又可粗犷坚硬。

色彩既可以影响到建筑物的外观和城市面貌，也可以影响到人们的心理。材料本身的颜色有些是很美的，所以在室内外装饰中应充分发挥材料天然美的特点，例如大理石色彩的庄重美、花岗岩色彩的朴素美、壁纸的柔和美、木材质感的色彩美和纹理美。

B 保护功能

建筑物在长期使用过程中经常会受到日晒、雨淋、风吹、冰冻等作用，也经常会受到腐蚀性气体和微生物的侵蚀，使其出现粉化裂缝甚至脱落等现象，影响到建筑物的耐久性。选用适当的建筑材料对建筑物表面进行装饰，不仅能对建筑物起到良好的装饰作用，而且能有效地提高建筑物的耐久性，降低维修费用。如在建筑物的墙面、地面粘贴面砖或喷刷涂料，能够保护墙面、地面免受或减轻各类侵蚀，延长建筑物的使用寿命。

C 室内环境调节功能

建筑装饰材料除了具有装饰功能和保护功能外，还有改善室内环境使用条件的功能。

如内墙和顶棚使用的石膏装饰板，能起到调节室内空气的相对湿度，起到改善使用环境的作用；木地板、地毯等能起到保温、隔声、隔热的作用，使人感到温暖舒适，改善室内的生活环境。不同的光线与室内环境结合起来，能创造出室内空间的艺术氛围，取得良好的视觉效果，满足不同的使用功能。人们在这种美观舒适的环境中生活、工作、娱乐，会心旷神怡，获得美的享受。

10.2.1.2 建筑装饰材料的选择

丹麦设计权威卡雷·克林特指出："用正确的方法去处理正确的材料，才能以率真和美的方式去解决人类的需要。"建筑物的种类繁多，不同功能的建筑物对装饰的要求不同。即使同一类建筑物，也会因设计标准的不同而对装饰的要求不同。在建筑装饰工程中，应根据不同的装饰档次、使用环境及要求，正确合理地选择建筑装饰材料，使自然环境与人造环境高度和谐与统一。然而材料的品种很多，性能和特点各异，用途亦不尽相同，因此在选择材料时，需要考虑到以下几个方面的问题。

A 安全与健康

现代建筑装饰材料中，绝大多数装饰材料对人体是无害的，但是也有少数装饰材料含有对人体有害的物质，如有的石材中含有对人体有害的放射性元素，油漆、涂料中含有的苯、二甲苯、甲醛等挥发性物质均会对人体健康造成危害。因此，在选用时一定要选择不超过国家标准的装饰材料。同时也可借助有关环境监测部门和质检部门，对将要选用的装饰材料进行检验，以便放心使用。

B 色彩

建筑装饰效果最突出的一点就是材料的色彩，它是构成人造环境的主要内容。建筑物外部色彩的选择，要根据建筑物的规模、环境及功能等因素决定。

对于建筑物内部色彩的选择，不仅要从美学上考虑，还要考虑色彩功能的重要性，力求合理应用色彩，以便在心理上和生理上均能产生良好的效果。颜色对人体生理的影响主要为：红色有刺激兴奋作用；绿色是一种柔和舒适的色彩，能消除精神紧张和视觉疲劳；黄色和橙色可刺激胃口，增加食欲；赭色对低血压患者适宜。

总之，合理而艺术地运用色彩选择装饰材料，可以把建筑物点缀得丰富多彩、情趣盎然。

C 耐久性

建筑物外部装饰材料要经历日晒、雨淋、霜雪、冰冻、风化、介质侵蚀，而内部装饰材料则要经受摩擦、潮湿、洗刷等作用。因此，在选择装饰材料时，既要美观，也要经久耐用。主要包括以下几个方面：

（1）力学性能。包括强度（抗压、抗拉、抗弯、耐冲击性等）、变形性、黏结性、耐磨性以及可加工性。

（2）物理性能。包括密度、吸水性、耐水性、抗渗性、抗冻性、耐热性、吸声性、隔声性、光泽度、光吸收及光反射性。

（3）化学性能。包括耐酸碱性、耐大气腐蚀性、耐污染性、抗风化性及阻燃性等。

在选用装饰材料时应根据建筑物不同的部位、不同的使用条件，对装饰材料性能提出相应的要求。

D 经济性

选购装饰材料时，还必须考虑装饰工程的造价问题，既要体现建筑物装饰的功能性和艺术效果，又要做到经济合理。因此，在建筑装饰工程的设计、材料的选择上一定要根据工程的装饰要求、装饰档次，精心合理地选择装饰材料。

10.2.2 常用装饰材料

10.2.2.1 天然石材

（1）岩浆岩。由地壳深处熔融岩浆上升冷却而成，具有结晶结构，如花岗岩等。

（2）沉积岩。由岩浆岩风化破坏后，经沉积压实而成，具有层状结构，如砂岩、石灰岩等。

（3）变质岩。由岩浆岩或沉积岩经高温高压作用变质后形成的一种岩石，如大理石、板岩等。

常用来加工成建筑装饰制品的岩石有大理石、花岗岩和板岩。其主要特点、用途见表10-11。

表 10-11 大理石、花岗岩特点及用途

石材名称	产 地	特 点	用 途
大理石	云南大理	结构致密，强度高（100~300 MPa），但硬度不大，易于加工，主要成分为 $CaCO_3$	一般不宜用于室外装饰
汉白玉	北京		
花岗岩	河南偃师	均粒状结晶结构。晶粒细小，构造致密，强度高（120~260 MPa），孔隙率和吸水率极小，耐风化	公共建筑、纪念性建筑、道路桥梁、海港工程

用作装饰的石材包括天然石材和人造石材两大类，常用于装饰的是天然大理石、天然花岗岩和人造大理石。

A 天然大理石

大理石因盛产于云南大理而得名，它属于变质岩，由石灰岩或白云岩变质而成。大理石硬度中等、耐磨性不高，其化学成分主要是 $CaCO_3$，故耐酸性差。大理石主要用作室内高级饰面材料，也可用作室内地面或踏步。不宜用于室外装饰，因为大气中的酸雨容易与岩石碳酸钙发生作用，生成易溶于水的石膏，使其表面粗糙多孔很快失去光泽，降低装饰效果。大理石见图 10-1 和图 10-2。

图 10-1 天然大理石

图 10-2 汉白玉

B 天然花岗岩

花岗岩属深成岩，主要成分是酸性 SiO_2。质地坚硬密实，非常耐磨。其孔隙率小、吸水率小、耐久性好。天然花岗岩板材是高级装饰材料，花岗岩剁斧板多用于室外地面、台阶、基座等处；机刨板一般用于地面、台阶、基座、踏步、檐口等处；粗磨板材常用于墙面、柱面、台阶、基座、纪念碑等处；抛光板材多用于室内外墙面、地面、柱面的装饰。花岗岩见图 10-3。

图 10-3 天然花岗岩

C 人造大理石

人造大理石按生产方法和所用原料不同，可分为水泥型人造大理石、树脂型人造大理石、复合型人造大理石和烧结型人造大理石四种。树脂型人造大理石应用较多，它是模仿天然石材的表面纹理加工而成，表面光泽度高、色泽均匀，花色可以自行设计。与天然大理石相比，人造大理石的密度较小、强度高、吸水率低，可用作室内墙面、柱面、地面的装饰，也可用作医院、实验室、工厂的工作台。

10.2.2.2 陶瓷制品

凡以黏土、长石、石英为基本原料，经配料、制坯、干燥、焙烧而制得的成品，统称为陶瓷制品。有上釉和不上釉两种，可以一次烧成，也可以在素烧坯施釉后进行二次烧成。釉是以石英、长石、高岭土等为主要原料，再配以多种其他成分，研磨成浆体，喷涂于陶瓷坯体的表面，经高温焙烧后，在坯体表面形成一层连续玻璃质层。

陶瓷制品可按吸水率大小分为陶质、炻质和瓷质三类，也可按使用环境分为建筑陶瓷与卫生陶瓷。建筑陶瓷是指用于建筑物、构筑物，具有装饰、构建与保护等功能的陶瓷制品。卫生陶瓷是指由黏土、长石和石英为主要原料，经混炼、成型、高温烧制而成，用作卫生设施的有釉陶瓷制品。

A 釉面内墙砖

釉面内墙砖是建筑物内墙面装饰用的薄板状精陶制品，俗称瓷砖或瓷片。多用于卫生间、实验室、医院、厨房等室内墙面、墙裙、工作台的装修。

由于釉面内墙砖属于陶质制品，吸水率大，抗热震性和抗冻性较差，所以不得用于室外墙面、柱面等处，否则容易出现脱落、开裂等现象。釉面内墙砖在粘贴前应浸水饱和，以免过多吸收灰浆中的水分影响粘贴质量。内墙砖见图 10-4。

图 10-4 内墙砖

B 外墙砖和地面砖（墙地砖）

外墙砖和地面砖多属于炻器，又称为墙地砖。有上釉或不上釉，单色或彩色。表面除光面外，还可制成仿石、麻石、带线条等多种质感的品种。墙地砖质地致密、强度高、吸水率小、易清洗、耐腐蚀，热稳定性、耐磨性及抗冻性均较好。一般地面砖较厚，外墙砖较薄。

墙地砖可制成各种表面织构、各种色彩和各种质感的品种，如劈离砖、彩胎砖（瓷质砖）、麻面砖、金属光泽釉面砖。墙地砖见图 10-5 和图 10-6。

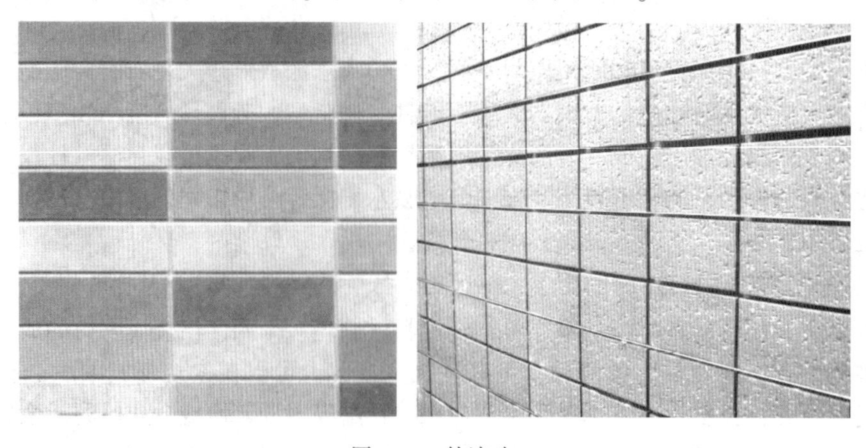

图 10-5 外墙砖

图 10-6 地面缸砖

C 陶瓷锦砖

陶瓷锦砖俗称马赛克，是以优质瓷土烧结而成的小型瓷质砖、每块边长不大于 50 mm，厚度多为 4~5 mm。出厂前必须经过铺贴工序，将不同形状、不同颜色的成品，按一定图案和尺寸铺贴在专用纸上，构成“成品联”，所以又称为纸皮砖。陶瓷锦砖的结构致密，吸水率小，具有优良的抗冻性，耐酸、耐碱、耐磨，且表面光洁，易清洗，是优良的地面和外墙面装饰材料。陶瓷锦砖见图 10-7。

图 10-7 陶瓷锦砖

D 琉璃制品

琉璃制品是一种带釉陶瓷，用难熔黏土烧结而成。琉璃制品质细致密，表面光滑，不易剥釉，不易褪色，色彩绚丽，造型古朴，富有我国传统的民族特色。琉璃制品主要有琉璃瓦、琉璃砖、琉璃兽及琉璃花窗、栏杆等各种装饰制品，其中琉璃瓦是我国用于古建筑的一种高级装饰材料。琉璃制品主要用于具有民族色彩的宫殿式房屋和园林中的亭、台、楼阁等。

E 卫生陶瓷

卫生陶瓷是以优质黏土为原料，上釉焙烧而成，主要用于卫浴产品，见图 10-8。

10.2.2.3 建筑玻璃

玻璃是以石英砂、纯碱、石灰石和长石等主要原料以及一些辅助性材料在高温下熔

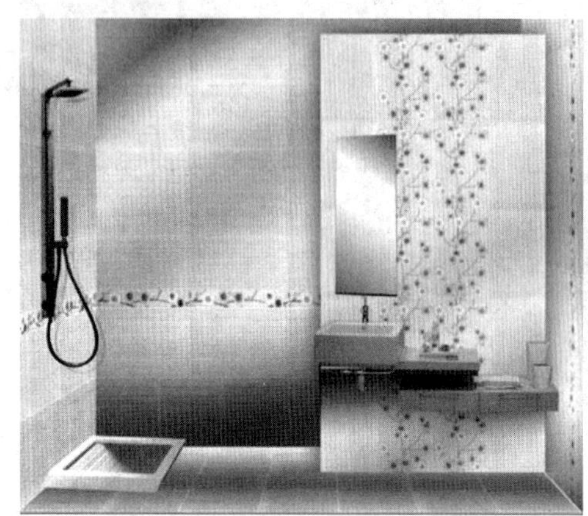

图 10-8 卫生陶瓷

融、成型、急冷而形成的一种无定形非晶态硅酸盐物质，其主要化学成分为 SiO_2、Na_2O 和 CaO 等。玻璃除了透光、透视、隔声和绝热外，还有装饰作用；特种玻璃还有防辐射、防弹、防爆等用途。建筑工程常用的玻璃有平板玻璃、饰面玻璃、安全玻璃、节能玻璃及玻璃砖等。

A 平板玻璃

平板玻璃制造方法有引上法和浮法。引上法是采用引上设备将玻璃熔融体垂直拉起冷却成型。浮法的成型过程是在锡槽中完成，高温玻璃液通过溢流口流到锡液表面上，在重力及表面张力的作用下，玻璃液摊成玻璃带，向锡槽尾部拉引，经抛光、拉薄、硬化和冷却后成型。玻璃成型后均应退火，以消除内应力。浮法是现代较先进的平板玻璃生产方法，生产的玻璃表面光洁平整、厚度均匀、光学畸变小，可生产特厚和极薄的多种规格的玻璃。

普通平板玻璃是平板玻璃中产量最大、用量最多的一种，引上法玻璃按厚度有 2 mm、3 mm、4 mm、5 mm 四种；浮法玻璃按厚度有 3 mm、4 mm、5 mm、6 mm、8 mm、10 mm、12 mm 七种。平板玻璃的质量受到生产方法和生产过程控制的影响，易出现水线、气泡、线道、砂粒和结石等外观缺陷，普通平板玻璃根据外观质量划分特等品、一等品和二等品三个等级。普通平板玻璃大部分直接用于建筑上，一部分用作深加工玻璃的原材料。

B 饰面玻璃

a 磨砂玻璃

磨砂玻璃又称毛玻璃，是用机械喷砂、手工研磨或氢氟酸溶蚀等方法将平板玻璃表面处理成毛面的玻璃。由于表面粗糙，呈漫反射，使光线柔和，只能透光而不能透视。常用于要求不透视的门窗，如卫生间、浴厕、走廊等（安装毛玻璃时应注意毛面向室内），也可用作黑板。

b 花纹玻璃

花纹玻璃根据加工方法不同，分为压花玻璃（滚花玻璃）、喷花玻璃、刻花玻璃三种。

压花玻璃是在玻璃硬化前，用刻有花纹图案的辊筒，在玻璃的一面或两面压出深浅不等的花纹，由于花纹图案凹凸不平而使光线漫射，失去透视性，也降低了透光度。压花玻璃具有透光不透视和装饰效果，在宾馆、浴厕、大厦、办公楼等现代建筑装修工程中有着广泛的应用。

喷花玻璃是在平板玻璃表面贴上花纹图案，抹以护面层，经喷砂处理而成。适用于门窗和家具的玻璃装饰。

刻花玻璃由平板玻璃经涂漆、雕刻、围蜡与耐蚀研磨而成，图案的立体感非常强，色彩更丰富，可实现不同风格的装饰效果。主要用于高档场所的室内隔断或屏风。

花纹玻璃使用时应注意的是：如果花纹面安装在外侧，不仅容易积灰弄脏，而且一沾上水弄湿，就能透视，因此安装时应将花纹朝室内。

c　彩色玻璃

彩色玻璃又称有色玻璃，分透明和不透明两种。透明彩色玻璃是在原料中加入适量的金属氧化物使玻璃着色而成。不透明彩色玻璃有釉面和彩色乳浊饰面玻璃两种。釉面玻璃是在平板玻璃的一面涂敷彩色易熔釉，在焙烧炉中加热至釉料熔融，使釉和玻璃牢固结合而成。釉面玻璃有良好的装饰性能，可拼成各种图案，且具有耐腐蚀、抗冲刷、易清洗、造价低等特点。彩色乳浊饰面玻璃是在彩色玻璃的原料中加入乳浊剂（如萤石等）制成。可制成各种颜色，并能制成仿大理石等纹理图案，其正面光滑，背面有沟纹，可制成各种尺寸的饰面板。彩色乳浊饰面玻璃不吸水，易清洗，在潮气和化学浸蚀介质作用下不腐蚀，耐酸，且有较好的装饰效果，多用于铺砌厨房、卫生间、楼梯间的护面，各种建筑外墙饰面等。

d　玻璃锦砖

玻璃锦砖又称玻璃马赛克，是一种小规格的彩色饰面玻璃。玻璃锦砖是无定形体与多晶体的混合物，并含有大量气泡，因此在阳光照射下产生散射和折射，质感较柔和。玻璃锦砖的配料与普通玻璃基本相同，是在普通玻璃的基础上另外加少量的石英砂、乳浊剂和着色剂。玻璃锦砖也可以用废玻璃作原料生产。

玻璃锦砖的品种繁多，有透明、半透明和不透明的，还有带金色、银色斑点、条纹的。玻璃锦砖的生产工艺简单、资源丰富、成本较低，并具有色彩丰富、鲜艳且稳定，抗浸蚀，不积尘等特点。可单色或多色混合使用，也可编排镶嵌成各种图案，施工方便，被广泛用作建筑的内外饰面材料或艺术镶嵌材料。

C　安全玻璃

安全玻璃主要指玻璃受到破坏时尽管碎裂，也不会掉下；有的虽然破碎后掉下，但碎块无尖角，不伤人；有的安全玻璃还有防火作用。安全玻璃的主要品种有钢化玻璃、夹丝玻璃、夹层玻璃等。

a　钢化玻璃

玻璃钢化的方法有物理钢化法和化学钢化法两种。物理钢化法是将玻璃在炉内加热至接近软化温度（610~650 ℃）后，随即用冷空气喷吹，使表面迅速冷却而形成有预应力的玻璃；化学钢化法是把玻璃浸入钾盐溶液，使玻璃表面的 Na^+ 与溶液中的 K^+ 置换，从而使玻璃表面更加密实，即增加了玻璃的强度。经化学钢化的玻璃不易自爆，此法可以钢化较薄玻璃，但处理时间较长，成本较高。

与普通玻璃相比较，钢化玻璃的抗弯强度提高 5~6 倍，韧性提高 5 倍，在温差为 120~130 ℃条件下不裂。由于内应力的存在，钢化玻璃一旦破损会粉碎成圆钝的碎片，不易伤人，故称为安全玻璃。钢化玻璃不能切割磨削，边角不能碰击，使用时需选择现成的尺寸规格或提出具体的设计图纸定制。主要用于需要耐振、耐温度剧变或易受到冲击破坏的部位，如车船门窗、采光天棚、天窗、玻璃门、隔墙、幕墙等。

b 夹丝玻璃

夹丝玻璃是将预先编织成一定形状并经预热处理的钢丝网压入软化状态的红热玻璃中而制成的安全玻璃。钢丝网在夹丝玻璃中起到增强作用，可提高整体的抗弯强度和抗冲击强度，具有破而不缺、裂而不散的优点，可避免尖锐棱角玻璃碎片飞出伤人。当遇到火灾时，夹丝玻璃受热炸裂，由于裂而不散，保持了固定形状，起到隔绝火势、阻止蔓延的作用，故称安全玻璃。夹丝玻璃适用于天窗、天棚、楼梯、电梯、井、阳台、防火门等。

使用夹丝玻璃时应注意以下几个问题：

（1）由于钢丝和玻璃的热膨胀系数、导热系数差别较大，因此应尽量避免将夹丝玻璃用于两面温差较大、局部受热或冷热剧烈交换等部位，如冬季室内温暖室外寒冷、夏天暴晒或火源、热源附近的部位等。

（2）玻璃中镶嵌金属丝实际削弱了玻璃的均匀性、降低了抗压强度。因此，安装夹丝玻璃的窗框尺寸应适当，不得使夹丝玻璃受挤压。如用木窗框应防止木材变形使玻璃受力；如用金属窗框应防止窗框的温度变形传给玻璃；最好是玻璃不直接与窗框接触，用塑料或橡胶作为缓冲材料。

（3）当裁切夹丝玻璃时，应避免在边沿处造成小缺口，使其在使用时破损。裁切处最好作防锈处理，以免钢丝遇水生锈并向玻璃内部延伸，导致玻璃的“锈裂”。

c 夹层玻璃

夹层玻璃是在两片或多片平板玻璃之间嵌夹透明塑料薄片，经加热、加压、黏合而成的平面或弯曲的复合玻璃制品。它可用平板玻璃、钢化玻璃、吸热玻璃、热反射玻璃、浮法玻璃等作玻璃原片，聚乙烯醇缩丁醛、聚氨酯、聚酯、丙烯酸酯类聚合物等作夹层材料。夹层玻璃具有较高的抗弯强度和抗冲击性，受到破坏时产生辐射状或同心圆形裂纹而不穿透，碎片不易脱落，不易伤人，不影响透明度，并有耐寒、耐湿、耐热、控光隔声、电热、吸波、防弹、防爆等特殊功能。

夹层玻璃的品种有减薄夹层玻璃、遮阳夹层玻璃、电热夹层玻璃、防弹夹层玻璃、玻璃纤维增强玻璃、报警夹层玻璃、防紫外线夹层玻璃和隔声玻璃等。

D 节能玻璃

a 中空玻璃

双层中空玻璃是用两片玻璃原片与空心金属隔离框、密封胶加压制成的玻璃。空心金属隔离框和玻璃原片之间用胶黏剂胶结密封。隔离框内装有高效干燥剂，使空气始终保持干燥。中空玻璃也可用 3~4 片玻璃原片构成 2~3 个空腔。

中空玻璃遮光性好，可见光的透过率为 12%~76%，遮光系数为 0.26~0.84，使用中空玻璃，可提高门窗的绝热性能，减小热损失，并节约能源。中空玻璃有很好的隔声性能，一般可使噪声下降 39~44 dB。中空玻璃防止结露的性能好，这是因为在通常情况下，中空玻璃接触室内高湿空气的玻璃表面温度较高，而外侧玻璃温度虽然较低，但所接触的空气湿度也低，所以不会结露。中空玻璃多用于玻璃幕墙、采光天棚、温室等。

b 热反射玻璃

对太阳辐射能具有较高反射能力而又保持良好透光性的平板玻璃称为热反射玻璃。由于高反射能力是通过在玻璃表面镀上一层薄的金属或金属氧化物膜来实现，故也称为镀膜玻璃。

热反射玻璃对太阳辐射热有较高的反射能力，遮光系数小，逆光性能好。普通平板玻璃的辐射热反射率为7%~10%，热反射玻璃可达25%~40%。因此，采用热反射玻璃可以产生很好的“冷房效应”，节约大量的冷气能耗。热反射玻璃具有单向透视性，从室内可透视室外景物，从室外却不能透视室内的陈设与人员。

使用热反射玻璃应十分注意对反射膜的保护。建筑设计和构造处理尽量避免热反射玻璃受到污染，并应容易清扫；安装施工中，必须在玻璃上加贴保护薄膜，竣工后去除，避免施工中受到污染和划伤；使用过程中应经常清扫，不得使用非中性或含研磨粉的洗涤剂擦拭。

c 吸热玻璃

吸热玻璃是一种能吸收大量红外线辐射能而又保持良好可见光透过率的平板玻璃。在普通钠钙玻璃中引入着色作用的氧化物，如氧化铁、氧化镍、氧化钴以及硒等，或者在玻璃表面喷涂氧化锡、氧化锑、氧化铁、氧化钴等着色氧化物薄膜，均可制得吸热玻璃。引入着色氧化物不同，吸热玻璃的颜色不同。常见的有灰色、蓝色、古铜色、绿色等。

吸热玻璃能吸收太阳光谱中的辐射能，产生冷房效应，节约冷气能耗。吸热玻璃对可见光的透射率也明显降低，尤其是灰色和青铜色吸热玻璃的可见光的透射率仅为浮法玻璃的2/3，降低了室内照度，可以使刺眼的阳光变得柔和、舒适，起到良好的防眩作用，特别是在炎热的夏季，能有效地改善室内的光线，使人感到舒适凉爽。吸热玻璃能吸收太阳光谱中的紫外光能，减轻了紫外线对人体和室内物品的损害。吸热玻璃主要应用于炎热地区或装有空调的建筑门窗、玻璃幕墙、采光天棚等。

E 玻璃砖

玻璃砖一般是由两块压铸成的凹形玻璃，经熔接或胶接成整块的空心砖。砖面可为平光，也可在内、外压铸各种花纹。砖内腔可为空气，也可填充玻璃棉等。砖形有方形、长方形、圆形等。玻璃砖具有一系列优良的性能，其透光性可在较大范围内变化，并能透散射光或将光折射到某一方向，改善室内采光深度和均匀性；其保温隔热、隔声性能好，密封性强，耐火、耐水、抗震，机械强度高，化学稳定性好，使用寿命长。因此，可用于砌筑透光屋面、墙壁、非承重外墙、内墙、门厅、通道及浴室等隔断，特别适用于宾馆、展览馆、体育馆等既要求艺术装饰，又要求防太阳眩光，控制透光，提高采光深度的高级建筑。砌筑方法基本上与普通砖相同。

10.2.2.4 建筑塑料装饰制品

A 塑料壁纸

聚氯乙烯塑料壁纸是目前应用最为广泛的壁纸。它是以纸为基层，以聚氯乙烯塑料为面层，经压延或涂布以及印刷、轧花或发泡而成。塑料壁纸防污染性较好，脏了可以清洗，对水和洗涤剂有较强的抵抗力，广泛适用于室内墙面、顶棚和柱面的裱糊装饰。

B　塑料地板

塑料地板可以粘贴在如水泥混凝土或木材等基层上，构成饰面层。塑料地板的色彩及图案不受限制，能满足各种用途的需要，也可以仿制天然材料，十分逼真。地板施工铺设方便，耐磨性好，使用寿命长，便于清扫，脚感舒适而有多种功能，如隔声、隔热和隔潮等。

C　塑料地毯

地毯作为地面装饰材料，给人以温暖、舒适及华丽的感觉。具有绝热保温作用，可降低能耗，具有吸声性能，可使住所更加宁静；还具有缓冲作用，可防止滑倒，使步履平安。塑料地毯以其原料来源丰富，成本较低，各项使用特性与羊毛地毯相近而成为普遍采用的地面装饰材料。

D　塑料装饰板

塑料装饰板主要用作护墙板、屋面板和平顶板，其重量轻，能降低建筑物的自重。塑料装饰板具有图案、色调丰富多彩，耐湿、耐磨、耐烫、耐燃烧，耐一般酸、碱、油脂及酒精等溶剂的侵蚀，表面平整，极易清洗的特点，适用于各种建筑室内和家具的装饰装修。

10.2.2.5　建筑装饰涂料

建筑装饰涂料简称涂料，与油漆是同一概念，是涂敷于物体表面能与基体材料很好黏结并形成完整而坚韧保护膜的物料。它一般由三种基本成分组成，即成膜基料、分散介质、颜料和填料三类。

A　内墙涂料

a　水溶性内墙涂料

以水溶性合成树脂聚乙烯醇及其衍生物为主要成膜物质，加入适量的着色颜料、体质颜料（填料）、少量助剂和水经研磨而成。原材料丰富、生产工艺简单、有一定的装饰效果、价格低，适用于一般的建筑室内墙面的装饰，属低档涂料。

(1) 聚乙烯醇水玻璃涂料（“106”涂料）。无毒无味不燃，有一定黏结力，涂膜干燥快，表面光滑，不起粉，但耐水性差、表面不能用湿布擦洗。适用于一般建筑物的内墙装饰。

(2) 聚乙烯醇缩甲醛涂料（“803”涂料）。干燥快、遮盖力强、涂层光洁，较低温度下施工不易结冻，耐水性和耐擦洗性优于“106”涂料，但仍不能用于耐水性、耐刷洗性要求高的内墙墙体，涂料中含少量的甲醛，对人有一定的刺激性。适用于住宅及一般公共建筑物的内墙墙面。

b　合成树脂乳液内墙涂料

合成树脂乳液内墙涂料俗称乳胶漆，适用于混凝土、水泥砂浆、水泥类墙板和加气混凝土基层。

(1) 聚乙酸乙烯乳液内墙涂料。无毒无味，涂膜细腻、平光、透气性好，色彩多样，装饰效果好，但耐水、耐碱、耐候性较其他乳胶漆差。属于中档内墙涂料。

(2) 丙烯酸酯乳胶漆。涂膜光泽柔和；耐候性、保光性、保色性、耐久性优异；弹性和伸长率高，不会因砂浆破裂而起皱；耐污性强；具有呼吸功能，可防止结露；但价格高。属于高档内墙涂料。

（3）乙-丙乳胶漆。耐碱性、耐水性、耐久性都优于聚乙酸乙烯乳胶漆，光泽度好，价格适中。为半光和有光内墙涂料，属中、高档内墙涂料。

（4）苯-丙乳胶漆。耐碱、耐水、耐擦洗及耐久性均优于聚乙酸乙烯乳液内墙涂料和乙-丙乳胶漆涂料。各色无光内墙涂料，属高档内墙涂料，也可用于外墙装饰。

B 外墙涂料

a 合成树脂乳液外墙涂料

（1）乙-丙外墙乳胶漆。安全无毒、不燃、干燥快，耐候性和保光、保色性较好，价格较低。

（2）乙-丙乳液厚质涂料。涂层厚实、外观质感好，具有较好的耐候性、保色性，对底层的附着力牢固，耐久性年限为8~10年。属中档外墙涂料。

（3）苯-丙乳液外墙涂料。安全无毒、施工方便、干燥迅速、色泽鲜艳、贮存稳定，涂层有透气性、耐水、耐碱、耐老化且保色性能好。适用于各种建筑物外墙和木质、钢质门窗。

（4）氯-醋-丙乳胶漆。耐水性、耐碱性较好，长期使用时表面有轻微粉化，在雨水冲刷下连同表面沾污物一同除去。属中档外墙涂料，适用于污染较重的城市建筑物外墙。

（5）水乳型环氧树脂乳液外墙涂料。双组分涂料，黏结性能优良、不易脱落、不易积灰，装饰效果好，涂层耐老化性、耐候性、耐久性优异。但价格高，施工复杂。可采用双管喷枪一次喷成仿石纹，适用于各种建筑物外墙。

b 溶剂型外墙涂料

（1）溶剂型丙烯酸外墙涂料。渗透性强，牢度好，耐酸、耐碱，涂膜有光泽，不易褪色、粉化、脱落，施工不受天气限制，但刺激性气味大。适用于建筑物外墙和复层外墙涂料的罩面层。

（2）聚氨酯外墙涂料。涂膜柔软、弹性变形能力大，能与混凝土、金属、木材等牢固黏结，具有极好的耐水性、耐碱性，涂膜光洁、呈瓷质感，耐候性、耐沾污性好，使用寿命可达15年以上。属高档外墙涂料。

（3）丙烯酸酯有机硅外墙涂料。具有渗透性好，能渗入基层，增加基层的抗水性；流平性好，涂膜表面光洁；耐沾污性好，易于清洁等特点。属高档外墙涂料，适用于高级公共建筑和高层住宅。

c 丙烯酸系复层涂料

由底涂料（抗碱底漆）、中间层涂料（主涂料）、面涂料（罩面涂料）组成，可采用喷滚结合施工。涂层质感优美（粗粒状、细粒状、柳条状、树皮状、凹凸花纹等），耐候性、耐水性、耐冻融性、耐擦洗性、高附着性优良，对环境无污染、对人体无害。适用于各类建筑物外墙，是当今世界上建筑物内外墙装饰的流行产品。

C 门窗、家具涂料

a 清漆

（1）脂胶清漆。脂胶清漆又称耐水清漆，以干性油和甘油松香为主要成膜物质。具有漆膜光亮、耐水性好等特点，但光泽不持久，干燥性差。适用于木质家具、门窗、板壁等涂刷和金属表面的罩光。

（2）酚醛清漆。由纯酚醛树脂或改性酚醛树脂与干性植物油经熬炼后，再加入催化剂和溶剂等配制而成的清漆。漆膜坚韧耐久，光泽好，耐热、耐弱酸碱，施工方便，价格较低，但干燥慢，涂膜颜色较深，容易泛黄，不能砂磨抛光，粗糙度大，涂层干后稍有黏性。适用于室内外木器和金属表面装饰。

（3）醇酸清漆。醇酸清漆是由改性的醇酸树脂、溶剂、助剂调制而成。漆膜的附着力、光泽度、耐久性比脂胶和酚醛清漆好，漆膜干燥快，硬度高，绝缘性好，可打磨抛光，色泽光亮，但膜脆，耐热、抗大气性较差。适用于门窗、木地面、家具，不能用于室外。

（4）硝基清漆。硝基清漆是一种由硝化棉、醇酸树脂、增塑剂及有机溶剂调制而成的透明漆，属挥发性漆。固含量低，大量挥发物，漆膜干燥快，光亮、透光性好，木纹透视好；耐磨、耐久，是一种高级涂料，但耐光性差，成本高、施工复杂，溶剂有毒、易挥发。见火星易发生爆炸，须注意防火。硝基清漆是一种高级涂料，使用时注意通风和劳动保护。

b　磁漆

磁漆是在清漆基础上加入颜料而制成。漆膜酷似瓷（磁）器，所以称为磁漆。有醇酸、酚醛磁漆等。漆膜光亮、坚硬，色泽丰富，附着力强。适用于室内装饰和家具，室外的钢铁和木材表面。

c　聚酯漆

聚酯漆也称为不饱和聚酯漆，它是一种多组分漆，是用聚酯树脂为主要成膜物制成的一种厚质漆。聚酯漆拥有清漆品种，叫作聚酯清漆。聚酯漆是一种高档油漆涂料，漆膜丰满厚实，光泽度和保光性较高，耐磨、耐热、耐寒、耐弱碱、耐溶剂性好。其只适合在径直的平面涂饰，在垂直面、边线和凹凸线条等部位涂饰易流挂，不能用虫胶漆和虫胶腻子打底，否则会降低漆膜附着力。

d　聚氨酯漆

聚氨酯漆即聚氨基甲酸酯漆。聚氨酯涂料是目前较常见的一类涂料，可以分为双组分聚氨酯涂料和单组分聚氨酯涂料。双组分聚氨酯涂料一般是由异氰酸酯预聚物（也称为低分子氨基甲酸酯聚合物）和含羟基树脂两部分组成，通常称为固化剂组分和主剂组分。根据含羟基组分的不同可分为丙烯酸聚氨酯、醇酸聚氨酯、聚酯聚氨酯、聚醚聚氨酯、环氧聚氨酯等品种。它漆膜强韧，光泽丰满，附着力强，耐水、耐磨、耐腐蚀性好，被广泛用于高级木质家具，也可用于金属表面。其缺点主要有遇潮起泡、漆膜粉化等，与聚酯漆一样，它同样存在着变黄的问题。要求基层干燥，漆膜光亮，但遇水后，与水发生化学反应而产生气泡，影响漆膜的质量。使用前应严格检查 TDI 有害物质的含量。

10.3　建筑保温材料

建筑保温材料按其化学组成可以分为无机、有机和复合三大类型。

无机保温材料是用无机矿物质原材料制成的材料，常呈纤维状、松散颗粒状或多孔状，可制成板、片、卷材或有套管型制品。有机保温材料是用有机原材料（各种树脂、软木、木丝、刨花等）制成的。一般来说，无机保温材料的表观密度大，不易腐蚀，耐高温，而有机保温材料吸湿性大，不耐久，不耐高温，只能用于低温绝热。

10.3.1 无机保温隔热材料

10.3.1.1 石棉及其制品

石棉为常见的保温隔热材料，是一种纤维状无机结晶材料。石棉纤维具有极高的抗拉强度，并具有耐高温、耐腐蚀、绝热、绝缘等优良特性，是一种优质绝热材料，通常将其加工成石棉粉、石棉板、石棉毡等制品，用于热表面及防火覆盖。

10.3.1.2 矿棉及其制品应用

岩棉和矿渣棉统称为矿棉。岩棉是由玄武岩、火山岩等矿物在冲天炉或电炉中熔化后，用压缩空气喷吹法或离心法制成；矿渣棉是以工业废料矿渣为主要原料，熔化后，用高速离心法或压缩空气喷吹法制成的一种棉丝状的纤维材料。矿棉具有质轻、不燃、绝燃和电绝缘等性能，且原料来源广、成本低，可制成矿棉板、矿棉保温带、矿棉管壳等。

矿棉用于建筑保温大体包括墙体保温、屋面保温和地面保温等几个方面。其中墙体保温最为重要，可采用现场复合墙体和工厂预制复合墙体两种形式。矿棉复合墙体的推广对我国尤其是北方地区的建筑节能具有重要的意义。

10.3.1.3 玻璃棉及其制品

玻璃棉是以石灰石、萤石等天然矿物、岩石为主要原料，在玻璃窑炉中熔化后，经喷制而成的。建筑业中常用的玻璃棉分为两种，即普通玻璃棉和超细玻璃棉。普通玻璃棉的纤维长度一般为50~150 mm，纤维直径为12 mm，而超细玻璃棉细得多，一般在4 mm以下，其外观洁白如棉，可用来制作玻璃棉毡、玻璃棉板、玻璃棉套管以及一些异性制品。玻璃棉制品用于建筑保温在我国应用极少，主要原因是生产成本较高，在较长一段时间内，我国的建筑保温材料仍会以矿棉以及其他保温材料为主。玻璃棉见图10-9。

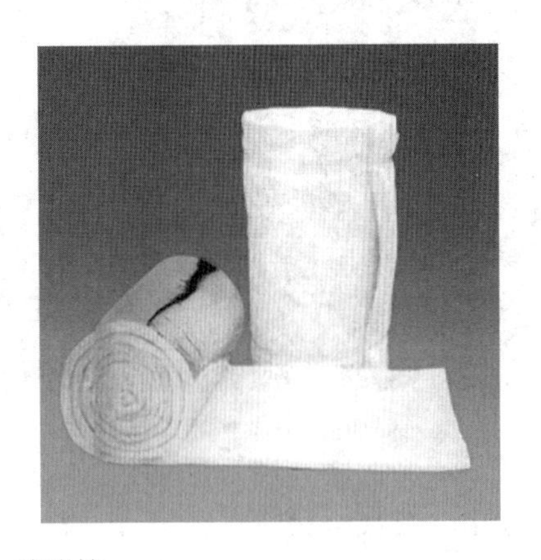

图10-9 玻璃棉

10.3.1.4 膨胀珍珠岩及其制品

珍珠岩是一种酸性火山玻璃质岩石，内部含有3%~6%的结合水，当受高温作用时，玻璃质由固态转化为黏稠态，内部水则由液态变为一定压力的水蒸气向外扩散，使黏稠的玻璃质不断膨胀，当被迅速冷却到软化温度以下时，就形成一种多孔结构的物质，称为膨胀珍珠岩。它具有表观密度小、导热系数低、化学稳定性好、使用温度广泛、吸湿能力小，且无毒、无味、吸声等特点，占我国保温材料年产量的一半以上，是国内使用最为广泛的一类轻质保温材料，见图 10-10。

图 10-10　膨胀珍珠岩

10.3.1.5　膨胀蛭石及其制品

膨胀蛭石是由天然矿物蛭石经烘干、破碎、焙烧（800~1000 ℃），在短时间内体积急剧膨胀（6~20 倍）而成的一种金黄色或灰白色的颗粒状材料，具有表观密度小，导热系数小，防火、防腐、化学性能稳定，无毒无味等特点，因而是一种优良的保温隔热材料。在建筑领域内，膨胀蛭石的应用方式和方法与膨胀珍珠岩相同，除用作保温绝热填充材料外，还可以用胶结材料将膨胀蛭石胶结在一起，制成膨胀蛭石制品，如水泥膨胀蛭石制品等，见图 10-11。

图 10-11　膨胀蛭石

10.3.1.6　泡沫玻璃

泡沫玻璃是以天然玻璃或人工玻璃碎料和发泡剂配置成的混合物经高温煅烧而得到的一种内部多孔的块状绝热材料。玻璃质原料在加热软化或熔融冷却时，具有很高的黏度，此时引入发泡剂，体内有气泡产生，使黏流体发生膨胀，冷却固化后，便形成微孔结构。泡沫玻璃具有均匀的微孔结构，孔隙率高达 80%~90%，且多为封闭气孔，因此，具有良好的防水抗渗性。随着时间的增长，绝热效果会降低，但泡沫玻璃的导热系数则长期稳定，不会因环境改变而发生改变。实践证明，泡沫在使用 20 年后，其性能没有任何改变，且使用温度较宽（-200~430 ℃），这也是其他材料无法替代的。泡沫玻璃见图 10-12。

图 10-12 泡沫玻璃

10.3.2 有机保温绝热材料

10.3.2.1 泡沫塑料

泡沫塑料是高分子化合物或聚合物的一种，以各种树脂为基料，加入各种辅助材料加热发泡制得的轻质、保温、隔热、吸声、防震材料。它保持了原有树脂的性能，并且同塑料相比，具有表观密度小、导热系数低、防震、吸声、耐腐蚀、耐霉变、加工成型方便、施工性能好等优点。由于这类材料造价高，且具有可燃性，因此，应用上受到一定的限制。今后随着这类材料性能的改善，将向着高效多功能方向发展，见图 10-13。

图 10-13 泡沫塑料

10.3.2.2 碳化软木板

碳化软木板是以一种软木橡树的外皮为原料，经适当破碎后在模型中成型，再在 300 ℃左右热处理而成。由于软木皮中含有无数气泡，所以成为理想的保温、绝热、吸声材料，且具有不透水、无味、无毒等特性，并且有弹性，柔和耐用，不起火焰，只能阴燃，见图 10-14。

10.3.2.3 植物纤维复合板

植物纤维复合板是以植物纤维为重要材料加入胶结料和填料而制成。如木丝板是以木

图 10-14 碳化软木板

材下脚料制成的木丝加入硅酸钠溶液及普通硅酸盐水泥混合，经成型、冷却、养护、干燥而制成。甘蔗板是以甘蔗汁为原料，经过蒸制、加压、干燥等工序制成的一种轻质、吸声、保温材料，见图 10-15。

图 10-15 植物纤维复合板

10.3.3 反射性保温绝热材料

目前在建筑工程中普遍采用多孔保温材料和在围护结构中设置普通空气层的方法来解决隔热，但若围护结构较薄，则利用上述方法解决保温隔热的问题就较困难。反射性保温隔热材料为解决上述问题提供了一条新途径。如铝箔波形保温隔热板是以波形纸板为基层，铝箔作为面层加工而制成的，具有保温高热性能、防潮性能，吸声效果好，且质量轻、成本低，可固定在钢筋混凝土屋面板下作保温隔热天棚使用，也可以设置在复合墙体内作为冷藏室、恒温室以及其他类似房间的保温隔热墙体使用。

10.4 绝 热 材 料

绝热材料是指对热流具有显著阻抗性的材料或者材料复合体。建筑工程上使用绝热材料一般要求其导热系数小于 0.23 W/(m·K)，表观密度小于 600 kg/m^3，抗压强度大于 0.3 MPa。

10.4.1 绝热材料的性能要求

材料隔热性能是由材料导热系数所决定的。导热系数越小，保温隔热性能越好。材料的导热系数，与其自身的成分、表观密度、内部结构以及传热时的平均温度和材料的含水量有关。

影响导热系数的因素包括：

（1）材料的组成。材料的导热系数排序为：金属>无机非金属材料>有机材料。

（2）微观结构。相同组成的材料，晶体结构的导热系数最大，微晶结构次之，玻璃体结构最小。为了获得导热系数较低的材料，可以通过改变其微观结构的方法来实现。

（3）孔隙率。材料的孔隙率越大，导热系数越小。

（4）孔隙特征。在孔隙相同时，孔径越大，孔隙间连通越多，导热系数越大。这是因为孔中气体产生对流，纤维状材料存在一个最佳表观密度，即在该密度时导热系数最小。表观密度低于这个最佳值时，其导热系数会增大。

（5）含水率。由于水的导热系数 $\lambda=0.58$ W/(m·K)，远大于空气的导热系数，所以材料含水量增加后其导热系数会明显增大。若受冻（冰 $\lambda=2.938$ W/(m·K)），则导热能力会增大。

绝热材料除了具有较小的导热系数外，还应具有一定的强度、抗冻性、耐水性、耐热性、耐低温性和耐腐蚀性，同时还需要具有较小的吸湿性或吸水性。优良的绝热材料是具有较大孔隙率，且以封闭、细小孔隙为主的，吸湿性和吸水性较小的有机或无机非金属材料。

10.4.2 绝热材料的种类及使用要点

绝热材料按照它们的化学组成可以分为无机绝热材料和有机绝热材料。

10.4.2.1 常用无机绝热材料

A 多孔轻质类无机绝热材料

蛭石是一种有代表性的多孔轻质类无机绝热材料，它主要含复杂的镁、铁含水铝硅酸盐矿物，由云母类矿物经风化而成，具有层状结构。将天然蛭石经破碎、预热后快速通过煅烧带可使蛭石膨胀20~30倍。膨胀蛭石的导热系数为0.046~0.070 W/(m·K)，可在1000 ℃的高温下使用。主要用于建筑夹层，但需注意防潮。

膨胀蛭石也可用水泥、水玻璃等胶结材胶结成板，用作板壁绝热，但其导热系数比松散状时要大，一般为0.08~0.10 W/(m·K)。

B 纤维状无机绝热材料

（1）矿物棉。岩棉和矿渣棉统称矿物棉，由熔融的岩石经喷吹制成的纤维材料称为岩棉，由熔融矿渣经喷吹制成的纤维材料称为矿渣棉。将矿物棉与有机胶结剂结合可以制成矿棉板、毡、管壳等制品，其堆积密度为45~150 kg/m^3，导热系数为0.044~0.049 W/(m·K)。由于低堆积密度的矿物棉内空气可发生对流而导热，因而，堆积密度低的矿物棉导热系数反而略高。最高使用温度约为600 ℃。矿物棉也可制成粒状棉用作填充材料，其缺点是吸水性大、弹性小。

（2）玻璃纤维。玻璃纤维一般分为长纤维和短纤维。短纤维由于相互纵横交错在一起，构成了多孔结构的玻璃棉，常用于作绝热材料。玻璃棉堆积密度为45~150 kg/m^3，导热系数为0.035~0.041 W/(m·K)。玻璃纤维制品的纤维直径对其导热系数有较大影响，导热系数随纤维直径增大而增大。以玻璃纤维为主要原料的保温隔热制品主要有：沥青玻璃棉毡和酚醛玻璃棉板，以及各种玻璃毡、玻璃毯等，通常用于房屋建筑的墙体保温层。

（3）泡沫状无机绝热材料。包括：

1）泡沫玻璃。泡沫玻璃是用玻璃细粉和发泡剂（石灰石、碳化钙和焦炭）经粉磨、混合、装模、煅烧（800 ℃左右）而得到的多孔材料。泡沫玻璃导热系数小、抗压强度高、抗冻性好、耐久性好，并且对水分、水蒸气和其他气体具有不渗透性，还容易进行机械加工，可锯、钻、车及打钉等。表观密度为150~200 kg/m^3 的泡沫玻璃，其导热系数为0.042~0.048 W/(m·K)，抗压强度达0.16~0.55 MPa。泡沫玻璃作为绝热材料在建筑上主要用于保温墙体、地板、天花板及屋顶保温，还可用于寒冷地区低层的建筑物。

2）多孔混凝土。多孔混凝土是指具有大量均匀分布、直径小于2 mm的封闭气孔的轻质混凝土，主要有泡沫混凝土和加气混凝土。随着表观密度减小，多孔混凝土的绝热效果增加，但强度下降。

10.4.2.2 常用有机绝热材料

（1）泡沫塑料。泡沫塑料是以各种树脂为基料，加入各种辅助料经加热发泡制得的轻质保温材料。泡沫塑料目前广泛用作建筑上的保温隔声材料，其表观密度很小，隔热性能好，加工使用方便。常用的泡沫塑料有聚苯乙烯泡沫塑料、脲醛泡沫塑料、聚氨酯泡沫塑料、聚氯乙烯泡沫塑料、泡沫酚醛塑料等。

（2）硬质泡沫橡胶。硬质泡沫橡胶用化学发泡法制成，特点是导热系数小而强度大。硬质泡沫橡胶的表观密度为64~120 kg/m^3。表观密度越小，保温性能越好，但强度越低。硬质泡沫橡胶的抗碱和抗盐的侵蚀能力较强，但强的无机酸及有机酸对它有侵蚀作用。它不溶于醇等弱溶剂，但易被某些强有机溶剂软化溶解。硬质泡沫橡胶为热塑性材料，耐热性不好，在65 ℃左右开始软化。硬质泡沫橡胶有良好的低温性能，低温下强度较高且有较好的体积稳定性，可用于冷冻库等。

10.5 吸声与隔声材料

建筑声学主要研究两个问题：一是室内音质，二是建筑物的隔声。不论是改善室内混响条件，提供良好音质，还是控制噪声对室内的污染，都需要使用吸声材料。

10.5.1 吸声材料

吸声材料是能在较大程度上吸收由空气传递的声波能量的建筑材料。描述吸声的指标是吸声系数 α。吸声系数（α）指的是材料吸收的声能与入射到材料上的总声能之比。当入射声能被完全反射时，$\alpha=0$，表示无吸声作用；当入射声波完全没有被反射时，$\alpha=1$，表示完全被吸收。一般材料或结构的吸声系数 $\alpha=0\sim1$，α 值越大，表示吸声性能越好，它是目前表征吸声性能最常用的参数。为全面反映材料的吸声频率特性，工程上通常认为对125 Hz、250 Hz、500 Hz、1000 Hz、2000 Hz和4000 Hz六个频率的平均吸声系数大于

0.2 的材料，才可称为吸声材料。

10.5.1.1 影响吸声性能的因素

（1）材料内部孔隙率及孔隙特征。一般来说，互相连通的、细小的、开放性的孔隙其吸声效果好，而粗大孔、封闭的微孔对吸声性能是不利的，这与保温隔热材料有着完全不同的要求，同样是多孔材料，保温绝热材料要求必须是封闭的不能连通的孔。

（2）材料的厚度。增加材料的厚度，可提高材料的吸声系数，但厚度对高频声波系数的影响并不显著，因而为了提高材料的吸声能力盲目增加材料的厚度是不可取的。

（3）材料背后的空气层。空气层相当于增加了材料的有效厚度，因此它的吸声性能一般来说随空气层厚度增加而提高，特别是改善对低频的吸收，它比通过增加材料厚度来提高低频的吸声效果更有效。

（4）温度和湿度。温度对材料的吸声性能影响并不很显著，主要通过改变入射声波的波长，使材料的吸声系数产生相应的改变。湿度对多孔材料的影响主要表现在多孔材料容易吸湿变形，滋生微生物，从而堵塞孔洞，使吸声性能降低。

10.5.1.2 吸声结构

吸声材料和吸声结构的种类很多，按其材料结构状况可分为如下几类。

A 多孔吸声结构

多孔吸声结构从表到里都有大量内外连通的微小间隙和连续气泡，有一定的通气性。这些结构特征和隔热材料的结构特征有区别，隔热材料要求封闭的微孔。当声波入射到多孔材料表面时，声波顺着微孔进入材料的内部，引起空隙的空气振动，由于空气与孔壁的摩擦，空气的黏滞阻力使振动空气的动能不断转化为微孔热能，从而使声能衰减；在空气绝热压缩时，空气与孔壁不断发生交换，由于热传导的作用，也会使声能转化为热能。

多孔吸声材料品种很多。有呈松散状的超细玻璃棉、矿物棉、海草、麻绒等；有的已加工成板状材料，如玻璃棉毡、穿孔吸声玻璃纤维板、软质木纤维被、木丝板；另外还有微孔吸声砖、矿渣膨胀珍珠岩吸声砖、泡沫玻璃等，见图 10-16。

B 薄板振动吸声结构

薄板振动吸声结构具有良好的低频吸声效果，同时还有助于声波的扩散。建筑中通常把胶合板、薄木板、硬质纤维板、石膏板、石棉水泥板或金属板等固定在墙体或顶棚的龙骨上，并在后面留有空气，即构成薄板振动吸声结构。由于低频声波比高频声波更容易激起薄板产生振动，所以薄板振动吸声结构具有低频吸声的特性。

C 共振吸声结构

共振吸声结构中间封闭有一定体积的空腔，并通过一定深度的小孔与声场相联系。受外力振荡时，空腔内的空气会按一定的共振频率振动，此时空腔开口颈部的空气分子在声波作用下，像活塞一样往复振动，因摩擦而消耗声能，能起到吸声的效果。如腔口蒙一层细布疏松的棉絮，可有助于加宽吸声频率范围和提高吸声声能。也可同时用几种不同共振频率的共振器，加宽和提高共振频率范围内的吸声能。和多孔吸声结构相比，共振吸声结构一般吸声的频率范围较窄，吸声效率较低，但是其优点是具有较好的低频吸声效果，吸收的频率容易选择和控制，从而可以弥补多孔吸声结构在低频区域吸声性能的不足。在厅堂的声学处理和噪声控制中，常常用到各种形式的共振吸声结构。

图 10-16　多孔吸声材料

D　穿孔板组合共振吸声结构

穿孔板组合共振吸声结构（见图 10-17）在各孔板、狭缝板背后设置空气层形成吸声结构，属于空腔共振吸声类结构，它们相当于若干个共振器并列在一起，这类结构取材方便，并有较好的装饰效果，所以使用广泛。穿孔板具有适合于中频的吸声特性。穿孔板还受其板厚、孔径、孔距、背后空气层厚度的影响，它们会改变穿孔板的主要吸声频率和共振频率；若穿孔板背后空气层还填有多孔吸声材料，则吸声效果更好。

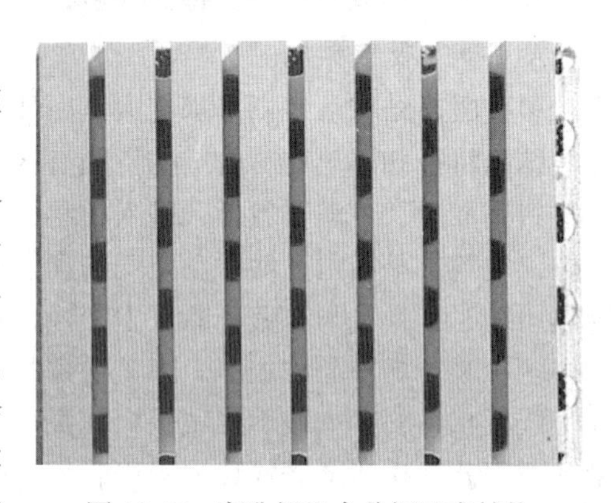

图 10-17　穿孔板组合共振吸声结构

E　空间吸声体结构

悬挂于空间的吸声体，由于声波与吸声材料的两个或两个以上的表面接触，增加了有效吸声面积，产生边缘效应，加上声波的衍射作用，大幅提高实际的吸声效果。实际使用时，可以根据不同的使用地点和要求，设计成各种形式的悬挂在顶棚下的空间吸声体，既能获得良好的声学效果，又能获得良好的艺术效果。空间吸声体结构有平板形、球形、圆锥形和棱锥形等多种形式，见图 10-18。

F　帘幕吸声体结构

帘幕吸声体是用具有通气性的纺织品制成的，安装时离墙或帘洞有一定距离，背后设置空气层。这种吸声体对中、高频都有一定的吸声效果。帘幕吸声体的吸声效果与材料的种类和褶纹有关。帘幕吸声体安装、拆卸方便，同时兼具装饰的功能，应用价值高。

10.5.1.3　吸声材料的选择

吸声材料和吸声结构的种类很多，使用时应根据其各自的吸声频率、效果以及自身结

图 10-18 空间吸声体结构

构特点来选择。在选择的过程中应注意以下几点。

(1) 首先吸声性能应符合使用要求，如果要降低中高频噪声或降低中高频混响时间，则应选择中高频吸声系数较高的材料。

(2) 吸声系数不受环境和时间的影响，材料吸声性能应能保持长期稳定可靠。

(3) 防水、防潮、防蛀、防霉、防菌，这对潮湿环境条件下使用时非常重要，如游泳馆、地下工程以及潮湿地区。

(4) 防火性能好，应具有阻燃、难燃或不燃性能，对剧院或地铁工程等公共场所尽可能采用不燃材料。

(5) 吸声材料要有一定的力学强度，以便在搬运安装和使用过程中，不易损坏、经久耐用，不易老化。

(6) 材料可加工性好，质量小，便于加工安装以及维修调换，对于大型轻薄屋顶结构如大跨度体育馆，其吸声吊顶的重量是至关重要的制约因素。

(7) 吸声材料及其制品在施工安装过程中不会散落粉尘，挥发有害气味，辐射有害物质，损害人体健康。

(8) 吸声材料一般安装在室内表面，是室内设计的重要组成部分（特别是影剧院、多功能餐厅、会议厅、广播、电视及电影录音室和审听室等室内空间的音质设计），吸声材料应具有装饰效果。

10.5.2 隔声材料与隔声处理

隔声材料与吸声材料不同，吸声材料一般为轻质、疏松、多孔性材料，而隔声材料则多为沉重、密实性材料。通常隔声性能好的材料其吸声性能就差，同样吸声性能好的材料其隔声能力较弱。但是，如果将两者结合起来应用，则可以使吸声性能与隔声性能都得到提高。比如，实际中常采用在隔声较好的硬质基板上铺设高效吸声材料的做法制作隔声墙，不但使声音被阻挡、反射回去，而且使声音能量大幅度降低，从而达到极高的隔声效果。

声音如果只通过空气的振动而传播，称为空气声，如说话、唱歌、拉小提琴、吹喇叭等都产生空气声；如果某种声源不仅通过空气辐射其声能，而且同时引起建筑结构某一部分发生振动时，称为撞击声或固体声，例如大提琴、脚步声以及电动机、风扇等产生的噪声为典型的固体声。对于空气声的隔声应选用不易振动的、单位面积质量大的材料，因此必须选用密实、沉重的（如黏土砖、混凝土等）材料。对固体声最有效的隔声措施是结构处理，即在构件之间加设弹性衬垫（如软木、矿棉毡等），以隔断声波的传递。

对于空气声，其传声的大小主要取决于墙或板的单位面积质量，质量越大，越不易振动，隔声效果就越好。固体声的隔绝主要是吸收，这和吸声材料是一致的；空气声的隔绝主要是反射，因此需要选择密实、宽厚的墙体作为隔声材料。

对于隔绝固体声音，目前尚无行之有效的隔音方法。目前解决的办法是材料表面加设弹性面层或弹性垫层，这些衬垫的材料大多可采用吸声材料，将固体声转化成空气声后被吸声材料吸收。

10.6　防火材料

建筑防火材料主要是指预防火灾及火灾防护的一类建筑材料。建筑防火材料主要具备以下3个特性：

（1）防焰性。材料防止因微小火源发生引燃或火势扩大的性能。

（2）耐燃性。材料在发生火灾时，能够抵抗和延缓燃烧的性质，也称为防火性。具体来说，耐燃性是指材料能经受火焰和高温作用而不破坏，且其强度也不显著降低的性能。

（3）耐火性。材料、构件或结构在受到高温或火焰作用时，能够保持其物理和化学性能稳定，不产生明显的变形、破坏或失效的能力。

常用的建筑防火材料包括防火板材、防火涂料、防火玻璃及防火封堵材料等。

10.6.1　防火板材

防火板材主要有石膏板材、硅酸钙板、岩棉、膨胀珍珠岩等。

（1）防火石膏板作为传统纸面石膏板的升级版，展现出了其独特且卓越的性能。其不仅具有纸面石膏板原有的隔声、隔热、保温、轻质、高强、收缩率小等优点。防火石膏板还具有良好的防火性能，通过在板芯中添加玻璃纤维等添加剂，防火石膏板在遭遇火灾时能够在一定时间内保持结构完整。这种特性使得防火石膏板在火灾发生时能够有效阻隔火焰的蔓延，为逃生争取宝贵的时间。这对于提高建筑物的整体防火安全性具有重要意义。

（2）硅酸钙板在建筑领域展现出多功能性，不仅广泛用作隔墙板和吊顶板材料，还在工业领域有所应用。对于表面温度不超过650℃的各类设备、管道及其附件，硅酸钙板能够提供优良的隔热和防火保护，确保设备和管道在高温环境下安全稳定运行。

(3) 岩棉在建筑领域应用广泛，包括外墙外保温、防火隔离带和屋面保温等形式。外墙保温岩棉板具有高抗压抗拉伸强度、低吸水吸湿性、稳定尺寸、无热胀冷缩现象、耐老化等优点，能与外墙系统兼容，并为建筑提供全面的保温节能、防火及极端气候防护。岩棉防火性能卓越，不燃烧、不释放有毒烟气，有效阻断火焰蔓延。它还具备对金属材料的无腐蚀性，以及高效的吸声降噪和弹性消振特性，不吸湿且耐老化，性能稳定可靠，为建筑安全舒适提供了有力保障。

(4) 膨胀珍珠岩是一种传统的、应用广泛的建筑保温材料。我国科技工作者已研发出性能优良的闭孔珍珠岩及玻化微珠。这些新材料不仅继承了传统珍珠岩的轻质、稳定抗老化、防火及环保等特性，更拥有远低于一般珍珠岩的热导率，因此成为外墙外保温系统理想的轻质集料，展现出广阔的应用前景。

10.6.2 防火涂料

防火涂料作为涂料的一种，同样包含基料、颜料、填料和助剂等成分，而与普通涂料相区别的是，防火涂料中还添加了大量的防火助剂。

10.6.2.1 防火涂料的特点

防火涂料作为一种特种涂料，不仅具备装饰、防锈、防腐等功能，能延长被保护材料的使用寿命；而且在遭遇明火或热辐射时，能迅速发挥物理及化学作用，有效隔热，阻止火焰传播，从而遏制火灾的发生和蔓延，为安全提供坚实保障。

防火涂料具有如下特点：

(1) 本身具有难燃或不燃特性，能有效隔绝可燃基材与空气的接触，从而显著延缓基材着火燃烧过程。

(2) 遇火受热后能分解出惰性气体，可稀释易燃气体和空气中的氧气，从而强力抑制燃烧过程。

(3) 燃烧系自由基链锁反应所驱动，而含氮、磷的防火涂料受热分解出活性自由基团，与有机自由基结合，中断链锁反应，进而减缓燃烧速度。

(4) 膨胀型防火涂料遇火能迅速膨胀发泡，生成一层泡沫隔热层，有效封闭保护基材，从而防止其燃烧。

10.6.2.2 防火涂料的种类

防火涂料的类型可用不同的方法来定义。

(1) 按所用基料的性质分类。防火涂料根据基料性质分为3类：有机型以高分子树脂及乳液为基础，无机型采用无机黏结剂，而有机无机复合型则是两者的结合体。有机型与无机型防火涂料在防火助剂和阻燃剂的选择上差异显著，其涂层形式、燃烧后性状及防火机理也各不相同。

(2) 按所用的分散介质分类。按照所用的分散介质，可将防火涂料分为溶剂型防火涂料及水性防火涂料两类：

1) 溶剂型防火涂料以有机溶剂为分散介质和稀释剂，常用的有环己烷和汽油等烃类化合物，甲苯和二甲苯等芳香烃化合物，以及醋酸丁酯、环己酮、乙二醇乙醚等酯酮醚类化合物。但其易燃、易爆且污染环境，因此应用受限。

2）水性防火涂料是以水为分散介质，安全环保，是未来发展方向，但当前其质量尚不及溶剂型，因此在国内使用不如溶剂型广泛。

（3）按涂层的燃烧特性和受热后状态变化分类。防火涂料依受热后燃烧特性及状态变化，可分为非膨胀型和膨胀型两类：

1）非膨胀型防火涂料即隔热涂料，遇火时形成釉状保护层隔绝氧气，但热导率大、隔热效果差，需厚涂且防火隔热作用有限，不及膨胀型涂料。

2）膨胀型防火涂料遇火时能迅速膨胀发泡，形成隔热泡沫层隔绝氧气并消耗大量热量，有效降低体系温度，防火隔热效果显著。

早期防火涂料以非膨胀型为主，但因其涂层厚、用量大、成本高、装饰效果差，且防火隔热效果逊于膨胀型涂料，目前除特殊场合如石化、油田等外，膨胀型防火涂料已逐渐占据主导地位，取代了非膨胀型防火涂料。

10.6.3 防火玻璃

10.6.3.1 按结构分类

按结构不同，防火玻璃可分为复合防火玻璃和单片防火玻璃：

（1）复合防火玻璃是一种由两层或更多层玻璃，或与有机材料复合制成的特种玻璃，其设计满足严格的耐火性能要求。它广泛应用于建筑物的房间、走廊和通道，作为防火门窗、防火分区以及关键部位的防火隔断墙，为建筑提供可靠的安全保障。

（2）单片防火玻璃是一种由单层玻璃构成的特种玻璃，它具备优良的耐火性能，能够满足特定的安全要求。这种玻璃广泛应用于建筑物的外幕墙、室外窗、采光顶和挡烟垂壁，同时也适用于无隔热需求的隔断墙，为建筑的安全与美观提供了有力保障。

10.6.3.2 按耐火性能分类

防火玻璃按耐火性能不同可分为隔热型防火玻璃（A 类）和非隔热型防火玻璃（C 类）：

（1）隔热型防火玻璃（A 类）是耐火性能同时满足耐火完整性和耐火隔热性要求的防火玻璃。

（2）非隔热型防火玻璃（C 类）是耐火性能仅满足耐火完整性要求的防火玻璃。

根据国家标准《建筑用安全玻璃 第 1 部分：防火玻璃》（GB 15763.1—2009），隔热型防火玻璃（A 类）和非隔热型防火玻璃（C 类）的耐火性能应满足表 10-12 的要求。

表 10-12 防火玻璃的耐火性能

分类名称	耐火极限等级	耐火性能要求
隔热型防火玻璃（A 类）	3.00 h	耐火隔热性能时间≥3.00 h，且耐火完整性时间≥3.00 h
	2.00 h	耐火隔热性能时间≥2.00 h，且耐火完整性时间≥2.00 h
	1.50 h	耐火隔热性能时间≥1.50 h，且耐火完整性时间≥1.50 h
	1.00 h	耐火隔热性能时间≥1.00 h，且耐火完整性时间≥1.00 h
	0.50 h	耐火隔热性能时间≥0.50 h，且耐火完整性时间≥0.50 h

续表 6.2

分类名称	耐火极限等级	耐火性能要求
非隔热型防火玻璃（C类）	3.00 h	耐火隔热性能时间≥3.00 h，耐火隔热性无要求
	2.00 h	耐火隔热性能时间≥2.00 h，耐火隔热性无要求
	1.50 h	耐火隔热性能时间≥1.50 h，耐火隔热性无要求
	1.00 h	耐火隔热性能时间≥1.00 h，耐火隔热性无要求
	0.50 h	耐火隔热性能时间≥0.50 h，耐火隔热性无要求

10.6.3.3　按耐火极限分类

防火玻璃按耐火极限可分为 5 个等级：0.50 h、1.00 h、1.50 h、2.00 h、3.00 h。

10.6.4　防火封堵材料

防火封堵材料主要有无机防火堵料、有机防火堵料、阻火圈、阻火包等。

10.6.4.1　无机防火堵料

无机防火堵料，又称速固型防火堵料或防火封灌料，以快干水泥为基础，添加防火剂、耐火材料等研磨混合而成。现场加水调制后，它可迅速固化，填塞各种孔隙，展现优良的防火效果和机械强度，与楼层水泥板硬度相近。其防火效果显著，灌注方便，尤其适用于大型孔洞和楼层间孔洞的封堵，同时也适用于细小孔隙的防火处理。无机防火堵料已广泛应用于电气、仪表、电子、通信、建筑等多个领域，成为保障建筑安全的重要材料。

防火机理：无机防火堵料是一种不燃性材料，在火焰和高温下能形成一层坚硬且致密的保护层，其热导率低，防火隔热性能优异。同时，堵料中的某些组分遇火时能发生吸热反应，产生不燃性气体，降低体系温度。它能有效封堵各种开口、孔洞和缝隙，阻止火焰、有毒气体及浓烟扩散，具有很好的防火密封效果。

10.6.4.2　有机防火堵料

有机防火堵料是以有机树脂为黏结剂，再添加防火剂、填料等原料经碾压而成的。有机防火堵料具有优异的耐火性能、理化性能及良好的可塑性。它长久不固化，可重复使用，遇火焰或高温能迅速膨胀凝结为坚硬的固体，炭化后仍保持原状。由于有机防火堵料受热后会发生膨胀以有效地堵塞洞口,封堵时留缝利于散热，因此适用于电缆等贯穿物的防火需求。

防火机理：有机防火堵料在火焰和高温的作用下，会迅速体积膨胀并固化，形成一层坚硬且致密的釉状保护层。所形成的釉状保护层凭借其优良的隔热性能，不仅能够有效阻止火势的蔓延，还能有效地封堵烟雾，起到良好的阻火、堵烟和隔热作用，为防火安全提供了有力保障。

10.6.4.3　阻火圈

阻火圈，一种由金属等材质制成的套圈，内含阻燃膨胀芯材。它专为塑料管道穿越墙体和楼板时留下的孔洞设计，通过螺钉固定在相应位置。火灾发生时，阻火圈内的芯材会迅速受热膨胀，紧密挤压管道形成封堵，有效阻止火势通过管道蔓延，确保建筑安全。

防火机理：火灾发生时，阻火圈内的芯材在火焰的作用下迅速膨胀，并形成一个具有一定强度的炭化层。这一炭化层通过挤压管材，能在极短时间内有效封闭管道因软化或炭化脱落而产生的孔洞，从而迅速阻断火势的进一步蔓延，确保火势得到及时控制。

10.6.4.4 阻火包

阻火包外层通常裹以玻璃纤维布或阻燃织物，内部则填充了能在火焰或高温下迅速发生化学反应并膨胀的复合粉状或粒状材料。这些填充材料以水性黏结剂（如聚乙烯醇改性丙烯酸乳液和苯乙烯-丙烯酸复合型乳液等）为基础，结合了膨胀轻质材料、耐火材料和防火阻燃剂等多种成分，经过精细研磨和混合而成。阻火包安装简便，可重复利用，且无毒无害。在火灾发生时，它能迅速膨胀，有效阻火隔烟，为灭火和救援工作提供有力支持。

防火机理：阻火包内的填充物在火焰或高温作用下，会迅速膨胀发泡，形成具有良好防火隔热效果的蜂窝状保护层，具有优良的防火隔热性能。当用于封堵各种开口、孔洞及缝隙时，这一保护层能够极为有效地将火势局限在局部范围内，防止火势进一步蔓延，为灭火和救援工作争取宝贵时间。

【背景知识】

我国科学家研制出新型隔热防火材料

中国科学技术大学俞书宏教授课题组以壳聚糖作三维软模板，发展了一种酚醛树脂（PFR）与 SiO_2 共聚和纳米尺度相分离的合成新策略，成功研制了具有双网络结构的 PFR/SiO_2 复合气凝胶材料。2018 年，研究论文在国际顶级期刊 *Angew. Chem. Int. Ed.* 发表。

工业建筑和维持室内舒适温度所消耗的能量占世界每年总能耗的 30%以上，隔热材料的使用可以提高建筑物的能量利用率和降低能耗。然而，传统的有机隔热材料普遍易燃，有机阻燃剂的使用则会对环境和人类健康造成危害，无机隔热材料的热导率普遍偏高。而一般的有机无机复合隔热材料虽然阻燃性有所提高，但仍难耐受长时间的火焰侵蚀，因为单分散状态的无机组分会随着聚合物基体的燃烧而逐渐脱落，从而失去保护作用。

为此，俞书宏课题组研制了这种双网络结构的复合气凝胶，该复合气凝胶具有树枝状的微观结构，纤维的尺寸在 20 nm 以内，且两种组分各自都成连续的网络，实现了有机、无机组分在纳米尺度上的均匀分散，并且两组分间具有很强的界面相互作用。研究人员通过调控硅源的添加量即可调控复合气凝胶的密度、无机含量、力学强度等物理参数。这种复合气凝胶可以承受 60%的压缩而不破裂，具有一定的力学强度和可加工性。该气凝胶具有很好的隔热效果，最低热导率可达 24 mW/(m·K)，优于传统的发泡聚苯乙烯等材料，在相对低温和低湿度的环境下，其热导率维持在 28 mW/(m·K)。

这种独特的双网络结构赋予了气凝胶优异的防火阻燃性能。研究人员用丙烷丁烷喷灯火焰（1300 ℃）和酒精灯火焰（500~600 ℃）来检测气凝胶的耐火性，并用红外热成像仪记录样品背面的温度变化。经过 30 min 的测试，喷灯火焰下样品背面温度稳定在 300 ℃左右，酒精灯火焰下温度稳定在 150 ℃左右，而且随着有机组分的燃烧，SiO_2 网络暴露出来并附着在气凝胶表面而不会脱落，继续发挥隔绝热量的作用。这种材料可以避免在发生火灾时建筑物承力结构的失效，为人员撤离争取了时间。

练 习 题

简答题

(1) 某绝热材料受潮后，其绝热性能明显下降。请分析原因。

(2) 请分析用于室外和室内的建筑装饰材料主要功能的差异。

(3) 在建筑工程中，正确选择保温隔热材料的依据是什么？

(4) 简述材料绝热的基本原理。

(5) 隔热材料为什么总是轻质的，绝热材料为什么要注意防潮？

(6) 简述吸声材料与隔声材料的区别。

(7) 简述对固体声、空气声以及振动采取隔绝措施的区别。

(8) 防火涂料具有哪些特点？

11 土木工程材料试验

试验环节是土木工程材料课程中重要的组成部分。通过对建筑材料试验方法的学习，不但能使学生对于具体建材的性能有进一步的了解，熟悉主要建筑材料的相关技术要求，初步具备对常用建筑材料进行质量检定的能力，更能培养学生认真严谨的科学态度，提高分析和解决问题的能力。做好土木工程材料的试验环节，对于掌握和丰富理论课中的相关知识，具有非常重要的意义。

为达到应有的试验效果，在试验过程中特别对试验人员提出几点要求。

（1）试验前要做好预习工作，对试验目的、仪器设备、试验步骤等要做到心中有数。

（2）试验过程中严格遵守操作规范，学习建立科学严谨的试验态度。注意观察试验中的现象，做好数据的记录。

（3）试验完成后对试验数据进行深入分析，按要求完成试验报告。

在进行材料试验过程中，试验人员应注意以下三个技术问题：一是试样的抽样，要求试验中试样具有代表性；二是试验的测试技术，包括仪器选用、试件的制备、测试条件和方法等；三是试验数据的处理。这三个方面在试验时均须按照国家规定的标准试验方法或通用方法进行，否则，就不能根据相关规定对材料进行测评，或相互间进行比较。

本章的试验项目是按照课程的教学大纲要求加以选定（并不包括所有建筑材料试验的全部内容），根据国家（部颁）标准或其他相关规范编写而成。

11.1 土木工程材料基本物理性质试验

土木工程材料基本性质试验项目较多，对于不同材料，测试项目根据其用途和具体要求而定。通常进行测定的项目包括以下几项。

11.1.1 密度试验

11.1.1.1 主要仪器设备

李氏瓶（见图 11-1）、无水煤油或不与试样起反应的其他液体、烘箱、干燥器、0.90 mm 方孔筛、天平（感量 0.01 g）、恒温水槽、温度计等。

11.1.1.2 试验步骤

（1）试样应预先通过 0.90 mm 方孔筛，在（100±5）℃的温度烘干 1 h 至恒重，并在干燥容器中冷却至室温备用（室温应控制在（20±1）℃）。

（2）在李氏瓶中注入无水煤油或其他对试样不起反应的液体至突颈下部的 0~1 mL 刻度线后，盖上瓶塞将李氏瓶放置在（20±1）℃的恒温水槽中，使刻度部分浸入水中，恒温至少 0.5 h，记下李氏瓶中液面的初始刻度值 V_1。

（3）用感量 0.01 g 的天平称量 60 g 水泥试样，测试其他材料密度时，可按实际情况增减称量质量，以便读取刻度值。从恒温水槽中取出李氏瓶，用滤纸将细长颈内没有煤油的部分仔细擦拭干净。用小勺和漏斗将试样徐徐送入瓶中，注意不要大量倾倒，以防在瓶的咽喉部分发生堵塞阻碍试样下落。轻轻反复摇动李氏瓶，将黏附于瓶壁上的试样浸入液体中，直至没有气泡排出。

(4) 再次将李氏瓶放入恒温水槽，使刻度部分浸入水中，在相同温度下（恒温水槽两次温度差不得大于0.2 ℃）至少恒温0.5 h后，读取装入试样后的液面刻度值 V_2。

(5) 试验结果。按下式计算出试样的密度（精确至0.01 g/cm^3）：

$$\rho = \frac{m}{V_2 - V_1} \tag{11-1}$$

式中 ρ——试样密度，g/cm^3；

m——装入李氏瓶中试样质量，g；

V_1——装入试样前瓶中液面的刻度值，cm^3；

V_2——装入试样后瓶中液面的刻度值，cm^3。

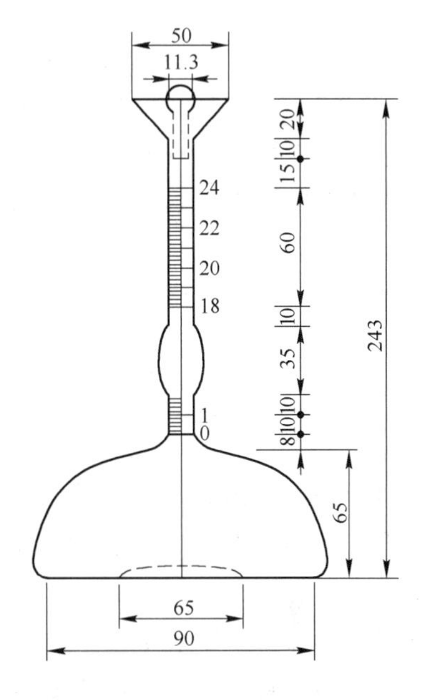

图11-1 李氏瓶

以两次试验结果的算术平均值作为测定结果，两次试验结果相差不得大于0.02 g/cm^3。

11.1.2 表观密度

11.1.2.1 试验目的

检测规则块状材料的表观密度。

11.1.2.2 主要仪器设备

天平（称量1000 g、感量0.1 g）、烘箱、游标卡尺（精度0.1 mm）等。

11.1.2.3 试验步骤

(1) 将加工成规则的几何形状的试件（3个）放入烘箱中。以不超过110 ℃的温度烘干至恒重，取出冷却后用游标卡尺量其尺寸（cm），并计算其体积 V_0（cm^3），再用天平称量其质量 m（精确至0.1 g）。按下式计算其表观密度：

$$\rho_0 = \frac{m}{V_0} \tag{11-2}$$

(2) 求试件体积时，若试件为立方体或长方体，则每边应分别在上、中、下三个位置进行测量，取其平均值，然后按下式计算体积：

$$V_0 = \frac{a_1 + a_2 + a_3}{3} \times \frac{b_1 + b_2 + b_3}{3} \times \frac{c_1 + c_2 + c_3}{3} \tag{11-3}$$

式中 a_1，a_2，a_3——试件长的测量值；

b_1，b_2，b_3——试件宽的测量值；

c_1，c_2，c_3——试件高的测量值。

（3）求试件体积时，若试件为圆柱体，则在圆柱体上、下两个平行切面上及试件腰部，按两个相互垂直的方向量其直径，求 6 次测量的直径平均值 d；再在相互垂直的两直径与圆周交界的四点上量其高度，求 4 次测量的平均值 h。最后按下式求其体积：

$$V_0 = \frac{\pi d^2}{4} \times h \tag{11-4}$$

11.1.3　吸水率试验

11.1.3.1　主要仪器设备

天平（称量 1000 g、感量 0.1 g）、烘箱、游标卡尺（精度 0.1 mm）、干燥器、容器等。

11.1.3.2　试验步骤

（1）将试件加工成直径和高均为 50 mm 的圆柱体或边长为 50 mm 的立方体试件，若采用不规则试件，其边长应不少于 40～60 mm，每组试件不少于 3 个。若试件组织不均匀，则每组试件不应少于 5 个，用毛刷将试件洗涤干净并编号待用。

（2）将试件置于烘箱中，以不超过 110 ℃的温度烘干至恒重。在干燥器中冷却至室温后用天平称量其质量 m_1，精确至 0.1 g（下同）。

（3）将试件放置于盛水容器中，在容器底部可放置些垫条如玻璃管或玻璃杆以使试件底面与容器底部不紧贴，使水能够自由进入。

（4）加水至试件高度的 1/4 处，以后每隔 2 h 分别加水至试件高度的 1/2 和 3/4 处，6 h 后加水至高出试件顶面 20 mm 以上，放置 48 h 让其自由吸水。这样逐次加水能使试件孔隙中的空气逐渐排出。

（5）取出试件，擦净表面水分，立即称量其质量 m_2。

（6）按下列公式计算吸水率：

$$W_m = \frac{m_2 - m_1}{m_1} \times 100\% \tag{11-5}$$

$$W_V = W_m \times \rho_0 \tag{11-6}$$

式中　W_m——质量吸水率，%；

W_V——体积吸水率，%；

m_1——试件烘干至恒重时的质量，g；

m_2——试件吸水饱和时的质量，g；

ρ_0——试件表观密度，g/cm³。

（7）取三个试件吸水率的算术平均值为测定结果。

11.2 水泥试验

11.2.1 一般规定

11.2.1.1 取样要求

按同一生产厂家、同一品种等级、同一编号且连续进场的水泥，袋装水泥不超过200 t为一批，散装水泥不超过500 t为一批，每批抽样不少于一次。

11.2.1.2 试验条件

实验室温度应为（20±2）℃，相对湿度不低于50%。养护箱温度为（20±1）℃、相对湿度不低于90%。试验用水应为洁净的淡水。水泥试样、标准砂、拌合水等温度均应与实验室温度一致。

11.2.2 水泥细度试验

细度试验方法包括负压筛析法、水筛法和干筛法三种，在检测中，若负压筛析法与其他两种方法测定结果有争议时，以负压筛析法为准。

11.2.2.1 负压筛析法

A 主要仪器设备

（1）负压筛析仪。负压筛析仪由筛座、负压筛、负压源和收尘器等组成，其中筛座由转速为（30±2）r/min的喷气嘴、负压表、控制板、微电机及壳体等组成（见图11-2）。筛析仪的负压可调范围为4000～6000 Pa，喷气嘴上口平面与筛网间的距离为2～8 mm。

（2）天平。最大称量100 g，最小分度值不大于0.05 g。

B 试验步骤

（1）试验前，将负压筛放置在筛座上。盖上筛盖，接通电源，检查控制系统，调节负压至4000～6000 Pa范围内。

（2）称取试样25 g，置于洁净的负压筛中，盖上筛盖，放置在筛座上，开动筛析仪连续筛析2 min，在此期间如有水泥试样附着在筛盖上，可轻轻敲击，使试样落下。筛毕，用天平称量筛余物质量。试验中，若负压小于4000 Pa时，应及时清理吸尘器内的水泥，使负压恢复正常。

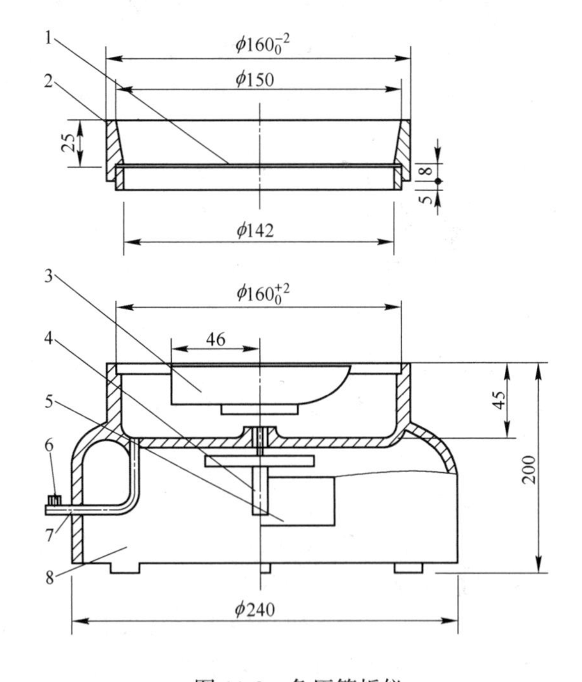

图11-2 负压筛析仪

1—筛网；2—筛框；3—喷气嘴；4—微电机；5—控制板开口；6—负压表接口；7—负压源及收尘器接口；8—壳体

（3）试验结果计算。水泥试样的筛余百分数按下式计算（结果精确至 0.1%）：

$$F = \frac{R_S}{W} \times 100\% \tag{11-7}$$

式中 F——水泥试样的筛余百分数，%；

R_S——水泥筛余物的质量，g；

W——水泥试样的质量，g。

11.2.2.2 水筛法

A 主要仪器设备

（1）标准筛。筛布为方孔铜丝网筛布，方孔边长 0.080 mm，筛框有效直径 125 mm，高 80 mm。

（2）筛支座。能带动筛子转动，转速为 50 r/min。

（3）喷头。直径 55 mm，面上均匀分布 90 个孔，孔径 0.5~0.7 mm。

（4）天平。最大称量 100 g，分度值不大于 0.05 g。

（5）烘箱。

B 试验步骤

（1）试验前，先调好水压及水筛架的位置，使其能正常运转。

（2）称取水泥试样 50 g，倒入筛中，立即用洁净水冲洗至大部分细粉通过后，将筛子放置在筛座上，用水压为（0.05±0.02）MPa 的喷头连续冲洗 3 min，喷头底面和筛网间的距离约为 50 mm。

（3）筛毕将筛取下，用少量水把筛余物全部冲移至蒸发皿（或烘样盘）中，沉淀后将水倒出，移至烘箱中烘干后，用天平称量其质量，精确至 0.05 g。

（4）试验结果计算（同负压筛析法）。

11.2.2.3 手工干筛法

A 主要仪器设备

筛框有效直径 150 mm、高 50 mm，孔径 0.08 mm 的方孔筛（铜布筛）、烘箱、天平等。

B 试验步骤

（1）称取水泥试样 50 g 倒入筛中，由人工筛动，临近筛完时必须一手执筛往复摇动，一手拍打，摇动速度每分钟约 120 次，每 40 次时须向同一方向转动筛子 60°，以使试样均匀地分散在筛网上，直至每分钟通过筛孔不超过 0.05 g 为止。

（2）称量筛余物的质量，精确至 0.05 g。

（3）试验结果计算（同负压筛析法）。

水泥细度试验，每个样品应称取两份试样分别进行试验，取两次结果的平均值作为筛析结果。若两次结果的绝对误差大于 0.5%（筛余值大于 5.0%时可放至 1.0%），则应再做一次试验，取两次相近结果的算术平均值，作为最终结果。

试验注意事项：试验用筛必须经常性地保持洁净，筛孔通畅，如有堵塞，可用弱酸浸泡，用毛刷轻轻刷洗，再用清水冲净、晾干。

11.2.3 水泥标准稠度用水量试验

水泥标准稠度用水量的测定方法分标准法和代用法两种，若测定结果有矛盾时以标准法的测定结果为准。

11.2.3.1 标准法

A 主要仪器设备

(1) 标准法维卡仪。标准法维卡仪如图 11-3 所示。

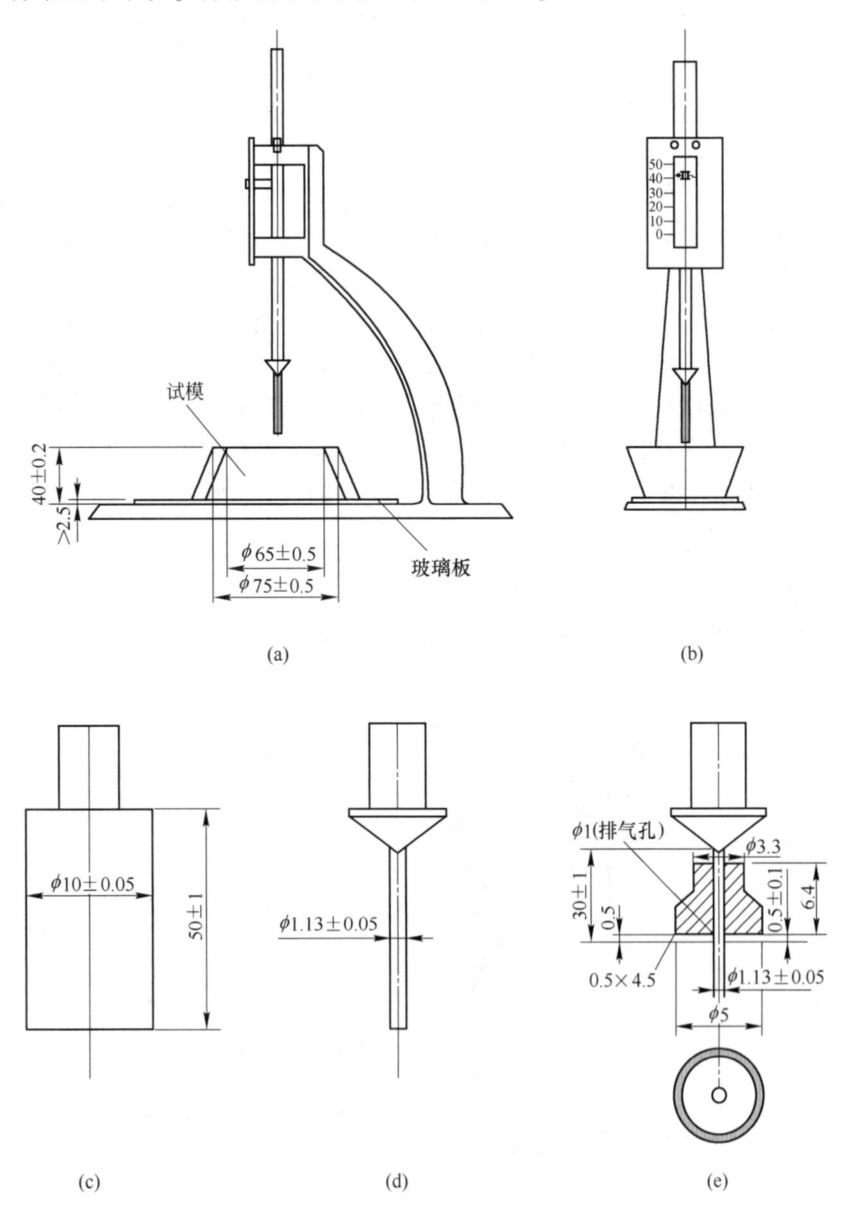

图 11-3 标准法维卡仪及试针、试模

(a) 初凝时间测定用立式试模的侧视图；(b) 终凝时间测定用反转式试模的前视图；(c) 标准稠度试杆；(d) 初凝用试针；(e) 终凝用试件

（2）水泥净浆搅拌机。符合 JC/T 729—2005 要求。

（3）量水器。最小刻度 0.1 mL，精度 1%。

（4）天平。感量为 1 g，最大称量不小于 1000 g。

B 试验步骤

（1）试验前对仪器进行检查，使金属棒能自由滑动，试杆接触玻璃板时指针应对准零点，搅拌机运转正常。

（2）对水泥净浆进行拌和前，搅拌锅和搅拌叶片先用湿布擦拭。将拌合水倒入搅拌锅中，然后在 5~10 s 内将称量好的 500 g 水泥试样加入水中，防止水和水泥溅出。拌和时，先将搅拌锅安置在搅拌机的底座上，升至搅拌位置，启动机器，低速搅拌 120 s，停 15 s，这时将叶片和锅壁上的水泥净浆刮入锅中，接着高速搅拌 120 s 后停机。

（3）搅拌结束后，立即取适量水泥净浆一次性将其装入已置于玻璃底板上的试模中，浆体超过试模上端，用宽约 25 mm 的直边刀轻轻拍打超出试模部分的浆体 5 次以排除浆体中的孔隙，然后在试模上表面约 1/3 处，略倾斜于试模分别向外轻轻锯掉多余净浆，再从试模边沿轻抹顶部一次，使净浆表面光滑。在此过程中，注意不要压实净浆。抹平后迅速将试模和底板移至维卡仪上，并将其中心定在试杆下，降低试杆直至与水泥净浆表面接触，拧紧螺丝 1~2 s 后突然放松，使试杆垂直自由地沉入水泥净浆中，在试杆停止沉入或释放试杆 30 s 时记录试杆与底板之间的距离，升起试杆后立即擦净。整个操作应在搅拌后 15 min 内完成。以试杆沉入净浆并距底板（6±1）mm 的水泥净浆为标准稠度净浆。其拌和水量为该水泥的标准稠度用水量 P，按水泥质量的百分比计。

11.2.3.2 代用法

A 主要仪器设备

（1）标准稠度测定仪。标准稠度测定仪如图 11-4 所示。

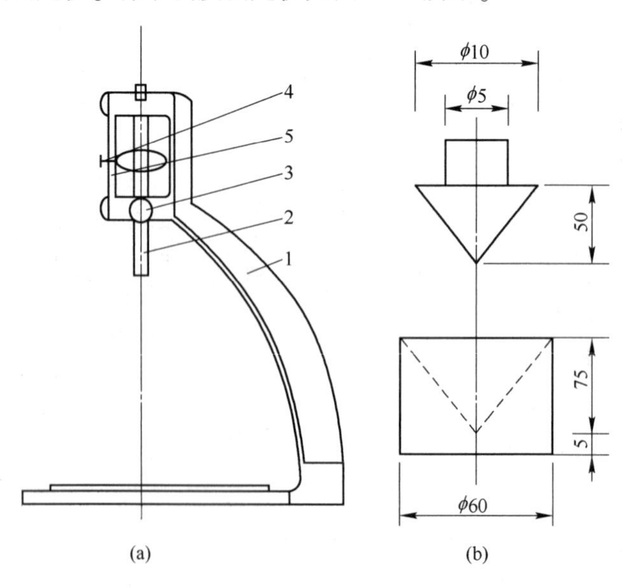

图 11-4 标准稠度测定仪

（a）试针支架；（b）试锥和锥模

1—铁座；2—金属圆棒；3—松紧螺丝；4—指针；5—标尺

（2）其他同标准法。

B 试验步骤

采用代用法测定水泥的标准稠度用水量可用调整水量法和不变水量法两种方法的任一种进行测定，如结果发生争议时以调整水量法为准。

（1）试验前对仪器进行检查，使金属棒能自由滑动，试锥接触锥模顶面时，指针应对准标尺零点，搅拌机运转正常。

（2）称量水泥试样 500 g，搅拌过程同标准法。采用调整水量法时拌和水量按经验找水；采用不变水量法时，拌和水量取 1425 mL，水量精确至 0.5 mL。

（3）拌和结束后，立即将拌好的净浆装入锥模内，用宽约 25 mm 的直边刀在浆体表面轻轻插捣 5 次、再轻振 5 次，刮去多余净浆，抹平后迅速放到试锥下面的固定位置上，将试锥降至净浆表面并拧紧螺丝，调整指针至标尺零点。1～2 s 后突然放松螺丝，让试锥自由沉入净浆中，到试锥停止下沉或释放试锥 30 s 时记录试锥下沉深度。整个操作应在搅拌后 15 min 内完成。

（4）试验结果。用调整水量法测定时，以试锥下沉深度为（30±1）mm 时的净浆为标准稠度净浆，其拌和水量即为该水泥的标准稠度用水量（P），按水泥质量的百分比计。如下沉深度超出范围，须另称试样，调整水量，重新试验，直至达到（30±1）mm 时为止。用不变水量法测定时，根据测得的试锥下沉深度 S(mm)，按下式（或仪器上对应标尺）计算得到标准稠度用水量 P(%)：

$$P = 33.4 - 0.185S \tag{11-8}$$

当试锥下沉深度小于 13 mm 时，应改用调整水量法测定。

11.2.4 水泥净浆凝结时间测定

11.2.4.1 主要仪器设备

（1）标准法维卡仪。与标准法测定水泥标准稠度用水量所用仪器相同，但试杆应换成试针。

（2）湿气养护箱。温度控制在（20±1）℃，相对湿度大于 90%。

（3）水泥净浆搅拌机、量水器、天平等与水泥标准稠度用水量试验所用仪器相同。

11.2.4.2 试验步骤

（1）测定前，将圆模放在玻璃板上，在内侧稍稍涂上一层机油，调整凝结时间测定仪，使试针接触玻璃板时，指针对准标尺零点。

（2）称取水泥试样 500 g，按测定水泥标准稠度用水量制备净浆的方法制成标准稠度净浆，一次装满圆模，振动数次后刮平，立即放入湿气养护箱中。记录水泥全部加入水中的时间作为凝结时间的起始时间。

（3）初凝时间的测定。试件在湿气养护箱中养护至加水后 30 min 时进行第一次测定。测定时，从湿气养护箱中取出试模放到试针下，降低试针使之与水泥净浆表面接触，拧紧螺钉 1～2 s 后突然放松，试针垂直自由沉入水泥净浆，观察试针停止下沉或释放试针 30 s 时指针读数。临近初凝时间时每隔 5 min（或更短时间）测定一次，当试针下沉至距底板（4±1）mm 时，即为水泥达到初凝状态。由水泥全部加入水中至初凝状态的时间为水泥的初凝时间（min）。

（4）终凝时间的测定。为了准确观测试针沉入的状况，在终凝针上安装一个环形附件。在完成初凝时间测定后，立即将试模连同浆体以平移方式从玻璃板取下，翻转180°，直径大端向上、小端向下放在玻璃板上，再放入湿气养护箱中继续养护，临近终凝时间每隔15 min测定一次，当试针沉入试体0.5 mm时，即环形附件开始不能在试体上留下痕迹时,为水泥达到终凝状态。由水泥全部加入水中至终凝状态的时间为水泥的终凝时间(min)。

（5）测定时应注意，在最初测定的操作时应轻轻扶住金属棒，使其徐徐下降以防试针撞弯，但结果以自由下落为准。在整个试验过程中试针沉入的位置至少要距离试模内壁10 mm。临近初凝时，每隔5 min（或更短时间）测定一次，临近终凝时，每隔15 min（或更短时间）测定一次。到达初凝时应立即重复测定一次，当两次结果相同时才能确定为到达初凝状态。到达终凝时，需要在试体另外两个不同点测试，当结果相同时才能确定达到终凝状态。每次测定不能让试针落入原针孔，每次测试完毕后须将试针擦净并将试模放回湿气养护箱内，整个测试过程要防止试模受振。

11.2.5　安定性试验

11.2.5.1　主要仪器设备

（1）水泥净浆搅拌机、湿气养护箱、量水器、天平等，与前面试验所用相同。

（2）沸煮箱。有效容积410 mm×240 mm×310 mm，篦板结构应不影响试验结果，篦板与加热器间的距离大于50 mm，沸煮箱内层由不易腐蚀的金属材料制成，能在（30±5）min内将箱内的试验用水由室温升至沸腾，并保持沸腾状态3 h以上，整个试验过程不需要补充水量。

（3）雷氏夹膨胀值测定仪。标尺最小刻度为1 mm，如图11-5所示。

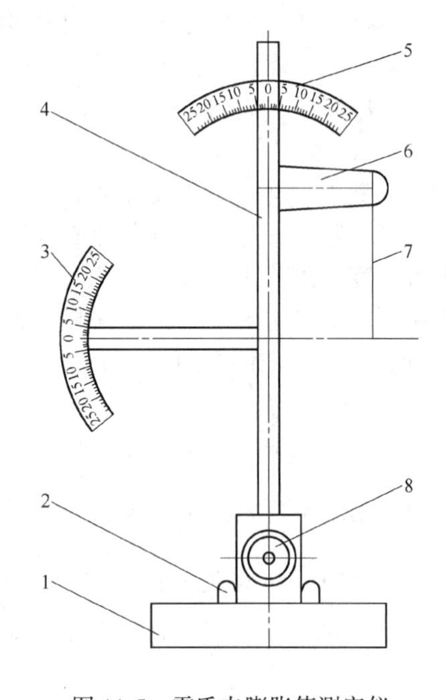

图11-5　雷氏夹膨胀值测定仪

1—底座；2—模子座；3—测弹性标尺；4—立柱；5—测膨胀值标尺；6—悬臂；7—悬丝；8—弹簧顶钮

（4）雷氏夹。如图11-6所示。

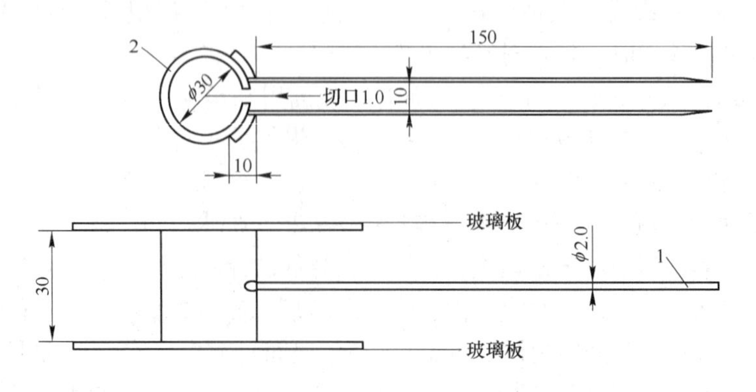

图11-6　雷氏夹

1—指针；2—环模

11.2.5.2 试验步骤

安定性测试方法可以用试饼法（代用法），也可以用雷氏法（标准法）。试饼法是通过观察水泥净浆试饼沸煮后的外形变化来检验水泥的体积安定性。雷氏法是通过测定雷氏夹中的水泥净浆在沸煮后的膨胀值来检验水泥的体积安定性。两种方法结果有差异时以雷氏法为准。

（1）制备标准稠度净浆。

（2）试件的制备和检测。

1）采用雷氏法。将预先准备好的雷氏夹放置在已稍擦油的玻璃板上，并立即将已制备好的标准稠度净浆装满雷氏夹，填装时一手轻轻扶着雷氏夹，另一手用宽约 25 mm 的直边刀轻轻插捣 3 次后抹平，盖上稍涂过油的玻璃板，接着立即将试件移至湿气养护箱内养护（24±2）h。

2）采用试饼法。将制备好的净浆取出一部分分成两等份，使之呈球形，放在预先准备好的玻璃板上，轻轻振动玻璃板并用湿布擦过的小刀由边缘向中央抹动，做成直径 70~80 mm、中心厚约 10 mm、边缘渐薄、表面光滑的试饼，接着将试饼放入养护箱内养护（24±2）h。

试饼在养护箱内养护（24±2）h 后，从养护箱中取出，脱下玻璃板取下试饼，在试饼无缺陷的情况下将其放置在沸煮箱水中的篦板上，然后在（30±5）min 内加热至沸腾，并恒沸（180±5）min。

沸煮结束，放掉箱中的热水，打开箱盖，待箱体冷却至室温，取出试饼进行判别，若目测未发现裂纹，用直尺检查也没有弯曲（使钢尺和试饼底部紧靠，以两者间不透光为无弯曲）的试饼为安定性合格，反之为不合格。当两个试饼判别结果有矛盾时，该水泥的安定性也为不合格。

11.2.6 水泥胶砂强度试验

11.2.6.1 主要仪器设备

（1）行星式水泥胶砂搅拌机。应符合 JC/T 681—2022 要求。

（2）水泥胶砂试体成型振实台。应符合 JC/T 682—2022 要求。

（3）试模。由三个水平的槽模组成。模槽内腔尺寸为 40 mm×40 mm×160 mm，可同时成型三条棱形试件，其材质和制造尺寸应符合《水泥胶砂试模》（JC/T 726—2005）要求。

（4）水泥抗折强度试验机。应符合《水泥胶砂电动抗折试验机》（JC/T 724—2005）的要求，为 1∶50 的电动抗折试验机。抗折夹具的加荷与支撑圆柱直径应为（10±0.1）mm，两个支撑圆柱中心距离为（100±0.2）mm。

（5）抗压试验机。试验机以 200~300 kN 为宜，在接近 4/5 量程范围内使用时，记录的荷载应有±1%的精度要求，并具有按（2400±200）N/s 速率加荷的能力。

（6）抗压夹具。应符合《40 mm×40 mm 水泥抗压夹具》（JC/T 683—2005）的要求，受压面积为 40 mm×40 mm。由硬质钢材制成，加压面必须磨平。

11.2.6.2 试件成型

（1）成型前将试模擦净，四周模板与底座的接触面上应涂黄油，紧密装配，防止漏浆，内壁均匀涂上一层机油。

（2）试验用砂采用中国ISO标准砂。按水泥：标准砂：水=1：3：0.5的比例，每成型3条试件需称量水泥（450±2）g、中国ISO标准砂（1350±5）g，拌和用水量（225±1）mL。

（3）搅拌时先将水加入搅拌锅中，再加入水泥，把锅放到固定架上，摇动手柄升至固定位置。立即开动机器，低速搅拌30 s后，在第二个低速搅拌30 s开始的同时均匀地将砂加入。机器转至高速再拌30 s后，停拌90 s，在停拌的头15 s内用一胶皮刮具将叶片和锅壁上的胶砂刮入锅中。停拌结束再高速搅拌60 s，搅拌过程结束，取下搅拌锅。各搅拌阶段，时间误差应在±1 s内。

（4）将空试模和模套固定在振实台上，用一料勺将搅拌好的胶砂从锅内分两层装入试模，装第一层时，每个槽里约放300 g胶砂，用大播料器垂直架在模套顶部，沿每个模槽来回一次将料层播平，接着振实60次。再装第二层胶砂，用小播料器播平，再振实60次。移走模套，从振实台上取下试模，用一金属直尺以近似90°的角度架在试模顶的一端，沿试模长度方向以横向锯割动作慢慢移向另一端，一次将超过试模部分的胶砂刮去，并用同一直尺以近乎水平的情况下将试件表面抹平。

（5）在试件上做好标记。

11.2.6.3 试件养护

（1）将做好标记的试模放入雾室或湿气养护箱中养护，湿空气应能与试模各边接触，一直养护到规定的脱模时间（对于24 h龄期的，应在破型前20 min内脱模，对于24 h以上龄期的应在成型后20～24 h期间脱模）再取出脱模。脱模前用防水墨汁或颜料笔对试件进行编号或标记。两个龄期以上的试件，在编号时应将同一试模中的三条试件分在两个以上的龄期内。

（2）将做好标记的试件立即水平或垂直放入水槽中养护，养护水温为（20±1）℃，水平放置时刮平面应朝上。试件之间应留有间隙，养护期间试件之间的间隔或试件上表面的水深不得小于5 mm。

11.2.6.4 强度试验

不同龄期的试件，应在下列时间（从水泥加水搅拌开始算起）内进行强度试验：

——24 h±15 min；

——48 h±30 min；

——72 h±45 min；

——7 d±2 h；

——28 d±8 h。

试件从水中取出后，在强度试验前应用湿布覆盖。

A 抗折强度测定

（1）每龄期取出三条试件先做抗折强度试验。测定前须擦去试件表面的水分和砂粒，清除夹具上圆柱表面粘着的杂物。试件放入前，应调整杠杆成平衡状态，将试件放入后，调整夹具，使杠杆在试件折断时尽可能接近平衡位置。

（2）抗折强度测定时加荷速度为（50±10）N/s。

（3）抗折强度 R_f 按下式计算（精确至 0.1 MPa）：

$$R_f = \frac{1.5F_fL}{b^3} \tag{11-9}$$

式中　R_f——单个试件的抗折强度，MPa；

F_f——试件折断时施加于棱柱体中部的荷载，N；

L——支撑圆柱中心距，mm；

b——棱柱体正方形截面的边长，mm。

（4）以一组三个试件测定值的算术平均值作为抗折强度的测定结果（精确至 0.1 MPa）。当三个强度值中有超出平均值±10%时，应剔除该值后再取平均值作为抗折强度试验结果。

B　抗压强度试验

（1）抗折强度测定后的两个断块应立即进行抗压试验。抗压强度测定试验必须用抗压夹具进行，试件的受压面积为 40 mm×40 mm。测定前应清除试件受压面与加压板间的砂粒或杂物。测定时以试件的侧面作为受压面，并使夹具对准压力机压板中心。

（2）在整个加荷过程中以（2400±200）N/s 的速率均匀加荷直至试件破坏。

（3）抗压强度 R_c 按下式计算（精确至 0.1 MPa）：

$$R_c = \frac{F_c}{A} \tag{11-10}$$

式中　R_c——单个试件的抗折强度，MPa；

F_c——试件破坏时的最大荷载，N；

A——受压面积，mm^2。

（4）以一组 3 个棱柱体试件得到的 6 个抗压强度测定值的算术平均值为试验结果（精确至 0.1 MPa）。当 6 个测定值中有一个超出 6 个平均值的±10%时，剔除这个结果，再以剩下 5 个的平均值为结果。当 5 个测定值中再有超过它们平均值的±10%时，则此组结果作废。当 6 个测定值中同时有两个或两个以上超出平均值的±10%时，则此组结果作废。

11.3　混凝土用骨料试验

11.3.1　取样方法

11.3.1.1　细骨料的取样

细骨料的取样应按批进行，每批总量不宜超过 400 m^3 或 600 t。

在堆料取样时，取样部位应均匀分布。取样时应将取样部位表层铲除，然后由各部位抽取大致相等的试样共 8 份，组成一组试样。进行各项试验的每组试样应不小于表 11-1 规定的最少取样量。

试验时需按四分法分别缩取各项试验所需的数量，其步骤是：将每组试样在自然状态下于平板上拌匀，堆成厚度为 2 cm 的圆饼形状，于饼上画两垂直直径把饼分成大致相等的四份，取其对角的两份重新按照上述四分法缩取，直至缩分后试样略多于该项试验所需量为止。试样缩分也可用分料器进行。

11.3.1.2　粗骨料的取样

粗骨料的取样也按批进行，每批总量不宜超过 400 m^3 或 600 t。

在堆料取样时，应先将料堆的顶部、中部和底部均匀分布的各 5 个部位的表层铲除，然后由各部位抽取大致相等的试样共 15 份组成一组试样，进行各项试验的每组试样应不小于表 11-1 规定的最少取样量。

试验时须将每组试样分别缩分至各项试验所需的数量，具体步骤是：将每组试样在自然状态下于平板上拌匀，并堆成锥体，然后按四分法缩取，直至缩分后试样量略多于该项试验所需用量为止。同细骨料一样，粗骨料的试样缩分也可用分料器进行。

表 11-1　部分单项试验的最少取样量　kg

试验项目	细骨料	粗骨料（不同最大粒径下的最少取样量）							
		9.5	16.0	19.0	26.5	31.5	37.5	63.0	75.0
筛分析	4.4	9.5	16.0	19.0	25.0	31.5	37.5	63.0	80.0
表观密度	2.6	8.0	8.0	8.0	8.0	12.0	16.0	24.0	24.0
堆积密度	5.0	40.0	40.0	40.0	40.0	80.0	80.0	120.0	120.0
含水率	1.0	2.0	2.0	2.0	2.0	3.0	3.0	4.0	6.0
含泥量	4.4	8.0	8.0	24.0	24.0	40.0	40.0	80.0	80.0
泥块含量	20.0	8.0	8.0	24.0	24.0	40.0	40.0	80.0	80.0
针片状颗粒含量	—	1.2	4.0	8.0	12.0	20.0	40.0	40.0	40.0

11.3.2　砂的筛分析试验

11.3.2.1　主要仪器设备

（1）方孔筛。孔径为 0.15 mm、0.30 mm、0.60 mm、1.18 mm、2.36 mm、4.75 mm 及 9.50 mm 的筛各一只，并附有筛底和筛盖。

（2）天平。称量 1000 g，感量 1 g。

（3）摇筛机。

（4）烘箱。能使温度控制在（105±5）℃。

（5）浅盘、毛刷等。

11.3.2.2　试验步骤

按上述规定取样，将试样缩分至约 1100 g，置于烘箱中在（105±5）℃下烘干至恒重，冷却至室温后，筛除大于 9.50 mm 的颗粒，分成大致相等的两份备用。

（1）准确称量烘干试样 500 g，置于按筛孔大小顺序排列的套筛的最上一只筛中，将套筛装入摇筛机内紧固，摇筛 10 min 左右，取出套筛，按筛孔大小顺序，在清洁的浅盘中逐个进行手筛，直至每分钟的筛出量不超过试样总量的 0.1%为止。通过的颗粒并入下一号筛中一起过筛。按此顺序进行，直至各号筛全部筛完为止。如无摇筛机，也可用手筛。

（2）试样在各号筛上的筛余量均不得超过按下式计算得到的筛余量：

$$m_r = \frac{A\sqrt{d}}{200} \tag{11-11}$$

式中 m_r——筛余量，g；

d——筛孔尺寸，mm；

A——筛的面积，mm^2。

否则应将该筛余试样分成两份，再次进行筛分，并以其筛余量之和作为该号筛的筛余量。

（3）称量各号筛筛余试样的质量，精确至 1 g。所有各号筛的筛余试样质量和底盘中剩余试样质量的总和与筛余前的试样总质量相比，其差值不得超过 1%，否则须重新进行试验。

11.3.2.3 试验结果计算

（1）分计筛余百分率。各号筛上的筛余量除以试样总质量的百分率（精确至 0.1%）。

（2）累计筛余百分率。该号筛上的分计筛余百分率与大于该号筛的各号筛上的分计筛余百分率之总和（精确至 0.1%）。

（3）根据各筛的累计筛余百分率，绘制筛分曲线，评定颗粒级配。

（4）按下式计算细度模数 μ_f（或 M_x）（精确至 0.1%）：

$$\mu_f = \frac{(A_2 + A_3 + A_4 + A_5 + A_6) - 5A_1}{100 - A_1} \tag{11-12}$$

式中，$A_1 \sim A_6$ 依次为筛孔直径 4.75 mm、2.36 mm、1.18 mm、0.60 mm、0.30 mm、0.15 mm 筛的累计筛余百分率。

（5）筛分析试验应采用两份试样进行平行试验，并以其试验结果的算术平均值为测定值，精确至 0.1%。如两次试验所得的细度模数之差大于 0.20，须重新试验。

11.3.3 砂的表观密度试验

11.3.3.1 主要仪器设备

（1）托盘天平。称量 1 kg，感量 1.0 g。

（2）容量瓶。500 mL。

（3）烘箱。能使温度控制在（105±5）℃。

（4）干燥器、浅盘、铝制料勺、温度计等。

11.3.3.2 试验步骤

将缩分至约 650 g 的试样在（105±5）℃的烘箱中烘至恒重，并在干燥器中冷却至室温后分成两份试样备用。

（1）称取烘干试样 300 g（G_0），装入盛有半瓶冷开水的容量瓶中，摇动容量瓶使试样在水中充分搅动以排除气泡，塞紧瓶塞。

（2）静置 24 h 后打开瓶塞，用滴管添水使水面与瓶颈刻度线平齐。塞紧瓶塞，擦干瓶外水分，称其质量（G_1）。

（3）倒出容量瓶中的水和试样，清洗瓶内外，再注入与上项水温相差不超过 2 ℃的冷开水至瓶颈刻度线。塞紧瓶塞，擦干瓶外水分，称其质量（G_2）。

（4）试验过程中应测量并控制水温，各项称量可在 15~25 ℃进行。从试样加水静置的最后 2 h 起直至试验结束，其温差不应超过 2 ℃。

11.3.3.3　试验结果计算

按下式计算表观密度 ρ_0（精确至 10 kg/m³）：

$$\rho_0 = \frac{G_0}{G_0 + G_2 - G_1} \times \rho_{水} \tag{11-13}$$

式中　G_1——瓶、试样和水的总质量，g；

G_2——瓶、水的总质量，g；

G_0——烘干试样的质量，g；

$\rho_{水}$——水的密度，kg/m³。

表观密度以两次测定结果的算术平均值为测定值。如两次结果之差大于 20 kg/m³ 时，应重新取样进行试验。

11.3.4　砂的堆积密度试验

11.3.4.1　主要仪器设备

（1）天平。称量 10 kg，感量 1.0 g。

（2）容量筒。金属制圆柱形，内径 108 mm，净高 109 mm，壁厚 2 mm，筒底厚 5 mm，容积 1 L。容量筒应先校正容积。以（20±2）℃的饮用水装满容量筒，用玻璃板沿洞口滑移，使其紧贴水面并擦干筒外壁水分，然后称重。用下式计算容积（V）：

$$V = G'_2 - G'_1 \tag{11-14}$$

式中　V——容量筒容积，L；

G'_1——筒和玻璃板的总质量，kg；

G'_2——筒、玻璃板和水的总质量，kg。

（3）烘箱、料勺、漏斗、浅盘、直尺等。

11.3.4.2　试验步骤

取缩分试样约 3 L，在（105±5）℃的烘箱中烘至恒重，取出冷却至室温，分成大致相等的两份备用。烘干试样中如有结块，应先捏碎。

（1）称容量筒质量 G_1(kg)，精确至 1 g。将试样用料勺或漏斗徐徐装入容量筒，出料口距容量筒口不应超过 5 cm，直至试样装满超出筒口成锥形为止。

（2）用直尺将多余的试样沿筒口中心线向两个相反的方向刮平，称容量筒连同试样的总质量 G_2(kg)，精确至 1 g。

11.3.4.3　试验结果计算

砂的堆积密度 ρ'_0 按下式计算（精确至 10 kg/m³）：

$$\rho'_0 = \frac{G_2 - G_1}{V} \tag{11-15}$$

式中 G_1——容量筒质量，kg；

G_2——容量筒连同试样的总质量，kg；

V——容量筒的容积，L。

以两份试样进行试验，并以两次测定结果的算术平均值作为最终测定值，精确至10 kg/m^3。

11.3.5 碎石和卵石的筛分析试验

11.3.5.1 主要仪器设备

（1）试验筛。孔径为2.36 mm、4.75 mm、9.50 mm、16.0 mm、19.0 mm、26.5 mm、31.5 mm、37.5 mm、53.0 mm、63.0 mm、75.0 mm及90 mm的筛各一只，并附有筛底和筛盖（筛框内径为300 mm）。

（2）天平或台秤。称量随试样质量而定，感量为试样质量的0.1%左右。

（3）烘箱、浅盘等。

11.3.5.2 试验步骤

试验所需的试样量按最大粒径应不少于表11-2的规定。用四分法将试样缩分至略大于试验所需的量，烘干或风干备用。

表11-2 石子筛分析试验所需试样的最小质量

最大粒径/mm	9.5	16.0	19.0	26.5	31.5	37.5	63.0	75.0
最小试样质量/kg	1.9	3.2	3.8	5.0	6.3	7.5	12.6	16.0

（1）按表11-2的规定称量烘干或风干试样。

（2）根据最大粒径选择试验用筛，并按孔径大小将试样依次过筛，直至每分钟的通过量不超过试样总量的0.1%。

（3）称量各筛筛余试样的质量，精确至试样总量的0.1%。应注意每号筛上的筛余层厚度应不大于试样最大粒径尺寸，如超过，应将该号筛上的筛余分成两份，分别进行筛分，并以其筛余量之和作为该号筛的筛余量。分计筛余量和筛底剩余的总和与筛分前试样的总量相比，其相差不得超过1%，否则需要重做试验。

11.3.5.3 试验结果计算

（1）计算分计筛余百分率和累计筛余百分率（精确至0.1%）。计算方法同砂的筛分析试验。

（2）根据各筛的累计筛余百分率，评定试样的颗粒级配。

11.3.6 碎石和卵石的表观密度试验（广口瓶法）

11.3.6.1 主要仪器设备

（1）天平。称量2 kg，感量1 g。

（2）广口瓶。100 mL，磨口，并带玻璃片。

（3）筛（孔径4.75 mm）、烘箱、金属丝刷、浅盘、带盖容器、毛巾等。

11.3.6.2 试验步骤

试验前筛去试样 4.75 mm 以下的颗粒，洗刷干净后，分成两份备用。

(1) 取试样一份浸水饱和后，装入广口瓶中。装入试样时，广口瓶应倾斜一个相当的角度。然后注满饮用水，用玻璃片覆盖瓶口，以上下左右摇晃的方法排除气泡。

(2) 气泡排尽后，向瓶中添加饮用水至水面凸出瓶口边缘，然后用玻璃片沿瓶口迅速滑行，使其紧贴瓶口水面。擦干瓶外水分，称量试样、水、瓶和玻璃片的总质量 G_1 (g)，精确至 1 g。

(3) 将瓶中试样倒入浅盘中，并将瓶洗净。重新注满饮用水，用玻璃片紧贴瓶口水面，擦干瓶外水分，称量其质量 G_2(g)。

(4) 将试样置于 (105±5) ℃的烘箱中烘干至恒重，取出置于带盖的容器中，冷却至室温后称量试样的质量 G_0(g)。

11.3.6.3 试验结果计算

按下式计算石子的表观密度 ρ_0（精确至 10 kg/m³）

$$\rho_0 = \frac{G_0}{G_0 + G_2 - G_1} \times \rho_{水} \tag{11-16}$$

式中 G_1——瓶、试样、水、玻璃片的总质量，g；

G_2——瓶、水、玻璃片的总质量，g；

G_0——烘干试样的质量，g；

$\rho_{水}$——水的密度，kg/m³。

表观密度以两次测定结果的算术平均值为测定值。如两次结果之差大于 20 kg/m³ 时，应重新取样进行试验。对颗粒材质不均匀的试样，如两次结果之差超过 20 kg/m³ 时，可取四次测定结果的算术平均值作为测定值。

11.3.7 碎石和卵石的堆积密度试验

11.3.7.1 主要仪器设备

(1) 磅秤。称量 50 kg，感量 50 g。

(2) 台秤。称量 10 kg，感量 10 g。

(3) 容量筒。金属制，容积按石子最大粒径选用。规格见表 11-3。试验前应校核容量筒容积，方法同砂的堆积密度试验。

(4) 烘箱、平头铁铲等。

表 11-3 容量筒规格表

粗骨料最大粒径/mm	容量筒容积/L	容量筒规格/mm		筒壁厚度/mm
		内径	净高	
9.5，16.0，19.0，26.5	10	208	294	2
31.5，37.5	20	294	294	3
53.0，63.0，75.0	30	360	294	4

11.3.7.2 试验步骤

（1）按石子最大粒径选用容量筒（容积为 V），称量容量筒质量 G_1（kg），精确至 10 g。

（2）取烘干或风干试样一份，置于平整干净的底板（或铁板）上，用铁铲将试样自距筒口 5 cm 左右处自由落入容量筒，装满容量筒并除去凸出筒口表面的颗粒，以合适的颗粒填入凹陷空隙，使表面凸起部分和凹陷部分的体积基本相同。称量容量筒和试样的总质量 G_2(kg)，精确至 10 g。

11.3.7.3 试验结果计算

石子的堆积密度 ρ_0' 按下式计算（精确至 10 kg/m^3）：

$$\rho'_0 = \frac{G_2 - G_1}{V} \tag{11-17}$$

式中 G_1——容量筒质量，kg；

G_2——容量筒连同试样的总质量，kg；

V——容量筒的容积，L。

以两份试样进行试验，并以两次测定结果的算术平均值作为最终测定值，精确至 10 kg/m^3。

11.3.8 含水率试验

11.3.8.1 主要仪器设备

（1）天平。称量 2 kg，感量 2 g，用于砂的含水率试验；称量 5 kg，感量 5 g，用于石子的含水率试验。

（2）烘箱、容器（如浅盘）等。

11.3.8.2 试验步骤

（1）若试样为砂，可由样品中取质量约 500 g 的试样两份备用；若为石子，则按表 11-4 要求的质量抽取试样，分为两组备用。

表 11-4 粗骨料含水率试验取样表

最大粒径/mm	9.5	16.0	19.0	26.5	31.5	37.5	63.0	75.0
取样质量/kg	2	2	2	2	3	3	3	4

（2）将试样装入已知质量为 m_1 的干燥容器中，称量试样和容器的总质量 m_2。

（3）将容器连同试样放入温度为（105±5）℃的烘箱中烘干至恒重。冷却至室温后称量试样和容器的总质量 m_3。

11.3.8.3 试验结果计算

含水率 W_S 按下式计算（精确至 0.1%）：

$$W_S = \frac{m_2 - m_3}{m_3 - m_1} \times 100\% \tag{11-18}$$

式中 m_1——容器质量，g；

m_2——未烘干的试样与容器的总质量，g；

m_3——烘干后的试样与容器的总质量，g。

含水率以两次测定结果的算术平均值作为最终测定值。

11.4 普通混凝土试验

11.4.1 混凝土拌合物试验室拌和方法

11.4.1.1 一般规定

（1）拌和混凝土的原料应符合技术要求，并与施工实际用料相同。在拌和前，材料的温度应与实验室温度（应保持在（20±5）℃）一致。水泥若有结块现象，应用0.9 mm筛过筛，筛余团块不得使用。材料用量以质量计。称量的精确度：骨料为±1%，水、水泥、掺合料以及外加剂为±0.5%。

（2）取样方法。同一组混凝土拌合物的取样应从同一盘或同一车混凝土中取样。取样量应多于试验所需用量的1.5倍，且不少于20 L。混凝土拌合物的取样应具有代表性，宜采用多次取样的方法，一般在同一盘或同一车混凝土中的约1/4处、1/2处和3/4处分别取样，从第一次取样到最后一次取样不宜超过15 min，然后人工搅拌均匀。从取样完毕到开始进行各项性能的试验不宜超过5 min。

11.4.1.2 主要仪器设备

（1）混凝土搅拌机。容量50~100 L，转速为18~22 r/min。

（2）磅秤。称量50 kg，感量50 g。

（3）其他用具。天平（称量5 kg，感量1 g）、量筒（200 mL，1000 mL）、拌铲、拌板（1.5 m×2 m左右）、容器等。

11.4.1.3 拌和方法

A 人工拌和

每盘混凝土拌合物最小拌量应符合表11-5规定。

表11-5 混凝土拌合物最小拌量

骨料最大粒径/mm	混凝土拌合物拌量/L	骨料最大粒径/mm	混凝土拌合物拌量/L
31.5及以下	15	40	25

（1）按所定的配合比备料。

（2）将拌板和拌铲用湿布润湿后，将砂倒在拌板上，然后加入水泥，用拌铲自拌板一端翻拌至另一端，如此反复，直至充分混合，颜色均匀，再加入石料，翻拌至混合均匀为止。

（3）将干混合物堆成堆，在中间做一凹槽，将已称量好的水，倒一半左右在凹槽内（勿使水流出），仔细翻拌，并徐徐加入剩余的水，继续翻拌，每翻拌一次，用铲在拌合物上铲切一次，直至拌和均匀为止。

（4）拌和时力求动作敏捷，拌和时间从加水时算起，应大致符合下列规定：

拌合物体积为 30 L 以下时为 4~5 min；

拌合物体积为 30~50 L 时为 5~9 min；

拌合物体积为 51~75 L 时为 9~12 min。

（5）混凝土拌制完成后，应根据试验要求，立即做坍落度测定或试件成型。从开始加水时算起，全部操作须在 30 min 内完成。

B　机械拌和

搅拌量不应小于搅拌机额定搅拌量的 1/4。

（1）按所定的配合比备料。

（2）预拌一次。即用按配合比称量的水泥、砂和水组成的砂浆以及少量石子，在搅拌机中进行涮膛，然后倒出并刮去多余的砂浆。其目的是使水泥砂浆黏附满搅拌机的筒壁，以免正式拌和时影响拌合物的实际配合比。

（3）开动搅拌机，向搅拌机内依次加入石子、砂和水泥，干拌均匀后再将水徐徐加入，全部加料时间不超过 2 min，水全部加入后，继续拌和 2 min。

（4）将拌合物从搅拌机中卸出，倾倒在拌板上，再经人工拌和 1~2 min，即可进行坍落度测定或试件成型。从开始加水时算起，全部操作须在 30 min 内完成。

11.4.2　混凝土拌合物稠度试验

11.4.2.1　坍落度试验

本方法适用于骨料粒径不大于 40 mm、坍落度值不小于 10 mm 的混凝土拌合物稠度测定。测定时需拌合物约 15 L。

A　主要仪器设备

（1）坍落度筒。坍落度筒是由 15 mm 厚的钢板或其他金属制成的圆台形筒（见图 11-7）。底面和顶面互相平行并与锥体的轴线垂直。在筒外 2/3 的高度处安了两个把手，下端应焊装脚踏板。筒的内部尺寸为：

底部直径（200±2）mm；

顶部直径（100±2）mm；

高度（300±2）mm。

（2）捣棒（直径 16 mm、长 650 mm 的钢棒，端部应磨圆）、小铲、拌板、镘刀、直尺等。

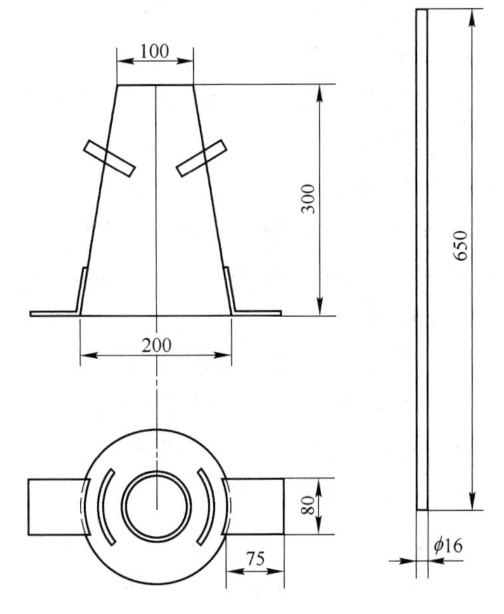

图 11-7　坍落度筒及捣棒

B　试验步骤

（1）湿润坍落度筒及其他用具，把筒放在不吸水的刚性水平底板上，用脚踩住两边的脚踏板，使坍落度筒在装料时保持位置固定。

（2）把按要求取得的混凝土试样用小铲分三层均匀地装入筒内，使捣实后每层高度约为筒高的1/3左右。每层用捣棒插捣25次，插捣应沿螺旋方向由外向中心进行，各次插捣应在截面上均匀分布。插捣筒边混凝土时，捣棒可稍稍倾斜。插捣底层时，捣棒应贯穿整个深度，插捣第二层和顶层时，捣棒应插透本层至下一层的表面。浇灌顶层时，混凝土应灌至高出筒口，在插捣过程中，如混凝土沉落到低于筒口，应随时添加。顶层插捣完后，刮去多余的混凝土并用抹刀抹平。

（3）清除筒边底板上的混凝土后，垂直平稳地提起坍落度筒。坍落度筒的提离过程应在3~7 s内完成。从开始装料到提起坍落度筒的整个过程应不间断地进行，并应在150 s内完成。

（4）提起坍落度筒后，当试样不再继续坍落或坍落时间达30 s时，测量筒高与坍落后混凝土试体最高点之间的高度差，即为该混凝土拌合物的坍落度值（以mm为单位，结果表达精确至5 mm）。

（5）坍落度筒提离后，如发生试体崩坍或一边剪坏现象，则应重新取样进行测定。如第二次仍出现这种现象，则表明该拌合物和易性不好，应予以记录备查。

（6）观察坍落后混凝土拌合物试体的黏聚性和保水性，并记录。

黏聚性：用捣棒在已坍落的拌合物锥体侧面轻轻击打，若锥体逐渐下沉，表示黏聚性良好，如果锥体倒塌，部分崩裂或出现离析现象，则为黏聚性不好。

保水性：提起坍落度筒后如有较多的稀浆从底部析出，锥体部分的拌合物也因失浆而骨料外露，则表明保水性不好。如无此种现象，表明保水性良好。

11.4.2.2　维勃稠度试验

本方法适用于骨料最大粒径不大于40 mm，维勃稠度在5~30 s之间的混凝土拌合物稠度测定。测定时需拌制拌合物约15 L。

A　主要仪器设备

（1）维勃稠度仪（见图11-8）。由以下部分组成：

1）振动台。台面长380 mm，宽260 mm，振动频率（50±3）Hz，装有空容器时台面的振幅应为（0.5±0.1）mm。

2）旋转架。与测杆及喂料斗相连，测杆下部安装有透明且水平的圆盘。透明圆盘直径为（230±2）mm，厚为（10±2）mm。由测杆、圆盘及荷重块组成的滑动部分总质量应为（270±50）g。

3）容器。内径为（240±5）mm，厚为（200±2）mm。

4）坍落度筒及捣棒同坍落度试验，但筒没有脚踏板。

（2）其他用具与坍落度试验相同。

B　试验步骤

（1）将维勃稠度仪放置在坚实的水平基面上，用湿布将容器、坍落度筒、喂料斗内壁及其他用具润湿。就位后，测杆、喂料斗的轴线应和容器的轴线重合。拧紧固定螺钉。

（2）将混凝土拌合物经喂料斗分三层装入坍落度筒内，装料及插捣的方法同坍落度试验。

（3）将喂料斗转离坍落度筒，小心垂直地提起坍落度筒，此时应注意不使混凝土试

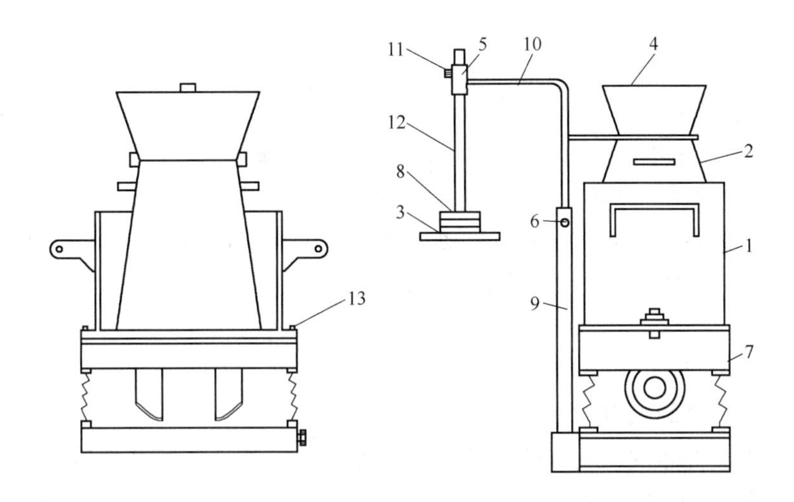

图 11-8 维勃稠度仪

1—容器；2—坍落度筒；3—透明圆盘；4—喂料斗；5—套筒；6—定位螺钉；7—振动台；8—荷重；9—支柱；10—旋转架；11—测杆螺钉；12—测杆；13—固定螺钉

体产生横向的扭动。

（4）将透明圆盘转到混凝土圆台体上方，放松定位螺钉，降下圆盘，使它轻轻地接触到混凝土顶面。拧紧定位螺钉，同时检查测杆螺钉是否完全松开。

（5）同时开启振动台和秒表，当透明圆盘的底面被水泥浆布满的瞬间立即停止秒表计时并关闭振动台，记录时间，读数精确至 1 s。

由秒表读得的时间（s）即为该混凝土拌合物的维勃稠度值。

在进行混凝土配合比试配时，若试拌得到的混凝土拌合物的坍落度或维勃稠度不能满足要求，或其黏聚性和保水性不好时，应在保持水灰比不变的情况下调整水泥浆或砂率，直至符合要求为止。

11.4.3 混凝土立方体抗压强度试验

11.4.3.1 一般规定

（1）本试验采用立方体试件，以同一龄期为一组，每组至少为三个同时制作并同条件养护的混凝土试件。试件的尺寸按粗骨料的最大粒径确定，见表 11-6。

（2）每一组试件所用拌合物应从同盘或同一车运送的混凝土拌合物中取样，或在试验室用人工或机械单独制作。

（3）检验工程和构件质量的混凝土试件成型方法应尽可能与实际施工采用的方法相同。

表 11-6 试件选用尺寸、插捣次数及抗压强度换算系数表

试件尺寸/mm	骨料最大粒径/mm	每层插捣次数/次	抗压强度换算系数
100×100×100	30	12	0.95
150×150×150	40	25	1.00
200×200×200	60	50	1.05

11.4.3.2　主要仪器设备

（1）压力试验机。试验机的精度（示值的相对误差）应不低于±2%，其量程应该能使试件的预期破坏荷载值不小于全量程的20%，也不大于全量程的80%。试验机应按计量仪表使用规定进行定期检查，以确保试验机工作的准确性。

（2）振动台。振动台的振动频率为（50±3）Hz，空载振幅约为0.5 mm。

（3）试模。试模由铸铁、钢或工程塑料制成，应具有足够的刚度并拆装方便。试模内表面应机械加工，其不平整度应为每100 mm不超过0.05 mm，各相邻面的不垂直度应不超过±0.5 mm。

（4）捣棒、小铁铲、金属直尺、镘刀等。

11.4.3.3　试件的制作

（1）混凝土立方体抗压强度试验以三个试件为一组，每一组试件所用的混凝土拌合物应由同一次拌和成的拌合物中取出。

（2）试件制作前，应将试模擦拭干净并在试模的内表面涂一薄层矿物油脂。

（3）坍落度不大于70 mm的混凝土用振动台振实。将拌合物一次装入试模，并稍有富余，然后将试模放置在振动台上，用固定装置予以固定后开动振动台，至拌合物表面出现水泥浆为止，记录振动时间。振动结束后用镘刀沿试模边缘将多余的拌合物刮去，并随即用镘刀将表面抹平。

坍落度大于70 mm的混凝土，采用人工捣实。混凝土拌合物分两层装入试模，每层厚度大致相同。插捣时按螺旋方向从边缘向中心均匀进行。插捣底层时，捣棒应达到试模底面，插捣上层时，捣棒应穿入下层深度为20～30 mm。插捣时捣棒保持垂直不得倾斜，并用镘刀沿试模内壁插入数次，以防止试件产生麻面。每层插捣次数见表11-6，一般每100 cm^2 面积应不少于12次。然后刮去多余的混凝土，并用镘刀抹平。

11.4.3.4　试件的养护

（1）采用标准养护的试件成型后应覆盖表面，以防止水分蒸发，并应在温度为（20±5）℃的情况下静置一至两昼夜，然后编号拆模。

拆模后的试件应立即放置在温度为（20±1）℃，湿度为90%以上的标准养护室中养护。在标准养护室内试件应放在架上，彼此间隔为10～20 mm，并应避免用水直接冲淋试件。

（2）若无标准养护室，则混凝土试件可在温度为（20±1）℃的不流动水中养护，水的pH值不应小于7。

（3）与构件同条件养护的试件成型后，应覆盖表面。试件的拆模时间可同实际构件的拆模时间相同，拆模后，试件仍需保持同条件养护。

11.4.3.5　抗压强度试验

（1）试件从养护室取出后，应尽快进行试验，以免试件内部的温、湿度发生显著变化。将试件表面擦拭干净，检查其外观并测量尺寸（精确至1 mm），以据此计算试件的承压面积 A（mm^2）。

（2）将试件安放在下压板上，试件的承压面应与成型时的顶面垂直。试件的中心应与试验机下压板中心对准。开动试验机，当上压板与试件接近时，调整球座，使接触均衡。

（3）加压时，应连续而均匀地加荷，加荷速度应为：当混凝土强度等级低于 C30 时，取 0.3~0.5 MPa/s；混凝土强度等级为 C30~C60 时，取 0.5~0.8 MPa/s；当混凝土强度等级高于 C60 时，取 0.8~1.0 MPa/s。当试件接近破坏而迅速变形时，应停止调整试验机油门，直至试件破坏，然后记录破坏荷载 P(N)。

11.4.3.6 试验结果计算

（1）混凝土立方体试件抗压强度 f_{cu} 按下式计算（精确至 0.1 MPa）：

$$f_{cu}=\frac{P}{A} \tag{11-19}$$

式中 f_{cu}——混凝土立方体试件抗压强度，MPa；

P——破坏荷载，N；

A——试件承压面积，mm^2。

（2）以三个试件测量值的算术平均值作为该组试件的抗压强度值（精确至0.1 MPa）。若三个值中的最小值或最大值中有一个与中间值的差异超过中间值的 15%，则把最大值及最小值一并舍弃，取中间值作为该组试件的抗压强度值；若最大值和最小值与中间值相差均超过中间值的 15%，则该组试件试验结果无效。

（3）混凝土抗压强度的测定以边长为 150 mm 的立方体试件的抗压强度为标准，其他尺寸试件的测试结果，均应换算成边长为 150 mm 的立方体试件的标准抗压强度，换算时分别乘以表 11-6 中的换算系数。

11.4.4 混凝土劈裂抗拉强度试验

混凝土的劈裂抗拉强度试验是在立方体试件的两个相对的表面划线上作用均匀分布的压力，使在荷载所作用的竖向平面内产生均匀分布的拉伸应力。当拉伸应力达到混凝土极限抗拉强度时，试件将被劈裂破坏，从而可以测出混凝土的劈裂抗拉强度。

11.4.4.1 主要仪器设备

（1）压力机、试模。同混凝土抗压强度试验中的规定。

（2）垫层。应为木质三合板，其尺寸为：宽 B=15~20 mm、厚 T=3~4 mm、长 L 不小于立方体试件的边长。垫层不得重复使用。

（3）垫条。在试验机的压板与垫层之间必须加放直径为 150 mm 的钢制弧形垫条，其长度不得短于试件边长，其截面尺寸如图 11-9（b）所示。

11.4.4.2 试验步骤

（1）试件从养护室中取出后应及时进行试验。在试验前试件应保持与原养护地点相似的干湿状态。

（2）将试件擦拭干净，在试件侧面中部划线定出劈裂面的位置，劈裂面应与试件成型时的顶面垂直。

（3）量出劈裂面的边长（精确至 1 mm），计算出劈裂面的面积 A(mm^2)。

（4）将试件放置在压力机下压板的中心位置。在上、下压板与试件之间加垫层和垫条，使垫条的接触母线与试件上的荷载作用线准确对齐。如图 11-9（a）所示。

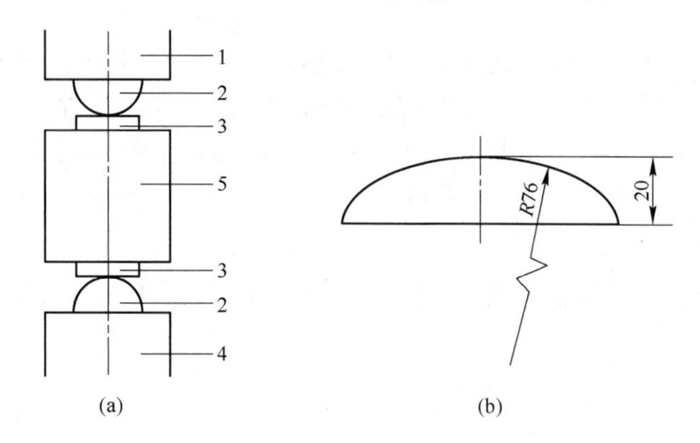

图 11-9 混凝土劈裂抗拉强度试验装置图

（a）装置示意图；（b）垫条示意图

1，4—压力机上、下压板；2—垫条；3—垫层；5—试件

（5）开动试验机，当上压板与圆弧形垫块接近时，调整球座，使接触均衡。加荷必须连续而均匀进行，使荷载通过垫条均匀地传至试件上。加荷速度为：当混凝土强度等级低于C30时，取0.02～0.05 MPa/s；当混凝土强度等级小于C60而不小于C30时，取0.05～0.08 MPa/s；当混凝土强度等级不小于C60时，取0.08～0.10 MPa/s。

（6）在试件临近破坏开始急剧变形时，停止调整试验机油门，继续加荷直至试件破坏，记录破坏荷载P(N)。

11.4.4.3 试验结果计算

（1）混凝土劈裂抗拉强度按下式计算（精确至0.01 MPa）：

$$f_{ts}=\frac{2P}{\pi A}=0.637\times\frac{P}{A} \tag{11-20}$$

式中 f_{ts}——混凝土抗拉强度，MPa；

P——破坏荷载，N；

A——试件劈裂面的面积，mm^2。

（2）以三个试件测值的算术平均值作为该组试件的劈裂抗拉强度值（精确至0.01 MPa）。若三个值中的最小值或最大值中有一个与中间值的差异超过中间值的15%，最大值及最小值一并舍弃，取中间值作为该组试件的抗拉强度值；若最大值和最小值与中间值相差均超过中间值的15%，组试件试验结果无效。

（3）采用边长为150 mm的立方体试件作为标准试件，若采用边长为100 mm的立方体非标准试件时，测得的强度应乘以尺寸换算系数0.85；当凝土强度等级不低于C60时，宜采用标准试件；使用非标准试件时，尺寸换算系数应由试验确定。

11.4.5 混凝土抗折强度试验

混凝土抗折强度试验的试件为直角棱柱体小梁，标准试件尺寸为150 mm×150 mm×550 mm，粗骨料粒径应不大于40 mm。如确有必要，允许采用100 mm×100 mm×400 mm试件，粗骨料粒径应不大于30 mm。抗折试件应取同龄期者为一组，每组为同条件件制作和养护的试件三块。

11.4.5.1 主要仪器设备

（1）试验机。100 kN 或 300 kN 的万能试验机，精度为 2%。

（2）抗折试验装置。抗折试验装置如图 11-10 所示。

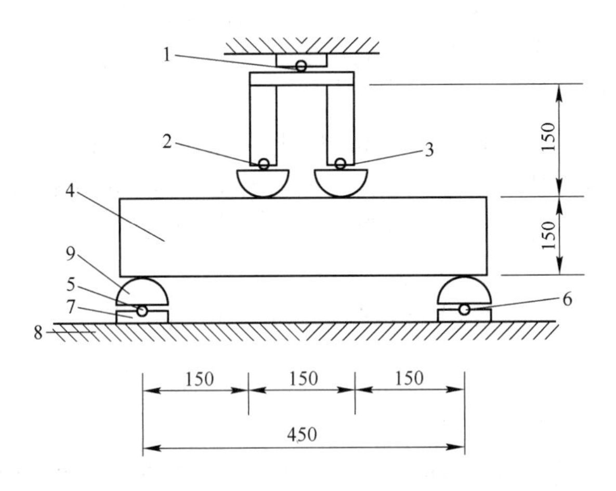

图 11-10 抗折试验装置图（单位：mm）

1~3，5，6—钢球；4—试件；7—活动支座；8—机台；9—活动船型垫块

11.4.5.2 试验步骤

（1）试验前应检查试件，若试件中部 1/3 的长度内有蜂窝（如大于 ϕ7 mm×2 mm），则该试件作废。如果在特殊情况下决定取用这种试件进行试验，必须在记录中注明蜂窝情况。

（2）在试件中部位置量出其宽度和高度，精确至 1 mm。

（3）调整两个可移动支座，使其与试验机下压头中心距离为 225 mm，旋紧两支座，试件成型时的侧面朝上，将试件平稳对中放置在压力机支座上。缓缓施加一初荷载（不超过 1.0 kN）后，停机检查支座等各接缝处有无空隙，应确保试件无扭动。而后以0.02~0.08 MPa/s 的加荷速度，均匀而连续地加荷（加荷速度取值：当混凝土强度等级低于 C30 时，取 0.02~0.05 MPa/s；混凝土强度等级不低于 C30 时，取 0.05~0.08 MPa/s）。当试件临近破坏开始急剧变形时，应停止调整试验机油门，直至试件破坏，记录最大荷载 F。

（4）检查并度量折断面，描述试验有关的特殊情况。

11.4.5.3 试验结果计算

（1）当折断面发生在两个加荷点之间时，抗折强度 f_f 按下式计算（精确至 0.01 MPa）：

$$f_f = \frac{FL}{bh^2} \tag{11-21}$$

式中 F——试件破坏时的荷载，N；

L——支座间距，mm；

b——试件宽度，mm；

h——试件高度，mm。

（2）以三个试件试验结果的算术平均值作为该组试件的抗折强度值（精确至0.01 MPa）。若三个值中的最小值或最大值中有一个与中间值的差异超过中间值的15%，则把最大值及最小值一并舍弃，取中间值作为该组试件的抗折强度值；若最大值和最小值与中间值相差均超过中间值的15%，则该组试件试验结果无效。

（3）若三个试件中有一个断面位于两个加荷点外侧，则该试件试验结果无效。混凝土抗折强度取其余两个试件的试验结果的算术平均值；若有两个试件的折断面均超出了两个加荷点外侧，则该组试验作废。

（4）若采用100 mm×100 mm×400 mm的非标准试件时，在三分点加荷的试验方法同前，但所取得的抗折强度值应乘以尺寸换算系数0.85；当混凝土强度等级不低于C60时，宜采用标准试件；使用非标准试件时，尺寸换算系数应由试验确定。

11.5 砂浆试验

11.5.1 取样

建筑砂浆试验用料应从同一盘砂浆或同一车砂浆中取样，取样量不应少于试验所需量的4倍。当施工过程中进行砂浆试验时，砂浆取样方法应按照相应的施工验收规范执行，并宜在现场搅拌点或预拌砂浆卸料点的至少三个不同部位及时取样，试验前应人工搅拌均匀。

11.5.2 试样制备

11.5.2.1 一般规定

（1）拌制砂浆所用的原材料，应符合质量标准，并要求提前24 h运入实验室内，拌和时实验室的温度应保持在（20±5）℃。

（2）试验所用原材料应与现场所用材料一致，砂应以4.75 mm筛过筛。

（3）拌制砂浆时，材料用量应以质量计。精度为：水泥、外加剂、掺合料等称量精度为±0.5%；砂、石灰膏、黏土膏等为±1%。

（4）实验室搅拌砂浆应采用机械搅拌，搅拌机应符合《试验用砂浆搅拌机》（JG/T 3033）的规定，搅拌用量宜为搅拌机容量的30%~70%，搅拌时间不应少于120 s，掺有混合料和外加剂的砂浆，搅拌时间不应少于180 s。

11.5.2.2 主要仪器设备

（1）砂浆搅拌机。

（2）拌合铁板。约1.5 m×2 m，厚约3 mm。

（3）磅秤。称量50 kg，感量50 g。

（4）台秤。称量10 kg，感量5 g。

（5）拌铲、镘刀、量筒、盛器等。

11.5.2.3 拌和方法

A 人工拌和

（1）按配合比称取各材料用量。将称量好的砂倒在拌板上，加入水泥，用拌铲拌和至混合物颜色均匀为止。

（2）将混合物堆成堆，在中间作一凹槽，将称量好的石灰膏（或黏土膏）倒入凹槽中，再加入适当的水将石灰膏（或黏土膏）调稀，然后与水泥、砂充分拌和，用量筒逐次加水并拌和，直至拌合物色泽一致，和易性凭经验调整至符合要求为止。砂浆每翻拌一次，需用铲将全部砂浆压切一次。一般需拌和 3~5 min（从加水完毕时算起）。

B　机械拌和

（1）先拌适量砂浆（应与正式拌和的砂浆配合比相同），使搅拌机内壁黏附一薄层砂浆，使正式拌和时的砂浆配合比成分正确。

（2）称取各材料用量，将砂、水泥装入搅拌机内。

（3）开动搅拌机，将水徐徐加入（混合砂浆须将石灰膏或黏土膏用水稀释至浆状），搅拌约 3 min（搅拌的用量不宜少于搅拌容量的 20%，搅拌时间不宜少于 2 min）。

（4）将砂浆拌合物倒在拌和铁板上，用拌铲翻拌两次使之均匀。拌制好的砂浆应立即进行试验。

11.5.3　砂浆的稠度试验

11.5.3.1　主要仪器设备

砂浆稠度测定仪（见图 11-11）、砂浆搅拌锅、捣棒（直径 10 mm、长 350 mm，一端呈半球形的钢棒）、铁铲、量筒、秒表等。

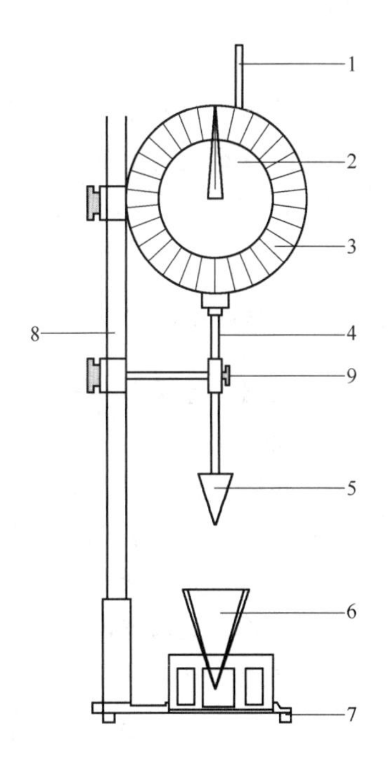

图 11-11　砂浆稠度测定仪

1—齿条测杆；2—指针；3—刻度盘；4—滑杆；5—圆锥体；6—圆锥筒；7—底座；8—支架；9—制动螺钉

11.5.3.2　试验步骤

（1）将盛浆容器和试锥表面用湿布擦净，检查滑杆能否自由滑动。

（2）将砂浆拌合物一次装入容器，使砂浆表面低于容器口约 10 mm，用捣棒自容器中心向边缘插捣 25 次，然后轻轻将容器摇动或敲击 5~6 下，使砂浆表面平整，随后将容器置于稠度测定仪的底座上。

（3）放松试锥滑杆的制动螺钉，使试锥尖端与砂浆表面接触，拧紧制动螺钉，使齿条侧杆下端刚接触到滑杆上端，并将指针对准零点。

（4）松开制动螺钉，使试锥自由沉入砂浆中，等待 10 s 后立即固定螺钉，从刻度盘上读出下沉深度（精确至 1 mm），即为砂浆的稠度值。

（5）圆锥形容器内的砂浆，只允许测定一次稠度，重复测定时，应重新取样。

11.5.3.3　试验结果评定

取两次测定结果的算术平均值作为砂浆稠度的测定结果，如两次测定结果之差大于 10 mm，应重新配料测定。

11.5.4　砂浆的分层度试验

11.5.4.1　主要仪器设备

砂浆分层度筒（见图 11-12）、其他用具同砂浆稠度试验。

11.5.4.2　试验步骤

（1）将拌和好的砂浆，经稠度试验后重新拌和均匀，一次注满砂浆分层度筒，用木锤在砂浆分层度筒周围距离大致相等的四个不同地方轻敲 1~2 次，并随时添加，然后用镘刀抹平。

（2）静置 30 min，去掉上层 200 mm 砂浆，然后取出底层 100 mm 砂浆重新拌和 2 min 至均匀，再测定砂浆稠度。

（3）取两次砂浆稠度的差值，即为砂浆的分层度（以 mm 计）。

11.5.4.3　试验结果评定

（1）应取两次试验结果的算术平均值作为砂浆的分层度值（精确至 1 mm）。

（2）两次分层度试验之差若大于 10 mm，应重做试验。

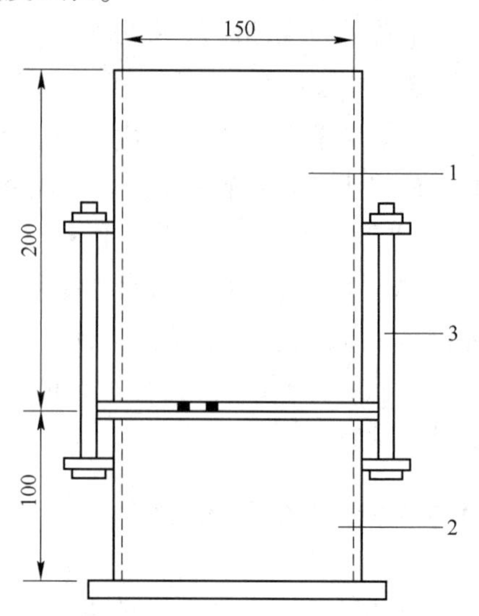

图 11-12　砂浆分层度筒

1—无底圆筒；2—连接螺栓；3—有底圆筒

11.5.5　砂浆保水性试验

11.5.5.1　主要仪器设备

（1）金属或硬塑料圆环试模。内径 100 mm，内部高度 25 mm。

（2）可密封的取样容器。应整洁、干燥。

（3）两片金属或玻璃的方形或圆形不透水片。边长或直径应大于 110 mm。

（4）天平。量程 200 g，感量 0.1 g；量程 2000 g，感量 1 g。

（5）烘箱、金属滤网、超白滤纸、2 kg 的重物。

11.5.5.2　试验步骤

（1）称量底部不透水片与干燥试模质量 m_1 和 15 片中速定性滤纸质量 m_2。

（2）将砂浆拌合物一次性装入试模，并用抹刀插捣数次，当装入的砂浆略高于试模边缘时，用抹刀以 45°角一次性将试模表面的多余砂浆刮去，再用抹刀以较平的角度在试模表面反方向将砂浆刮平。

（3）抹掉试模边的砂浆，称量试模、底部不透水片与砂浆总质量 m_3。

（4）用金属滤网覆盖在砂浆表面，再在滤网表面放上 15 片滤纸，用上部不透水片盖在滤纸表面，以 2 kg 的重物把上部不透水片压住。静置 2 min 后移走重物及上部不透水片，取出滤纸（不包括滤网），迅速称量滤纸质量 m_4。

（5）按照砂浆配比及加水量计算砂浆含水率 α。取（100±10）g 的砂浆拌合物试样，置于一干燥并已称重的盘中，在（105±5）℃的烘箱中烘干至恒重。砂浆含水率按下式计算：

$$\alpha = \frac{m_6 - m_5}{m_6} \times 100\% \tag{11-22}$$

式中 α——砂浆含水率,%；

m_5——烘干后砂浆样本的质量，g，精确至 1 g；

m_6——砂浆样本的总质量，g，精确至 1 g。

取两次试验结果的算术平均值为砂浆的含水率，精确至 0.1%，当两个测定值之差超过 2%，此组试验结果应为无效。

（6）砂浆保水率应按下式计算：

$$W = \left[1 - \frac{m_4 - m_2}{\alpha \times (m_3 - m_1)}\right] \times 100\% \tag{11-23}$$

式中 W——砂浆保水率,%；

m_1——底部不透水片与干燥试模的质量，g，精确至 1 g；

m_2——15 片滤纸吸水前的质量，g，精确至 0.1 g；

m_3——试模、底部不透水片与砂浆总质量，g，精确至 1 g；

m_4——15 片滤纸吸水后的质量，g，精确至 0.1 g；

α——砂浆含水率,%。

取两次试验结果的算术平均值为砂浆的保水率，精确至 0.1%，且第二次试验应重新取样测定。当两个测定值之差超过 2%时，此组试验结果应为无效。

11.5.6 砂浆立方体抗压强度试验

11.5.6.1 主要仪器设备

（1）压力试验机。压力机精度应为 1%，试件的预期破坏荷载值不小于全量程的 20%，也不大于全量程的 80%。

（2）试模。内壁边长为 70.7 mm 的有底及无底立方体试模。

（3）捣棒（直径 10 mm、长 350 mm，一端呈半球形的钢棒）、刮刀、垫板等。

11.5.6.2 试件制作及养护

（1）采用立方体试件，每组试件为三个。

（2）采用黄油等密封材料涂抹试模的外接缝，试模内壁涂刷薄层机油或隔离剂，将拌制好的砂浆一次倒满试模，成型方法应根据稠度确定。当稠度大于 50 mm 时，宜采用人工插捣成型。稠度不大于 50 mm 时，宜采用振动台振实成型。

1）人工插捣。用捣棒均匀地由边缘向中心按螺旋方式插捣 25 次，插捣过程中当砂浆沉落低于试模口时，应随时添加砂浆，可用油灰刀插捣数次，并用手将试模一边抬高 5～10 mm，各振动 5 次，砂浆应高出试模顶面 6～8 mm。

2）机械振动。将砂浆一次装满试模，放置到振动台上，振动时试模不得跳动，振动 5～10 s 或持续到表面泛浆为止，不得过振。

（3）待表面水分稍干，将高出试模部分的砂浆沿试模顶面刮去并抹平。

（4）试件装模成型后应在（20±5）℃环境下静置（24±2）h 即可脱模。气温较低时，或凝结时间大于 24 h 的砂浆，可适当延长时间，但不应超过 2 d。试件拆模后应立即放入温度为（20±2）℃，相对湿度为 90%以上的标准养护室中养护。养护期间，试件彼此间隔不得小于 10 mm，混合砂浆、湿拌砂浆试件上应覆盖，防止有水滴在试件上。

（5）从搅拌加水开始计时，标准养护龄期应为 28 d，也可根据相关标准要求增加 7 d 或 14 d。

11.5.6.3 试验步骤

（1）试件从养护地点取出后应及时进行试验。先将试件擦拭干净，测量尺寸，检查其外观。试件尺寸测量精确至 1 mm，并据此计算试件的承压面积。若实测尺寸与公称尺寸之差不超过 1 mm，可按公称尺寸进行计算。

（2）将试件置于压力机的下压板或下垫板上，试件的承压面应与成型时的顶面垂直，试件中心应与下压板或下垫板的中心对准。

（3）开动压力机，当上压板与试件或上垫板接近时，调整球座，使接触面均衡受压。加荷应均匀而连续，加荷速度应为 0.25~1.5 kN/s（砂浆强度不大于 2.5 MPa 时，取下限为宜），当试件接近破坏而开始迅速变形时，停止调整压力机油门，直至试件破坏，记录破坏荷载 F。

11.5.6.4 试验结果计算

单个试件的抗压强度按下式计算（精确至 0.1 MPa）：

$$f_{m,cu} = K\frac{N_u}{A} \tag{11-24}$$

式中 $f_{m,cu}$——砂浆立方体抗压强度，MPa，精确至 0.1 MPa；

N_u——试件破坏荷载，N；

A——试件承压面积，mm^2；

K——换算系数，取 1.35。

立方体抗压强度试验的试验结果应按下列要求确定：

（1）应以三个试件测值的算术平均值作为该组试件的砂浆立方体抗压强度平均值（f_2），精确至 0.1 MPa。

（2）当三个测值的最大值或最小值中有一个与中间值的差值超过中间值的 15%时，把最大值及最小值一并舍去，取中间值作为该组试件的抗压强度值。

（3）当三个测值的最大值或最小值与中间值的差值均超过中间值的 15%时，该组试验结果无效。

11.6 砌墙砖试验

本试验方法适用于烧结砖和非烧结砖。烧结砖包括烧结普通砖、烧结多孔砖、烧结空心砖以及空心砌块（简称空心砖）；非烧结砖包括蒸压灰砂砖、粉煤灰砖、炉渣砖和碳化砖等。

11.6.1　抽样规定

各种砌墙砖的检验抽样，除在各自的标准中有不同的具体规定外，都必须符合《砌墙砖检验规则》（JC 466）的要求。该规则规定：砌墙砖检验批的批量，宜在3.5万~15万块范围内，但不得超过一条生产线的日产量。抽样数量由检验项目确定，必要时可增加适量备用砖样。两个以上的检验项目时，非破损检验项目（如外观质量、尺寸偏差、体积密度、孔隙率等）的砖样，允许在检验后继续用作它项，此时抽样数量可不包括重复使用的样品数。

采用随机抽样法在每一检验批的产品堆垛中抽取，应尽量使抽样均匀分布于该批产品堆垛范围内，并具有代表性，抽取50块砖样。试样确定后，应在每块砖样上注明试验内容和编号，不得随意更换砖样和改变试验内容。

11.6.2　尺寸检测

11.6.2.1　主要仪器设备

砖用卡尺（分度值为0.5 mm），如图11-13所示。

11.6.2.2　检测方法

长度应在砖的两个大面的中间处分别测量两个尺寸，宽度亦应在砖的两个大面的中间处分别测量两个尺寸，高度应在两个条面的中间处分别测量两个尺寸，如图11-14所示，被测处有缺损或凸出时，可在其旁边测量，但应选择不利的一侧。

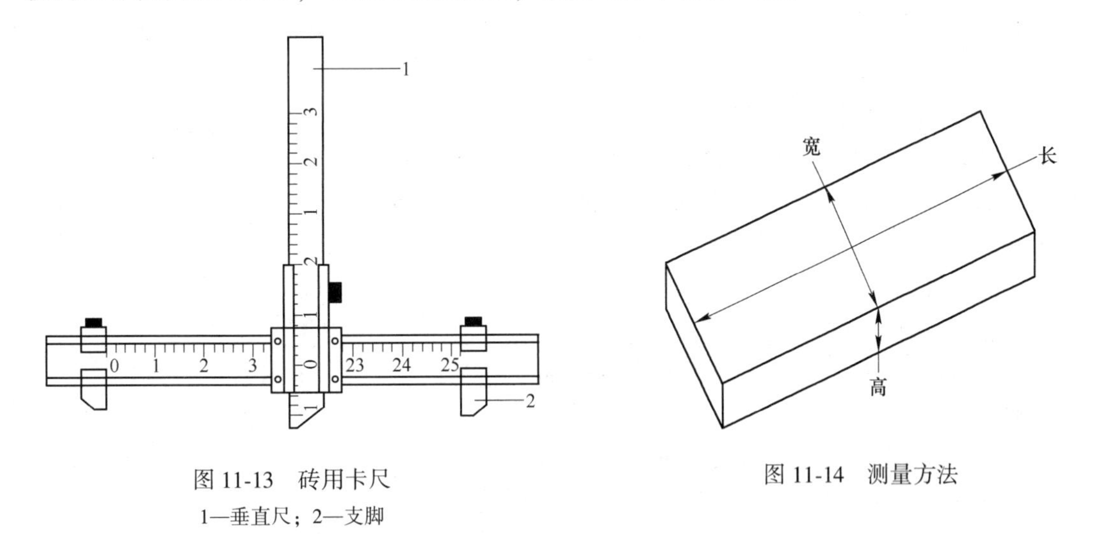

图11-13　砖用卡尺
1—垂直尺；2—支脚

图11-14　测量方法

11.6.2.3　试验结果评定

结果分别以长度、高度和宽度的最大偏差值表示，不足1 mm者按1 mm计。

11.6.3　外观质量检查

11.6.3.1　主要仪器设备

（1）砖用卡尺（见图11-13）。分度值为0.5 mm。

（2）钢直尺。分度值为 1 mm。

11.6.3.2　检测方法

（1）缺损。缺棱掉角在砖上造成的破损程度，以破损部分对长、宽、高三个棱边的投影尺寸来度量，称为破坏尺寸。缺损造成的破坏面，是指缺损部分对条、顶面的投影面积。空心砖内壁残缺及肋残缺尺寸，以长度方向的投影尺寸来度量。

（2）裂纹。裂纹分为长度方向、宽度方向和水平方向三种，以被测方向的投影长度表示。如果裂纹从一个面延伸至其他面上，则累计其延伸的投影长度。多孔砖的孔洞与裂纹相通时，则将孔洞包括在裂纹内一并测量。

裂纹长度以在三个方向上分别测得的最长裂纹作为测量结果。

（3）弯曲。弯曲分别在大面和条面上测量，测量时将砖用卡尺的两支脚沿棱边两端放置，择其弯曲最大处将垂直尺推至砖面，但不应将因杂质或碰伤造成的凹处计算在内。以弯曲中测得的较大者作为测量结果。

（4）杂质凸出高度。杂质在砖面上造成的凸出高度，以杂质距离砖面的最大距离表示。测量时将砖用卡尺的两只脚置于凸出两边的砖平面上，以垂直尺测量。

11.6.3.3　试验结果处理

外观测量以 mm 为单位，不足 1 mm 者，按 1 mm 计。

11.6.4　抗压强度试验

11.6.4.1　主要仪器设备

（1）压力机。300～500 kN。

（2）锯砖机或切砖机、直尺、镘刀等。

11.6.4.2　试件制备及养护

烧结多孔砖和蒸压灰砂砖的抗压强度试样数量为 5 块，烧结普通砖及其他砖为 10 块（空心砖大面和条面抗压各 5 块）。

A　烧结普通砖试件制备

将试样切断或锯成两个半截砖，断开的半截砖长不得小于 100 mm（见图 11-15），如果不足 100 mm，应另取备用试件补足。

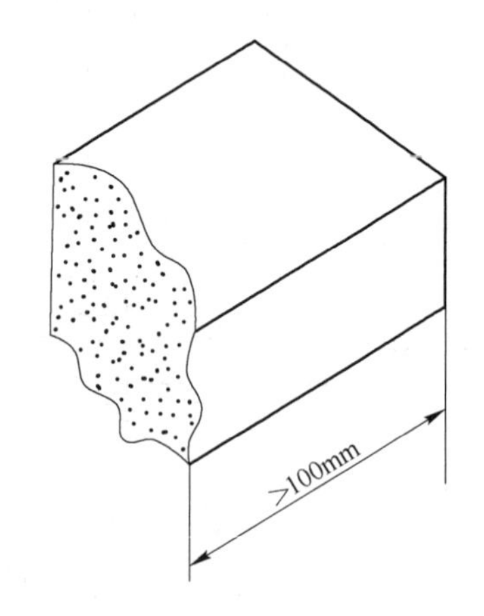

图 11-15　断开的半截砖样

在试件制备平台上，将已断开的半截砖放入室温的净水中浸 10～20 min 后取出，并以断口相反的方向叠放，两者中间抹以厚度不超过 5 mm 的用强度等级 32.5 或 42.5 的普通硅酸盐水泥制成的稠度适宜的水泥净浆加以黏结，上下两面用厚度不超过 3 mm 的同种水泥浆抹平。制成的试件上下两面须相互平行，并垂直于侧面（见图 11-16）。

B　多孔砖、空心砖试件制备

多孔砖以单块整砖沿竖孔方向加压，空心砖以单块整砖沿大面和条面方向分别加压。

试件制作采用坐浆法操作，即：将玻璃板置于试件制作平台上，其上铺一张湿的垫纸，纸上铺一层厚度不超过 5 mm 的，用 32.5 或 42.5 的普通硅酸盐水泥制成的稠度适宜的水泥净浆，再将在水中浸泡 10~20 min 的试样平稳地将受压面坐放在水泥浆上，在另一受压面上稍加压力，使整个水泥层与砖受压面相互黏结，砖的侧面应垂直于玻璃板。待水泥浆适当凝固后，连同玻璃板翻放在另一铺纸放浆的玻璃板上，再进行坐浆，用水平尺校正好玻璃板的水平。

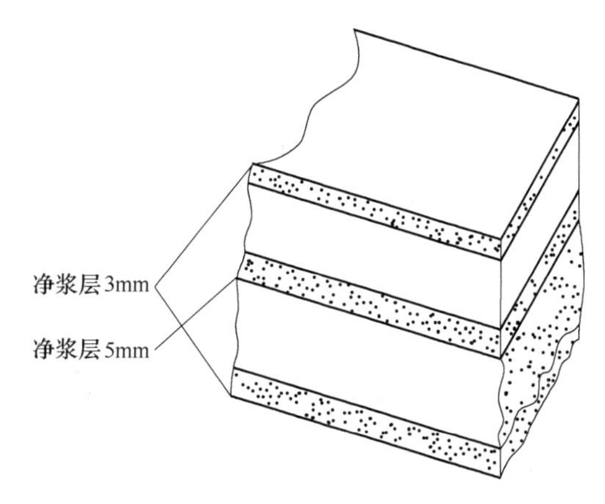

图 11-16　砖的抗压强度试件

C　非烧结砖试件制备

将同一块试样的两半截砖断口相反叠放，叠合部分不得小于 100 mm，即为抗压强度试件。如不足 100 mm，则应剔除另取备用试件补足。

D　试件养护

制成的抹面试件应置于不低于 10 ℃的不通风室内养护 3 d，再进行试验。非烧结试件不需养护，可直接进行试验。

11.6.4.3　试验步骤

（1）测量每个试件连接面或受压面的长 l(mm)、宽 b(mm) 尺寸各两个，分别取其平均值，精确至 1 mm。

（2）将试件平放在加压板中央，垂直于受压面加荷，如图 11-17 所示。加荷应均匀平稳，不得发生冲击和振动。加荷速度以 2~6 kN/s 为宜（烧结普通砖为（5±0.5）kN/s），直至试件破坏为止，记录最大破坏荷载 P(N)。

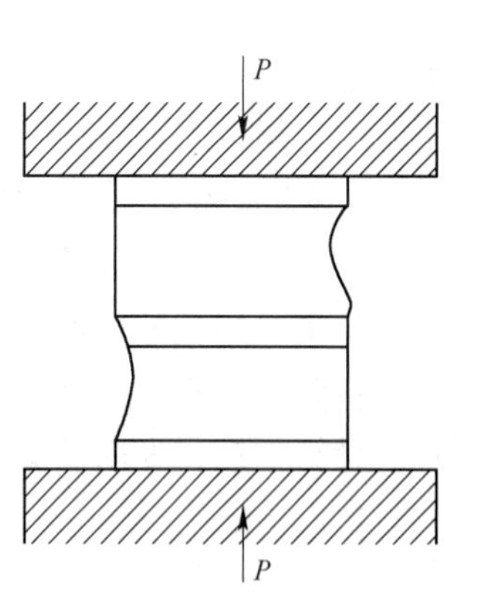

图 11-17　烧结普通砖抗压强度试验示意图

11.6.4.4　试验结果计算

（1）每块试样的抗压强度 $f_{cu,i}$ 按下式计算（精确至 0.1 MPa）：

$$f_{cu,i} = \frac{P}{lb} \tag{11-25}$$

式中　$f_{cu,i}$——单块砖样抗压强度测定值，MPa；

P——最大破坏荷载，N；

l——受压面（连接面）的长度，mm；

b——受压面（连接面）的宽度，mm。

（2）试验后分别按下列三式计算出抗压强度算术平均值和强度标准值：

$$\overline{f_{cu}} = \frac{1}{10}\sum_{i=1}^{10} f_{cu,i} \tag{11-26}$$

$$f_k = \overline{f_{cu}} - 1.8S \tag{11-27}$$

$$S=\sqrt{\frac{1}{9}\sum_{i=1}^{10}(f_{cu,i}-\overline{f_{cu}})^2} \tag{11-28}$$

式中　$\overline{f_{cu}}$——10 块砖样抗压强度算术平均值，MPa；

f_k——强度标准值，MPa；

S——10 块砖样抗压强度标准差，MPa；

$f_{cu,i}$——单块砖样抗压强度测定值，MPa。

11.7　钢 筋 试 验

钢筋应成批验收，每批由同一牌号、同一炉罐号、同一等级、同一尺寸、同一交货状态组成。每批质量不得大于 60 t。

每批钢筋应进行化学成分、拉伸、冷弯、尺寸、表面质量和重量偏差等项目的试验。钢筋拉伸和冷弯试验的试样各需要两个，可分别从每批钢筋中任选两根截取。试验中，如有某一项试验结果不符合规定的要求，则要从同一批钢筋中再任取双倍数量的试样进行该不合格项目的复检，复检结果（包括该项试验所要求的任一指标）即使只有一项指标不合格，则整批不予验收。

11.7.1　拉伸试验

11.7.1.1　主要仪器设备

（1）试验机。为保证机器安全和试验准确，应选择合适的量程，以保证在试件达到最大荷载时，指针位于第三象限内（即 180°～270°）。试验机的测力示值误差应不大于 1%。

（2）游标卡尺。精确度为 0.1 mm。

11.7.1.2　试件制作和准备

抗拉试验用钢筋试件不得进行车削加工，可以用两个或一系列等分小冲点或细划线标出原始标距（标记不应影响试样断裂），测量标距长度 L_0（精确至 0.1 mm），如图 11-18 所示。计算钢筋强度用横截面积采用表 11-7 所列公称横截面积。

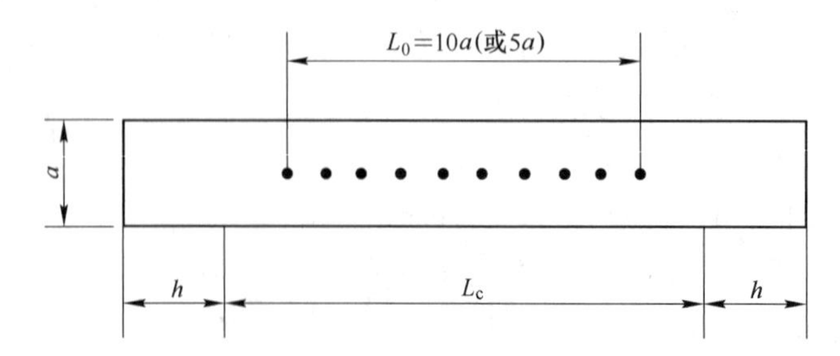

图 11-18　钢筋拉伸试件

a—试样原始直径；L_0—标准长度；h—夹头长度；

L_c—试样平行长度（不小于 L_0+a）

表 11-7 钢筋的公称横截面积

公称直径/mm	公称横截面积/mm^2	公称直径/mm	公称横截面积/mm^2
8	50.27	22	380.1
10	78.54	25	490.9
12	113.1	28	615.8
14	153.9	32	804.2
16	201.1	36	1018
18	254.5	40	1257
20	314.2	50	1964

11.7.1.3 屈服点 σ_s 和抗拉强度 σ_b 测定

(1) 调整试验机测力度盘指针，使其对准零点，并拨动副指针，使之与主指针重叠。

(2) 将试件固定在试验机夹头内，开动试验机进行拉伸。测屈服点时，屈服前的应力增加速率按表 11-8 规定，并保持试验机控制器固定于这一速率位置上，直至该性能测出为止。屈服后或只需测定抗拉强度时，试验机活动夹头在荷载下的移动速度为不大于 $0.5L_c$/min。

表 11-8 屈服前的加荷速率

金属材料的弹性模量/$N \cdot mm^{-2}$	应力速率/$N \cdot (mm^2 \cdot s)^{-1}$	
	最小	最大
<150000	1	10
≥150000	3	30

(3) 拉伸中，测力度盘的指针停止转动时的恒定荷载，或第一次回转时的最小荷载，即为所求的屈服点荷载 F_s(N)。按下式计算试件的屈服点 σ_s（精确至 10 MPa）：

$$\sigma_s = \frac{F_s}{A} \tag{11-29}$$

式中 σ_s——屈服点，MPa；

F_s——屈服点荷载，N；

A——试件的公称横截面积，mm^2。

(4) 向试件连续加荷至试件拉断，由测力度盘读出最大荷载 F_b(N)。按下式计算试件的抗拉强度 σ_b（精确至 10 MPa）：

$$\sigma_b = \frac{F_b}{A} \tag{11-30}$$

式中 σ_b——抗拉强度，MPa；

F_b——最大荷载，N；

A——试件的公称横截面积，mm^2。

11.7.1.4 伸长率测定

(1) 将已拉断试件的两段在断裂处对齐，尽量使其轴线位于一条直线上。如拉断处由于各种原因形成缝隙，则此缝隙应计入试件拉断后的标距部分长度内。

（2）如拉断处到邻近标距端点的距离大于 $L_0/3$，可用卡尺直接量出已被拉长的标距长度 L_1(mm)。

（3）如拉断处到邻近标距端点的距离小于或等于 $L_0/3$，可按移位法确定 L_1：在长段上，从拉断处 O 取基本等于短段格数，得 B 点，接着取等于长段所余格数（偶数，图 11-19（a））的一半，得 C 点；或者取所余格数（奇数，图 11-19（b））减 1 与加 1 的一半，得 C 与 C_1 点。移位后的 L_1 分别为 $AO+OB+2BC$ 或者 $AO+OB+BC+BC_1$。

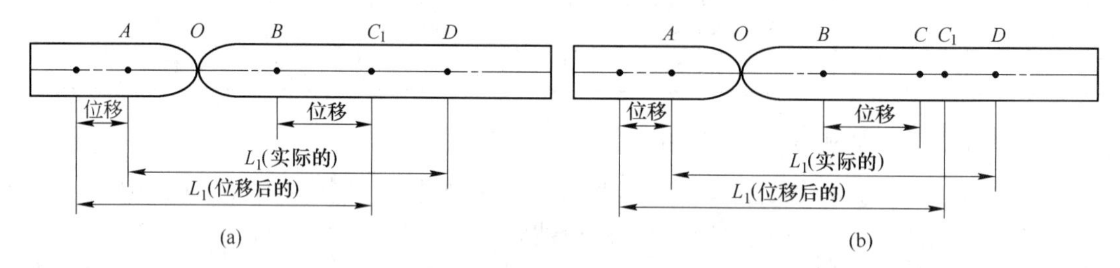

图 11-19　用移位法测量断后标距 L_1

如用直接测量所求得的伸长率能够达到技术条件的规定值，则可不采用移位法。

（4）伸长率按下式计算（精确至 1%）：

$$\delta_{10}(\delta_5)=\frac{L_1-L_0}{L_0}\times 100\% \tag{11-31}$$

式中　δ_{10}，δ_5——分别表示 $L_0=10a$ 和 $L_0=5a$ 时的伸长率（a 为试件原始直径），%；

L_0——原标距长度 $10a(5a)$，mm；

L_1——试件拉断后直接量出或按移位法确定的标距部分的长度，mm，测量精确至 0.1 mm。

（5）如试件在标距端点上或标距外断裂，则试验结果无效，应重新做试验。

11.7.2　冷弯试验

11.7.2.1　主要仪器设备

弯曲试验可在压力机或万能试验机上进行，试验机应有足够硬度的支承辊（支承辊的间距可以调节），同时还应有不同直径的弯心（弯心直径由有关标准规定）。

11.7.2.2　试验步骤

（1）钢筋冷弯试件不得进行车削加工，试样长度通常按下式确定：

$$L\approx 5a+150\ \text{mm}\ （a\ 为试件原始直径）$$

（2）半导向弯曲。试样一端固定，绕弯心直径进行弯曲，如图 11-20（a）所示。试样弯曲到规定的弯曲角度或出现裂纹、裂缝或断裂为止。

（3）导向弯曲。

1）将试样放置于两个支点上，将一定直径的弯心在试样两个支点中间施加压力，使试样弯曲到规定的角度（见图 11-20（b））或出现裂纹、裂缝或断裂为止。

2）试样在两个支点上按一定弯心直径弯曲至两臂平行时，可一次完成试验，亦可先弯曲到图 11-20（b）所示的状态，然后放置在试验机平板之间继续施加压力，压至试样

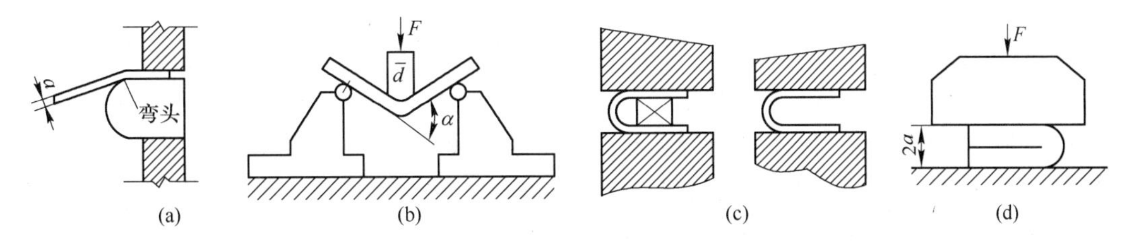

图 11-20　弯曲试验示意图

两臂平行。此时可以加与弯心直径相同尺寸的衬垫进行试验（见图 11-20（c））。当试样需要弯曲至两臂接触时，首先将试样弯曲到图 11-20（b)所示状态，然后放置在试验机平板之间继续施加压力，直至两臂接触，如图 11-20（d)所示。

3）试验应在平稳压力作用下，缓慢施加试验力。两支辊间距离为（d+2.5a)±0.5a，并且在试验过程中不允许有变化。

4）试验应在 10~35 ℃或控制条件下（23±5）℃进行。

11.7.2.3　试验结果评定

弯曲后，按有关标准规定检查试样弯曲外表面，进行结果评定。若无裂纹、裂缝、断裂，则评定试样合格。

11.8　石油沥青试验

11.8.1　取样方法

同品种牌号、同一批出厂的沥青，以 20 t 为一个取样单位，不足 20 t 亦作为一个取样单位，从每个取样单位的不同位置割取或选取洁净试样。从每块试样的不同部位分割三块体积大约相等的小块试样，将采出的试样全部装入一个容器中加热融化，搅拌均匀后注入铁模内备用。

11.8.2　针入度试验

本方法适用于测定针入度范围为（0~500）1/10 mm 的固体和半固体沥青材料的针入度。

石油沥青的针入度是以标准针在一定的载荷、时间和温度条件下垂直穿入沥青试样的深度来表示，单位为 1/10 mm。如未另行规定，标准针、针连杆与附加砝码的总质量为（100±0.05）g，温度为（25±0.1）℃，时间为 5 s。特定试验条件可参照表 11-9 的规定，报告中应注明试验条件。

表 11-9　针入度特定试验条件规定

温度/℃	载荷/g	时间/s
0	200	60
4	200	60
46	50	5

11.8.2.1 主要仪器设备

（1）针入度仪。针连杆质量为（47.5±0.05）g，针和针连杆组合件总质量为（50±0.05）g。针入度仪附带（50±0.05）g 和（100±0.05）g 砝码各一个，可组成（100±0.05）g 和（200±0.05）g 的载荷以满足试验所需的载荷条件。仪器设有放置平底玻璃皿的平台，并有可调水平的机构，针连杆应与平台垂直。仪器设有针连杆制动按钮，紧压按钮可自由下落。针连杆要易于拆卸，以便定期检查其质量。

（2）标准针。应由硬化回火的不锈钢制成，钢号为 440-C 或等同的材料，洛氏硬度为 54~60，针长约 50 mm，长针长约 60 mm，所有针直径为 1.00~1.02 mm，其加工质量应符合要求。

（3）试样皿。金属或玻璃圆柱形平底容器。应使用最小尺寸且符合表 11-10 的要求。

表 11-10 试样皿尺寸

针入度范围	直径/mm	深度/mm
<40	33~55	8~16
<200	55	35
200~350	55~75	45~70
350~500	55	70

（4）恒温水浴。容量不小于 10 L，能保持温度在试验温度±0.1 ℃范围内。

（5）温度计。液体玻璃温度计，测温范围-8~55 ℃，分度值为 0.1 ℃。

（6）平底玻璃皿（容量不小于 350 mL，深度要没过最大的样品皿，内设一个不锈钢三角支架，以保证试样皿稳定）、秒表、加热设备等。

11.8.2.2 试样准备

（1）将沥青试样小心加热，不断搅拌以防局部过热，加热到使样品能够自由流动。加热时焦油沥青的加热温度不得超过软化点的 60 ℃，石油沥青不得超过估计软化点的 90 ℃。加热时间在保证样品充分流动的基础上尽量短。加热搅拌过程中要避免试样中进入气泡。

（2）将试样倒入事先选好的试样皿中，试样深度应至少是预计穿入深度的 120%。若试样皿直径小于 65 mm，而预期针入度高于 200，每个试验条件都要倒三个样品。若样品足够，浇注的样品要达到试样皿边缘。

（3）试样皿在 15~30 ℃的室温下冷却 45 min~1.5 h（小试样皿）或 1~1.5 h（中等试样皿）或 1.5~2 h（大试样皿），须防止灰尘落入试样皿。然后将试样皿和平底玻璃皿一起放入试验温度的水浴中，水面应没过试样表面 10 mm 以上。小试样皿恒温 45 min~1.5 h，中等试样皿恒温 1~1.5 h，大试样皿恒温 1.5~2 h。

11.8.2.3 试验步骤

（1）调节针入度仪水平，检查连杆和导轨，确保上面没有水和其他物质。若预测针入度超过 350 应选用长针，否则用标准针。用甲苯或其他合适溶剂清洗试针，然后用干净布擦干。固紧好试针，放好规定质量的砝码。

（2）取出试样皿，放入水温控制在试验温度的平底玻璃皿的三腿支架上，水完全覆盖样品，将平底玻璃皿放于针入度仪的平台上。

（3）慢慢放下针连杆，使针尖刚好与试样表面接触。必要时用放置在合适位置的光源观察针头位置。拉下活杆，使其与针连杆顶端相接触，调节针入度仪表盘读数使指针归零。

（4）在规定时间内快速释放针连杆，同时启动秒表，使标准针自由下落穿入沥青试样，到规定时间，使标准针停止移动。

（5）拉下活杆，再使其与针连杆顶端接触，此时表盘指针的读数即为试样的针入度，或自动方式停止锥入，通过数据显示读出锥入深度数值，即针入度，用 1/10 mm 表示。

（6）同一试样重复测定至少三次，各测点之间及测点与试样皿边缘之间的距离不应小于 10 mm。每次测定前都应将试样和平底玻璃皿放入恒温水浴。每次测定都应换一根干净的针。

（7）当针入度小于 200 时，可取下针用甲苯或其他合适溶剂擦干净，再用干布擦干后使用。当针入度超过 200 时，每个试样皿中扎一针，三个试样皿得到三个数据。或者每个试样至少用三根针，每次试验用针留在试样中，直到三次测完后再将针从试样中取出。但是这样测得针入度的最高值和最低值之差不得超过下文中精密度和偏差的要求。

11.8.2.4 试验结果评定

（1）取三次测定针入度的平均值，取至整数，作为试验结果。三次测定的针入度值相差不应大于表 11-11 的数值，否则，试验应重做。

（2）精密度和偏差。

重复性：同一操作者在同一实验室用同一台仪器对同一样品测得的两次结果不超过平均值的 4%。

再现性：不同操作者在不同实验室用同一类型的不同仪器对同一样品测得的两次结果不超过平均值的 11%。

表 11-11 针入度测定允许最大差值 1/10 mm

针入度	0~49	50~149	150~249	250~349	350~500
最大差值	2	4	6	8	20

11.8.3 延度试验

将融化的试样注入专用模具中，先在室温冷却，然后放入保持在试样温度下的水浴中冷却，用热刀削去高出模具的试样，把模具重新放回水浴，经一段时间移到延度仪中进行试验。记录沥青试件在一定温度下以一定速度拉伸至断裂时的长度即为沥青的延度，以 cm 表示。非经特殊说明，试验温度为（25±0.5）℃，拉伸速度为（5±0.25）cm/min。

11.8.3.1 主要仪器设备

（1）延度仪。凡是能满足要求将试件持续浸没于水中，按照（5±0.25）cm/min 速度拉伸试件的仪器均可使用。仪器在开动时应无明显的振动。

（2）试验模具。如图 11-21 所示，试件模具由黄铜制作，由两个弧形端模和两个侧模组成。

（3）水浴。容量至少为 10 L，能保持试验温度变化不大于 0.1 ℃的玻璃或金属器皿，试件浸入水中深度不得小于 10 cm，水浴中设置带孔搁架以支撑试件，搁架距底部不得小于 5 cm。

（4）温度计：液体玻璃温度计，刻度范围 0~50 ℃，分度 0.1 ℃和 0.5 ℃各一只。

（5）隔离剂：按质量计，由滑石粉 1 份、甘油 2 份调制而成。

（6）支撑板：黄铜板，一面应磨光至表面粗糙度 *Ra* 为 0.63。

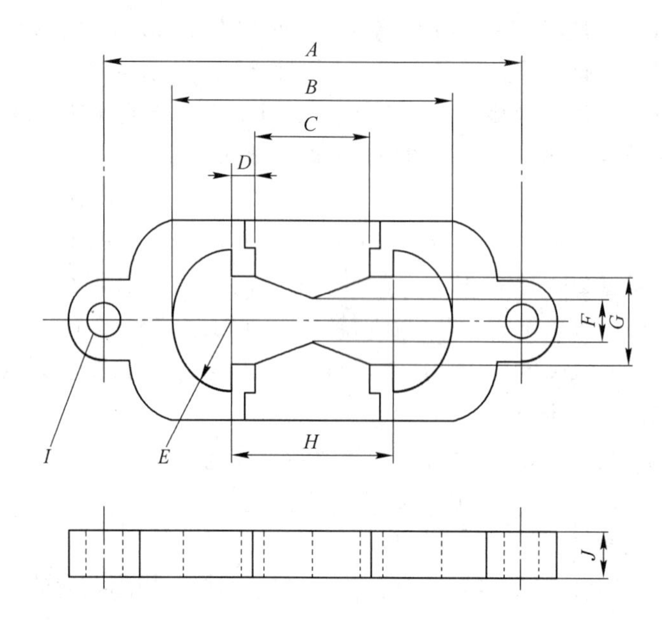

图 11-21　延度仪模具

A—两端模环中心点距离 111.5~113.5 mm；*B*—试件总长 74.54~75.5 mm；*C*—模端间距 29.7~30.3 mm；*D*—肩长 6.8~7.2 mm；*E*—半径 15.75~16.25 mm；*F*—最小横断面宽 9.9~10.1 mm；*G*—端模口宽 19.8~20.2 mm；*H*—两半圆心间距离 42.9~43.1 mm；*I*—端模孔直径 6.54~6.7 mm；*J*—厚度 9.9~10.1 mm

11.8.3.2　试验准备

（1）将模具组装在支撑板上，将隔离剂均匀涂于支撑板表面和侧模的内表面，以防沥青粘在模具上。板上的模具要水平放好，以便模具底部能充分与板接触。

（2）小心加热沥青试样并充分搅拌防止局部过热，直至完全变成液体并能够倾倒。石油沥青样品加热温度不得超过预计软化点 90 ℃，煤焦油沥青样品加热温度不得超过预计软化点 60 ℃。样品的加热时间在不影响样品性质和在保证样品充分流动的基础上尽量短。把熔化后的样品充分搅拌之后倒入模具中。在倒样时应使试样呈细流状，自模的一端至另一端往返倒入，使试样略高于模具。

（3）试件在空气中冷却 30~40 min，然后放入（25±0.1）℃的水浴中保持 30 min 后取出，用热刀将高出模具的沥青刮去，使沥青面与模具平齐。沥青的刮法应自模的中间刮向两边，表面应刮得十分光滑。

（4）将模具、试件连同支撑板一起放入水浴中，在试验温度下保持 85~95 min。检查延度仪拉伸速度是否符合要求，移动滑板使指针对着标尺的零点。然后从板上取下试件，拆掉侧模，立即进行拉伸试验。

11.8.3.3　试验步骤

（1）将试件移至延度仪水槽中，将模具两端的孔分别套在滑板及槽端的金属柱上，试件距离水面和水底的距离不得小于 25 mm，并且要使温度保持在规定温度的±0.5 ℃范围内。然后去掉侧模。

（2）测得水槽中水温为（25±0.5）℃时，开动延度仪，以规定的速度拉伸，观察沥青的拉伸情况，直至试件拉伸断裂。拉伸速度允许误差在±5%以内。在测定时，如发现沥青细丝浮于水面或沉入槽底时，则试验不正常，应在水中加入乙醇或氯化钠调整水的密度至与试件的密度相近后，再进行试验。

（3）试件拉断时指针所指标尺上的读数，即为延度，以 cm 为单位。在正常情况下，试件应拉伸成锥尖状或线形或柱形，在断裂时实际横断面面积接近于零或一均匀断面。如三次试验不能得到上述结果，则应报告在此条件下延度无法测定。

11.8.3.4　试验结果评定

若三个试件的测定值在其平均值的 5%以内，则取平行测定的三个结果的算术平均值作为测定结果。若三次测定值不在其平均值的 5%以内，但其中两个较高值在平均值的 5%以内，则舍弃掉最低测定值，取两个较高值的平均值作为测定结果。否则需重新测定。

11.8.4　软化点试验

置于肩状或锥状铜环中两块水平沥青圆片，在加热介质中以一定速度加热，每块沥青片上置有一只钢球所报告的软化点为当试样软化到使得两个放在沥青上的钢球下落 25 mm 距离时温度的平均值。

11.8.4.1　主要仪器设备

（1）沥青软化点测定仪。由以下几部分构成。

1）钢球。两只，直径为 9.5 mm，质量为（3.50±0.05）g。

2）试样环。黄铜制的肩环或锥环，如图 11-22 所示。

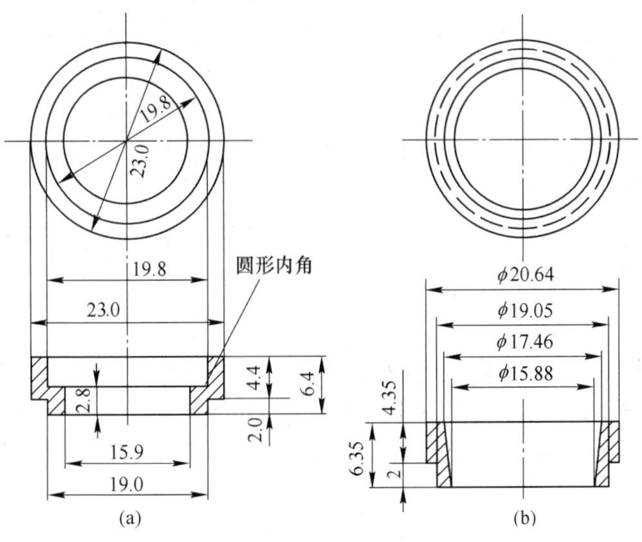

图 11-22　沥青软化点试样环

（a）黄铜肩环；（b）黄铜锥环

3）支撑板。扁平光滑的黄铜板或瓷砖，尺寸约为 50 mm×75 mm。

4）铜支撑架和组合装置。一只铜支撑架用于支撑两个水平位置的环，其形状和尺寸及其组合装置如图 11-23 所示。支撑架上的肩环的底部距离下支撑板的上表面为 25 mm，下支撑板的下表面距离浴槽底部为 16 mm±3 mm。

5）钢球定位器。黄铜制，能使钢球定位于试样环中央。

6）浴槽。可加热的玻璃容器，内径不小于 85 mm，离加热底部的深度不小于 120 mm。

7）温度计。测温范围为 30～180 ℃、最小分度值为 0.5 ℃的全浸式温度计。不允许使用其他温度计代替，可使用满足相同精度、数据显示最小温度和误差要求的其他测温设备代替。

（2）小刀（切沥青用）、隔离剂（以重量计，甘油 2 份、滑石粉 1 份制成，适合 30～157 ℃的沥青材料）、加热介质（甘油或新沸煮过的蒸馏水）等。

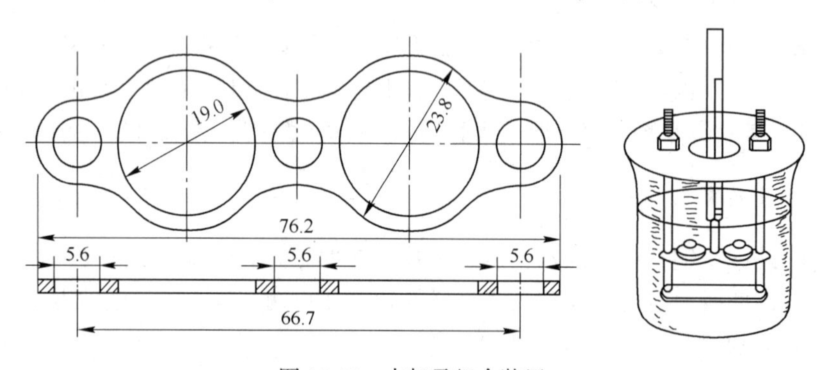

图 11-23　支架及组合装置

11.8.4.2　试验准备

（1）样品加热时间在不影响性质和保证样品充分流动基础上应尽量短。如果重复试验，不得重复加热样品，应在干净的容器中重新制备试样。

（2）若估计软化点在 120～157 ℃，应将黄铜环与支撑板预热至 80～100 ℃，然后将铜环放置到涂有隔离剂的支撑板上。否则会出现沥青试样从铜环中完全脱落的现象。

（3）向环中倒入略过量的沥青试样，在室温下至少冷却 30 min。对于在室温下较软的样品，应将试样在低于预计软化点 10 ℃以上的环境中冷却 30 min。从开始倒试样时起至完成试验的时间不得超过 240 min。

（4）试样冷却后，用热刀干净地刮去高出环面的试样，使每个圆片饱满且与环表面齐平。

11.8.4.3　试验步骤

（1）软化点低于 80 ℃的沥青应在水浴中测定，而软化点在 80～157 ℃的沥青材料在甘油浴中测定。浴槽内装满介质，各仪器处于适当位置。用镊子将钢球置于浴槽底部，使其同支架的其他部位达到相同的起始温度。后再次用镊子从浴槽底部将钢球夹住并置于定位器中。

（2）在浴槽底部加热使得温度以恒定速率（5±0.5）℃/min 上升，若温度上升速率超过此限定范围，则试验失败。

（3）当包裹着沥青的钢球触及下支撑板时，温度计所显示的温度即为试样的软化点。无需对温度计的浸没部分进行校正。

11.8.4.4 试验结果评定及精密度要求

（1）取两个温度算术平均值作为沥青材料的软化点，即试验结果。当软化点在30~157 ℃时，若两个温度的差值超过1 ℃，则需重新试验。报告试验结果时须同时报告所用加热介质的种类。

（2）对给定的沥青试样，当软化点略高于80 ℃时，在水浴中测定值低于甘油浴中的测定值。

（3）无论何种情况下，若甘油浴中测得石油沥青软化点的平均值为80 ℃或更低，煤焦油沥青软化点的平均值为77.5 ℃或更低，则应在水浴中重复试验。若水浴中两次测定温度的平均值为85 ℃或更高，则应在甘油浴中重复试验。

（4）重复性要求：在同一实验室，由同一操作者使用相同设备，按相同测试方法，并在短时间内对同一被测对象相互进行独立测试获得的两个试验结果的绝对值不得超过表11-12中的值。

（5）再现性要求：在不同实验室，由不同操作者使用不同设备，按相同测试方法，对同一被测对象相互进行独立测试获得的两个试验结果的绝对值不得超过表11-12中的值。

表11-12 精密度要求数据表

加热介质	沥青材料类型	软化点范围/℃	重复性（最大绝对误差）/℃	再现性（最大绝对误差）/℃
水	石油沥青、焦油沥青、乳化沥青残留物	30~80	1.2	2.0
水	聚合物改性沥青、乳化改性沥青残留物	30~80	1.5	3.5
甘油	建筑石油沥青、特种沥青等石油沥青	80~157	1.5	5.5
甘油	聚合物改性沥青、乳化改性沥青残留物等改性沥青产品	80~157	1.5	5.5

附录　引用标准名录

《石灰术语》（JC/T 619—1996）
《硅酸盐建筑制品用生石灰》（JC/T 621—2021）
《建筑生石灰》（JC/T 479—2013）
《建筑消石灰》（JC/T 481—2013）
《天然石膏》（GB/T 5483—2008）
《建筑石膏》（GB/T 9776—2022）
《通用硅酸盐水泥》（GB 175—2023）
《中热硅酸盐水泥、低热硅酸盐水泥》（GB/T 200—2017）
《铝酸盐水泥》（GB/T 201—2015）
《抗硫酸盐硅酸盐水泥》（GB/T 748—2023）
《水泥标准稠度用水量、凝结时间、安定性检验方法》（GB/T 1346—2011）
《白色硅酸盐水泥》（GB/T 2015—2017）
《低热微膨胀水泥》（GB/T 2938—2008）
《砌筑水泥》（GB/T 3183—2017）
《水泥的命名原则和术语》（GB/T 4131—2014）
《道路硅酸盐水泥》（GB/T 13693—2017）
《水泥胶砂强度检验方法（ISO 法）》（GB/T 17671—2021）
《硫铝酸盐水泥》（GB/T 20472—2006）
《海工硅酸盐水泥》（GB/T 31289—2014）
《彩色硅酸盐水泥》（JC/T 870—2012）
《混凝土质量控制标准》（GB 50164—2011）
《普通混凝土拌合物性能试验方法标准》（GB/T 50080—2016）
《混凝土物理力学性能试验方法标准》（GB/T 50081—2019）
《普通混凝土长期性能和耐久性能试验方法标准》（GB/T 50082—2009）
《混凝土强度检验评定标准》（GB/T 50107—2019）
《建设用砂》（GB/T 14684—2022）
《建设用卵石、碎石》（GB/T 14685—2022）
《普通混凝土用砂、石质量及检验方法标准》（JGJ 52—2006）
《普通混凝土配合比设计规程》（JGJ 55—2011）
《混凝土用水标准》（JGJ 63—2006）
《混凝土外加剂》（GB 8076—2008）
《混凝土外加剂应用技术规范》（GB 50119—2013）
《矿物掺合料应用技术规范》（GB/T 51003—2014）
《高强高性能混凝土用矿物外加剂》（GB/T 18736—2017）

《用于水泥和混凝土中的粉煤灰》（GB/T 1596—2017）
《用于水泥、砂浆和混凝土中的粒化高炉矿渣粉》（GB/T 18046—2017）
《砂浆和混凝土用硅灰》（GB/T 27690—2023）
《用于水泥中的火山灰质混合材料》（GB/T 2847—2022）
《用于水泥、砂浆和混凝土中的石灰石粉》（GB/T 35164—2017）
《纤维混凝土应用技术规程》（JGJ/T 221—2010）
《高强混凝土应用技术规程》（JGJ/T 281—2012）
《自密实混凝土应用技术规程》（JGJ/T 283—2012）
《混凝土结构设计规范》（GB 50010—2010）（2015 年版）
《混凝土结构工程施工规范》（GB 50666—2011）
《混凝土结构通用规范》（GB 55008—2021）
《预拌砂浆》（GB/T 25181—2019）
《建筑砂浆基本性能试验方法标准》（JGJ/T 70—2009）
《砌筑砂浆配合比设计规程》（JGJ/T 98—2010）
《墙体材料术语》（GB/T 18968—2019）
《烧结普通砖》（GB/T 5101—2017）
《烧结多孔砖和多孔砌块》（GB/T 13544—2011）
《烧结空心砖和空心砌块》（GB/T 13545—2014）
《普通混凝土小型砌块》（GB/T 8239—2014）
《碳素结构钢》（GB/T 700—2006）
《钢筋混凝土用钢　第 1 部分：热轧光圆钢筋》（GB/T 1499. 1—2017）
《钢筋混凝土用钢　第 2 部分：热轧带肋钢筋》（GB/T 1499. 2—2018）
《钢筋混凝土用钢术语》（GB/T 38937—2020）
《预应力混凝土用钢丝》（GB/T 5223—2014）
《预应力混凝土用钢绞线》（GB/T 5224—2023）
《建筑石油沥青》（GB/T 494—2010）
《道路石油沥青》（NB/SH/T 0522—2010）
《煤沥青》（GB/T 2290—2012）
《沥青软化点测定法　环球法》（GB/T 4507—2014）
《沥青延度测定法》（GB/T 4508—2010）
《沥青针入度测定法》（GB/T 4509—2010）
《混凝土 3D 打印技术规程》（T/CECS 786—2020）
《弹性体改性沥青防水卷材》（GB 18242—2008）
《塑性体改性沥青防水卷材》（GB 18243—2008）
《屋面工程质量验收规范》（GB 50207—2012）
《木结构设计标准》（GB 50005—2017）
《天然石材术语》（GB/T 13890—2008）
《建筑卫生陶瓷术语和分类》（GB/T 9195—2023）
《建筑门窗及幕墙用玻璃术语》（JG/T 354—2012）
《建筑用安全玻璃 第 1 部分：防火玻璃》（GB 15763. 1—2009）

参考文献

[1] 教育部高等学校土木工程专业教学指导分委员会．高等学校土木工程本科专业指南［M］．北京：中国建筑工业出版社，2023.
[2] 陈志源，李启令．土木工程材料［M］．3版．武汉：武汉理工大学出版社，2012.
[3] 湖南大学，天津大学，同济大学，等．土木工程材料［M］．2版．北京：中国建筑工业出版社，2011.
[4] 李立寒，孙大权，朱兴一，等．道路工程材料［M］．6版．北京：人民交通出版社，2018.
[5] 阎培渝，杨静，王强．建筑材料［M］．3版．北京：中国水利水电出版社，2013.
[6] 魏小胜，严捍东，张长清．工程材料［M］．2版．武汉：武汉理工大学出版社，2013.
[7] 莫立武，王俊．现代土木工程材料［M］．北京：中国建筑工业出版社，2021.
[8] 林宗寿．胶凝材料学［M］．2版．武汉：武汉理工大学出版社，2018.
[9] 胡曙光．高技术混凝土材料［M］．北京：化学工业出版社，2022.
[10] 程新．特种及功能水泥基材料［M］．北京：化学工业出版社，2021.
[11] 马国伟，王里．水泥基材料3D打印关键技术［M］．北京：中国建材工业出版社，2020.
[12] 徐世烺，李贺东．超高韧性水泥基复合材料研究进展及其工程应用［J］．土木工程学报，2008，41（6）：45-60.
[13] 中国菱镁行业协会．镁质胶凝材料及制品技术［M］．北京：中国建材工业出版社，2016.
[14] 王燕谋，苏慕珍，路永华，等．中国特种水泥［M］．北京：中国建材工业出版社，2012.
[15] Peter A. Claisse. Civil Engineering Materials［M］. Waltham：Butterworth-Heinemann，2016.
[16] Mehta P K，Paulo J. M. Monteiro. Concrete：Microstructure，Properties，and Materials［M］. 4th edition. NewYork：McGraw-HillEducation，2014.
[17] 缪昌文．高性能混凝土外加剂［M］．北京：化学工业出版社，2008.
[18] 胡红梅，马保国．混凝土矿物掺合料［M］．北京：中国电力出版社，2016.
[19] 刘数华，冷发光，王军．混凝土辅助胶凝材料［M］．2版．北京：人民交通出版社，2020.
[20] 陈宝璠．建筑装饰材料［M］．北京：中国建材工业出版社，2009.
[21] 马保国，刘军．建筑功能材料［M］．武汉：武汉理工大学出版社，2004.
[22] 马铭彬．土木工程材料实验与题解［M］．重庆：重庆大学出版社，2008.
[23] 中国硅酸盐学会，中国建筑工业出版社，武汉理工大学．硅酸盐辞典［M］．2版．北京：中国建筑工业出版社，2020.
[24] 冯乃谦．简明现代建筑材料手册［M］．北京：机械工业出版社，2021.